含能材料的静态压缩特性

Static Compression of Energetic Materials

[美] Suhithi M. Peiris　Gasper J. Piermarini　编

郑贤旭　王彦平　译

科 学 出 版 社

北 京

图字：01-2018-8367 号

内 容 简 介

本书总结概括几十年来典型含能材料在压缩状态下结构、性能、响应特性方面的研究及进展，较为全面地阐述了开展含能材料压缩特性研究所需的实验技术、数值模拟方法及典型的实验结果，详细分析并总结了含能材料在高温高压下的材料合成、结构变化、状态方程、化学反应动力学等基本的物理化学问题。书中有大量的图片与翔实的实验数据，并附有很有参考价值的文献资料目录。

本书适宜作为高压物理、高压化学的研究生教材以及相关学者深入钻研的指导资料，可供从事与含能材料基本物性研究、材料合成与制备、材料结构相变及化学反应动力学有关的高等学校院系、科研部门的研究生、教师和科研人员参考。

图书在版编目(CIP)数据

含能材料的静态压缩特性/（美）S.M.佩里斯（Suhithi M. Peiris），（美）G.J.皮耶马利尼（Gasper J. Piermarini）编；郑贤旭，王彦平译. —北京：科学出版社，2019.3

书名原文：Static Compression of Energetic Materials

ISBN 978-7-03-060443-9

Ⅰ. ①含… Ⅱ. ①S… ②G… ③郑… ④王… Ⅲ. ①功能材料－静态压缩－研究 Ⅳ. ①TB34

中国版本图书馆CIP数据核字(2019)第014089号

责任编辑：范运年 / 责任校对：王 瑞
责任印制：吴兆东 / 封面设计：蓝正设计

科 学 出 版 社 出版
北京东黄城根北街 16 号
邮政编码：100717
http://www.sciencep.com

北京虎彩文化传播有限公司 印刷

科学出版社发行 各地新华书店经销

*

2019 年 3 月第 一 版 开本：720 × 1000 1/16
2023 年 1 月第四次印刷 印张：18 1/2
字数：360 000

定价：198.00 元

（如有印装质量问题，我社负责调换）

前　言

本书是由美国及欧洲的多位长期从事含能材料研究的学者合编而成的，并于2008年由Springer出版社出版。书中较为详细地总结了多年来从事含能材料压缩特性研究所需的理论模型、数值模拟方法、实验技术以及相关的实验数据和研究结果，是从事含能材料压缩特性研究为数不多的综述性著作。近年来，国内从事含能材料压缩特性研究的团队和学者日益增多，国家国防科技工业局(国防科工局)专门设立的“国防基础科研科学挑战专题”也将含能材料压缩特性作为重要的研究内容，但国内关于这方面的参考书非常少。译者长期从事含能材料微介观结构演化及化学反应动力学方面的研究，偶然读到这本著作，认为书中的作者都来自长期在含能材料领域从事研究工作的学者，书中的内容较为丰富，凝聚了该领域多年的研究成果，对于从事含能材料研究的人员具有较强的指导意义和参考价值，因此组织翻译此书，希望能够对从事含能材料研究的学者有所帮助。

本书共8章，涉及含能材料高压合成、结构变化、状态方程、化学反应动力学等方面的内容。书中主要内容包括高压DAC实验技术、多氮含能材料的高压合成、高压下含能材料的状态方程及相图、高压下黏结剂及聚合物的状态方程、含能材料的反应动力学、冲击加载下含能材料分子晶体的结构变化、分子动力学模拟、数值模拟缺陷对含能材料性能的影响等。本书以综述的方式详细介绍研究方法，同时提供翔实的实验数据，对相关研究具有较高的参考价值。当然，由于本书于2008年出版，因此并没有收集最近十年的研究成果，读者可以基于书中的团队及作者信息追踪这一领域最新的研究进展。

在本书的翻译过程中赵均、郭文灿、尚海林、于国洋、曾阳阳、何雨等同志做出了积极的贡献，译稿也得到杨延强、张增明、汤成龙等几位老师团队的细心校对，马骁承担了大量的编辑和修图工作。本书的出版得到“国防基础科研科学挑战专题”(Science Challenge Project，No. TZ2016001)的资助，同时得到科学出版社的大力支持。译者谨向上述个人及团体对本书出版所提供的支持与帮助表示衷心的感谢。由于译者翻译水平和经验不足，可能存在诸多翻译不够准确或不当的地方，恳请读者指正。

译　者

2017年6月于四川绵阳

目　录

第1章　金刚石对顶砧技术

1.1　引　　言

通常来说，科学发展要么是突然性的和革命性的，要么需要经过多年演变，显然，金刚石对顶砧(diamond anvil cell，DAC)的发展属于后一种情况。1958年诞生以来，经过50多年的发展，DAC由一种相当粗糙的定性研究装置逐步发展成为精密的定量研究工具。现在，DAC能够稳定地加载静压力，最高可以达到几兆巴。同时，由于它的光学适应性、小的尺寸和轻便性，DAC可以适用于大量的科学测量技术。

在过去的几十年中，随着有关装置改进、装置新应用、实验结果的不断报道，DAC相关的研究在数量和质量上都有极大的增长。目前，DAC已经成为各学科开展各种静高压和温度变量实验的最佳实验装置选择。事实上，对含能材料的静高压和温度变量研究，DAC已是广泛应用且必不可少的研究装置。作者从来没有想到这种简易而优雅的设备，竟然如此广泛地被全世界不同学科的科学研究者应用和接受。因为DAC在科研团体中广为流传，也因为作者察觉到许多使用DAC的科学家却并不了解它的来龙去脉，也许还因为当前试用的DAC有如此多不同的设备改进，所以在本书的开篇，回顾一下DAC发明背后的历史是很有必要的。

众所周知，DAC是由美国国家标准局(NBS)发明的，该局1986年更名为美国国家标准与技术研究所(NIST)。DAC的发展展示了一个科学研究团体罕见的发明过程。相信详细地呈现该发明背后的动机是很有意义的。通过介绍最初简单的和后期更加精密的实验技术及实验结果，使读者了解DAC应用于含能材料研究的优点。将依次讨论以下五个方面的主要内容：①发明DAC的原因以及发明DAC的详细历史；②描述五种基本DAC构型及其在各种研究应用中的优缺点；③在NBS，采用红宝石荧光测量DAC中样品压力方法的开发：④特殊应用中传压介质的开发；⑤高低温加载能力的开发。接下来，将描述NIST和海军水面作战中心(NSWC)几种创新性的DAC应用结果，这些应用对含能材料研究特别有用。一是利用偏光显微技术探测单晶折射率变化，来研究压力诱导的多晶态，并测量相变压力；二是利用傅里叶红外吸收光谱技术，探测高压下热分解反应的相变，并得到动力学数据；三是利用X射线衍射技术(包括单晶和粉末衍射)和能量色散理论，确认压力诱导多晶态的存在，识别新相的晶体态。利用以上技术得到了环三亚甲基三硝胺(黑索今，RDX)和硝酸铵(NM)的热分解动力学及化学反应速率以及相行为等实验数据。

1.2 发　明

20世纪50年代晚期，最早的DAC(180°光学透射窗口平衡臂型)在华盛顿特区的NBS问世[1]。在那时候，本人还是一名就职于构造与微结构部的年轻科研工作者，McMurdie是部门主管。DAC正是在本部门发明的，后来发展成一种精密的科学研究装置。那时候本人的工作还与高压研究无关。本人于1956～1958年在美国军队服役两年，被分配到Posner的结晶学实验室发展一种快速X射线荧光技术，目的是定量分析军方使用的牙科用汞合金。因为办公室和测试装置靠近高压实验室，本人有机会与DAC发明团队成员形成亲密的个人关系，因此，也可以说本人亲历了DAC的发明过程。1961年前，第一篇描述DAC先驱的文章发表约2年后，本人开始与Weir合作，为X射线粉末衍射测量发展一种改良(液压)版平衡臂型DAC[2]。

现在回想起来，四位科学家(Weir、Valkenburg、Lippincott和Bunting，如图1.1所示)的合作是一个巧合。他们每个人都有各自的专业知识和科学技能，这些知识和技能推动了DAC的问世。相当有趣的是，DAC发展早期工作并没有得到NBS相关部门的认可和支持。相反，出于直觉，四位科学家认为高压是一个高产的研究领域，自己能够在DAC发明中有所作为。刚开始时，四位科学家是各自研究，相互之间没有合作交流。

图1.1　1957年华盛顿特区国家标准局的四位科学家，开始合作发展金刚石对顶砧压机
左起分别为：Weir, 1911～1987年；Valkenburg，1913～1991年；Lippincott，1920～1974年；Bunting，1892～1966年

20世纪50年代中期的早些时候，Weir，一个训练有素的化学家被分配到皮革研究部，研究皮革的物理性能对皮衣的影响。他使用活塞/汽缸液压装置改变压

力，通过监测 Hg 的侵入状况测量皮革的孔隙率[3-5]。他着手这项研究是因为人们认为皮革的孔隙率影响皮衣的质量。Weir 开展这项实验是为了尝试验证这种观点。显然，Weir 在他的本职研究工作上工作效率很高，因此有额外的时间从事个人感兴趣的研究工作。至今 NBS 或 NIST 的许多人仍然在开展业余的个人兴趣研究。在 50 年代，NBS 的科学家开展业余个人兴趣研究是很常见的，只要不影响其本职研究工作和任务，而且某种程度上与之相关。Weir 改进了他的活塞/汽缸液压装置，用于测量许多固体的压缩性能，这其中包括硼硅酸盐玻璃、特氟龙(Teflon)、天然橡胶和合成橡胶的压缩效应，并研究其他现象，如压力诱导的多晶态，如图 1.2 所示。他发表了活塞位移测量结果，其中一些结果具有重要的工业应用价值，而且是首次得到报道[6-9]。

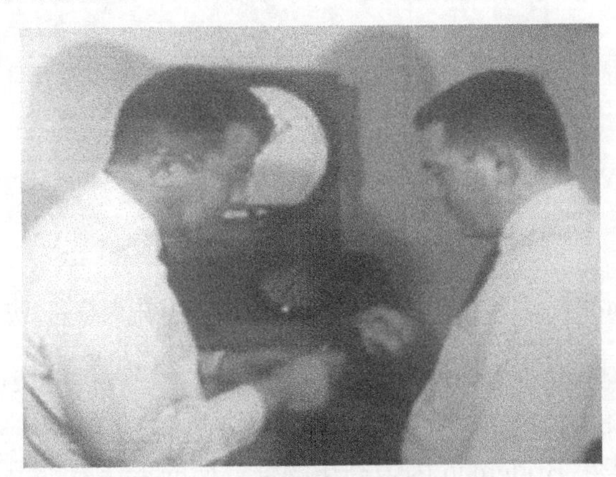

图 1.2　Weir(左)向 Piermarini 解释他的样品封装方法

该方法在他早期获奖高压工作中采用，图中背景是研究使用的液压机

因为在高压研究中取得的杰出成就，Weir 获得了贸易部银奖。在研究工作中，Weir 对材料在高压下的性能和结构具有强烈的兴趣。他向管理层表示，他想从事高压下材料的性能和结构研究，而不是继续从事皮革研究。因为他的高压研究成果，Weir 进入 McMurdie 研究部继续从事高压研究。在与 NBS 其他科学家交流他的研究成果时，Weir 结识了 Valkenburg (同事称他为 Van)，他们对高压研究进行了深入的探讨。

1958 年，美国国家标准局局长 Astin 宣布，目前以及 NBS 新的研究规划中要加强一些高压领域的研究工作。在通告中提到三项与 DAC 相关的内容：①发展得到高压的新方法和新技术；②发展研究高压下材料性能和结构的测试技术；③建立压标[10]。直到 1959 年，发展 DAC 才正式列入 NBS 的研究计划。

20 世纪 50 年代早中期，Van 也在 McMurdie 研究部工作，主要从事热溶液法合成晶体，特别是以 Morey 爆炸法再结晶得到云母。那时云母作为绝缘体广泛用于真空管内，是一种具有战略意义的材料，被定为国家机密。云母的固体器件在

50 年代中期还没有被商业应用。Van 是一个训练有素的矿物学家，在压力对材料物理与化学性质的影响方面有深入的理解。和 Weir 一样，Van 也有其业余研究。他想发展一种高温高压方法来合成金刚石，但出于种种原因没能实现。他的这种热情源于几年前通用电气公司宣布以高温高压方法成功合成了金刚石，那时候这是科学界一项巨大的技术成就。Van 用一个由活塞/汽缸液压装置和高温 NBS 型自校准四面体砧结合而成的装置，开展他的金刚石合成研究[11, 12]，如图 1.3 所示。

图 1.3　Van 正在云母合成、结晶和重结晶研究工作中调整高温炉的工作参数

据本人回忆，Weir 向 Van 表示他迫切希望加入研究，以便在这个新生的高压领域展开合作。随着固体元件的引入，云母不再是战略材料，Van 的研究项目随之终止。还有早些年 Bridgman 因为高压物理方面的工作被授予诺贝尔奖，这件事可能影响了他们的动机。最后 Weir 说服了 McMurdie 研究部，使之相信他加入 Van 的研究不但会使他们受益，也会使整个研究部受益。因此，从 1957 年开始，Weir 和 Van 开始在同一个实验室共同致力于高压研究。他们与同在 McMurdie 研究部的 Bunting 在一个大的实验室工作，如图 1.4 所示。实验室位于 NBS 工业大楼的

图 1.4　Bunting 的办公地点就在高温炉实验室

二楼，大楼坐落于特区西北部的 van Ness 大街(现已拆除，成了哥伦比亚大学校区)。Bunting、Weir 和 Van 都与 Lippincott 教授在无机材料的红外吸收光谱研究方面有合作。Lippincott 教授是一位来自马里兰大学的客座研究员和顾问，专业知识和技能是吸收光谱，特别是红外光谱，他们合作研究并发表了关于温度诱导二氧化硅和二氧化锗多晶态的研究结果。矿物研究部主任 Earl Schoonover 推动与部门外的组织(如当地大学)开展合作研究。马里兰大学和其他政府部门帮助 NBS 开展新领域的研究工作，就是这样的典型事例。

四位科学家同处一室，各自独立地进行研究工作，并与 Lippincott 在红外光谱方面开展合作。这样的工作条件方便他们开展日常交流，交流日常科学兴趣。在这样相对自由的后卫星时代实验室环境中，研究经费充足。事实上，本人记得一位高层管理人员，矿物研究部主任 Schoonover，曾经对一位实验科学家说过："不要担心经费来源，专心做你的科研工作。"在这种如今少见的工作条件下，很快他们中有人提出应该发明一种小型化的高压装置，以在高压研究领域取得重大科学突破，这种装置具有 180°的光学透明窗口，允许开展高压下材料红外吸收光谱测量。这种灵感来源于 Lippincott 的光谱学背景。在他们的交流讨论中，他经常提出这个话题，认为这样的装置是一种探测物质中原子相互作用行为的高效工具。他认为不同于温度，温度不能超过研究中固体热稳定性和热力学零度所施加的限制，(而在这种装置中)唯一的极限是固体破碎或者压力容器本身的压力极限。Lippincott 对这种能够测量和解释压力对红外光谱影响的装置可能感到很兴奋，这是以往从未做过的。他说如果他们成功了，这将是红外光谱研究领域和高压研究领域的一个重大突破。这些已经足够说服四个人(开展这项研究探索)。他们决定发明这样一种装置。不同于之前的个人业余兴趣研究，这次是四位科学家的合作，并且完成这项工作可能需要花费他们一年的业余时间。需要说明的是，他们研究的主要推动力不是发明压标，尽管压力信息对他们也很重要，但高压下固体的红外光谱测量只是一种研究原子相互作用力和化学键的方法。这种光谱技术受限于高压装置，装置必须设计和制造得足够小才能放进样品腔，而且样品腔的红外部分必须对红外辐射透明。

他们的第一次尝试不幸失败了。这次尝试基于 1957 年首次发表的一种设计方案[13]。这种粉末样品压力加载方案，一个汽缸中插入两个对顶活塞，挤压活塞就会压缩两者之间的样品。一个有圆柱状孔的大金刚石单晶用来装样品，开展 X 射线衍射实验。对于红外吸收光谱实验，Van 从史密森研究所免费得到一个 7.5 克拉的 II 型金刚石单晶(低红外吸收)。免费获得的理由是这种坚硬的石头将用于在 NBS 开展的特殊目的的研究中，而且在实验过程中它很可能被损坏。在金刚石上钻了一个直径 0.4mm，贯穿两个抛光表面的孔洞。两个结合紧密的钻棒插入"圆筒"挤压粉末样品。为了提高压力，使用 Weir 制作的简单紧固装置，少量移动钻棒就会在钻棒末端产生压力,几次加压后金刚石孔洞径向产生了裂纹，裂纹随着后来的压力加载不断扩展，如图 1.5 所示。金刚石最终碎裂成几块，这主要是因为之后的压力加载过程中钻棒轴向对准很难保持，导致裂纹进一步扩展，最终破碎。这种设计的装置实验很快终止，并且也不会有进一步的实验，因为即便出于科研价值的目的，也没有谁或哪一个机构组织会再捐赠这种尺寸的金刚石。

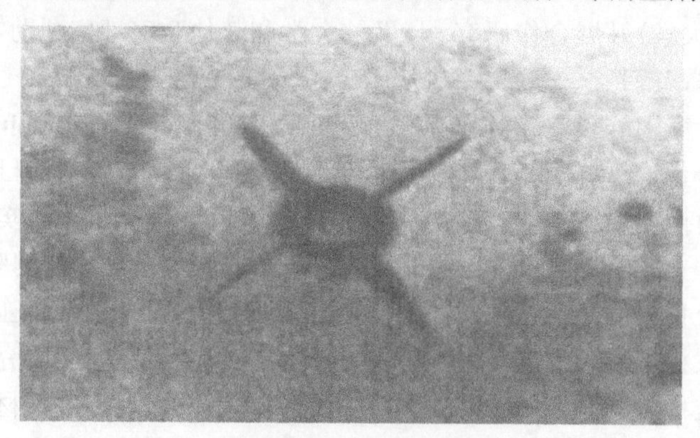

图 1.5　沿金刚石钻孔径向发展的裂纹

这样，他们不得不提出新的装置设计方案。经过多次讨论后，最终达成一致，同意采用 Weir 提出的一种非常简单装置设计方案，该方案采用 Bridgman 对顶砧原理[14,15]。诺贝尔获奖者，高压研究之父 Bridgman，是使用两个加载平面对顶砧压缩材料的先驱，如图 1.6 所示。前面提到，Weir 进行了数年压力对皮革质量的影响研究，掌握了丰富的实验技术知识。他提出的对红外辐射透明的对顶砧，可能是最简单的设计方案，特别是考虑到他们必须利用业余时间来制造这个装置，于是都同意采用这个方案。

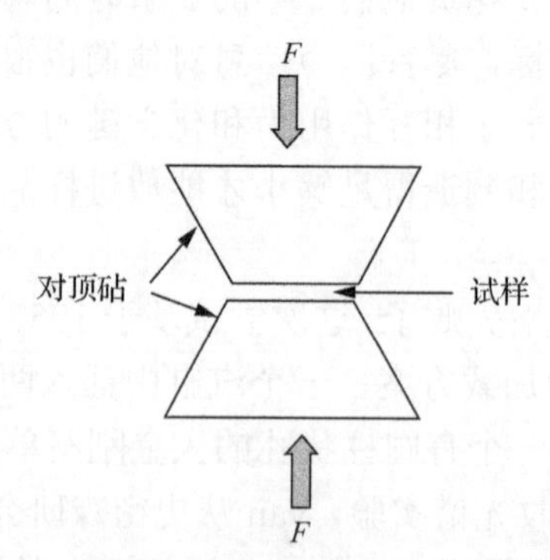

图 1.6　Bridgman 对顶砧的基本构造

加载力 F 推动两个对顶砧(通常是非常硬的材料，如碳化钨)挤压在两者之间小区域内的样品。加载力通常由液压机产生。对于给定的加载力，砧面面积越小，样品所受压力越大

这几位 NBS 的科学家都知道，金刚石是对顶砧材料的最佳选择，因为它具有高硬度、高压缩强度、高红外透过率。为了获得最佳红外透过率，特别是在研究原子相互作用力的红外特征谱区域，他们必须得到稀少的Ⅱ型金刚石或者至少需要金刚石主要表现Ⅱ型特性。而多数金刚石表现出介于Ⅰ型和Ⅱ型金刚石之间的特性。

数量稀少的Ⅱ型金刚石可用于红外显微光谱研究，是因为它们能够经受住高压加载。采用小巧的对顶砧装置，仅需要微克量级的样品，因此非常小的便携装置就可以产生所需的压力加载。但在当时，他们不知道从哪里得到Ⅱ型金刚石[16]。这项工作此时还是个人业余研究，没有经费支持。McMurdie 研究部当然不会同意他们购买金刚石，特别是这些金刚石在实验过程中将会挤压在一起，非常可能破碎，最终像他们早期实验使用的 7.5 克拉金刚石一样。无论如何，即使没有财政支持，他们还是得想出办法。这时候 Van 的矿物学背景起到了关键作用，他想到了一个绝妙的解决方案。经过他的努力，他从总务管理局(General Services Administration，GSA)成功得到 1100 颗切割打磨过的钻石。GSA 保存了大量美国海关从走私犯手中没收的金刚石。不同于现在，GSA 会定期拍卖没收的走私钻石，在 1957 年拍卖走私钻石是被禁止的，这些走私钻石堆积在 GSA 的金库中，被无限期保存。McMurdie 研究部出具了文件，申明这些钻石将专门用于 NBS 的高压实验，而且钻石很可能在实验过程中损坏。GSA 同意转交给 NBS 约 1100 颗切割打磨过的钻石，每颗钻石重约 1/3 克拉。我确信如果没有得到这些免费的钻石，制造高压装置的努力即使不会被完全终止也肯定会严重受阻。无论如何，如果没有这些免费钻石，四位科学家的这项合作研究不会如此容易地深入下去。

Bunting 和 Van 对这 1100 颗钻石进行了红外透过率及其他性能测试，最后发现仅有 55 颗主要表现出Ⅱ型金刚石特性，适合用作红外透射实验的对顶砧，红外透射率测试典型结果如图 1.7 和图 1.8 所示。现在他们有了可用的金刚石，但还要将金刚石加工成对顶砧，并且制造出给金刚石砧加载压力的机械装置。Weir 准备利用旧车床、钻床、弓锯、锉刀、旧高速金刚石砂轮，以及其他可以从他的实验室

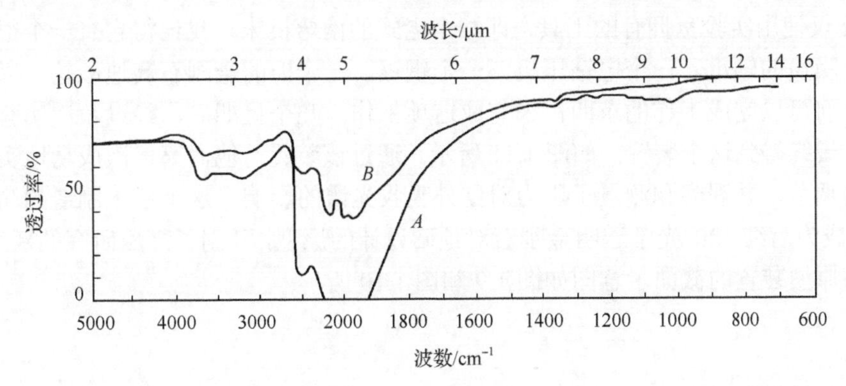

图 1.7　Ⅱ型金刚石(2～4mm 厚)的典型红外光谱(*A*)和薄Ⅱ型金刚石(1mm 厚)的外光谱(*B*)

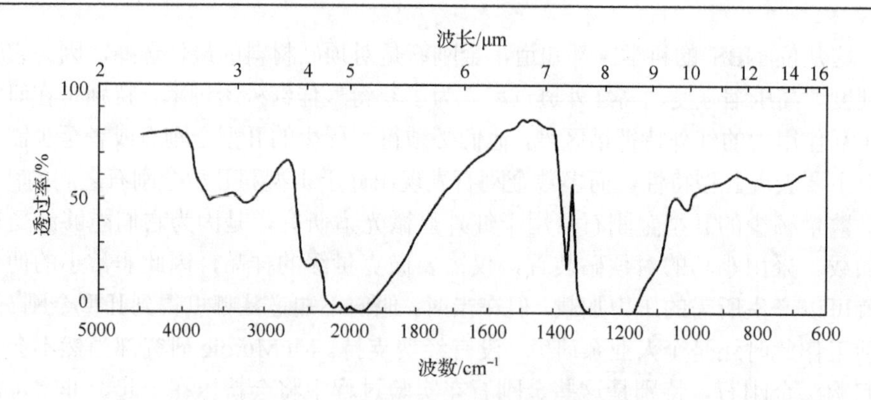

图 1.8　Ⅰ型金刚石(2～4mm 厚)的典型红外光谱

得到的工具来完成这两个程序。这些简陋的工具决定了如何设计和制造高压装置。本来想当然地以为简陋工具会极大地阻碍实验进展，结果却带来了极大的好处，因为简陋工具和红外光路的限制，要求装置设计得极为简易。

最早的 DAC 设计结构留在 Weir 手中，Weir 有设计和制造的爱好，他确实也做得很好。Weir 更倾向于自己动手加工，很少送交车间加工，即使这是公事。常听他说："我没有那么多时间去等，因为这将会花大约 1 周，而且我还得先画一张精确的设计图给车间。我认为我应该自己去完成它。"他就是这样完成的 DAC 装置。因为没有得到金刚石砧成品，所以经过 Van 和 Bunting 挑选的Ⅱ型金刚石还需要加工。打磨尖端或者打磨底面得到一个面积约 0.5mm^2 的小平面，这是最简单的工作。Weir 亲自用镶嵌金刚石颗粒的高速砂轮，将挑选出的Ⅱ型金刚石打磨好，打磨过程中用自制夹具，使打磨的底面保持平行于金刚石台面。几颗金刚石，通常是 10 颗，同时用低熔点焊锡紧固在夹具中，这样可以同时打磨多个金刚石砧。

尽管他们每个人都对夹具的总体设计提出了建议，但最终的决定权还是交给了 Weir，因为毕竟还是得他用能够得到的工具来加工。在他们对平衡臂型 DAC 设计达成一致后，Weir 立刻开始自己制造。这套设计的基本结构一直保持到现在。Weir 仅使用实验室拥有的工具，即一个老式的南弯机床，我记得它有一个很粗糙发出噪声的轴承，一个电钻压机，一个钢锯，一个旧的金刚石高速砂轮，以及其他任何可以完成工作的东西，未完成这项工作。几个星期后，经过数次实验和失败，最终得到这个装置，如图 1.11 所示。通过该装置，他们第一次成功地实现了压力调节，并观察和测量了压力对红外吸收光谱的影响。这个手工制造的简易装置，成为后续 180°光学透明金刚石对顶砧设计的原型，开创了高压研究的新纪元。这个原型装置的截面示意图如图 1.9 和图 1.10 所示。

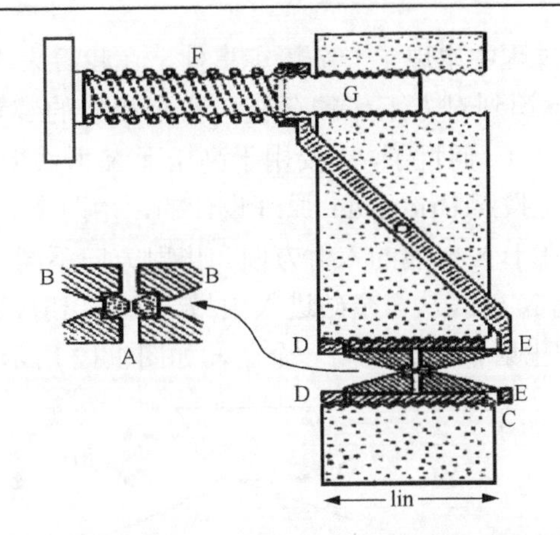

图 1.9　1957/1958 年 Weir 制作的设计简洁的平衡臂型 DAC 示意图

操作时，旋紧螺丝 G 挤压弹簧通过平衡臂施加压力给 E。对顶活塞 B，通过支柱环 D 固定在大工作台面 C 上。对顶活塞 B 包含了钻石砧 A。施加压力后，金刚石对顶砧就相互挤压。工作台尺寸仅为 1in(1in=2.54cm)，放置在图 1.10 中的小型红外装置中

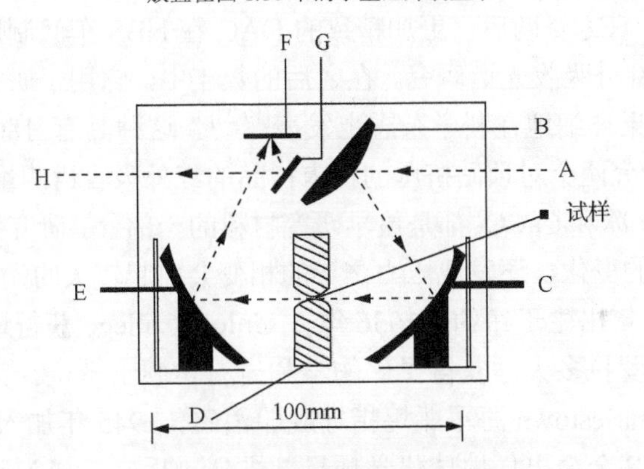

图 1.10　设计的红外光路(A 到 H)

D-DAC；B-凸透镜；C 和 E-凹面聚焦镜；F 和 G-平面反射镜

图 1.11　Weir 手工制造的 DAC 实物图

现收藏在 NIST 的 Gaithersburg 博物馆

开发 DAC 装置过程中出现了一个撞车事件。在我看来，直到工作发表以前，两个研究组都没有意识到对方工作的存在。一个相似的装置在芝加哥大学(The University of Chicago, UC)问世了，主要用于高压下 X 射线衍射测量[17,18]。与 NBS 的 DAC 很像，它也是按照 Bridgman 原理设计的，由两个对顶的金刚石砧组成。两种 DAC 主要区别在于 X 射线的入射方向和出射方向不同。NBS 的 DAC 是 180°光学透明设计，因此 X 射线从一个砧进入由另一个砧出射，而 UC 的 DAC 与此不同，X 射线入射和出射都是经过同一个砧，如图 1.12 所示。

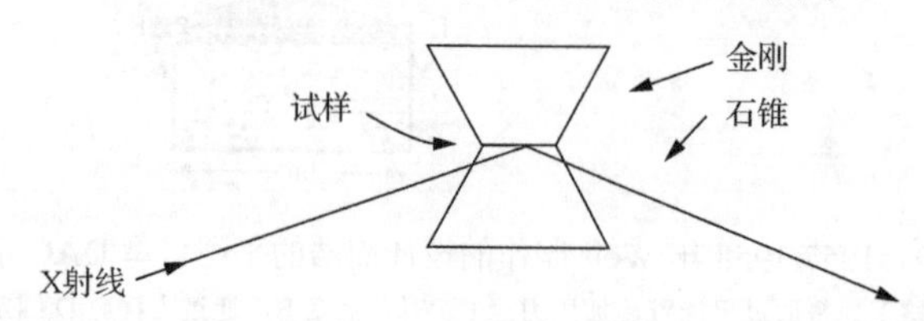

图 1.12　芝加哥大学的 DAC 设计，用于取代标准 2θ 扫描 X 射线衍射仪的样品台

在得到 NBS 官方资助后，更加精致的 DAC 在 NBS 车间制造出来，如图 1.13 所示，主要用于红外吸收光谱研究。在之后的数年中，它用于研究很多人们感兴趣的材料，研究结果详细地在科学杂志上发表[19-23]。这种具有 180°光学透明设计的 DAC 主要用于研究两个对顶砧挤压的粉末样品的红外吸收谱测量。$NaNO_3$、KNO_3、$AgNO_3$、二茂铁、冰和 $CaCO_3$ 都是最早研究材料的一部分。研究第一次发现压力引起的红外吸收带的变化，还发现压力诱导的相变会引起较大的光谱变化[19-22]。

Van 于 1913 年出生于纽约，1936 年在 Union College 获得地质学理学学士学位，两年后在科罗拉多大学获得了矿物学和岩石学硕士学位。第二次世界大战期间，在波士顿 Charlestown 海军船坞指导舰船消磁。1945 年加入 NBS，1964 年离开，到国家科学基金会出任地球化学项目部主任。后来，成为矿务局高校事务部主任，直到 1980 年退休。在此过程中，Van 一直在地球物理实验室开展 DAC 相关工作。通过一家名叫 HPDO 的公司，Van 离开 NBS 后的工作仍然与开发 DAC 紧密相连，HPDO 公司主要生产并向高压研究团体的科学家销售 DAC。HPDO 最初是由 Weir、Lippincott 和 Van 合作创办的，其中 Van 任职合伙人，而 Weir 和 Lippincott 在公司不担任职务，后来 Van 成了公司的唯一所有人。Van 通过 HPDO 公司向高压研究团体提供了大量的 DAC，这对高压研究产生了巨大的推动作用，因为这使科学家很容易得到 DAC，他们不需要自己去设计制造，当然许多人也不会选择自己去做 DAC。退休后，Van 搬到了亚利桑那州图森市，和他的儿子 Eric 继续制造销售 DAC，直到 1991 年去世。之后 Eric 继续经营 HPDO 公司[23]。

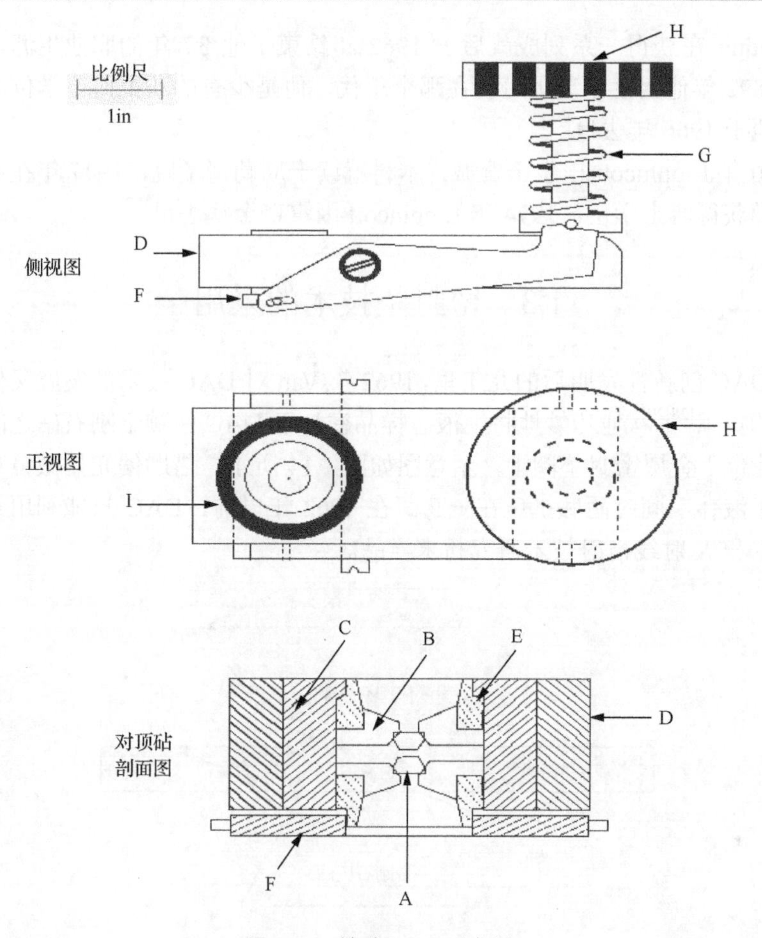

图 1.13　精致 DAC 示意图

A-金刚石砧；B-支撑钢座；C-钢制导向汽缸；D-铝制腔体；E-活塞；F-钢制压力片；G-挺相弹簧；H-螺丝旋钮；I-用于放置电阻线圈加热炉的圆形腔体

Weir 发展并进一步优化了高压单晶 X 射线衍射技术后，于 1970 年退休。退休后，他搬到了加利福尼亚州圣路斯奥匹斯堡。1911 年，Weir 出生于华盛顿特区，父亲是一名政府雇员。他就读于 Dunbar 高级中学，以班级头名毕业。1929 年，他和其他三人被来自芝加哥的国会议员 Priest 推荐到安纳波利斯的美国海军学院。然而，即使他通过了心理测试，他还是由于视力不佳而落选[24]。之后，Weir 到芝加哥大学学习化学，于 1932 年获得理学学士学位，1934 年在霍华德大学获得物理化学硕士学位，并留校任教。1937 年，他到加州理工学院攻读物理博士学位。1940 年他因病退学，1943 年开始进入 NBS 工作，直到功成名就退休。Weir 于 1987 年去世[25]。

Bunting 在获得一系列成就后于 1962 年结束了他 37 年的职业生涯，离开了 NBS。1892 年他出生于芝加哥，在那个年代，他是少有的获得博士学位的科学家之一。他于 1966 年去世[26]。

1920 年 Lippincott 出生于费城，本科就读于厄勒姆学院，1947 年在约翰霍普金斯大学获得博士学位，1974 年 Lippincott 因霍奇金病去世[27]。

1.3　密封垫技术的采用

在 DAC 创新性发明后的几年里，1962 年 Van 对 DAC 技术的发展又做出了极其重要的贡献[28,29]。他巧妙地将纯液态样品密封于 DAC 两颗金刚石砧之间的小孔中，小孔位于金属密封垫圈上，示意图如图 1.14 所示。借助偏光显微镜观察到小孔充满了液体，同时两砧挤压在一起。在 1962 年以前，DAC 只能利用红外吸收光谱技术和 X 射线衍射技术研究粉末样品。

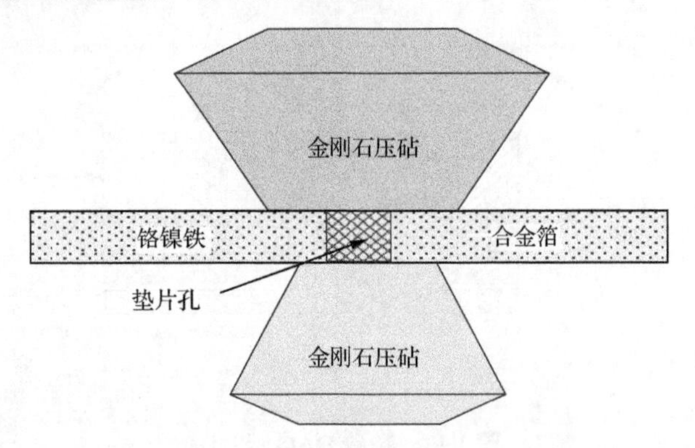

图 1.14　密封垫(薄金属片)将两个金刚石压砧分隔开的示意图
2～3mm 厚的金属薄片是典型的镍基合金，含有一个直径 0.2～0.3mm 的小孔

在最初的实验中，Van 在小孔中装满水，迅速装配好 DAC，然后施加压力后用偏光显微镜观察密封小孔中的水。减薄金属片可以减小小孔和密封于小孔中水的体积，因此可以提高压力。他发现在压力达到 0.98GPa 时水结晶成Ⅵ相冰。他首次在室温下观测到了水的结晶形成Ⅵ相冰的现象。所看到的结晶现象如图 1.15 所示。

Van 首次在室温下观测到，随着压力升高水的结晶化和多晶态现象[28]，如图 1.16 所示。因此，他利用这种技术以甘油作为传压介质，进一步研究方解石单晶。Van 借助偏光显微镜观察到了压力诱导的方解石多晶态转变现象[29]。在发展出密封垫技术后，很快开展了方解石压致相变研究，但研究结果直到 1970 年，距离 1964 年 Van 离开 NBS 很长一段时间后才发表。密封垫技术的发明非常重要，因为利用它可以得到静水压条件。这项发明减小甚至消除了某些液体中的压力梯度，因此依赖这项发明可以实现高压的定量测量。早期密封垫技术的应用之一，就是用于高压下的单晶 X 射线衍射实验。事实上，正是 Van 的密封垫技术和他关于甘油中方解石的相变启发了我们，Weir、Block 和本人，在 NBS 的资助下，从 1964 年开始长期合作，发展出了利用旋进相机的高压单晶 X 射线衍射技术[30]。

图 1.15　借助偏光显微镜透过 DAC 观察到这些无固定形状或球状的 VI 相冰在室温及 0.98GPa 压力下和水处于平衡状态

这是 Van 首次观测到在室温下冰VI相与水达到平衡状态时拍下的照片

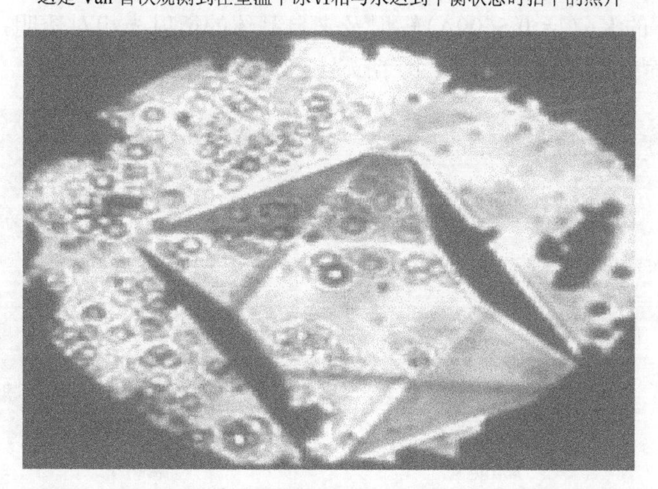

图 1.16　一个VI相冰单晶从图 1.15 所示的球状晶体中生长出来

截至 1971 年，DAC 在 NBS 和其他实验室经历了数次精细化，并被国内外其他实验室修改以用于其他测试技术。然而，DAC 并不被大多数科学家认同，包括 NBS 的管理层。这主要是因为还没有快速、便捷和准确的方法测量样品压力。在那时候，压力主要是基于状态方程，通过繁重而耗时的 X 射线衍射技术测量 NaCl 的体积压缩得到。这种方法做一次压力测量通常需要约 15h。就这样，DAC 作为高压研究工具被有限地认可，主要是被从事地质学相关研究的实验室使用，在这里他们迫切需要得到特高压，而压力精度在特高压范围不是需要考虑的主要问题。

1.4　DAC 在 X 射线衍射技术中的应用

NBS 的对顶砧型 DAC 是后续发展的 180°光学透射式 DAC 的原型。因为我们属于晶体学研究组，第一次 DAC 应用是红外吸收光谱，但一直在研究将 DAC 用于粉末 X 射线衍射的可行性。服完兵役后，本人加入了组分与微结构研究部，部门主任是 McMurdie。一年后，Weir 和本人开始合作探索 DAC 在粉末 X 射线衍射中的应用。1962 年，发表了静高压下 X 射线衍射技术的相关研究结果。结果表明，这种衍射技术方案是可行的，如图 1.17 所示。

当发现单晶能够从 DAC 中的液体生长出来后，认为可以开展高压下的单晶 X 射线衍射实验。Weir 和本人已经发表了几次静水压条件下粉末 X 射线衍射成功实验的结果，如图 1.18 所示。本意是想把这项技术拓展应用于单晶。1963 年晶体学研究部主任 Block 加入我们的研究中。像之前一样，Weir 改装了 Buerger 型旋进相机使它能够和平衡臂型 DAC 配合，并使用铍片来支撑金刚石砧。使用铍是因为铍对于 Ag 的 Kα(λ= 0.5609Å)辐射及来自晶体的衍射光相对透明，使之能够以较小的强度损失穿过铍，如图 1.19 所示。

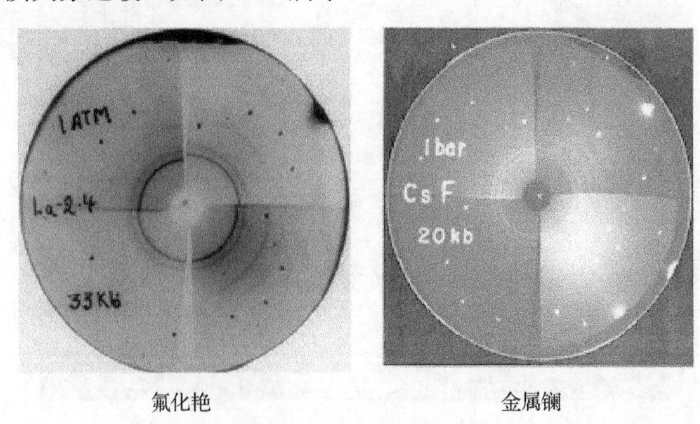

图 1.17　两个相变案例

并排的 1/4 圆分别是 La 和 CsF 的粉末 X 射线衍射图，表明压力下发生了相变，例如，六角结构的 α 相 La 转变成了面心立方(fcc)结构；CsF 从 NaCl 结构转变成 CsCl 结构[31,32]

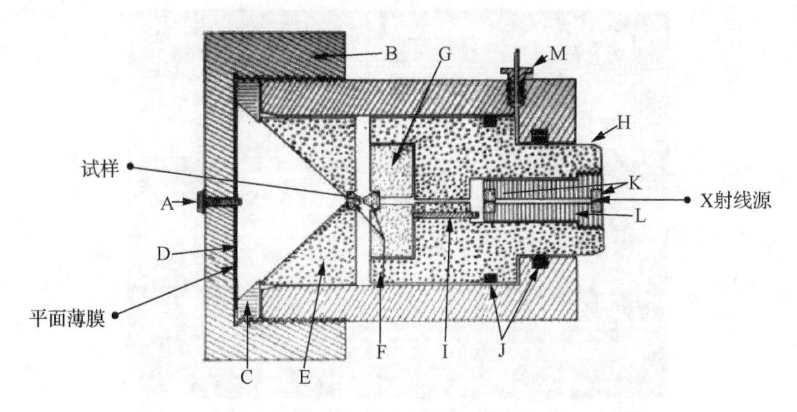

图 1.18　静水压加载下 X 射线衍射高压相机示意图

图 1.19　Weir 简单改装后的 Buerger 型旋进相机的照片[33]

受到Ⅵ相冰 X 射线衍射数据的鼓励(图 1.20)，实现了一个考虑铍金属件引起的吸收和偏振的校正，以及晶体位移的复合装置，并用晶体结构已知的 Br_2 单晶进行了实验验证(图 1.21)。数据分析表明，应用校正后，衍射强度得到极大的提高，并且在校正后得到了低至 9.1%的结构因子(R-Factor)[35]。利用这种吸收校正，第一次利用 DAC 技术对一种未知高压结构的苯单晶(苯Ⅱ相)的结构进行了确定。在室温和 2.5GPa 压力条件下，发现苯Ⅱ相是单斜晶系结构(空间群为 $P2_1/c$，如图 1.22 所示)。这种结构是在分析所有可能的分子堆积结构、计算结构因子和因子的可靠性以及每种堆积结构的堆积能量后推断得出的。处理程序得到了苯Ⅱ相唯一的分子堆积结构，并得到了常见精度 7.6%的结构因子[36]。后来，这种方法也用于确定未知四氯化碳高压相(CCl_4-III)的晶体结构，发现它属于 $P2_1/c$ 空间群，每个晶胞由四个分子组成[37]。苯晶体的数据陈列在表 1.1 中。

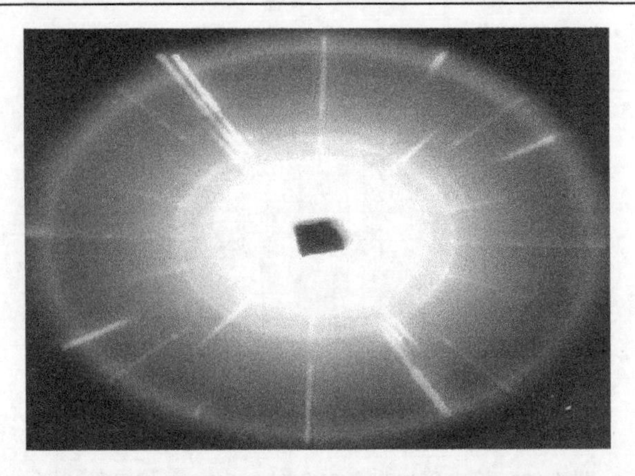

图 1.20　早期在室温 0.98GPa 条件下获得的Ⅵ相冰的 hk0 级衍射图(μ=16°，钯滤掉了银的辐射)
粗的对角线条纹来源于金刚石，粗的环来源于金属密封垫。那些非常小的形成规则几何图案的点是Ⅵ相冰衍射形成的。这是最早的高压室温下单晶照片之一。参考文献[34]详细地分析了这幅照片中Ⅵ相冰的结构

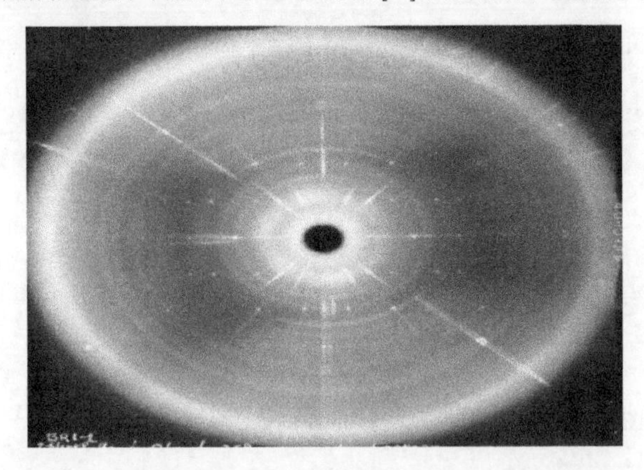

图 1.21　溴单晶的典型 0 级 24h 曝光 X 射线衍射图
选择溴单晶分析是因为它具有如图所示的相对强度较高的衍射斑点[35]

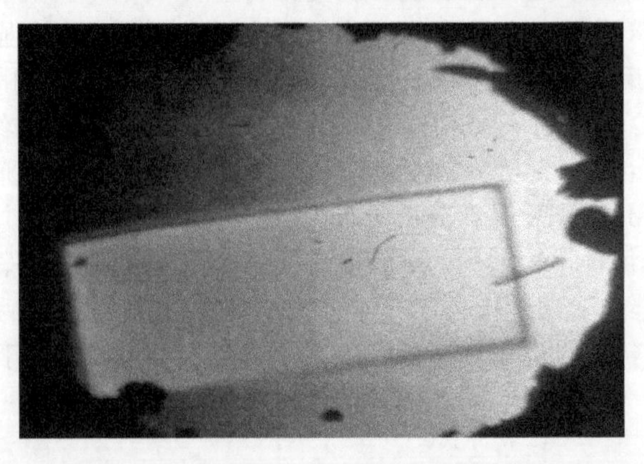

图 1.22　约 310℃和 3GPa 条件下，苯Ⅱ相单晶和液态苯处于平衡态的照片
苯Ⅱ相单晶显现出良好的晶体形态。通过降低温度到室温，在密封垫小孔中得到了晶体。这样的晶体进一步用于研究苯Ⅱ相单晶的晶体结构

表 1.1　苯Ⅰ相和苯Ⅱ相的晶体数据对照表

苯Ⅰ (21℃, 0.07GPa)	苯Ⅱ (21℃, 2.5GPa)
a=7.17	a=5.417(5)Å
b=9.28	b=5.376(19)
c=6.65	c=7.532(7)
	β=110.00(8)°
空间群 Pbca	空间群 $P2_1/c$
Z=4	Z=2
ρ_c=1.18g/cm^3	ρ_c=1.258g/cm^3

注：圆括号中的数值是文献报道标准偏差(相对小数部分最后一位)，通过 20 次实验的 2θ 值由最小二乘法得到。苯Ⅱ相的密度变大(ρ_c)是 2.5GPa 压力造成的。

在 1964～1968 年，对 DAC 和旋进相机做了持续改进以便进行单晶 X 射线衍射实验操作。一个全新的 DAC 被设计成几乎全由铍制作，除高强度组件之外，如产生加载的螺丝、挺相弹簧和弹簧压力片全部为铍材[38]。Buerger 型旋进相机也相应重新设计，并在 NBS 的车间制造出来以适应铍制 DAC，如图 1.23 所示。

图 1.23　重新设计的铍制 DAC 和旋进相机被安装在 X 射线设备上准备开始单晶衍射实验

利用这种改进装置，得到了苯、二硫化碳、溴、四氯化碳和硝酸钾的高压晶体相数据[39]。这种装置，在更高的压力下可以从液态生长出单晶，如 C_6H_6-Ⅰ、CS_2、CCl_4-Ⅰ、CCl_4-Ⅱ和 CCl_4-Ⅲ，也可以从固态生长出单晶，如 KNO_3-Ⅲ和 KNO_3-Ⅳ。晶体参数见表 1.2。

表 1.2　从室温高压相的单晶 X 射线衍射数据得到的晶胞和空间群数据参数

C_6H_6 Ⅰ-正交型, a=7.17, b=9.28, c=6.65, bca
CS_2-正交型, a=6.16, b=5.38, c=8.53, Cmca
Br_2-正交型, a=8.54, b=6.75, c=8.63, Cmca
CCl_4, Ⅱ-斜方型, a=14.27, α=90°
CCl_4, Ⅱ-单斜型, a=22.10, b=11.05, c=25.0, β=114°, CaorC2/c
CCl_4,Ⅲ-正交型, a=11.16, b=14.32, c=5.74, $C222_1$
KNO_3, Ⅲ-斜方型, a=4.31, α=78°54
KNO_3, Ⅳ-正交型, a=5.58, b=7.52, c=$P2_1$nb 或 Pmnb

注：所有晶胞长度单位为埃(Å)。

我们报道成功利用 DAC 开展高压下的单晶 X 射线衍射实验后，军方实验室，如 the Explosives Laboratory、Picatinny Arsenal、Dover、NJ 和 The Army Materials Technology Laboratory、Watertown、MA，就问是否能够开展含能材料的相关研究，因为炸药压力诱导的相变和高压相晶体结构等压缩数据在当时还没有，却是他们所急需的。缺乏相关数据的原因是，在我们发明新的 DAC 技术之前，没有安全的实验技术去研究炸药的高压行为。在军方实验室提出需求之前，我们是完全没有用 DAC 研究含能材料的打算的。军方实验室的需求是开始含能材料研究的唯一原因。军方实验室的科学家看好 DAC 在高压下炸药研究中的应用。他们认为，使用 DAC，研究中仅需要采用相对少量的炸药，这样炸药药量越小危险就越小，甚至根本就没有。就这样，1969 年开始为 Picatinny Arsenal 开展含能材料单晶研究，看是否能够测量军方感兴趣的叠氮化物单晶的压缩数据，如 $Pb(N_3)_2$、$Ba(N_3)_2$、KN_3、TlN_3 和 NaN_3。在这些研究中，测量必须在一个化学惰性的静水压环境下进行，以保持样品单晶特性。压力环境中的非静水压将使晶体产生裂纹或者其他缺陷，破坏它的单晶特性。除化学惰性和静水压性的传压介质的限制之外，作用在样品上的压力还必须是精确已知的，才能得到有意义的压缩数据。我们发展了一套新颖的方法来同时解决这些问题。使用室温结晶压力的正己烷聚合物(*n*-hexane，10395bar)和乙醇(ethanol，22210bar)作为研究叠氮化物的化学惰性环境。图 1.24 详细地展示了解决这些问题的步骤。

室温下乙醇的结晶压力条件在早些时候 Bridgman 发表的实验结果中有所报道，实验中利用 Buerger 型旋进相机开展了乙醇单晶 X 射线衍射实验。类似地，其他化学惰性液体的室温结晶压力，用于获得其他压力下的晶体压缩数据。以这种方式，第一次得到了数种叠氮化物的压缩数据和压缩率，这是以前没有人愿意去做的，因为以之前的方式实验需要压缩相当大体积的炸药。

如表 1.3 和表 1.4 所示，应用 DAC 并通过单晶 X 射线衍射技术，第一次成功得到了 α 相和 β 相 $Pb(N_3)_2$、$Ba(N_3)_2$、KN_3、TlN_3 和 NaN_3 的压缩率。在这些研究中得到了单晶衍射数据后，自然就得知其各向异性和压缩率。溴化铊在室温下，压力介于三氯甲烷（5390bar）和聚合正己烷（2990bar）的结晶压力之间发生了压力诱导的相变。在温度升高到 300℃，压力升高到约 3GPa 的过程中，使用 DAC 和偏光显微镜并没有观测到 $Pb(N_3)_2$ 相变。在更加深入的研究中发现，高压下 $Pb(N_3)_2$ 晶体的辐射损伤相对室温有极大程度的降低。然而，这种方法有一个极大的缺点，那就是压力的测量耗时长且非常不方便，因为在不同压力范围需要更换化学惰性液体，也就需要重新装配 DAC。

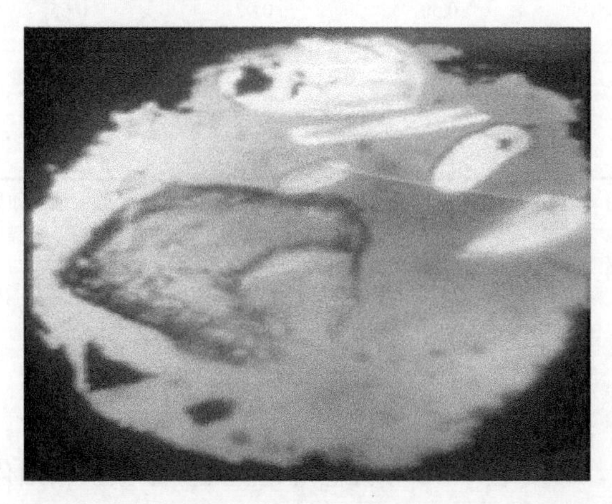

图 1.24　在室温和约 2.2GPa 压力下的 $Pb(N_3)_2$ 单晶[40]

包围晶体周围的基质是化学惰性的液态乙醇和与之处于平衡态漂浮在液体中的小乙醇晶体

表 1.3　利用 DAC 通过单晶 X 射线衍射实验得到的六种叠氮化物的各向异性和体积压缩数据

试样名称	晶体类型	压力/bar	$a/(10^{-8}cm)$	$b/(10^{-8}cm)$	$c/(10^{-8}cm)$	$\beta/(°)$	$V/(10^{-24}cm^3)$
$Pb(N_3)_2$	正交型	1	11.31	16.25	6.63		1218.
		10395	11.08(5)[a]	16.16(3)	6.630(5)		1187.(5)
		22210	10.83(1)	16.14(1)	6.601(1)		1154.(2)
$Pb(N_3)_2$	单斜型	1	18.46(8)	8.909(8)	5.093(6)	106.2(2)	804.4(4)
		10395	18.01(9)	8.774(8)	5.065(5)	105.9(2)	770.(4)
$Ba(N_3)_2$	单斜型	1	5.435(4)	4.401(1)	9.611(4)	99.67(8)	226.2(2)
		10395	5.395(4)	4.345(3)	9.553(6)	99.8(2)	220.2(3)
		22210	5.375(9)	4.316(3)	9.47(2)	101.2(5)	215.4(6)
KN_3	四角型	1	6.0727		7.144		263.4
		10395	6.034		6.828		248.6
		22210	5.992		6.638		238.3
TlN_3	四角型	1	6.196(8)		7.376(7)		283.2(6)
		2990	6178(8)		7.316(7)		279.9(2)
NaN_3	单斜型[b]	1	6.630(2)	3.640(3)	5.299(2)	111.5(5)	118.9(2)
		10395	6.098	3.593	5.288	106.0	111.3

a 圆括号中的数字表示标准偏差（相对小数部分的最后一位），实际上是通过最小二乘法得到的。那些没有显示标准偏差的数据，要么因参数从文献中得到而无法分析，要么没有足够的数据用于最小二乘法分析。

b NaN_3 的数据是在假定它在 9bar 压力下是单斜晶体结构的条件下得到的。

表 1.4 六种叠氮化物的压缩率 （单位：$10^{-4}bar^{-1}$）

试样名称	$-a_0^{-1}(\Delta a/\Delta P)$	$-b_0^{-1}(\Delta b/\Delta P)$	$-c_0^{-1}(\Delta c/\Delta P)$	$-V_0^{-1}(\Delta V/\Delta P)$
$Pb(N_3)_2$(正交型)	1.96[a]	0.53		2.44
	1.91	0.30	0.20	2.36
$Pb(N_3)_2$(单斜型)	2.34	1.51	0.57	4.12
$Ba(N_3)_2$	0.71	1.22	0.58	2.53
	0.50	0.97	0.65	2.15
KN_3	0.60		4.25	5.41
	0.59		3.17	4.30
TlN_3	0.97[b]		2.17[b]	4.63[b]
NaN_3	7.69	1.32		6.15

a 这里有两个取值，一是在 1～10395bar 的取值，另一个是 1～22210bar 的取值。如果只有一个值，则是 1～10395bar 的取值。

b 这些值都是压力在 1～2990bar 的取值。

1.5 红宝石荧光压力测量技术

截至 1971 年，DAC 在 NBS 和其他实验室经历了数次精细化和改进以适应其他测试技术。它主要用于粉末 X 射线衍射、偏光显微和红外吸收光谱实验研究。那时，人们对单晶 X 射线衍射不感兴趣，因为很难测量样品的压力，就像前面提到的叠氮化物压缩测量。受限于此，并不是所有的科学家都认可 DAC，因为没有一种方便快捷的样品压力测量技术。测量得到的压力(单位面积上所承受的力)有误差，再加上因为不知道密封垫和样品上力的分布而导致压力更加不准确。这种状态持续了多年，直到 1971 年，压力可以通过单位面积上承受的力计算得到，或者通过单晶 X 射线衍射测量压缩数据再根据状态方程得到，如 NaCl。但是，进一步的数据分析，就像前面提到的，就非常不准确了，而且衍射实验是枯燥而耗时的，通常得到用于确定一个压力的衍射图就需要大约 15h 的曝光时间。这阻碍了科学界接受 DAC 作为一种高压研究工具。它主要在那些从事地质学相关研究的实验室中使用，在那里研究者希望模拟地球内部的高压环境，而准确的压力不是那么重要。

然而，在 1971 年这种状况得到了根本性改变。受到管理层的持续推动，Block 和我着力发展一种更好应用于 DAC 的压力测量方法，此时 Weir 已经于 1970 年从 NBS 退休，搬去了 San Luis Obispo, CA。有一天，无机材料研究部主任 Wachtman、晶体学研究部主任 Block 和 Barnett 教授，在 NBS 食堂吃中午饭时碰到了一起开始讨论学术问题。Barnett 教授就职于杨百翰大学(Brigham Young University, BYU)，他长期在 BYU 从事高压研究，也很想学习如何使用 DAC，他正在休学术假，在此期间在 NBS 作为座研究员。话题很快转到了如何测量 DAC 中的压力上来。Wachtman 问了一个关键问题，是否考虑过荧光光谱技术。几年间，我们对许多可能的技术进行了尝试，都没有发现适合的，但确实没有考虑到荧光光谱技术。因此，他们回答将会试试看。受到这次谈话的推动，Block、Barnett、Forman 和我测量一些被认为有望作为压力传感器的荧光材料的压力依赖特性[41,42]。一部分材料恰好在 Forman 的光谱实验室就有，其他材料是从固体化学研究部的 Parker 和 Brower 那里得到的。测试的荧光材料包括 Al_2O_3(红宝石)、$YAlO_3$、YAG、MgO 和少数其他材料。研究发现，一些材料展示出压力依赖特性，其中红宝石最有希望，其实验结果如表 1.5 所示。红宝石的荧光峰 R_1 和 R_2，强度高，谱线带宽窄，而且随着压力升高两条谱线都略微红移，这表明红宝石相对于其他被研究的材料，更有潜力成为敏感的压力传感器。非常小的红宝石晶体密封于 DAC 中，压力就可以被原位测量，由于红宝石高的荧光强度，仅需 1%小孔体积的红宝石就能满足测量要求。另外，由于对很多物质(包括液体)来说，红宝石是完全化学惰性的，因此它是一种理想的内部压力传感器，经过很准确的标定，它可以作为一种补充的压力标准。此外，对很多物质来说，红宝石的化学惰性，使其可以承受 200℃以上的实验温度。在样品腔放入非常小的红宝石晶体测量压力，不会干扰腔中待研究的样品，包括传压介质。鉴于这些发现的重大意义，很显然，红宝石的压力依赖曲线的校准工作需要马上展开。

表 1.5　有潜力用于 DAC 压力测量的不同晶体材料的荧光特性对照表

试样名称[a]	线型描述	波长 λ/Å	相对强度	$d\lambda/dP^b$/(Å/kbar)	$d\lambda/dP^b$/(Å/kbar)	线宽[c]/Å	背景比率[d]
Ruby,Al_2O_3	实线	6928	非常强	0.36	0.068	7.5	0.01
(0.5% Cr)	双点划线	6942					
$YAlO_3$	实线	7228	强	0.70	0.076	10	0.28
(0.2% Cr)	双点划线	7251					
YAG[e]	实线	6887	中等	0.31	0.105	8	0.53
(0.38% Cr_2O_3)	双点划线	6878					
$YAlO_3$	双线	7320	强	0.84	0.093	21	0.39
(0.25% Cr)	点划线						
MgO	实线	6992	弱	0.35	0.090	10	0.92
(Cr)	点划线						
$YAlO_3$	R_2-Z_2 线[f]	8753	强	–0.13	0.010	20	0.22
(Nd)	多点划线						

a 以质量百分比表示的掺杂量。

b 这些测量并记录的数据仅用于比较目的，并没有作为考虑温度和压力的准确测量值发表，我们认为测量精度约为 10%。

c 线宽仅代表利用这里描述的设备的测量结果，这里的线宽指半高宽(FWHM)。

d 背景比是指荧光峰值附近的背景强度和在背景强度基础上的峰值强度之比。MgO 和 Nd 掺杂的 $YalO_3$ 样品的背景比可能是较差的晶体质量和/或其他杂质造成的。

e 钇铝石榴石。

f 由 M. J. Weber 和 T. E. Varitimos 命名，J. Appl. Phys. 42, 4996 (1971)。

1972 年，红宝石 R 线(R_1 和 R_2 双峰)压力依赖的初步校准工作完成了，如图 1.25 所示，测量方法采用先前测量叠氮化物压缩率的方法，如液体的结晶压力，如表 1.6 所示[41]。

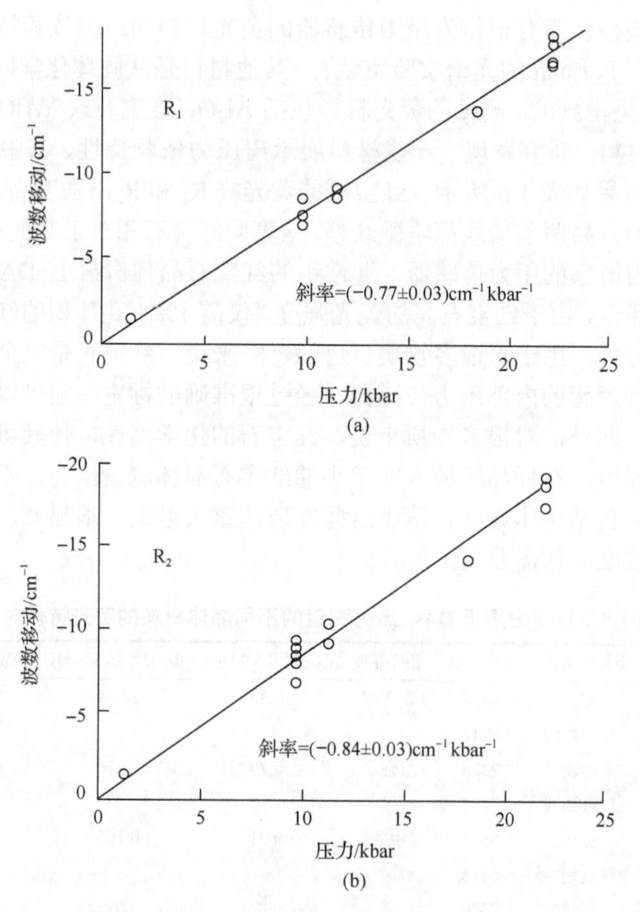

图 1.25 红宝石 R_1 和 R_2 荧光谱线的压力依赖关系

测量的压力点如表 1.6 所示。由于测量是没有测定温度或者温度没有得到很好的控制，测得的压力存在一定的偏差

表 1.6 结晶压力点

试样名称	相变路径 [a]	相变压力/kbar
CCl_4	L-I	1.3
CCl_4	III-IV[b]	40
H_2O	L-VI	9.6
H_2O	VI-VII	22.3
n-C_7H_{16}	L- I	11.4
n-C_2H_5Br	L- I	18.3

a L 表示液态，罗马数字表示固态。

b 根据红宝石晶体周围传压介质的非流体静水压特征，这个 CCl_4 的III相-IV相的转变压力点被排除了[41]。

这次尝试性的实验结果，说明 R_1 和 R_2 谱线随压力线性移动，表明红宝石很有希望作为压标。1974 年，NBS 做了一次更加精确的校准：利用 X 射线粉末衍射方法测量了 NaCl 的压缩数据，同时将它与相同条件下的红宝石 R_1 谱线移动关联起来，如图 1.26 所示。利用压缩数据，根据 NaCl 的状态方程(the Decker EOS)计算得到了压力[43]。

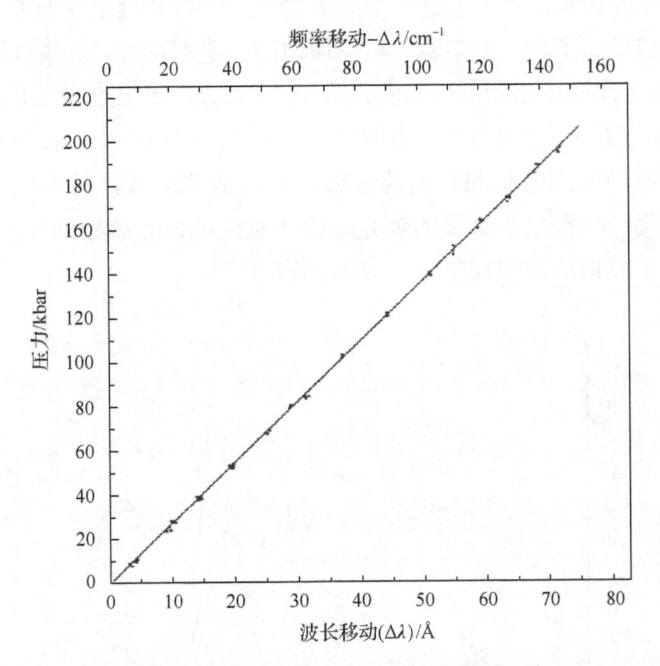

图 1.26　在 25℃下，红宝石荧光 R_1 谱线(6942 Å)的波长-压力关系和频率-压力关系

压力根据 NaCl 的 Decker EOS 计算得到。直到 195kbar，压力与波长改变量的关系都是线性的，遵循方程 $P\mathrm{NaCl}=2.746(\Delta\lambda)$，这里 P 和 $\Delta\lambda$ 的单位分别是 kbar 和 Å[43]

1.6　静水压传压介质

红宝石荧光测压方法研究中产生了一个衍生应用，那就是 R_1 和 R_2 双峰的谱线展宽现象非常有用，可据此判断红宝石周围的传压介质压力分布不均匀性，如图 1.27 所示。被研究样品周围的环境特性非常重要，因此对这种现象进行进一步的深入研究，以证实谱线展宽是由非均匀压力导致的[44]。对早期高压实验中报道的其他已知静水压极限的液体，又采用红宝石荧光方法进行了研究，如异丙醇、体积比为 1∶1 的戊烷和异戊烷，以及乙醇，研究结果如图 1.28 所示。此外，还研究了体积比为 4∶1 的甲醇和乙醇。研究结果非常有趣。首先，静水压力升高，

谱线宽度显著变窄，直到压力达到某个值，在这里谱线线宽发生急剧的不连续变化，线宽开始剧烈展宽。这个压力不连续点与已经发表的静水压极限值一致，证实了之前提出的谱线展宽是压力不均匀导致的假定。其次，首次对体积比为 4∶1 的甲醇和乙醇的谱线展宽进行研究发现，这种混合液体也存在间断点，也确实是它的静水压极限值，但它远远高于那时已经实验过的其他液体。为了提高对这种谱线展宽现象的认识，也为了进一步证实关于红宝石 R 线展宽是非均匀压力导致的假说，我们设计了另一个实验。颗粒均匀的红宝石颗粒，分别分散到 AgCl 和 NaCl(两种压力实验中常用的固体传压介质)、水及体积比为 4∶1 的甲醇和乙醇(用于验证红宝石荧光实验)中，并且被压入密封的 DAC 中。我们在显微镜中建立了一套独特的光缆系统和精细的狭缝，使得能够沿着密封垫(小孔)的直径方向，每次采集一个孤立小区域的荧光光谱。对区域位置敏感的红宝石 R_1 谱线，证实了在这些被挤压的介质中压力分布的存在[44]。

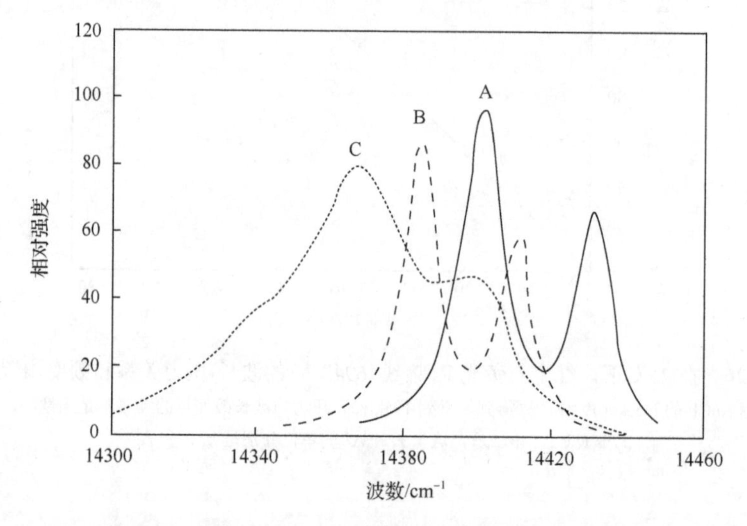

图 1.27　密封于 DAC 中红宝石晶体(0.05%质量比的 Cr 掺杂)的发射光谱

A-常压光谱；B-2.23GPa 压力下(传压介质呈现为Ⅵ相冰和Ⅶ相多晶态)的光谱；C-约 4GPa 压力下(传压介质呈现为四氯化碳Ⅲ相和Ⅳ相多晶态)的非静水压环境下的光谱，以谱线展宽效应为证

红宝石的谱线(R 线)展宽数据如图 1.28 所示，对确定传压介质的临界静水压特性是至关重要的。已确认的液体和粉末的静水压极限如图 1.29 所示。可以作为佐证的是，体积比为 4∶1 的甲醇和乙醇混合液的压力不均匀现象发生在 10GPa 左右，与图 1.28 所示结果一致。

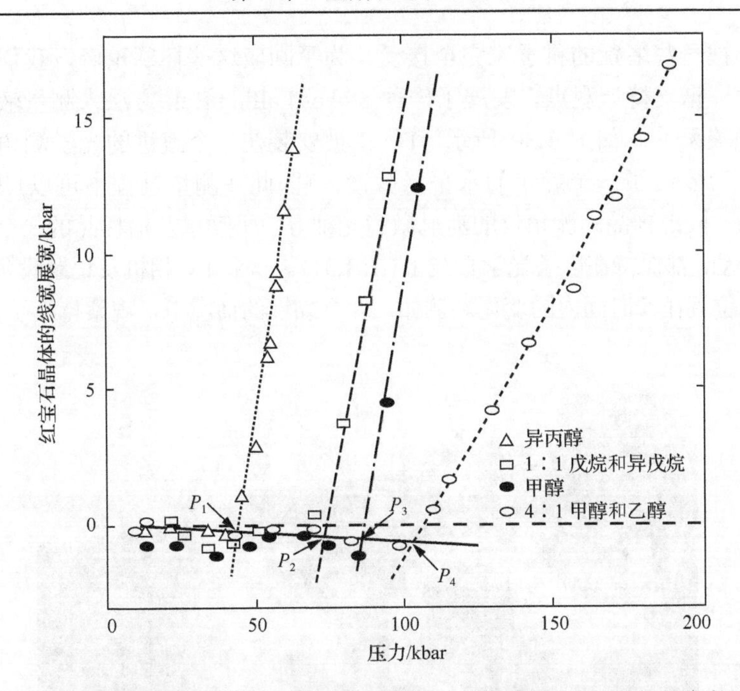

图 1.28　作用于红宝石晶体的非静水压导致的线宽展宽效应(与常压下线宽对比)

线宽保持连续变窄，除了在间断点 P_1、P_2、P_3 和 P_4 处。这表明在这些压力点，特定传压介质中的红宝石感应到非静水压，例如，体积比为 4∶1 的甲醇和乙醇中的不连续变化发生在 P_4 点，约为 104 kbar，而对于甲醇，发生在 P_3 点，约为 70kbar

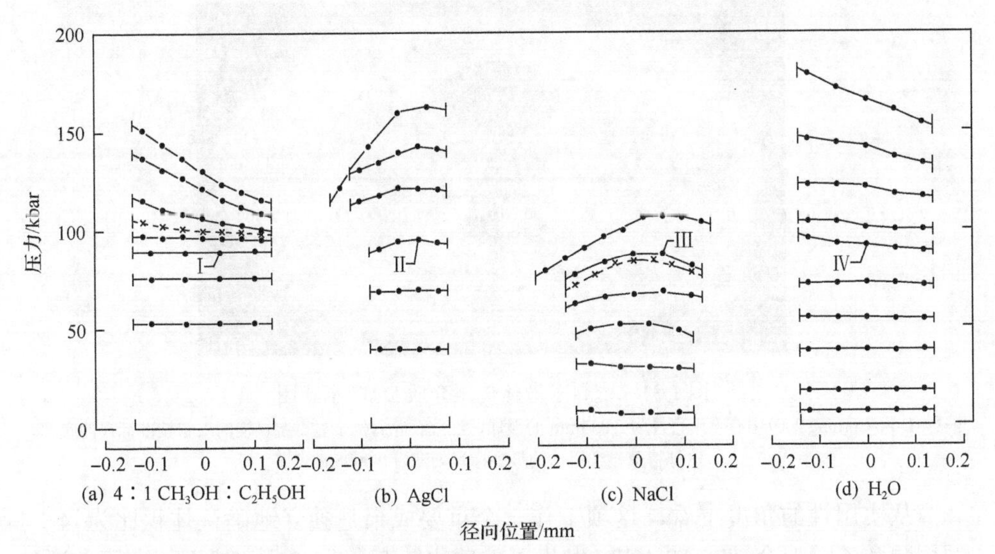

图 1.29　常用传压介质在不同位置出的谱线展宽效应

体积比为 4∶1 的甲醇和乙醇混合液中在 10GPa 出现了应力间断现象[44]

针对图 1.28 中出现的谱线展宽现象，如介质中出现的非静水压现象，我们的解释并不被一些多疑的科学家完全接受。为了回应这些怀疑论者，我们提供了额外的实验证据支持该观点。发展了一种 Stokes Falling Ball 方法来测量液体黏性的压力依赖关系[45]。如图 1.30 所示，DAC 被安装在一个改进的光学测角仪上，测角仪(专门)安装了一个静止的水平显微镜，(因此在测量过程中可以)观察 DAC 中的样品。固定样品的测角仪的沿显微镜光轴方向平动以及沿样品的一个水平轴的逆时针转动，都保持在一条光学直线上(图 1.31)。一个 TV 相机及记录设备设计用于观察小球位置在长时间内的变化。例如，在高黏性的情况下，观察持续了几个星期。

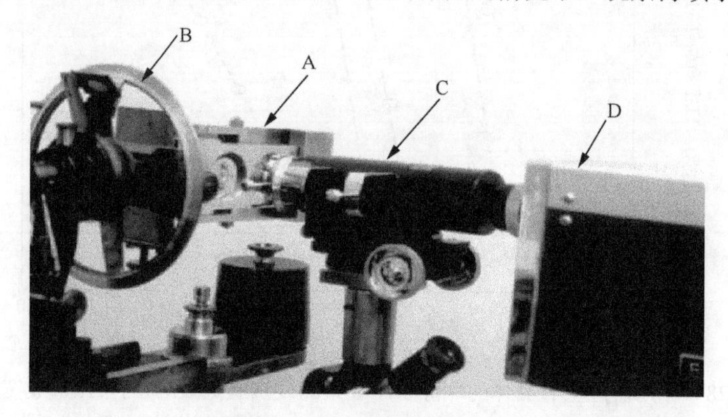

图 1.30　黏性测量装置示意图

A-DAC；B-光学测角仪；C-水平低能显微镜；D-TV 相机

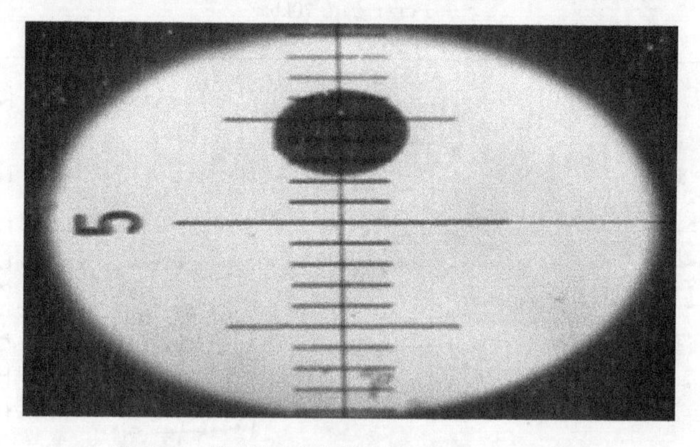

图 1.31　密封了液体传压介质 DAC 示意图

液体(Dow-Corning 200)中有一个直径为 0.033mm 的镍球，红宝石碎屑位于显微镜目镜的层状校准标尺的底部。这种特殊光学用途的最小标尺刻度为 0.0095mm[45]

从实用性的角度上看，这项工作一个重要成果是独立地确认体积比为 4∶1 的甲醇和乙醇混合液在 10.4GPa 发生了玻璃化转变(图 1.32)。然而，在更普适的角度上，本人认为尝试利用这种方法测量液体炸药的压力依赖将非常有意义，而这一研究领域在过去很少受到关注。

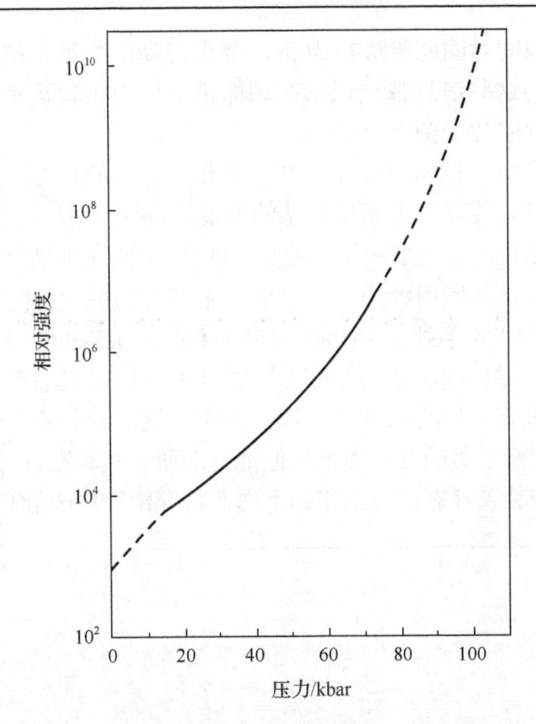

图 1.32　体积比 4∶1 的甲醇和乙醇混合液在室温下的黏性对压力的依赖关系

由无限平行壁效应校准，虚线外推发现约在 10.4GPa（红宝石方法测定）发生玻璃相转变（10^{-13}P, 1P=10^{-1}Pa·s），纯甲醇在 1 个大气压下的黏性为 10^{-16}P

由于缺少非密封情况的理论（模型），如大抛物面下的压力梯度（分布），因此体积相对小的的样品（如两个砧面间的薄层）在线展开研究中逐渐受到认可，金属密封垫片的使用变得非常普遍。就像图 1.29 中所展示的，如果用密封垫片限制住一种粉末，相比于不采用密封垫片的情况，压力梯度会显著降低。但是，当粉末浸泡在液体传压介质中时，压力梯度将不会产生，直到液体达到它的凝固压力或接近它的玻璃化转变压力（图 1.33）。可以很快认识到，如果液体能被压制在 DAC 中，那么其他的粉末或单晶材料就能被包覆，而且只要保持液态，这种液体就能作为静水压传压介质。通过提供一个准确定义的压力环境推进现行的粉末 X 射线衍射研究，同时，如前所述，这也推动了高压下的单晶 X 射线衍射研究，这是高压技术中一项革命性的进展。

为了方便压力测量，NBS 在 1973 年发展了一套基于荧光系统的快速压力测量装置。用它可以实现 DAC 中压力的精确测量，速度在当时是最快的[42]。这套将红宝石（微球）置于静水压环境系统的测量精度是 0.05GPa。这套 NBS 的系统（详细的示意图见图 1.34），包含一个光学偏振显微镜用于观察样品，样品图像同时还被一套彩色视频监测设备监测。除样品图像之外，计算的压力（半高宽和模型值）、测量温度、测量和计算的 R 线谱及两者差值、拍摄时间及日期显示在紧挨着样品图像的地方。图像间时间间隔最短为 3s，要求更高压力测量精度时，延长图像的时间间隔。所有的这些信息都被记录在录像带上作为实验记录，可用作将来实验研究的参考。装置照片如图 1.35 所示。

到 1974 年，DAC 技术已经发展到一个相当完备的程度。随着快速、准确、常规和便捷的红宝石荧光压力测量方法的发展，DAC 广泛应用的一个主要障碍，即压力的校准和测量问题被解决了。随后，DAC 用作高压物理和化学研究的工具被高压学界所接受，其应用经历了一个前所未有的拓展。红宝石荧光压标随后被科学家不断扩展，1978 年到了 1Mbar，1986 年到了 5.5Mbar。DAC 不再是简单的定性或半定量研究工具，而是已经成为一种开展高压研究的严格定量的工具。现在它是(静)高压研究工具的(必然)选择。发明的这两种装置，平衡臂型和液压型压力加载装置，刺激了美国及世界上其他地方的研究实验室，特别是日本和德国，推动他们使用这些装置开展研究工作。下面，将介绍一些改进和发展性的装置。

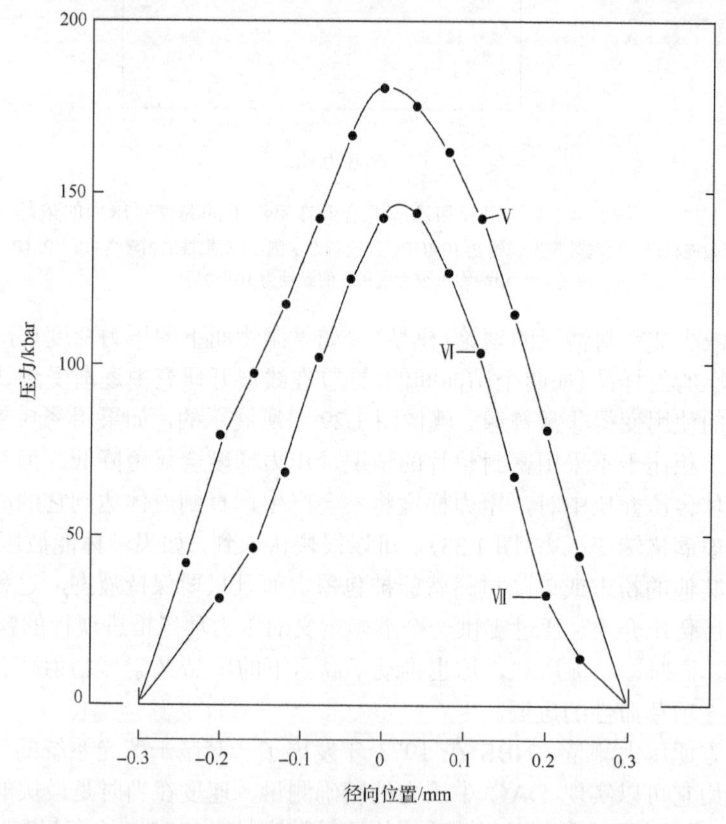

图 1.33　两种不同加载情况下，DAC 中未密封 NaCl 粉末和精细红宝石晶体(体积比约为 10%)的压力分布(V > VI > VII)

压力加载下样品变薄，混合样品本身通过摩擦充当它自身的密封装置。由于在图 1.29 和图 1.33 中，坐标的标尺是相同的，因此这两幅图可以相互比较，可以清楚地发现，即使在样品中很小的区域内，未密封体系的压力梯度也远远超过密封体系[44]

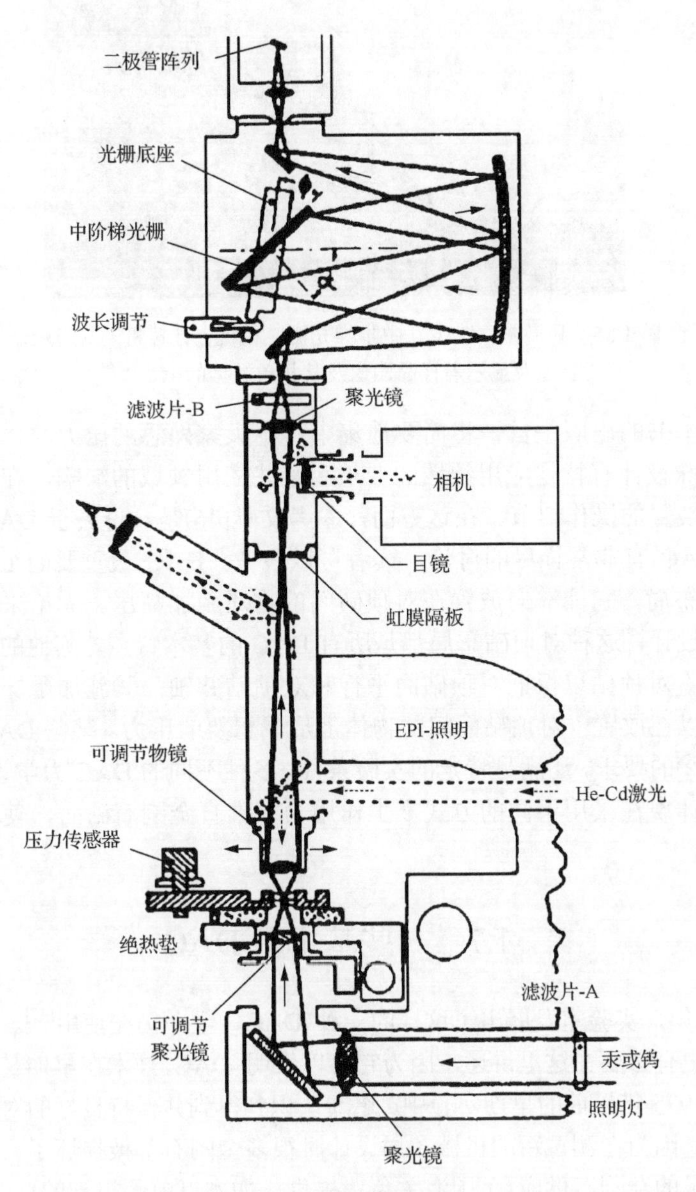

图1.34　NBS系统简图

一束聚焦的He-Cd 激光经过EPI照射在压力腔中的红宝石晶体上。产生的荧光经过中阶梯光栅实现频域分析后确定其相对于大气压力下的频移。然后通过程序在计算上计算得到压力并在显示器上显示。完整的系统描述见参考文献[42]

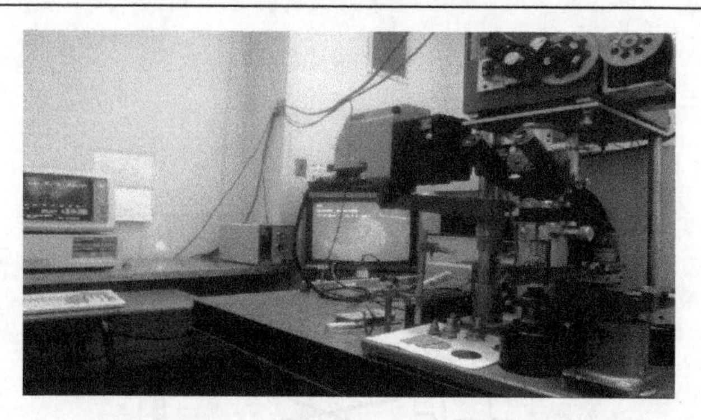

图 1.35　显微镜、DAC、中阶梯光栅、相机、计算机及其显示器以及显示着样品图像及其相关数据的电视[42]

根据本书的出版宗旨，将简要地集中讨论大家熟悉的压力腔，每种压力腔都根据特殊设计有特定应用领域的专长和某些应用领域的缺陷。在此不会深入讨论这些装置的操作细节。在这方面，参考文献[46]是一份关于 DAC 的优秀综述，对 DAC 有非常详尽的讨论，读者可以参考。DAC 最重要的组件是布里奇曼对顶砧布局，它能够向放置在对顶砧间的物质施加高压。无论采用什么样的总体力学设计，这种对顶砧布局都是所有 DAC 的基本特点。其他的基本组件用于：①准直对顶砧以保证对顶砧面平行和对顶砧共轴；②施加足够的作用力在对顶砧上以在放置于对顶砧面间的物体上形成想要的压力。某些 DAC 设计不但满足①和②的要求，还满足特定的实验条件。多种不同的 DAC 力学设计出现了，变化主要体现在采用不同的方式产生作用力并准直金刚石砧面，使得砧面平行和砧共轴。

1.7　一些基本型 DAC

1975 年，实验室发展出了这样的一种 DAC，至今仍在使用[47]。一些关于它的发展历史有必要在这里讲述，因为它可以表明 DAC 技术在早期是如何发展改进的。在 1975 年以前的早期实验中，逐渐认识到得到并保持良好的对顶砧准直有多么重要，因为在测试新的机械布局设计时很多金刚石都被损坏了。幸运的是，我们有充足的金刚石供应(美国海关免费提供，如本书前面提到的)。因此，尽管在早期由于简单粗糙的 DAC 设计，金刚石损坏经常发生，我们仍然不是十分重视这件事情。最初，使用两块普通的不锈钢板支撑和准直金刚石砧。一块板能够平动和转动，之后被三个横向间隔 120°的螺丝固定。另一块板能够被两个 180°角分布的螺丝所倾斜。倾斜、旋转和平动的组合提供了足够的可调参数，能够实现砧面的平行和轴向准直。为了实现轴向准直，有意识地使一个砧面比另一个砧面面积大一些。机械设计最弱的部分是倾斜机构，它在高加载压力下的失效常常导致金刚石损坏。尽管这样，那时也只有对失效压力点的粗略估计。另一个弱点是使用相对软的金属(未经硬化)来制造用于支撑和准直金刚石的板材。由此发现，在高的压力加载下，金刚石台面在支撑它的位置上留下了凹面，使得用过的支撑面通常都不平坦，这是由两金刚石台面不平行造成的。我们几乎是在一无所知的状态下进行摸索，最终弄清楚了如何改进金刚石台面平行的技术细节。利用这种技术，我们开始深入地认识到我们所面临的问题，而且必须找到方法来改变这种状况。例如，利用这种测压技术，能够测定某种特殊设计在失效之前能够实现的最大压力加载。有了这种信息，逐步重新设计了准直和压力产生组件。利用从早期失败设计中得到的经验教训，最终发展出球形链接环节和压力产生装置，如图1.36所示。

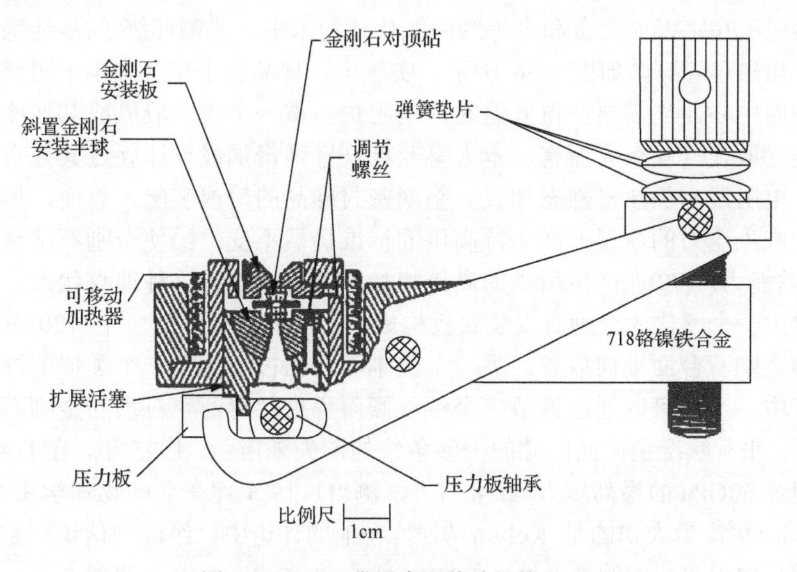

图1.36　NIST带温度调节功能的DAC

横向剖面图展示了NIST的DAC的基本组成部分，包括对顶砧支撑和准直设计、杠杆臂装置和弹簧垫片加载系统。高温实验用的DAC，整个装置是由718铬镍铁合金制成的，弹簧垫片除外。这种高温高强度超耐热合金可以保持样品温度即使达到1073K高温[58]

在这个DAC设计中，产生力的工作原理是利用一个受弹簧力作用的杠杆臂装置，简单旋转一个大螺丝，这个大螺丝压缩贝氏弹簧垫圈，当弹簧垫圈被完全压缩到达平坦位置时，每个弹簧垫圈产生272kgf(1kgf=9.8065N)的力。旋转螺丝，这种弹簧杠杆臂装置就会产生标准的连续可调的作用力，这种装置有一个在实际工作所急需且已经得到验证的特点，就是它消除了砧装配变形以及不希望发生的较大的压力变化。贝氏弹簧垫圈的使用被证明是非常有用的，因为它们可以以串联、并联及串并联组合的形式堆叠使用，以想采用的方式改变加载的敏感度和特征。具体来说，对这些加载特征的调控是(科研人员)急需的，因为(这种情况下)加载特征可以根据实验样品的特点进行调整。应用的加载通过杠杆臂系统乘以 2，传递到压力片上。这个压力片支撑一个伸出来的活塞，活塞中放置金刚石对顶砧中的一个金刚石台面。与之对立的那个金刚石台面是固定的，并充当活塞中金刚石台面的支撑柱。固定金刚石台面(或者说支撑柱)受到一个可平移的金刚石安装底板的支撑，这使得两个金刚石台面可以沿加载方向轴向排列。活塞中的金刚石台面受到一个可倾斜的金刚石安装半球的支撑，使得它可以通过调整平行于它的对立金刚石台面。采用这些简单的调整部件，金刚石台面的准直可以轻松而准确地完成，并且可以长时间保持。两个台面的支撑物都包含了圆锥形的切口，允许 180°的光学通道，还可以改良使它适用于特定测量的特殊要求。空腔中可以方便地插入一个双线型电阻线圈加热器，该加热器包覆在铬镍铁合金和电绝缘的氧化镁粉末中，线圈环绕于砧-活塞部件组装用于加热(样品)，如图 1.36 所示。实际上，样品位于一个外围电阻丝加热的电阻炉的中心。当需要获得低温时，电阻炉将被一个流动液氮或其他冷却液的冷却旋管取代。就个人而言，本人喜欢杠杆臂弹簧加载设计胜过其他有用的设计，如电阻线圈加热器静态加载、垫圈密封样品的简便装配。然而，尽管采用了这种产生压力的原理，产生特高压的标准仍然不变：①使金刚石砧台面精确准直(的能力)；②在产生所需的高压加载下，严格保持这种准直状态。这种准直装置由一个硬化的金刚石安装底板构成，它能够通过调节三个 120°分离的螺丝使得金刚石台面轴向放置。另一个金刚石台面被安装在一个类似的硬化不锈钢半球中，半球可以通过调节三个螺丝倾斜程度使得两个对顶的金刚石砧面相互平行，平行状况由砧面间隙的干涉条纹的消失来指示。1975 年，在 DAC 中实现了超过 60GPa 的最高压力(红宝石方法测得)。19 世纪著名的物理学家 William Thomson(更广为人知的是 Kelvin 男爵)在他的评论中已经深刻认识到定量测量对于增长知识和认知的重要性。在 NBS 成立前 17 年，Kelvin 男爵在某一次讲座中曾经说过：当你能够对你正在谈论的事物进行测量并且量化表达时，你是(真正)地了解它了；如果你不能测量它，(自然)也就不能对它进行量化表述。你对它的了解再多，也不能完全令人满意，也许它只是对这种事物认知的开始，但你还没有将它提升到科学(认识)的高度。

由于 DAC 发展获得的惊人成功，越来越多的科学家开始对学习如何使用 DAC 感兴趣，主要是因为他们现在可以利用 DAC 内部压力传感器测量样品压力(图 1.37)。本人在参考文献[47]中声明，很乐意应读者的需求，提供这种装置的设计图纸。这篇文章发表后，很快位于华盛顿特区的地球物理学实验室的 Bell 为了得到设计图，以及基于我的使用经验提出的改进装置性能的建议，他和他的机械设计师与我一起交流讨论。我说如果我再造一个 DAC，在加载到比我们目前实验压力更高的情况下，我会把活塞和汽缸加长以提高或保持准直。我认为这是我们设计中的最大不足。1977 年，Mao 和 Bell 发表了令人吃惊的公告，他们使用 DAC 设计实现了前有未有的压力，超过 1Mbar[49]。从 60GPa 发展到超过 100GPa 仅用了 2 年时间。这项成就在高压领域引起了相当大的轰动，特别是对那些研究地球内部现象的地球物理学家来说。此外，超高压 DAC 的研究还导致对当时常用于校准高压的定点压力标尺进行了一次修改。15GPa 以上压力范围内，采用红宝石压力标尺校准的压力值与之前相比只有一半，如图 1.37 所示。

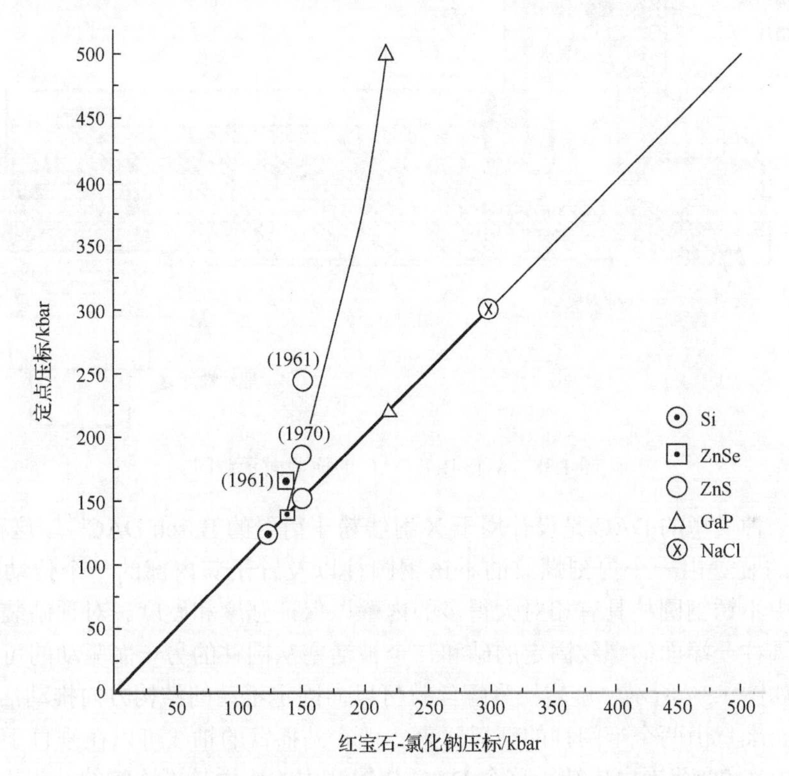

图 1.37　各种材料相变压力测量使用的定点压标(FPPS)中的固定压力点

图中对 FPPS 和红宝石-NaCl 压标进行了比较。标注为 1961 的压力点是原始的 FPPS，标注为 1970 的压力点是 1970 年改进的压标

和 NIST 的 DAC 一样，Mao-Bell DAC 仍然使用贝氏弹簧杠杆臂加载原理来产生压力，但与前者相比，它的杠杆臂更大，操作也采用了一种如图 1.38 所示的反向结构。为实现可靠的砧准直，采用一个长 60～70mm，可分离的活塞/汽缸组合装置。砧准直需要平动和倾斜两个硬化的半圆柱摇臂。本质上来说，一个放大版的 NIST 型 DAC，产生非常巨大的力变得很容易，进一步产生了兆巴级的压强，这种压力(压强)通常用于地质学的材料研究。在过去的几十年中，这种类型的

DAC 在实验室中不断地打破获得的静高压记录。它也广泛地应用于凝聚态的惰性气体研究，就像其他气体一样。然而，它的加载是在一个大的低温箱中进行的。相对大的装置尺寸使得改装它适应测量技术并不是那么方便，因为在测量过程中可用空间是有限的。

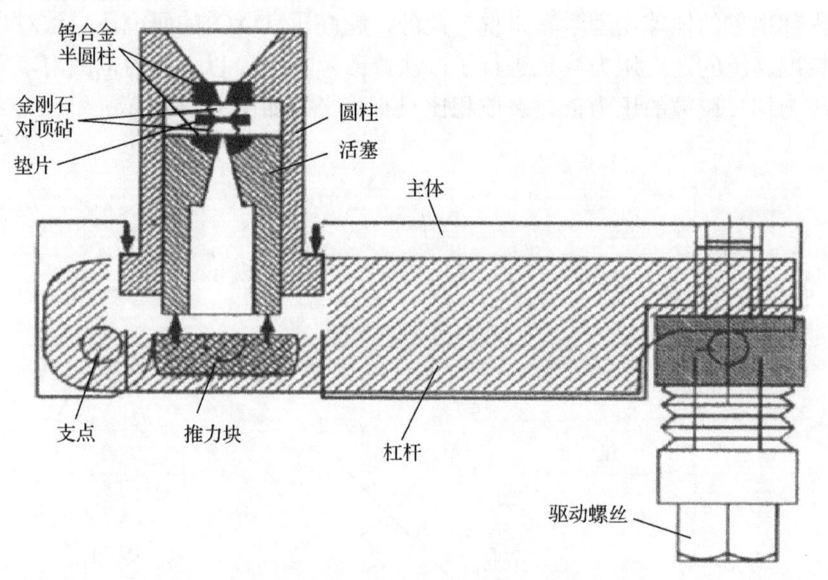

图 1.38　Mao-Bell DAC 的横截面示意图

另一种类型的 DAC 是设计用于 X 射线粉末衍射的 Basett DAC[50]。这种 DAC 产生力的装置由一个内刻螺纹的不锈钢圆柱以及置于其内部的一个传动螺丝组成，其中不锈钢圆柱具有相对大得多的内壁以保证强度和硬度。对顶砧装置由一个始于圆柱一端面的螺纹固定的砧和一个被活塞从圆柱的另一面驱动的可移动砧组成，如图 1.39 所示。旋转松紧螺丝就可以向固定不动的结构方向推动活塞。

砧面准直由两个半圆柱的砧摇臂来实现。砧摇臂的轴线可以在垂直于加载方向的面内在 90°范围内旋转。这个 DAC 装置产生的压力是不连续的，步进较大。这种状况是由弹簧垫圈结构造成的，螺距决定了单位旋转所产生的加载幅度。

在这种 DAC 中，螺距小一些是很有必要的，特别是为了承受产生高压时所需的很大的力，因为这种 DAC 中没有像杠杆臂一样的力学放大结构。无法使用电阻线圈加热炉进行静态加热是这种设计的另一个缺点。这种 DAC 已经广泛应用于高压 X 射线粉末衍射和激光加热的超高温相图研究中。据报道，在无密封圈、0.3mm 砧面直径的情况下，已经得到了 40GPa 的高压。

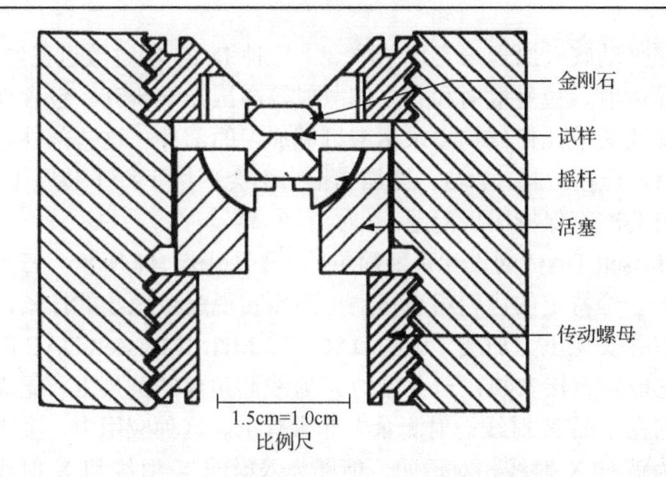

图 1.39　Bassett DAC 的剖面结构示意图

图中展示了用于砧面准值得的硬化半圆柱以及简单的力产生机理：一个松紧螺丝推动定向圆柱中的活塞

Holzapfel DAC 的设计基于膝关节活动原理[51]。两个螺纹杆分别连接两个大的杠杆臂，如图 1.40 所示。通过一个特殊的齿轮装置同时旋转两个螺纹杆，拉动两个杠杆臂下端。作用力就施加在可移动的活塞上，进而产生压力。这种膝关节装置产生了一个大的力学放大因子，可以达到 50GPa 的高压。这种 DAC 使用 NIST

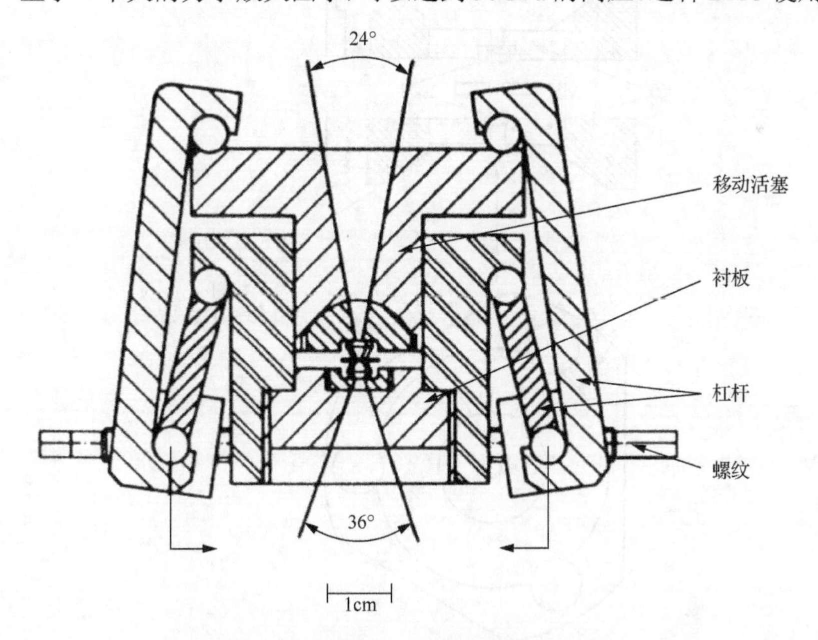

图 1.40　Holzapfel DAC 的剖面结构示意图

当无变形的螺纹杆前进时，两个对偶的膝关节形杠杆臂靠拢，推动活塞。类似于 NIST 的设计，倾斜的半球金刚石底座和平动底板用于准直金刚石台面

的倾斜半球和平动底板原理来实现砧准直。这种 DAC 经过改进已经应用于 X 射线粉末和单晶衍射、拉曼散射和布里渊散射等高压光学研究。包含杠杆臂和螺纹杆的这种特殊膝关节几何结构要求精密机械加工的部件，这些部件具有高加工精度，能很好地组合在一起。否则，施加的推力不会严格平行于装置中圆柱的轴向，这会使加载时的准直保持出现问题。

Merrill-Bassett DAC 的设计是最简单的[52]，如图 1.41 所示。三个螺丝把两个平台相向推动，经特定的齿轮组合扭动可同步实现三个螺丝的拧紧，金刚石台面可以保持准直并实现压力加载。这些 DAC 中，Merrill-Bassett DAC 的结构是最紧凑的。由于它能够直接安装在一个自动 X 射线测角仪的圆周上，无需额外的支撑结构，因此它在单晶 X 射线衍射测量中非常有用。这种应用中，金刚石砧需要铍支撑件，因为铍对 X 射线相对透明，能够为入射的 X 射线和 X 射线衍射束提供广角窗口。然而，不同于钢，铍的强度较低，不足以支撑非常高的高压加载。另一个问题是，它缺少一个帮助金刚石砧面保持准直的正面引导。由于这些缺点，在这种 DAC 中，得到 15GPa 的高压非常困难。

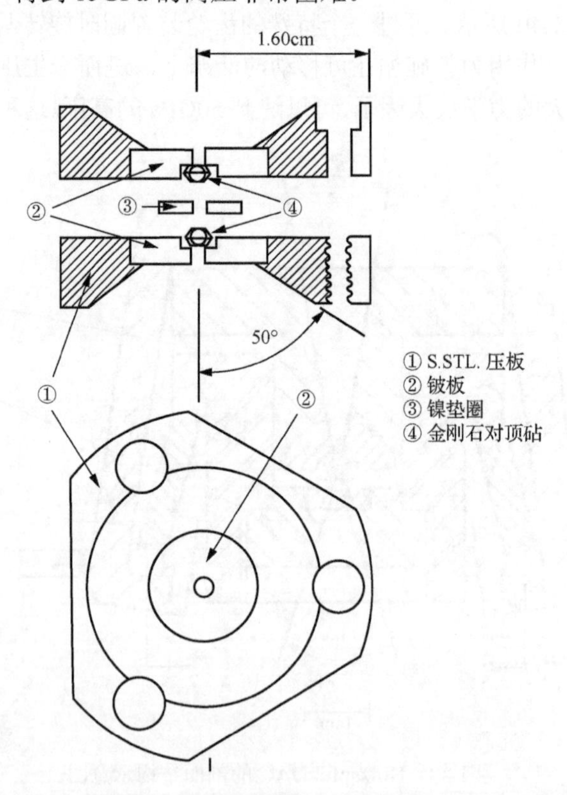

图 1.41　最早的 Miniature Merrill-Bassett DAC 设计示意图

设计用于单晶 X 射线衍射研究，现在也用作其他的实验研究。这种 DAC 包含铍制的砧支撑板，以得到高的 X 射线透过率。力的加载通过拧紧三个对称布置的牵引螺丝来实现。如果三个螺丝不是以同样的速率拧紧，那么砧准直的保持将是一个问题现在，样品通常封装在密封圈结构中。除延长砧的使用寿命和扩展压力加载范围外，金属密封垫圈还使样品被密封在液体传压介质中，这为样品提供了一个真正的静水压环境。无剪应力的静水压状态是实验所高度期望的，因为这可以消除在实验测量结果分析时，存在未知强度剪应力导致的严重分析困难。因此，在任何高压实验中，为得到无差错的实验结果，保持静水压环境都是首要任务。

在早期绝大多数 DAC 高压实验研究中，样品压力都是根据加载估算出来的。未使用密封垫圈的情况下，这种(测量结果的)估算得到的是样品承受压力的平均值。估算的测量结果不如使用垫圈密封样品情况下的测量结果可靠。因为实际上，由样品内部以及装置内部的摩擦导致的加载损失也是未知的。缺乏快速可靠的压力测量方法严重阻碍了应用 DAC 开展科学研究的发展进程，因为人们无法描述实验压力条件，无法得到想要的压力条件，也就无法给出有帮助的现场实验研究指导。

1.8　偏振光学显微分析方法

结合 DAC 的偏振光学显微分析方法是一种非常简单的实验技术(图 1.42)，然而作为一种实验诊断技术，它的功能非常出色。DAC 安装在一个能够提供牢固支撑的底板上，以防止旋转压力螺丝使压力加大时装置发生可探测的运动，如图 1.42 所示。

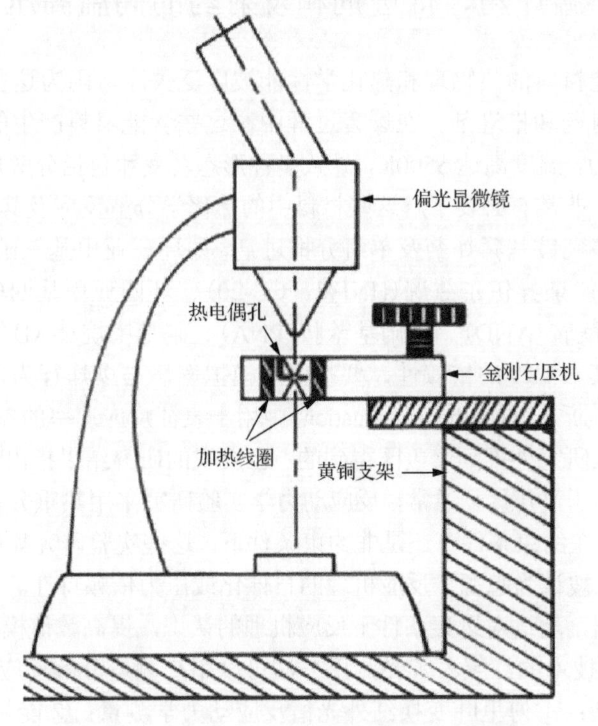

图 1.42　DAC 结合偏光显微技术的示意简图

为了说明这种简单技术的能力，图 1.43 展示了利用偏光显微技术观测到的在室温和 15GPa 压力条件下，密封 DAC 中 ZnS 的相变过程，传压介质为体积比 16∶3∶1 的甲醇、乙醇和水的混合溶液[53,54]。照片左边的透明三角形晶体是 ZnS，其上部的形状不规则的晶体是红宝石压力传感器。四幅图中，从左图开始压力从 14.9GPa 逐渐升高到 15.1GPa，捕捉到 ZnS 转变成为半金属的相变过程，这种转变是急剧的，并且通过压标获得了准确的压力转变点。这种转变能够被电阻测量所证实，因为转变成为不透明的半金属，它的电阻发生了急剧下降。

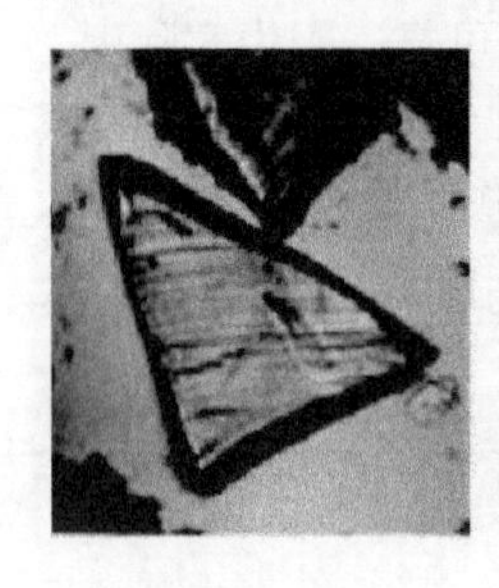   

图 1.43　ZnS 在约 15GPa 压力和室温下发生压力诱导的相变，转变成不透明的半金属

1.9　猛炸药、推进剂和发射药的高温高压性能

高压下含能材料的热物理和热化学性能被广泛关注，因为这些化合物广泛用作猛炸药、发射药和推进剂。在爆轰过程中，这些含能材料产生的冲击波可以达到 50GPa 的压力，温度高达 5500K，导致多种形态转变和包括分解反应在内的化学反应[55]。因此，非常有必要了解这些材料中的热化学分解反应及其压力依赖关系。

考虑到很多硝铵基猛炸药及单组分推进剂，如环三亚甲基三硝胺(RDX，黑索今)、六硝基六氮杂异伍尔兹烷(HNIW，CL-20)、环四亚甲基四硝胺(HMX，奥克托今)、二硝酰胺(AND)、对硝基苯胺(PNA)、硝基甲烷(NM)等，其中化学反应的复杂性及其对温度的依赖性，要准确地模拟燃烧与爆炸行为，需要了解压力效应。阿伦尼乌斯方程(Arrhenius equation)中用于表征反应速率的参数，如活化能，通常是根据常压研究外推到爆轰区得到的。已发表的研究结果指出[56-58]，常压动力学参数并不适用于高压区。通常，反应动力学实验研究采用热重分析法或差热分析法。然而，无论在约束条件下还是非约束条件下，这些实验研究都得到了不同的结果。这种不一致被认为起源于反应机理的自催化或压力依赖特性。因此，迫切需要可用的高压数据，增进对爆轰条件下反应机理的认识，提高数值模拟的精度。

结合 DAC 技术的红宝石荧光测压方法可以用来测量分解反应动力学参数。这些研究方法包括：①傅里叶变换红外光谱反应动力学测量；②能量色散 X 射线粉末衍射(EDXD)晶体学测量(多晶结构的鉴定或静高压下的晶格学测量)；③光学偏振光显微法(OPLM)标识温压平衡相图的稳定区域，也用于确认观测到的相变现象；④拉曼散射(RS)法测量振动模式频移的压力依赖性。为了展示 DAC 在含能材料研究中具有的静压和温度加载能力，从文献资料中挑选了两个例子，RDX[59]和硝基甲烷[60,61]，代表了 NIST 在这个领域的开创性工作。将阐述这四种实验方法如何用于获得多晶结构(相图)数据、化学反应数据、热分解速率(包括反应机理和阿伦尼乌斯活化能和体积)。参考文献[62]～[68]给出了硝胺化合物、HMX、HNIW、AND、PNA 和其他含能材料，如高氯酸铵(AP)和 PETN 关于温度-压力平衡相图及热分解反应的类似信息和实验结果。这里还推荐一篇该研究领域的综述文章，即文献[69]，包括含能材料分解、燃烧和爆轰的实验、理论和计算方法。

1.9.1　RDX 和硝基甲烷的温度-压力平衡相图

1. RDX

在这项创新性的工作中，首次描述了 RDX 的温度-压力平衡相图，在静水压条件下利用 OPLM 技术观测鉴别了单晶的三种凝聚相：α 相、β 相和 γ 相[59](图 1.44)。两种凝聚相在以前的工作中已经发现[70, 71]，最初命名为Ⅰ相和Ⅱ相。遵循普遍接受的平衡相命名约定，在这项研究中将它们称作 α-RDX 和 β-RDX。α 相和 γ 相的相边界利用 OPLM 方法，通过观测 α 相单晶折射率的不连续变化可以很容易地确定下来。α-γ 相变过程不依赖于温度，是快速且可逆的，在静水压条件下不会发生单晶的破碎解体。原位能量色散 X 射线衍射结果表明相变过程伴随一个 1.6%的体积减小，这与已经发表的研究结果是一致的[72]。

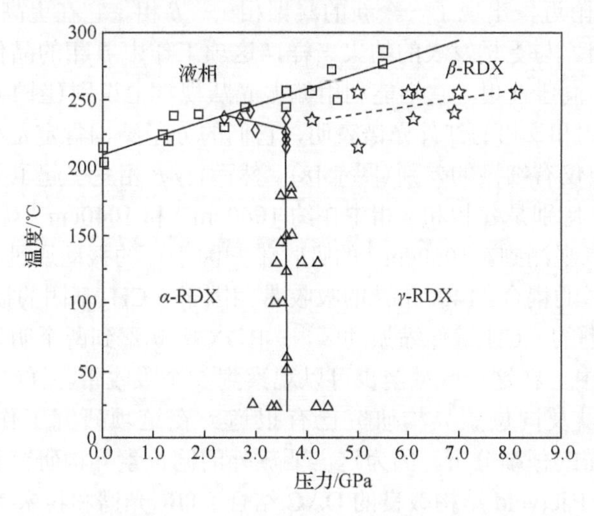

图 1.44　利用 DAC 获得的 RDX 温度-压力平衡相图[72]

在约 488K 存在一种新的凝聚相——β 相，并且和液相平衡。不同于 γ 相，β 相不能利用OPLM方法识别，但可以通过红外光谱和X射线衍射图的变化来判断。RDX 粉末在同样的静水压条件下的能量色散 X 射线衍射测量结果表明，这三种不同的凝聚相之间有结构变化，即使 β 相的晶体结构没有确定。三种凝聚相的傅里叶变换红外光谱(Fourier transform infrared spectroscopy, FTIR)的差异进一步表明发生了相变。当 γ 相回到室温和近似常压时，它又回到了 α 相。液相线和预期的一样，线性增长到 7GPa。液相线上的数据点随着温度升高变得更加离散，这是红宝石荧光测量在高温下测量精度下降造成的。低温下(如室温)的数据点离散，是因为化学惰性传压介质中的剪切应力在样品中形成了应变。传压介质是一种荧光惰性液体。室温下这种荧光惰性液体的玻璃相转变发生在大约 4.2GPa，这样会在传压介质中产生剪切应力，对 RDX 相变压力的测量造成影响。在较高的温度下，这种荧光惰性液体的黏性急剧下降，剪切应力在 α-γ 相变过程中几乎不起作用，自然也就导致较小的数据点离散。

众所周知，相对于在室温下稳定的 α 相(斜方晶系，空间群为 Pbca)，RDX 有一个亚稳相——β 相。α 相的晶体结构已经通过单晶中子衍射测量确定下来。但 β 相的晶体结构还没有确定，这主要是因为这种晶相的保存十分困难。高压相的晶体结构和常压下的 α 相一样，都属于斜方晶系，但它的精细晶体结构在当时还未有报道。早些时候，通过 X 射线衍射测量获得的体积压缩数据，γ-RDX 的存在得以确认，尽管那时候它没有被这样命名。体积压缩数据表明，在 4GPa 附近有一个 1.6%的体积下降，说明发生了一级相变。相变过程中晶胞的结构仍然属于斜方晶系。斜方晶系的晶体结构参数随着压力升高单调下降，但是在 4GPa 附近，晶格常数 a 和 c 继续随压力升高而下降，但 b 突然升高导致一个小的体积(约 1.6%)下降。在 488K 附近，出现了一个新的凝聚相——β 相。它在更高的温度下存在，是液相的平衡相。与更早发表的结果一样，这项工作中 β 相的晶体学结构仍然没有得到鉴别。不同于 γ 相，它不能利用偏振光从视觉上识别(图 1.45)[72]。

RDX 的 α 相和 γ 相的红外光谱表明，它们的分子结构肯定是相似的，因为它们的红外光谱中仅有细微的差别(图 1.48)。然而，γ-β 相变引起了分子光谱的巨大变化(图 1.46)。特别是 α 相和 γ 相中在约 1060cm^{-1} 和 1040cm^{-1} 观测到的吸收带，在 β 相中并没有观测到。1060cm^{-1} 的吸收带归因于环的振动通过 C—N—N 键角与 NO_2 基团变形的耦合。1400cm^{-1} 的吸收带归因于—CH_2 基团的摇摆振动。此外，在 3100cm^{-1} 附近的—CH 键伸缩振动区，α-RDX 中观察到两个明显的吸收带。然而，在 β-RDX 中，在这一区域至少可以观察到 5 个吸收带。详细的 α-RDX 的振动光谱的指认以及同位素异构研究已有报道。在这项研究工作中目前还没有 β-RDX 振动光谱的仔细分析，因为这需要额外的同位素异构研究和结构信息。最近，有报道利用 Rietveld 结构改良的 DAC 结合 FTIR 光谱和粉末 X 射线衍射测量对 γ-RDX 的晶体结构进行了研究[72]。尽管早些时候人们已经发现 α 相和 γ 相的晶体结构属于同一空间群 Pbca，但是由于分子的旋转和滑移，它们具有不同的晶体密排结构。尽管 α 相和 γ 相的分子结构有相同的构象，但它们 N—NO_2 键的扭转角有细微的区别(图 1.47)。

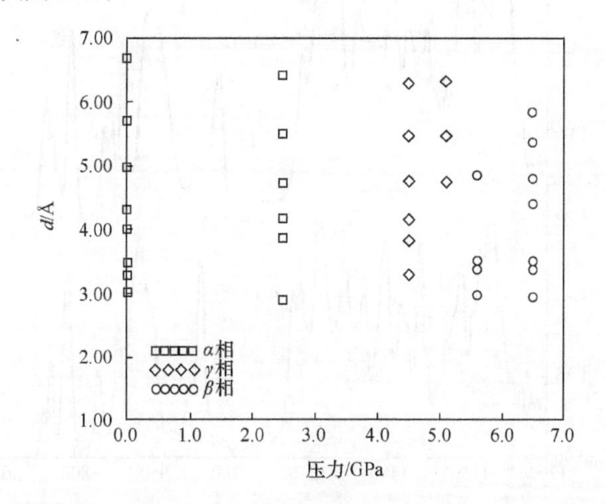

图 1.45　RDX 三种晶相(α 相、β 相和 γ 相)的晶体学晶面间距 d 在室温下随压力的变化

α 相 RDX 出现在 2.6GPa，以正方形图标表示；γ 相出现在 4.5GPa 和 5.1GPa，以菱形图标表示；β 相出现在 5.6GPa 和 6.7GPa，以圆形图标表示[72]

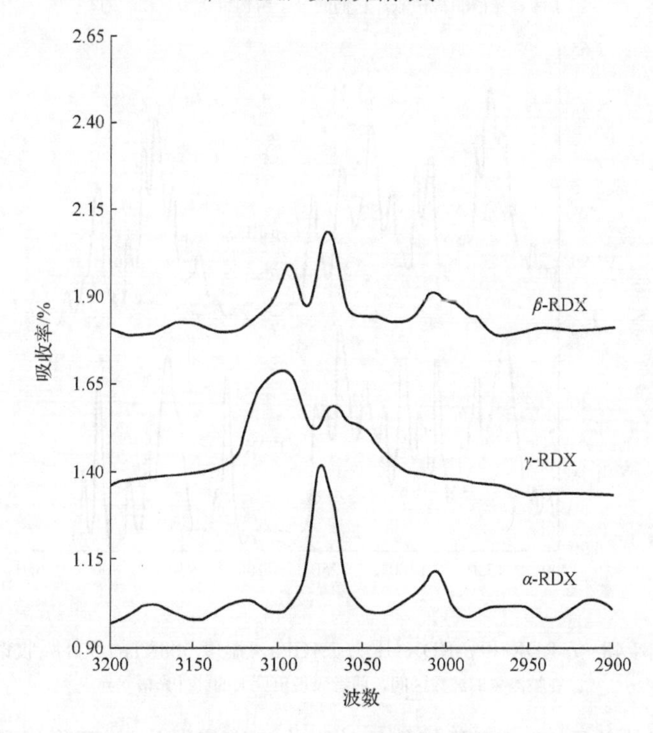

图 1.46　α-RDX、β-RDX 和 γ-RDX 在 CH 键伸缩振动频率区域的红外光谱

这张光谱图表明三种相的红外吸收有显著的区别，使它们很容易得到区分[72]

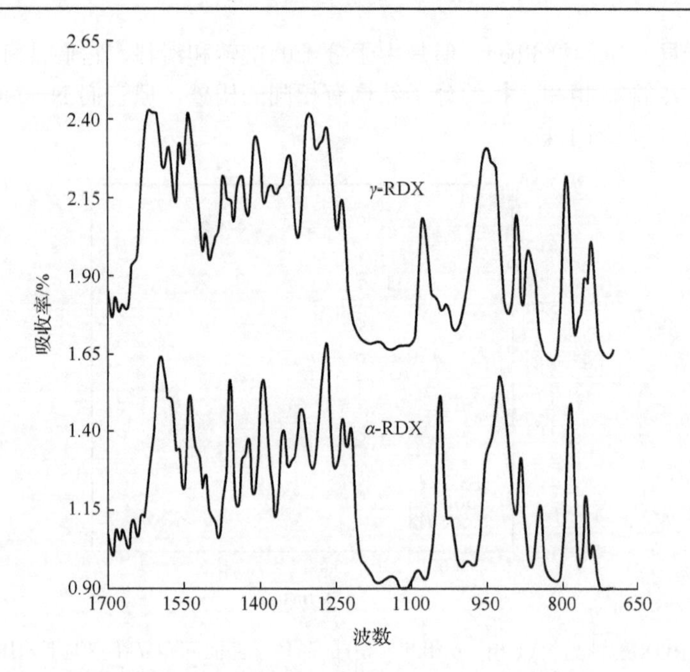

图 1.47　室温下 α-RDX 和 γ-RDX 的红外吸收光谱，分别在 1.4GPa 和 4.1GPa

由于两者光谱非常相似，它们的分子结构也认为是相近的[72]

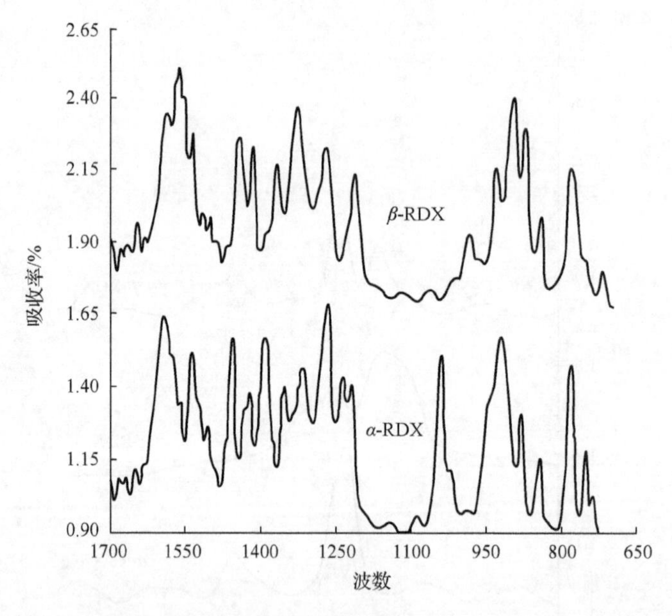

图 1.48　α-RDX 和 β-RDX(压力 2.4GPa，温度 508K)的红外吸收谱

在被测量的波数区间，两者表现出巨大的红外光谱差异

一份发表的关于 RDX 亚稳相的红外吸收光谱值得关注。亚稳相是由 5-甲基-2-异丙基苯酚(麝香草酚)-RDX 溶液蒸发得到的。红外吸收谱与得到的 β 相的光谱

非常相似，只是温度和压力不同。由于红外光谱非常相似，因此假定这两种凝聚相为同一种相是合理的，这就明确了亚稳相的边界。

2. 硝基甲烷

采用相同的实验技术，对最简单的脂肪族硝基化合物-硝基甲烷进行测量研究，结果已经发表。最近报道了它的熔点[60](图 1.49)和几种凝聚相，包括一份部分相图[73](图 1.50)。它的热分解参数和分解反应动力学也已经确定[74-79]。

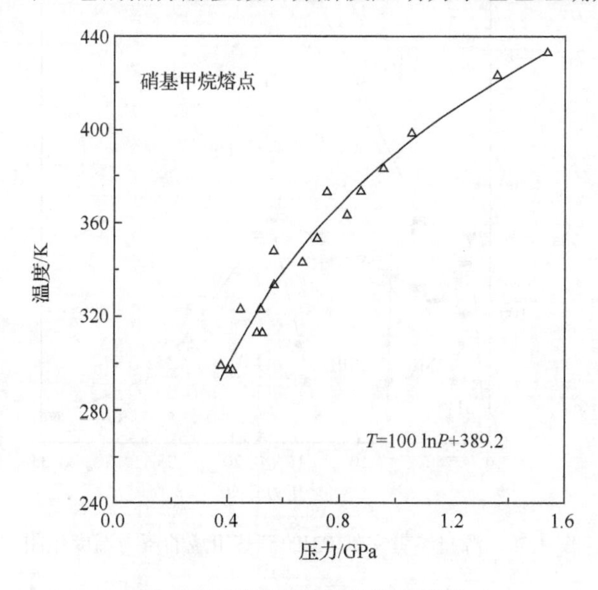

图 1.49　硝基甲烷的平衡态熔点

数据点在图中被拟合成了对数函数形式。在 1.54GPa 和 433K 以上，曲线没有定义是因为发生了快速的热分解

为了再次展示 OPLM 技术结合 DAC 的研究能力，这里讨论了硝基甲烷熔点的压力依赖关系。应用这种技术首次给出了高压区固相和液相的平衡相边界。

不同温度下晶体和液体的两相状态，能够通过适当的改变压力 P 而在一个密封的 DAC 得到保持。这样可以保证熔点测量是在相平衡状态下开展的。以这种方式，固相和液相的平衡相边界在期望的压力温度范围内确定下来。对于硝基甲烷，目前压力温度范围延伸到了 1.54GPa 和 433K，这是硝基甲烷开始发生热分解的状态点。很容易观察到分解现象，随着液体和晶体变暗，最终产生褐色的固体残留物、液体和气体，与图 1.52 中 RDX 的分解产物类似。压力卸载后，只有固体残留物留在密封垫圈内，它可以被回收并用质谱方法确定化学成分。利用图 1.49 中的对数函数，可以计算出在室温 298K 下硝基甲烷的凝固压力是 0.4GPa。利用 DAC，液相很容易被压到约 2GPa，此时亚稳态的液体迅速结晶形成多晶相。这种相(属斜方晶系，空间群为 $P2_12_12_1$)也会在低温以及一个大气压下结晶[60]。

也有其他关于硝基甲烷多晶形态的研究结果发表。据报道，由于甲基基团的旋转被抑制，会发生一种固-固相变[74]。更多最近的工作揭示了三种新的固态相，命名为SIII相、SIV相和SV相。这三种相是在0～35GPa和293～623K范围内通过拉曼光谱测量发现的[72]。它们在压力温度相图中的稳定相边界是通过观测不同拉曼振动模式拉曼频移(依赖温度和压力)的中断或不连续确定下来的。这项研究工作中确认了四种固-固相变和两种不可逆的转变(图1.50)。

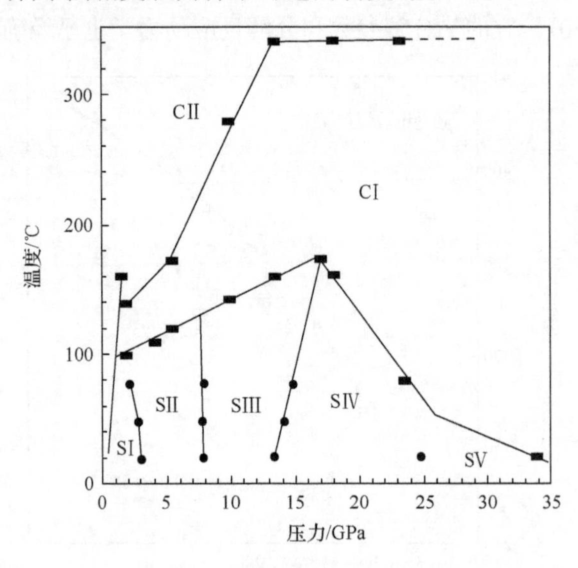

图1.50　源自参考文献[73]的硝基甲烷的压力温度相图

在温度为293K，压力为(3.0±0.2)GPa处发生了SI-SII相变，拉曼光谱中发现拉曼振动模的线宽发生了不连续变化。更早的研究报道指出，SI-SII相变发生在室温下，压力为3.5GPa处[55]。SII-SIII相变不依赖于温度，发生在室温下，压力为(7.5±0.5)GPa处。拉曼光谱中出现了新的拉曼峰，同时拉曼峰的线宽也有变化。这种相变可能是一级相变，认为是晶胞中分子数目增加的结果。在室温下，压力为(13.2±1.0)GPa处发生了SIII-SIV相变。拉曼光谱中也发现随压力变化，不同拉曼振动模式的拉曼频移的斜率发生了不连续变化。这个相变是有温度和压力依赖关系的。在室温下，压力为(25±1)GPa处发生了SIV-SV相变。更高温度下的这种相变没有被研究，因为它在约328K处就发生了转变。硝基甲烷转变成为CI化合物是不可逆的。因为CI化合物的拉曼峰无法从背底中区分出来，作者认为CI化合物是非晶态。相似地，CI-CII转变也是不可逆的，CII化合物也没有测得拉曼信号。

这项工作基于测量凝聚相硝基甲烷信号较强的振动模式(压力高至35GPa，温度高至623K)，是鉴别物相以及确定压力温度相图相边界很好的例子。在这种温度压力条件下，硝基甲烷的这种行为是独特而有趣的。硝基甲烷作为一种简单化合物，常常被认为是含能硝基化合物的一种典型代表。现在需要做的是，利用多种测量技术并结合 DAC，研究硝基甲烷及其各种形态。探测并确认各种相的存在及其发生的化学反应，同时对获得的实验数据进行仔细分析，进一步认识和理解这种非常简单而又典型的含能化合物。

1.9.2　热分解速率的压力依赖关系

在 1GPa 以上压力区间，目前已公开发表的成果中几乎没有可利用的实验方法，特别是由于研究安全的因素，只能使用微量样品的含能材料进行分解反应。下文叙述开展 FTIR 吸收实验，获得两种重要的含能材料 RDX 和硝基甲烷的热分解反应随温度和压力变化的反应动力学数据。将 DAC 加载和诊断技术结合起来应用到热分解动力学过程研究中。在硝基甲烷的研究中，鉴别了分解产物，提出了高压热分解过程的可能反应机理。平衡相图分别描述了 RDX 和硝基甲烷在高温高压下的化学反应活性和相稳定性。

20 世纪 80 年代，NIST 在推进剂和猛炸药分解速率的压力依赖性测量上有了革新性的进展。实验采用了时间分辨的 FTIR 技术，这具有非常重要的意义，因为在高压领域中还从未进行过这样的时间分辨实验诊断。由于这一研究方向在含能材料研究领域中并无很高的关注度，本书将详细讨论这部分内容，以期唤起大家的兴趣和关注。

1984 年，NIST 和坐落在马里兰州 White Oak 的海军水面作战中心合作，发展了一套傅里叶变换红外显微实验技术结合 DAC 的具有热加载和压力加载能力的实验方法，用于研究含能材料在高温和高压下的反应动力学效应及热分解速率。由于那时无法得到商业化的红外显微系统，因此对一台 FTIR 仪进行改装，加装了一个同轴卡塞格林望远镜型光束聚焦系统。这个 DAC 集成卡塞格林望远镜型光束聚焦系统的实验装置的结构示意图如图 1.51 所示。有了这套装置，首次获得了高温高压下 RDX 的时间分辨 FTIR 吸收光谱[58]。

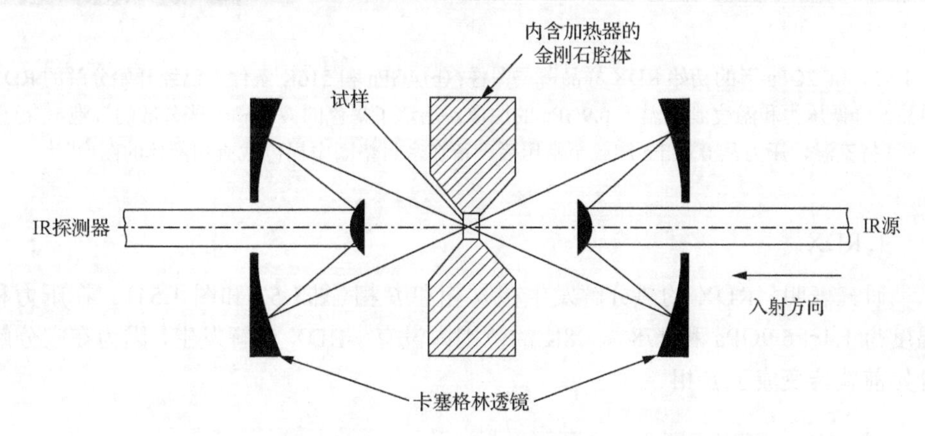

图 1.51　卡塞格林光学系统结合 DAC 装置的结构示意图[58]

这个卡塞格林光学系统结合固定的DAC后形成的装置足够小，可以与红外装置样品腔中 *XYZ* 定位装置直接配合[58]。DAC 中的样品很容易放置到光学系统的焦点处，以得到信号最大的红外输出。幸运的是，现在商业化的红外显微装置可以直接买到，并可以与 DAC 结合。因此，这种测量变得非常容易开展。

如图 1.52 所示，FTIR 实验中密封在 DAC 中的 RDX 样品的平均环境压力为 2GPa，温度为室温。为制备这个样品，RDX 粉末和两个红宝石颗粒被挤进了铂铑合金密封垫圈中(直径约 0.457mm，厚度约 150μm)。两个红宝石颗粒一个位于样品中心，另一个远离中心。红宝石颗粒用作压力传感器，在图中呈现为均匀视场中的两个暗区。在这种样品结构中，压力不是静水压，这从红宝石 R 线的展宽可以看出来。自然地，总体的样品压力有一个较大的不确定度。可以通过在样品结构中加一薄层NaCl粉末略微减小不确定度。首先在未加密封垫圈的砧面压制NaCl粉末形成一个 0.25μm 厚的薄层，再装上包含待研究粉末样品的密封垫圈，就像之前的其他实验一样。NaCl 粉末的存在显著降低了应力的不均匀性，但并没有完全消除。分解产物如图 1.52 所示。

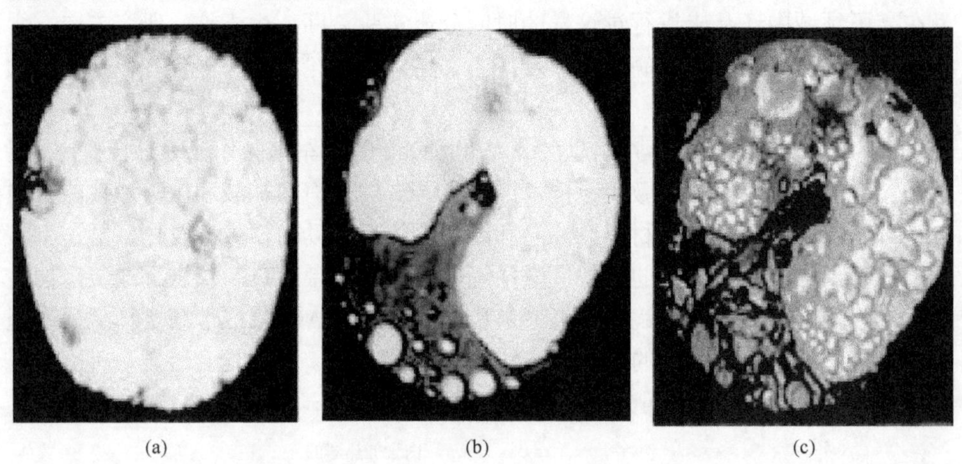

图 1.52　(a) 2GPa 下的初始 RDX 样品薄层图像；(b) 4GPa 和 516K 条件下已经开始分解的 RDX 样品，降低压力和温度到室温下 0.9GPa 的图像。出现了褐色的液体和一些分散的气泡；(c) 保持室温，压力从 0.9GPa 卸载至常压后，留在密封垫圈中褐色残渣和液体的图像[58]

1. RDX

研究表明，RDX 的热分解发生在 α 相和 β 相(图 1.53 和图 1.54)。在压力和温度为 1.4～6.9GPa 和 478～508K 的范围内没有 γ-RDX 分解发生，因为在它分解开始前就转变成了 β 相。

在 1.4～2.4GPa 压力范围内，测得 α-RDX 的热分解速率随压力的升高而增大。而 β-RDX 的热分解速率则具有不同的压力依赖关系。同 β-HMX 类似[62]，β-RDX 的分解速率随压力的升高而下降，分解产物也更加复杂，压力卸载到 1 个大气压，出现了固体残留物。

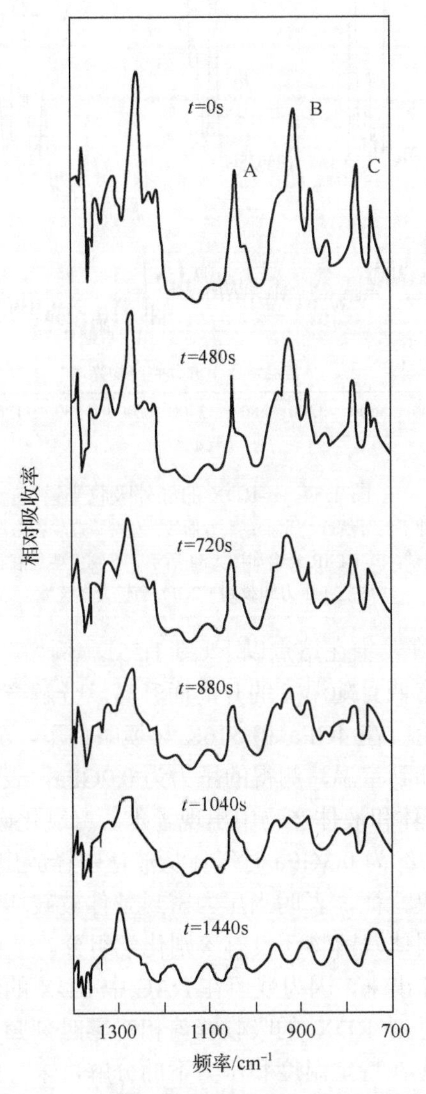

图 1.53　DAC 中发生在 4.4GPa 和 515K 条件下 α-RDX 热分解过程的时间分辨红外吸收光谱

样品层厚度约 15μm[58]

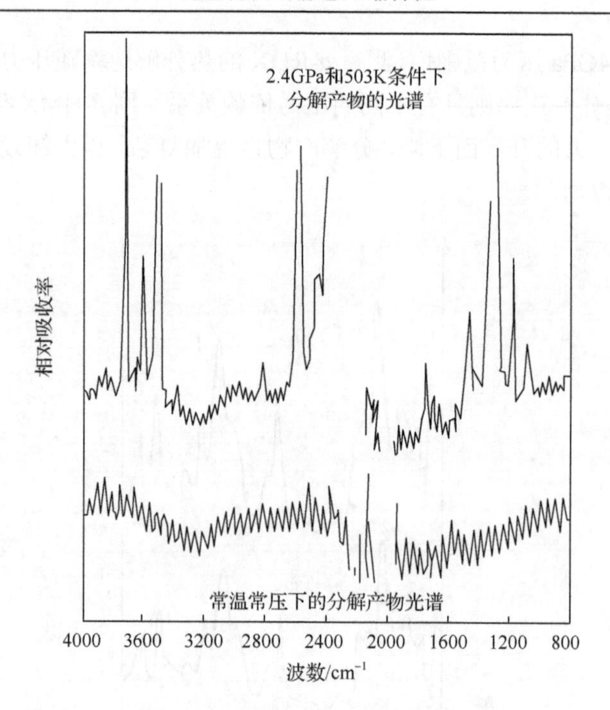

图 1.54 α-RDX 的红外吸收光谱

上方曲线：2.4GPa 和 503K 条件下的分解产物光谱；下方曲线：分解后产物在常温常压下的光谱。在这种条件下，分解产物较少，也不复杂，其 FT-IR 光谱如图 1.54 所示。产物主要是液态的 H_2O、CO_2 和 N_2O，这些在压力卸载到 1.2GPa 会转变为气体

β-RDX 的分解恰好发生在熔点以下(图 1.55)。例如，在 488K 和 5GPa 条件下，发现分解速率非常低且随温度的升高而升高。分解产物表现出独特而有趣的行为，需要进一步讨论。在 4GPa 和 516K 环境条件下，β-RDX 发生分解，DAC 中发生分解的样品冷却到室温，测得的压力为 0.9GPa，表明压力大幅度下降。通过 FTIR 分析发现，固体和液体产物中出现了水、二氧化碳和氧化亚氮化学成分。进一步降低压力，压力约为 0.3GPa 时气体从液体中释放出来。在大气压力下，残留的固体没有红外吸收特征，表明当压力密封条件被破坏时红外活性物质以气体的形式逃逸。目前，固体残留物还没有鉴别化学组分。

分解速率可以估计出来，因为残留在 DAC 中 RDX 的浓度是与测量到的红外吸收成正比的。任意时刻 RDX 的吸收峰值相对零时刻归一化就得到未分解样品比例(图 1.56)。对发生在特定温度和压力下的分解，未分解样品比例通常取平均值，从 1 中减去这个未分解样品比例，就得到了 α 相含量正比于已分解 RDX 的摩尔分数。然后，可以得到在实验研究的不同压力温度条件下 α 相含量随时间变化的曲线。

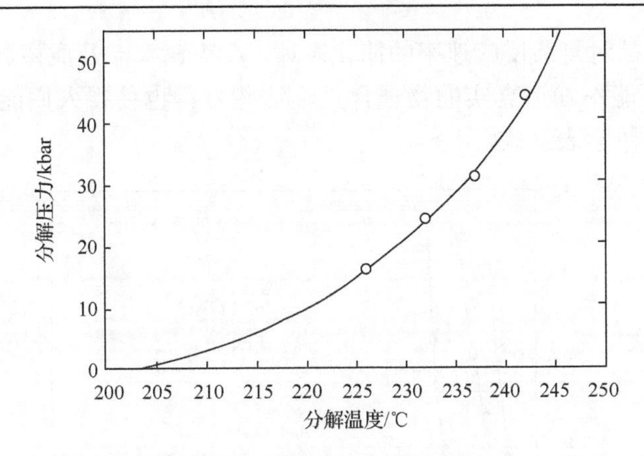

图 1.55　RDX 分解温度的压力依赖关系

分解温度定义为红外吸收峰强度开始下降时的温度。实验数据表明熔化和热分解同时发生[58]

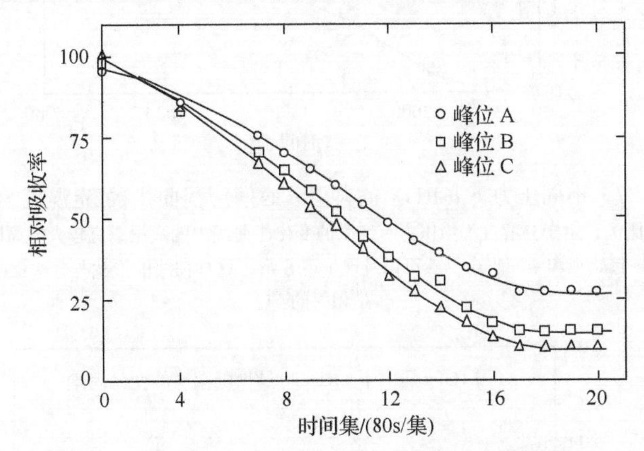

图 1.56　在图 1.53 中 RDX 的三处峰位(标注为 A、B 和 C)的红外吸收相对强度的时间历程曲线

这些曲线是红外吸收以分解前 0 时刻吸收强度为 100 进行归一化得到的，分解环境条件为温度 515K，压力 4.4GPa[58]

需要注意到一个有趣的现象：温度不变，随着压力的升高 α-RDX 的热分解速率升高，而 β-RDX 的热分解速率下降。这表明这两种截然不同的结构有不同的化学反应机理或者反应速率控制步骤。有人提出 α-RDX 的分解机理在本质上至少是双分子的，伴随负的活化能，而 β-RDX 的分解机理可能是单分子的，伴随正的活化能[59]。

从凝聚态物质热分解反应 RDX 已分解比例 α 的时间历程曲线可以得到多种定义速率常数 k 的表达式，在参考文献[79]中有深刻的评述(图 1.57)。在早前报道的 RDX 反应动力学测量中，普劳特-汤普金斯(Prout-Tompkins)速率方程，$\ln[\alpha/(1-\alpha)]=kt+C$，用来表述总体的热分解速率常数。这个速率方程描述了一个自催化的支链型反应，有 S 形的 α 时间历程曲线。另一个速率方程$-\ln(1-\alpha)=kt+C$，描述了一个扩散受限的反应[55]，它具有线性化的 α 时间历程曲线(图 1.58)。这两个速率方程都是对复杂反应速率的简化表述。反应速率涉及成核、生长和反应的终止。即使可能不知道真实的物理含义，这些方程也使得人们能够得到被测反应速率常数的数学表达式。

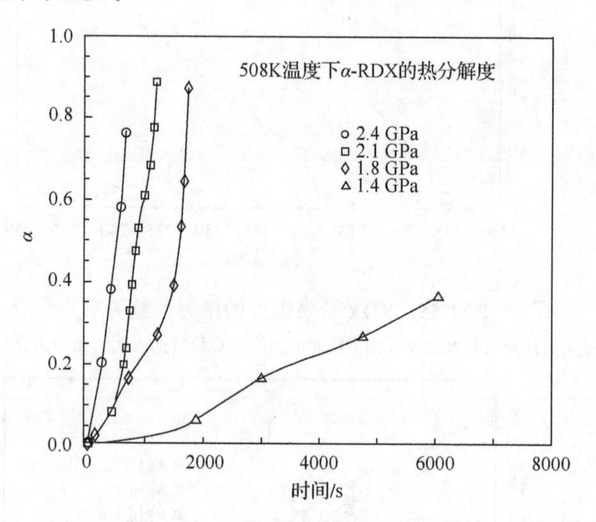

图 1.57　不同压力下 α-RDX 的典型 α 时间历程曲线(恒定温度 508K)

α 是 RDX 的已分解比例。由于分解过程中压力有细微的变化，曲线中的数据点有较大的离散。然而，这些典型分解反应的曲线，从起始点和中间平台仍然可以发现呈现 S 形。这种曲线的形状与分解反应的物理和化学机制是相关的[59]

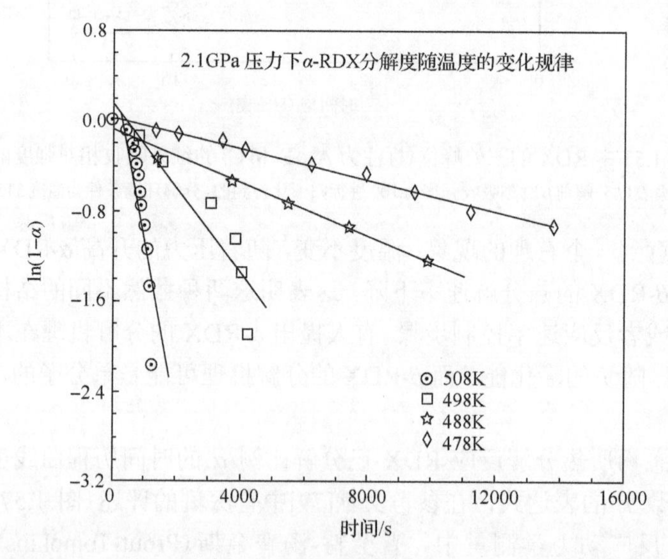

图 1.58　扩散受限模式不同温度下 α-RDX 分解反应的线性化 α 时间历程曲线(恒定压力 2.1GPa)

需要注意到，在较高温度下，普劳特-汤普金斯方程呈线性化，这表明向自催化型反应机制的转变[59]

假定关于速率常数的测量是准确的。尽管做了以上假定，对 α-RDX 总体的分解反应，仍然可以定义一个 k 对压力和温度的依赖关系(图 1.59 和图 1.60)。从 k 的自然对数的全微分，可以得到偏微分 $[\mathrm{dln}k/\mathrm{d}(1/T)]P=-\Delta H^*/R$ 和 $(\mathrm{dln}k/\mathrm{d}P)T=-\Delta V^*/RT$。其中，$\Delta H^*$ 和 ΔV^* 分别是经验的焓和活化能[58, 59, 62]。对更为复杂的多步反应机制，ΔH^* 和 ΔV^* 是各反应步骤对速率控制的主要贡献的加权平均。

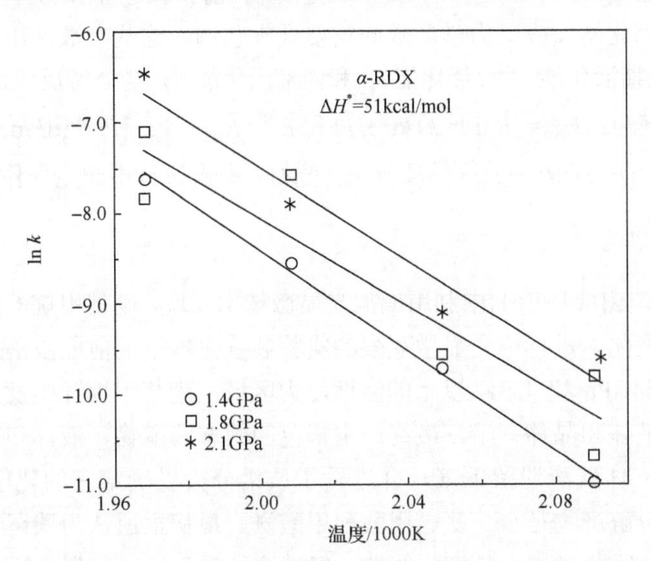

图 1.59　不同压力下 α-RDX 的热分解速率常数的温度依赖关系

斜率正比于活化能 ΔH^*。因为这些线几乎具有相同的斜率，因此 ΔH^* 看来是独立于压力的，其值大约是 51kcal/mol(1cal=4.1868J)

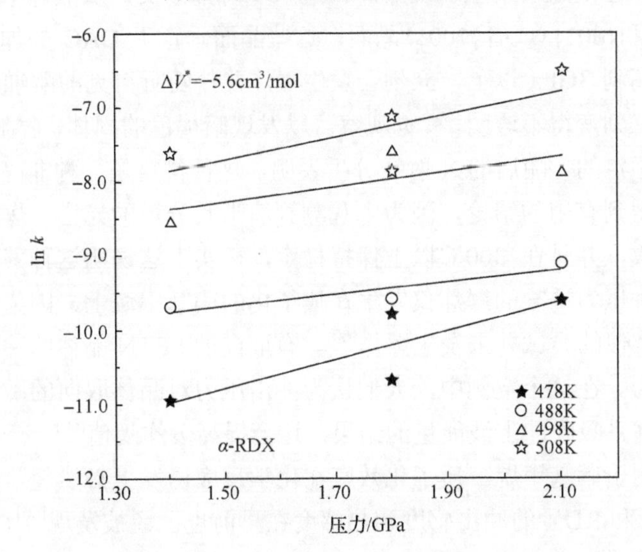

图 1.60　不同温度下 α-RDX 的热分解速率常数的压力依赖关系

斜率正比于活化体积 ΔV^*。因为这些线几乎具有相同的斜率，因此 ΔV^* 看来独立于压力，它的值大约是 $-5.6\mathrm{cm}^3/\mathrm{mol}$

在这项工作研究的温度和压力范围内，看起来在实验测量误差范围内，ΔH^*不依赖于压力，ΔV^*不依赖于温度。从速率常数 k、ΔH^*和 ΔV^*的知识出发，利用过渡态理论，速率常数 k 可以表述为热力学关系 $k=(KT/h)\,\mathrm{e}^{-\Delta G^*/(RT)}$和 $k=(KT/h)\,\mathrm{e}^{-\Delta S^*/(RT)-\Delta H^*/(RT)}$，可以用自由能 ΔG^*和激活态的熵 ΔS^*来评估。含能材料这些测试的重要意义可以通过阿伦尼乌斯化学反应动力学参数的重要性来强调，这些参数常用来建立爆炸模型。阿伦尼乌斯活化能 E^{Arr}、活化能 V_{ac}^*和内部活化能 E_{act}与分解反应速率常数有关。这些关系表述为：$E_{\mathrm{Arr}}=(R\,\mathrm{d}\ln k)/\mathrm{d}(1/T)$和 $E^{\mathrm{Arr}}=E_{\mathrm{act}}+\ V_{\mathrm{act}}^*\,[P-T(\mathrm{d}P/\mathrm{d}T)]$。这样，在极高压力下，$[P-T(\mathrm{d}P/\mathrm{d}T)]$这一项就在含能材料分解过程中起主导作用[59]。

2. 硝基甲烷

在参考文献[60]和[61]中利用偏振光显微技术发现，硝基甲烷的反应性能随温度和压力而变化。进行偏光显微观察的实验装置在本章的前面段落进行了详细的描述。在 1.54GPa 和 433K 以上的温度压力区域，硝基甲烷开始发生分解并且很容易观察到液体和晶体变暗，最终产生褐色的固态残留物、液体和气体。压力卸载后，只有固体残渣遗留下来，并进行了质谱分析以确定它的化学成分。7GPa 以下主要的分解产物是水、氨、甲酸和甲酸氨。最初报道认为残留物是草酸盐，因为它在红外吸收光谱上具有相似性，但是这种观点从未得到确认(图 1.61)。压力倾向于增加硝基甲烷的反应活性，像反应速率一样。偶尔能够观察到压力诱导硝基甲烷单晶在室温下发生自发爆炸。进一步研究证实，从液体中生长出来的单晶具有{111}和{001}(或者{100})晶面，这些晶面垂直于 DAC 的加载方向，如果压力快速升高到 3GPa 以上，立刻会发生爆炸并伴随听得见的噼啪声[60]。通常透明的样品会立刻变得不透明。视觉观察可以发现暗褐色的固体，它在加热到 300℃以上仍然是稳定的。随后的 X 射线分析表明，这种材料是一种非晶态。残留物的质谱分析未得到有用的结论，因为未观测到清晰易分辨的光谱。爆炸后许多样品残留物被回收，并且在 300℃以上保持稳定，事实上这说明这种残留物可能是无定形碳。这种压力诱导的爆炸仅发生在质子化的硝基甲烷上，因为对重氢化的硝基甲烷进行类似的尝试并未发生爆炸[60]。有取向的 PETN 晶体的冲击实验也表现出相似的行为。在这个案例中，人们认为冲击压力对晶体取向的敏感性是晶体滑移面和滑移体系吸收冲击波能量的结果，这会提高爆炸阈值[60]。一个类似的解释可能也可以用于硝基甲烷。质子化效应在化学反应诱发上必然起了作用。同位素效应在 HMX 和 RDX 的冲击感度和热感度在早前也已经被发现[60]。

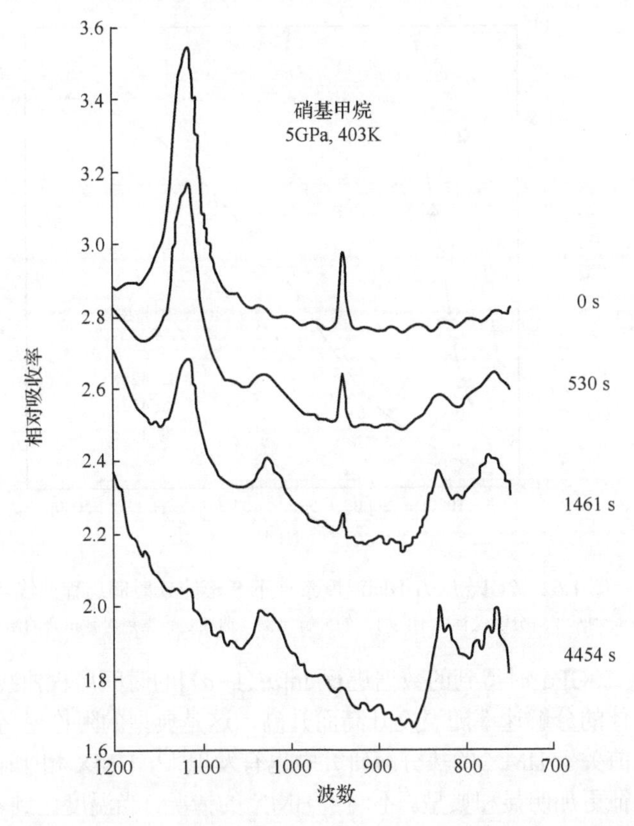

图 1.61　5.0GPa 和 403K 条件下硝基甲烷在几个时刻的红外吸收光谱

图中仅展示了在 1100～925cm^{-1} 范围内的两个硝基甲烷晶体的振动模式对应的吸收峰，用来分析反应动力学数据。零时刻硝基甲烷样品温度到达了分解温度、4454s 的光谱中没有硝基甲烷对应的吸收峰，仅是分解产物的吸收光谱

先前关于不同压力下(最高压力超过 5GPa)硝基甲烷发生爆炸的起始时间的测量结果，表明压力升高使得发生爆炸的时间提前[80]。根据这种行为特性，可以推断硝基甲烷热分解速率也具有相似的压力依赖关系。和前文提到的 RDX 一样，对硝基甲烷也进行了反应动力学测量，测量压力区间为 2.0～7.1GPa，温度区间为 393～453K，得到的结果如下所述。和 RDX 的情况一样，硝基甲烷的 α 时间历程曲线从起始点和中间阶段判断具有单个固体热分解的 S 形曲线特征，发生了自催化型的分解反应(图 1.62)。随着温度的升高，S 形特征减弱，直到 423K 近乎线性。另一种形式，$\ln[\alpha/(1-\alpha)]$的时间历程曲线表现出线性依赖关系，提供了支持分解成核过程中有分支链反应的证据。曲线斜率表现出典型的阿伦尼乌斯温度依赖特征，其反应速率随温度升高而增大。

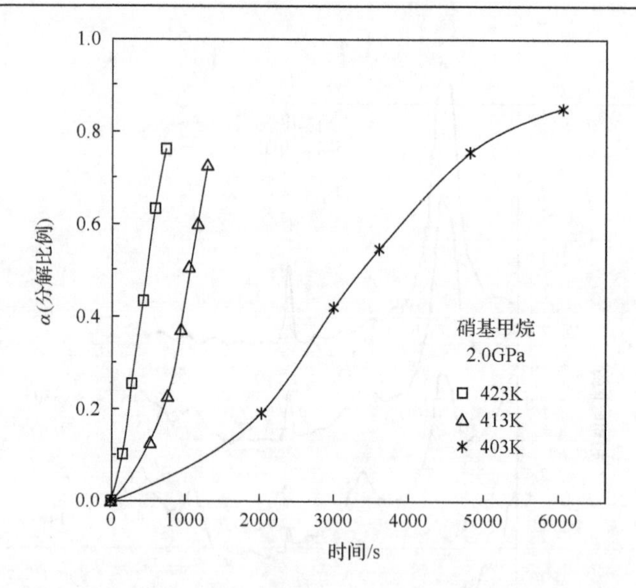

图 1.62　2GPa 压力不同温度条件下 S 形的 α 时间历程曲线

α 是硝基甲烷分解过程中不同时刻的分解比例。曲线是数据点对数拟合的结果

对压力为 2.0GPa 时得到的数据进行 $\ln[\alpha/(1-\alpha)]$的时间历程曲线的线性拟合，可以发现，总体的分解速率随温度升高而升高，这是典型的阿伦尼乌斯行为。这种依赖关系在之前关于 HMX 的热分解研究中也有发现[62]，HMX 相比硝基甲烷，阿伦尼乌斯行为特征更加明显和典型。不同于 HMX 的情况，当温度达到 413K 时，硝基甲烷的 α 时间历程曲线特征发生了变化。而且，在压力大于 5GPa 的情况下，分解机理会再次发生变化，相应的 α 曲线特征会再次发生变化。由于用于计算硝基甲烷分解比例 α 的两个吸收峰具有较大的信噪比误差，而且多种反应机制在研究的温度压力区域类重叠出现，因此这项工作中对这些数据仅能做定性分析。可以确定的是，硝基甲烷的分解速率随压力的升高而增大，但整体的趋势并不统一。然而，基于不同的温度压力条件下测得的反应特征可以得到一些定性的分析结果，如下所示：

(1)在压力升高至 5GPa 的区间内，分解过程至少有两种不同的反应机理(机理(1)和机理(2))，并且它们的全局分解速率都具有正的压力依赖关系。

(2)分解机理(1)在压力小于 4GPa 和温度小于等于 130℃时处于主导地位。

(3)分解机理(2)工作在压力为 5GPa 时的所有温度条件下，或者在压力为 4GPa 而温度大于等于 140℃时。

(4)两种反应机理发生交叉的温度约为 140℃。当温度小于等于 140℃、压力为 2GPa 时，机理(1)起作用；但当温度大于等于 140℃时，机理(2)或者两种机理都起作用。

(5) 机理 (1) 表现出 $\ln[\alpha/(1-\alpha)]$ 对时间的线性依赖关系，就像先前在 β 相 HMX 中发现的规律一样[62]；而机理 (2) 表现出 $\ln(1-\alpha)$ 对时间的线性依赖关系，就像在参考文献[58]和[59]中报道的 RDX 的规律一样。占主导地位的分解反应的反应机理就决定了 α 时间历程曲线的数学函数形式[60]。事实上，已经发现的两种时间依赖关系就已经表明存在两种独立且有明显区别的反应动力学过程。众所周知，酸式或烯醇式的硝基甲烷在其热分解反应中都可以作为催化剂发挥重要作用[60,61]。目前得到的关于硝基甲烷的实验结果不能排除酸式或烯醇式影响反应动力学数据的可能性。

(6) 还发现第三种反应机理工作在压力大于 5GPa 的条件下。这些结果表明了硝基甲烷热分解反应的复杂性。反应中存在不止一种反应机理，还可能存在一种或两种催化效应。但可以确定的是，反应速率具有正的压力依赖关系。就像参考文献[62]中描述的一样，从表达式 $\mathrm{d}\ln k = \Delta H^{*}/RT^{2}\mathrm{d}T - \Delta V^{*}/RT\mathrm{d}P$ 可以看出，当压力少量增加而其他量不变时，只有负的 ΔV^{*} 会导致 $\ln k$ 增大。因此，在这些实验研究的压力温度区间中，硝基甲烷的热分解速率必然有一个负的活化能。这个结果直接表明凝聚相硝基甲烷的分解反应至少是双分子特性的，不同于发表在参考文献[60]中的气相硝基甲烷分解反应的质谱研究结论，在那里反应是单分子的。这种不一致并不令人惊讶，因为气相和凝聚相的硝基甲烷具有不同的分解机理是意料之中的事情。例如，凝聚相中分子间的碰撞概率要高得多，引发分子间的反应是很自然的事情。

1.9.3　硝基甲烷的分解化学反应机制

早前报道的硝基甲烷不同压力下 (最高压力超过 5GPa) 爆炸起始时间的测量结果表明，起爆时间随压力升高而下降[80]。可以推断，压力也会影响热分解速率。如果这种推论是正确的，那么它的分解化学反应机制应该至少是双分子的。有大量关于硝基甲烷高温分解和爆炸可能的反应通道的报道[60,72]。其中，许多被提出的反应机制都是基于单分子反应过程的。可以确信的是，仅这项工作和另外一项工作从实验上证实双分子反应过程导致了这种反应速率的压力依赖关系[72]。

基于理论上的电子轨道计算，提出一个双分子分解过程，化学反应式如下所示：

$$\mathrm{H_3C{-}NO_2} + \mathrm{H_3C{-}NO_2} \longrightarrow \mathrm{H_3C{-}NO} \quad \mathrm{O{\cdots}CH_3{-}NO_2} \longrightarrow \mathrm{H_3C{-}N{=}O} + \mathrm{H{-}O{-}CH_2{-}NO_2} \tag{1.1}$$

量子力学计算表明，这是一个三中心反应复合体。在高压下，表面势作用导致原子同时运动，这种原子运动在化学反应式中以箭头标明，最后形成两种中间产物。其中，亚硝基甲烷迅速反应形成HCN，最终形成NH_3和HCOOH，如以下反应式所示：

$$\mathrm{H_2(H)C{-}N{=}O} \longrightarrow \mathrm{H_2C{=}N{-}O{-}H} \longrightarrow \mathrm{HCN + HOH} \tag{1.2}$$

温度和压力升高，HCN快速水解：

$$\mathrm{HCN{+}2HOH} \longrightarrow \mathrm{NH_3{+}HCOOH} \tag{1.3}$$

反应(1.1)生成的产物快速分解[反应(1.4)没有列出]成为下列可能的气体化合物：H_2O、N_2O、CO^2、CO、NO、H_2，以及固态C。反应(1.1)的反应速率由反应活化能控制，计算值为32.5kcal/mol。反应(1.2)～反应(1.4)的反应速率与反应(1.1)相比更快。反应(1.3)和反应(1.4)提供了由HCN反应产生NH_3、HCOOH和水的反应通道，HCN是硝基甲烷的主要高温分解产物[60,72]。这些研究证实高压下硝基甲烷的主要热分解产物包含NH_3、HCOOH、水和易挥发的气体。

这一套凝聚相硝基甲烷在压力升高条件下发生分解反应的反应框架表明，在分子间发生了强烈的分子间相互作用。如果这是事实 ，那么研究硝基甲烷振动光谱的压力依赖，并且分析相互作用分子的—NO_2和 H_3C—基团间的分子间耦合引起振动峰位的移动是非常重要的。研究结果证实了高压下硝基甲烷热分解机制的双分子反应本质[60,72]。

1.9.4 液体炸药的压缩特性

在本章的剩余部分，将讨论两篇有关含能材料静高压研究的科技文献，它们展示了创新性的 DAC 应用，而且在前面是没有谈到的。在适用方面，提倡在新领域开展研究以深化我们的科学知识，特别是考虑到液体含能材料上开展的高压研究还非常少。

第一种想提到的改良技术采用了一种独特的方法来确定液体炸药的压缩特性[81]。实验科学家面临这种挑战已经有很多年了，特别是在极高压区域，因为这需要测定液体体积的压力依赖关系。这种方法使用结合一个应变传感器系统的杠杆臂型DAC，可以测量形状规则液体样品的厚度，当液体样品在静水压环境下压缩时，如图1.63所示，应变传感器起到电子测径器的作用，当样品压缩时，它可以测量样品厚度(密封垫圈的厚度)的变化。通过测量被显微放大的密封垫圈孔洞的面积可以测量面积变化。红宝石技术可以用来测量压力。这样，这种技术就可以监测密封垫圈孔洞面积和垫圈厚度来直接测量 DAC 中的体积变化。据报道，测量精度达到甚至超过 1%(图 1.64)。利用 X 射线实验方法进行液体炸药和其他液体的体积测量，通常不能实现预期的测量精度，因为 X 射线方法主要适用于粉末和单晶。这样，该技术具有为建立状态方程模型提供压力、体积、温度(PVT)实验数据的能力(图 1.65)。

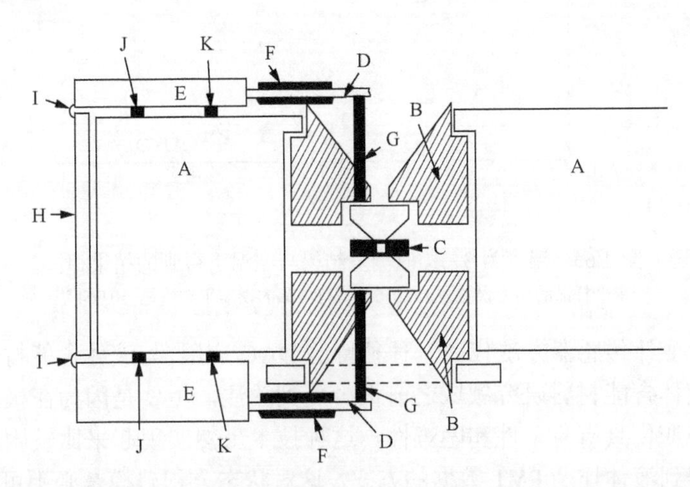

图 1.63 体积测量装置的示意图，装置使用应变测量技术来测量体积[81]

A-金刚石对顶砧腔体；B-活塞；C-垫圈和试样；D-悬臂梁；E-梁支座；F-应变计；G-探针；H-底座；I-铰链；J-紧固螺钉；K-调节螺钉

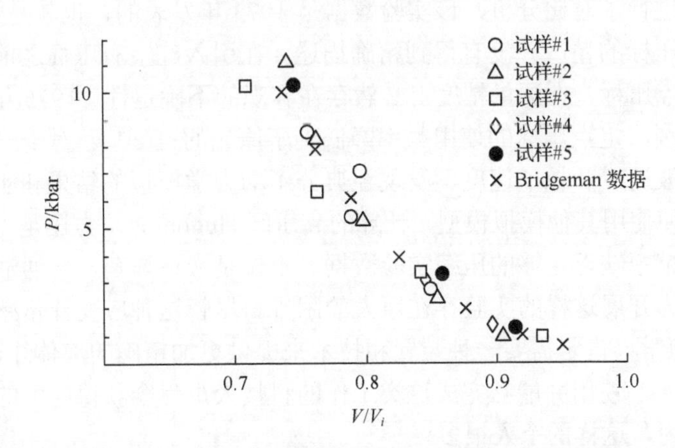

图 1.64 温度为 298K 条件下正庚烷的压缩数据与参考文献[82]中数据的对比

两组实验数据符合得很好，单个样品的均方误差为±0.013，所有样品的误差平均值是±0.003[81]

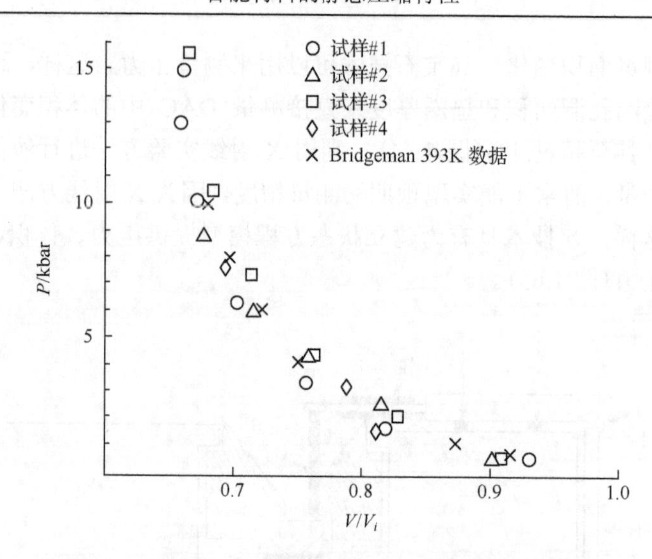

图 1.65　温度为 373K 时测量结果与室温下得到的结果相似

单个样品的均方误差为±0.016，所有样品的误差平均值是±0.004[81]

这种应变计传感器方法代表一种独特的DAC应用，与液体含能材料研究直接相关。而液体含能材料研究领域之前很少受到关注，主要是因为在极高压力下测量液体体积变化具有复杂性和困难性。这种技术虽然实现起来比较困难，但它提供了一种得到液体炸药PVT数据的方式，这对状态方程建模是必不可少的。就此而言，本节将讨论最近发表的关于高温高压下硝基甲烷经典分子动力学模拟的文章[82]。这篇文章的理论研究成果之一就是对硝基甲烷的热力学函数与实验的压缩数据(密度)进行了对比分析，该实验数据是1973年发表的，也就是35年前。那时候所使用压标的精度并没有得到精确描述。在引入红宝石压标之前，人们只是知道使用定点压标，在测量精度上必然存在客观的不确定性。1975年，在15GPa以上研究范围，定点压标的使用频率降低到了原先的 1/2[47]。对于一些热力学函数，如冲击波速度和粒子速度，发现经典分子动力学模拟的结果和实验结果很接近，然而即使使用其他模拟模型，计算的高压区Hugoniot压力还是太高。这种情况在科技文献中缺乏足够的压缩实验数据，不仅是液体炸药，普通液体也一样。这可能是因为开展这样的实验存在巨大的困难。尽管这种应变计传感器真的不是很好使用，但学界肯定需要一种装置和技术来提供更加精确的液体炸药压缩数据。那些精于 DAC 使用并能够完成这类工作的科技人员将会获得巨大的回报。现在在世界范围内，这样的个人很多。

为了展示这种技术的实用性，会在下面讨论一篇已发表的，关于液态硝基甲烷振动光谱的压力效应的文章。文章中得到了在298K和373K温度条件下硝基甲烷的压力效应数据[61](图1.66)。这里使用已提到的应变计传感器装置得到了压缩数据，其中将实验观测到的 NO_2 伸缩模式振动频率与计算得到的由高压下分子间耦合而导致的频率移动进行了比较。为了完成对比分析，需要根据准确的体积数据对高压下相互作用的分子对之间间距的减小进行估算。

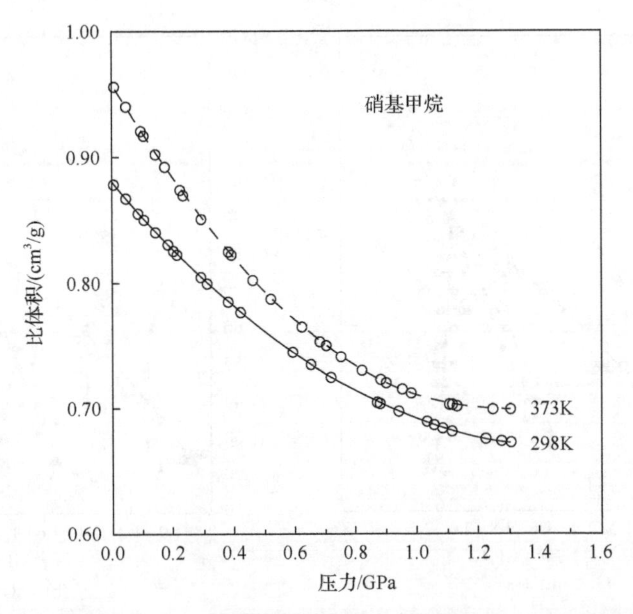

图 1.66　在 298K 和 373K 温度条件下硝基甲烷体积的压力依赖关系[61]

体积测量和压力测量的精度分别是 $\pm0.015cm^3/g$ 和 ±0.025 GPa。对每个数据点的中心进行连接得到了如图所示的曲线。在 298K 温度条件下，当压力小于 0.4GPa 时，体积-压力关系呈线性关系。在更高的压力下，由于液体受到压缩，曲线迅速弯曲。由于排斥力随着密度增大而增大，曲线变得近乎水平

另外一种有趣的改进是动态 DAC 的发展，它能够用于开展相变路径的压力依赖关系和时间依赖关系的测量[83]（图 1.67）。动态 DAC 的基本设计是由一个传统的 DAC 集成一个电动的压电驱动器，用于控制样品的压力加载。H_2O 和 D_2O 在Ⅵ相和Ⅶ相间的稳定区存在反常的压缩特性[84,85]，因此通过时间分辨观测Ⅵ相冰和Ⅶ相冰的压力诱导结晶过程来展示这种装置的实用性。这篇文章的作者能够评估它的界面自由能，也能够确认超压缩水(SW/Ⅶ相冰)的界面自由能比超压缩水(SW/Ⅵ相冰)小，这说明超压缩相的局域序更接近Ⅶ相冰结晶，而不是Ⅵ相冰结晶。这个结果与最近的研究结果是一致的。最近的研究指出，高密度水的局域序像Ⅶ相冰一样，是类面心立方(bcc-like)结构。将这种技术应用于液体炸药的可能性引起了含能材料研究团体的关注。某些领域可以进一步研究探索，如硝基甲烷的超压缩状态。在 298K 温度下，硝基甲烷在 0.4GPa 压力下凝固结晶[61]。这个高压相的结构和它在大气压力下的低温结晶相是相同的(属斜方晶系，空间群为 $P2_12_12_1$)[73,74,86]。液体硝基甲烷在室温下很容易超压缩而成为亚稳态液体，直到 2GPa 快速结晶形成单晶[61]。这个亚稳相液体结晶前在很宽的压力范围(1.6GPa)

内存在。在这个压力范围内可以通过各种技术研究以更加深入地认识超压缩态。而且，提高温度，硝基甲烷液体的超压缩态可以在更高的压力下存在，一样表现出典型的超压缩态行为。

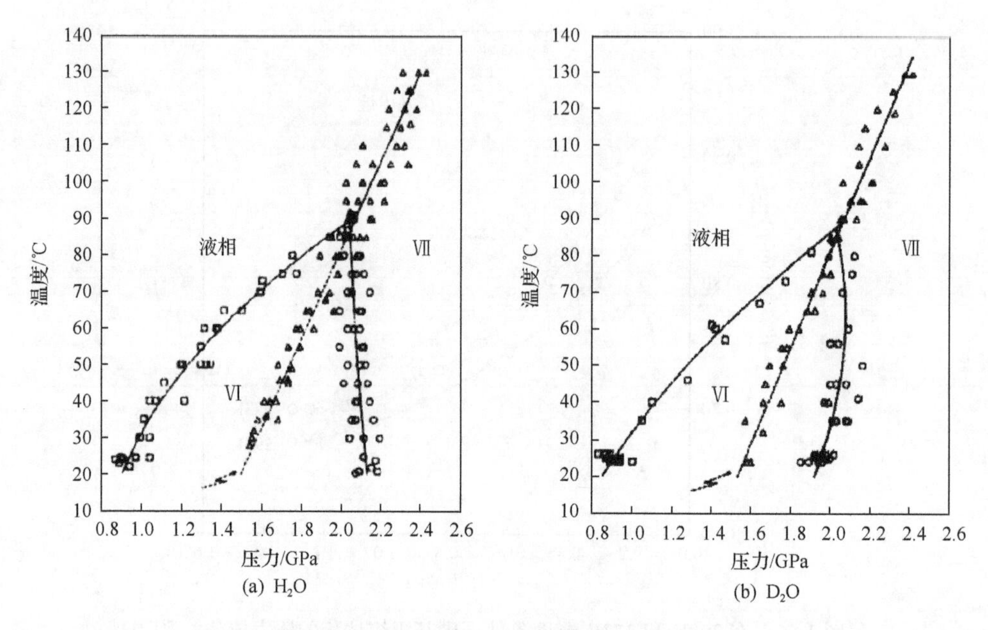

图 1.67　H_2O 和 D_2O 的压力温度平衡相图

展示了它们的液体超压缩态在不同压力和温度下的行为[85]

H_2O 和 D_2O 的相图展示了它们的反常行为，例如，亚稳态液体Ⅶ相的相边界延伸到了固体Ⅵ相的稳定区域。需要注意到，随着温度升高，H_2O 和 D_2O 的液体超压缩态都可以在更高的压力下存在。为了得到相图，使用结合 DAC 的偏光显微装置，其中 DAC 配备微型电阻线圈加热单元，使用红宝石技术测量压力。这也是另一个展示 OPLM 技术研究能力的例子，在这个例子中它用于确认相变、相稳定区域和相图。通过这种实验研究方法可以得到关于硝基甲烷超压缩态的珍贵科学知识。最后，令人非常意外的是，在文献搜索中发现了少量关于梯恩梯(TNT)这种重要炸药的压力温度平衡相图信息。TNT 具有低熔点(80.1℃)，它分解之前在非常宽广的压力温度范围内存在稳定的液相。在本人看来，这种化合物是开展 DAC 中偏振光学显微技术(OPLM)测量的一种非常理想的研究候选对象。这项研究可能带来关于 TNT 液体和固体的知识，驱动进一步利用其他的诊断技术研究这种材料，如 X 射线衍射、红外光谱和拉曼光谱等。

1.10　结　　论

本章尝试给读者展示关于各种 DAC 技术的一个综合评述。从它在 NIST/NBS 的实验室发明后，DAC 经历了一段快速发展时期。此外，评述了它发展改进的开创性意义，它们经过他人的进一步改进沿用至今。总体来说，除 DAC 本身的发明以外(包括高低温加载能力)，其他结合红外光谱、X 射线衍射(粉末和单晶)、偏振光显微术、拉曼光谱和 FTIR(包括时间分辨研究)的应用研究，都在 NIST/NBS 的实验室得到了探索和发展。一些对后续 DAC 应用发展具有深远影响的辅助实验技术在 NIST/NBS 实验室也得到探索和发展，包括静高压传压介质的发现，用于测量液体黏性的简单的斯托克斯落球实验方法，当然还有非常重要的红宝石荧光测压方法的发现。其中，红宝石测压方法作为定量科学研究工具是 DAC 能够广泛而成功地被学界使用的关键因素。所有的这些技术在本章进行了评述。当然，在过去的几十年间，对这些方法和技术已经有了大量的改进，但在本章中对这些改进简单逐一地叙述是不切实际的，因为目前在高压研究中的应用改进实在是太多了。所有这些结合使用 DAC 的实验方法和技术，都已经证实在含能材料研究中非常有用(在其他研究领域也一样)。使用这些实验方法和技术对这种重要材料的科学认识已经取得了大量进展。

致谢：作者感谢 NIST 的主任 Mighell 对于稿件仔细而全面的审阅，以及持续鼓励我完成这一章节。作者还要感谢 NIST 陶瓷部在 WinnieWong-Ng 基金的赞助下提供给我一个研究职位，使我完成本书的编写筹备工作。

注：

某些公司、商业设备、装置和材料在本章中被提及。这种提及不代表被 NIST 推荐和鼓励，也不代表这些被提及的产品是实现该目标的最好选择。

正文中或某些表中使用的“巴(bar)”、“泊(P)”和“埃(Å)”是遵循当时从事特定研究领域从业者使用习惯，而采用的物理量单位。为了便于不熟悉这些单位的人阅读，对这些单位进行一些标注。巴(bar)是压力单位，对应的压力国际单位是 Pa 或者 N/m^2，换算关系为：$1\ bar=10^5\ N/m^2=10^5\ Pa=10^6\ dyn/cm^2=1.0197\ kgf/cm^2$。泊(poise，P)是黏度单位，对应的国际单位为 Pa·s，换算关系为：1P=0.1 Pa·s。埃(angstrom，Å)是波长单位，换算关系为：1Å=0.1 nm。

参 考 文 献

[1] C. E. Weir, E. R. Lippincott, A. Van Valkenburg, E. N. Bunting, (1959) Infrared studies in the 1-micron to 15-micron region to 30,000 atmospheres. J Res Nat Bur Stand, Sect A 63(1), 55-62.

[2] G. J. Piermarini, C. E. Weir, (1962) A diamond cell for x-ray diffraction studies at high pressures. J Res Nat Bur Stand, Sect A 66, 325-331.

[3] C. E. Weir, (1945) Compression of sole leather. J Res Nat Bur Stand 35 (4), 257-271.

[4] C. E. Weir, (1948) Effect of temperature on the volume of leather and collagen in water. J Res Nat Bur Stand 41 (4), 279-285.

[5] C. E. Weir, (1950) High-pressure apparatus for compressibility studies and its application to measurements on leather and collagen. J Res Nat Bur Stand 45 (6), 468-476.

[6] C. E. Weir, (1954a) Compressibilites of crystalline and glassy modifications of selenium and glucose. J Res Nat Bur Stand 52 (5), 247-249.

[7] C. E. Weir, (1954b) Temperature dependence of compression of linear high polymers at high pressures. J Res Nat Bur Stand 53 (4), 245-252.

[8] C. E. Weir, L. Shartsis, (1955) Compressibility of binary alkali borate and silicate glasses at high pressures. J Am Ceram Soc 38 (9), 299-306.

[9] C. E.Weir, J. D. Hoffman, (1955) Compressibilities of long-chain normal hydrocarbons. J Res Nat Bur Stand 55 (6), 307-310.

[10] L. H. Adams (Consultant to the Director) (1958) Survey of current high pressure research program at National Bureau of Standards and recommendations regarding future needs in this area. Revised November 19, 1958, NARA RG, Astin File, Box 15.

[11] R. A. Paquin, E. Gregory (1963) Modification and calibration of a tetrahedral anvil apparatus, in Giardini AA and Lloyd EC (eds) High pressure measurement. Butterworths, Washington, DC, pp 274-285.

[12] E. R. Lippincott, A. Van Valkenburg, C. E. Weir, E. N. Bunting, (1958) Infrared studies on polymorphs of silicon dioxide and germanium dioxide. J Res Nat Bur Stand 61 (1), 61-70.

[13] J. C. Jamieson, (1957) Introductory studies of high-pressure polymorphism to 24,000 bars by X-ray diffraction with some comments on calcite II. J Geol 65, 334-343.

[14] P. W. Bridgman, (1952) The resistance of 72 elements, alloys and compounds to100,000 kg/cm^2. Proc Am Acad Arts Sci 81, 167-251.

[15] P. W. Bridgman, I. Simon, (1953) Effects of very high pressures on glass. J Appl Phys 24, 405-413.

[16] E. N. Bunting, A. Van Valkenburg, (1958) Some properties of diamond. Am Mineral 43, 102-106.

[17] J. C. Jamieson, A.W. Lawson, N. D. Nachtrieb, (1959) New device for obtaining X-ray diffraction patterns from substances exposed to high pressure. Rev Sci Instrum 30 (11), 1016-1019.

[18] J. C. Jamieson, A. W. Lawson (1962) Debye-Scherrer X-ray techniques for very high pressure studies in Wentorf R. H. (ed) Modern very high pressure techniques. Butterworths,Washington, DC, pp 70-91.

[19] E. R. Lippincott, C. E.Weir, A. Van Valkenburg, (1960) Infrared studies of dense forms of ice. J Chem Phys 32 (2), 612-614.

[20] E. R. Lippincott, C. E. Weir, A. Van Valkenburg, E. N. Bunting, (1960) Studies of infrared absorption spectra of solids at high pressures. Spectrochim Acta 16, 58-73.

[21] G. J. Piermarini, C. E. Weir, (1962) High-pressure transition in RbF. J Chem Phys 37 (8), 1887-1888.

[22] C. E.Weir, A. Van Valkenburg, E. R. Lippincott (1962) Optical studies at high pressures using diamond anvils in R. H. Wentorf (ed) Modern very high pressure techniques. Butterworths, Washington, DC, pp 51-69.

[23] Alvin Van Valkenburg Biographical File. Archives Collection, Information Services Division. National Institute of Standards and Technology. Gaithersburg, MD.

[24] R.J. Schneller Jr (2005) Breaking the color barrier: The U.S. naval academy's first black midshipman and the struggle for racial equality, New York University Press, New York, pp 65-67.

[25] Charles Edward Weir Biographical File. Archives Collection, Information Services Division. National Institute of Standards and Technology. Gaithersburg, MD.

[26] Elmer Newman Bunting Biographical File. Archives Collection, Information Services Division. National Institute of Standards and Technology. Gaithersburg, MD.

[27] Obituary of Ellis Ridgeway Lippincott. The Washington Post, December 28, 1974.

[28] A. Van Valkenburg A (1963) High-pressure microscopy, in Giardini A. A., Lloyd E. C. (eds) High pressure measurement. Butterworths, Washington, DC, pp 87-94.

[29] A. Van Valkenburg, (1970) High pressure optics. Appl Opt 9(1), 1-4.

[30] S. Block, C. E. Weir, G. J. Piermarini, (1965) High-pressure single-crystal studies of ice VI. Science 148, 947-948.

[31] G. J. Piermarini, C. E. Weir, (1964) Allotropy in some rare earth metals at high pressures. Science 144, (3614) 69-71.

[32] C. E. Weir, G. J. Piermarini, (1964) Lattice parameters and lattice energies of high- pressure polymorphs of some alkali halides. J Res Nat Bur Stand, Sect A 68(1), 105-111.

[33] C. Weir, G. Piermarini, S. Block, (1965) Single-crystal x-ray diffraction at high pressures. J Res Nat Bur Stand, Sect C 69(4), 275-281.

[34] S. Block, C. E. Weir, G. J. Piermarini, (1965) High-pressure single crystal studies of ice VI. Science 148(3672), 947-948.

[35] A. Santoro, C. E. Weir, S. Block, G. J. Piermarini, (1968) Absorption corrections in complex cases. Application to single crystal diffraction studies at high pressure. J Appl Crystallogr 1, 101-107.

[36] G. J. Piermarini, A. D. Mighell, C. E.Weir, S. Block, (1969) Crystal structure of benzene II at 25 kbar. Science 165, 1250-1255.

[37] G. J. Piermarini, A. B. Braun, (1973) Crystal and molecular structure of CCl4-III: A high pressure polymorph at 10 kbar. J Chem Phys 58(5), 1974-1982.

[38] C. E. Weir, G. J. Piermarini, S. Block, (1969) Instrumentation for single crystal x-ray diffraction at high pressures. Rev Sci Instrum 40(9), 1133-1136.

[39] C. E.Weir, G. J. Piermarini, S. Block, (1969) Crystallography of some high-pressure forms of C6H6, CS2, Br2, CCl4, and KNO3. J Chem Phys 50(5), 2089-2093.

[40] C. E. Weir, S. Block, G. J. Piermarini, (1970) Compressibility of inorganic azides. J Chem Phys 53(11), 4265-4269.

[41] R. A. Forman, G. J. Piermarini, J. D. Barnett, S. Block, (1972) Pressure measurement made by the utilization of ruby sharp-line luminescence. Science 176, 284-285.

[42] J. D. Barnett, S. Block, G. J. Piermarini, (1973) Optical fluorescence system for quantitative pressure measurement in the diamond-anvil cell. Rev Sci Instrum 44(1), 1-9.

[43] G. J. Piermarini, S. Block, J. D. Barnett, R. A. Forman, (1975) Calibration of the pressure dependence of the R1 ruby fluorescence line to 195 kbar. J Appl Phys 46, 2774-2780.

[44] G. J. Piermarini, S. Block, J. D. Barnett, (1973) Hydrostatic limits in liquids and solids to 100 kbar. J Appl Phys 44, 5377-5382.

[45] G. J. Piermarini, R. A. Forman, S. Block, (1978) Viscosity measurements in the diamond anvil pressure cell. Rev Sci Instrum 49, 1061-1066.

[46] M. I. Eremets (1996) Chapter 3, The diamond anvil cell. in High pressure experimental methods, Oxford University Press, New York, pp 49-92.

[47] G. J. Piermarini, S. Block, (1975) Ultrahigh pressure diamond-anvil cell and several semiconductor phase transition pressures in relation to the fixed point pressure scale. Rev Sci Instrum 46, 973-979.
[48] W. Thomson (1891) Lecture to the Institution of Civil Engineers, May 3, 1883, Popular Lectures and Addresses by Sir William Thomson (London/New York, Macmillan) vol. 1, p 80.
[49] H. K. Mao, P. M. Bell, (1978) High pressure physics: Sustained static generation of 1.36 to 1.72 Megabars. Science 200, 1145-1147.
[50] W. A. Bassett, T. Takahashi, P.W. Stook, (1967) X-ray diffraction and optical observations on crystalline solids up to 300 kbar. Rev Sci Instrum 38, 37-42.
[51] G. Huber, K. Syassen, W. B. Holzapfel, (1977) Pressure dependence of 4f levels in europium pentaphosphate up to 400 kbars. Phys Rev B 15, 5123-5128.
[52] L. Merrill,W. A. Bassett, (1974) Miniature diamond anvil pressure cell for single crystal x-ray diffraction studies. Rev Sci Instrum 45, 290-294.
[53] S. Block, G. Piermarini, (1976) The diamond cell stimulates high-pressure research. Phys Today 29 (9), 44-55.
[54] I. Fujishiro, G. J. Piermarini, S. Block, R. G. Munro (1982) Viscosities and glass transition pressures in the methanol-ethanol-water system, in C. M. Backman, T. Johannisson, L. Tegner (eds) High pressure in research and industry. 8th AIRAPT Conference Proceedings, Arkitektkopia. Uppsala, Sweden, Vol. II, pp 608-611.
[55] Y. B. Zel'dovich, Y.P. Raiser (1966) Physics of Shockwaves and High Temperature Hydrodynamic Phenomena, Academic Press, New York.
[56] R. D. Bardo, T. N. Hall, M. J. Kamlet, (1982) Energies and volumes of activation for condensed detonating explosives. J Chem Phys 77 (11), 5858-5859.
[57] R. D. Bardo, T. N. Hall, M. J. Kamlet, (1979) Volumes of activation in the shock initiation of explosives. Combust Flame 35 (3), 259-265.
[58] P. J. Miller, G. J. Piermarini, S. Block, (1984) An FT-IR microscopic method for kinetic measurements at high temperatures and high pressures. Appl Spectrosc 38, 680-686.
[59] P. J. Miller, S. Block, G. J. Piermarini, (1991) Effects of pressure on the thermal decomposition kinetics, chemical reactivity and phase behavior of RDX. Combust Flame 83, 174-184.
[60] G. J. Piermarini, S. Block, P. J.Miller, (1989) Effects of pressure on the thermal decomposition kinetics and chemical reactivity of nitromethane. J Phys Chem 93, 457-462.
[61] P. J. Miller, S. Block, G. J. Piermarini, (1989) Effects of pressure on the vibrational spectra of liquid nitromethane. J Phys Chem 93, 462-466.
[62] G. J. Piermarini, S. Block, P. J. Miller, (1987) Effects of pressure and temperature on the thermal decomposition rate and reaction mechanism of β-Octahydro-1,3,5,7-tetranitro-1,3,5,7-tetrazocine. J Phys Chem 91 (14), 3872-3878.
[63] T. P. Russell, P. J. Miller, G. J. Piermarini, S. Block (1993) Pressure/temperature/reaction phase diagrams for several nitramine compounds, in L. H. Liebenberg, R. W. Armstrong, J. J. Gilman (eds) Structure and properties of energetic materials. Materials Research Society Symposium Proceedings, Pittsburgh, PA, pp 199-213.
[64] T. P. Russell, P. J. Miller, G. J. Piermarini, S. Block, (1992) High-pressure phase transition in γ-hexanitrohexaaza-isowurtzitane. J Phys Chem 96 (13), 5509-5512.
[65] T. P. Russell, P. J. Miller, G. J. Piermarini, S. Block, (1993) Pressure/temperature phase diagram of Hexanitrohexaaza-isowurtzitane. J Phys Chem 97 (9), 1993-1997.
[66] G. J. Piermarini, S. Block, R. Damavarapu, S. Iyer, (1991) 1,4-Dinitrocubane and cubane under high pressure. Propellants Explos Pytotech 16, 188-193.

[67] T. P. Russell, G. J. Piermarini, P. J. Miller, (1997) Pressure/temperature and reaction phase diagram for dinitro azetidinium dinitramide. J Phys Chem B 101, 3566-3570.

[68] T. P. Russell, G. J. Piermarini, S. Block, P. J. Miller, (1996) Pressure, temperature reaction phase diagram for ammonium dinitramide. J Phys Chem 100, 3248-3251.

[69] R. W. Shaw, T. B. Brill, D. L. Thompson (2005) In Overviews of recent research on energetic materials, Advanced Series in Physical Chemistry, World Publishing, Singapore, Vol. 16.

[70] W. C. McCrone, (1950) RDX (Cyclotrimethylenetrinitramine). Anal Chem 22 (7), 954-955.

[71] R. J. Karpowicz, S. T. Sergio, T. B. Brill, (1983) Beta-polymorph of hexahydro-1,3,5-trinitros-triazine. A Fourier transform infrared spectroscopy study of an energetic material. Ind Eng Chem Prod Res Dev 22 (2), 363-365.

[72] G. J. Piermarini, S. Block, P. J.Miller (1990) Effects of pressure on the thermal decomposition rates, chemical reactivity, and phase behavior of HMX, RDX and nitromethane, in Bulusu SN (ed) Chemistry and physics of energetic materials. Kluwer, Dordrecht, 391-412.

[73] S. Courtecuisse, F. Cansell, D. Fabre, J. P. Petitet (1995) A Raman spectroscopic study of nitromethane up to 350℃ and 35 GPa. J Phys IV (Paris) 5, C4-359-363.

[74] D. T. Cromer, R. R. Ryan, D. Schiferl, (1985) The structure of nitromethane at pressures of 0.3 to 6.0 GPa. J Phys Chem 89, 2315-2318.

[75] J. W. Brasch, (1980) Irreversible reaction of nitromethane at elevated pressure and temperature. J Phys Chem 84, 2084-2085.

[76] R. Ouillon, J. P. Pinan-Lacarr´e, P. Ranson, (2002) Low-temperature Raman spectra of nitromethane single crystals. Lattice dynamics and Davydov splittings. J Chem Phys 116, (11) 4611-4625.

[77] J. P. Pinan-Lacarre, R. Ouillon, B. Canny, P. Pruzan, P. Ranson, (2003) Pressure effect at room temperature on the low-energy Raman spectra of nitromethane-h (3) and –d (3) up to 45 GPa. J Raman Spectrosc 34, 819-825.

[78] S. F. Rice, M. F. Foltz, (1991) Very high pressure combustion: Reaction propagation rates of nitromethane within a diamond anvil cell. Combust Flame 87 (2), 109-122.

[79] W. E. Brown, D. Dollimore, A. K. Galwey (1980) Reactions in the Solid State inC. H. Bamford, C. H. F. Tipper (eds) Comprehensive Chemical Kinetics, Vol 22, Elsevier, Amsterdam, Chap. 3, pp 0-340.

[80] E. L. Lee, R. H. Sanborn, H. D. Stromberg (1970) Thermal decomposition of high explosives at static pressures to 50Kbar. Proc 5th Symp (Int) Detonation, 331-337.

[81] J. W. Brasch, (1980) Techniques for compressibility measurements on explosive materials using an opposed diamond-anvil optical cell. Rev Sci Instrum 51, 1358–1362.82. Bridgman PW (1932) Volume-temperature-pressure relations for several non-volatile liquids. Proc Am Acad Arts Sci 67, 1-27.

[82] H. Liu, J. Zhao, G. Ji, Z. Gong, D. Wei, (2006) Compressibility of liquid nitromethane in the high-pressure regime. Phys B 382, 334-339.

[83] G.W. Lee,W. J. Evans, C. S. Yoo, (2006) Crystallization of water in a dynamic diamond-anvil cell: Evidence for ice VII-like local order in supercompressed water. Phys Rev B 74, (134112) 1-6.

[84] K. Yamamoto, (1980) Supercooling of the coexisting state of Ice VII and water within Ice VI region observed in diamond-anvil pressure cells. Jpn J Appl Phys 19 (10), 1841-1845.

[85] G. J. Piermarini, R. G. Munro, S. Block (1984) Metastability in the H2O and D2O systems at high pressure. Mat Res Soc Symp Proc, vol 22, Elsevier Science, 25-28.

[86] S. F. Trevino, E. Prince, C. R. Hubbard (1980) Refinement of the structure of solid nitromethane. J Chem Phys 73 (6), 2996-3000.

第2章 高氮含能材料的合成

2.1 引 言

由于两个氮原子之间的氮氮三键(N≡N)和氮氮单键(N—N)之间存在巨大的能量差异，纯氮被认为是最佳的化学能储存材料。N≡N 键是已知最强的化学键之一，含有 4.94eV/atom 的能量，而 N—N 键中的能量则小很多，为–0.83eV/atom[1]。因此，氮从单键状态转变为三键双原子氮分子的过程中将会释放出大量能量，约为 2.3eV/atom。换句话说，通过将一个三键转变成三个单键可以将这些化学能很好地储存起来。因此，氮可形成一种含能量高于现有任何非核材料的高能量密度新材料。全单键氮的最大用途是作为高能炸药。在此，实现比 HMX(一种威力很大的高能炸药)高 10 倍的爆轰压力是很有可能的[2]。

一种合成氮含能材料的方法是通过 N—N 键或者 N=N 键建立巨型全氮分子或者团簇。数值计算预测出了不同的多氮分子或团簇[3]，如 N_4、N_8、N_{20}，或者还有氮富勒烯 N60(见参考文献[3]～[5])，它可以存储相当高的能量。然而，上述这些物质都没有被合成出来，除了 N_4(TdN_4)，尽管 N_4(TdN_4)的寿命甚至只有约 1μs[6]。由于 N—N 键较弱，因此合成具有多个连续氮原子的化合物非常困难。从目前的成功案例来看，只有与其他原子化合才能合成多氮化合物。例如，Curtius 在 1890 年成功合成了 HN_3 和其他具有 N3 基团的叠氮化物[7]。直到最近 Christe 和他的同事才制备出 N_5^+[8]。几乎所有的氮化合物都是通过将 N_3^- 和 N_5^+ 基团附在一个中心原子如 Te、B 和 P 上合成出来的，如 $N_5P(N_3)_6$、$N_5B(N_3)_4$、$Te(N_3)_4$ 和其他物质(见参考文献[2]、[9]～[11])。

介绍一个能够在高温高压下通过普通三键分子氮来合成的纯单键氮的实例。高压下氮分子相互靠近并发生强烈的相互作用以至于分子内的相互作用可与分子间相互作用相比拟，因此双原子氮分子发生离解变成氮原子。氮原子之间通过三个共价键相连就能形成一种称为聚合物氮的三维结构。在很久以前[12,13]，有人预测这种转变发生在 50GPa 的高压下，但是实验中发现低温下这种转变需要更高的压力，约 200GPa[14]，室温下转变发生在稍低的压力条件下，约 150GPa[15]。计算发现，这种明显处于非分子态的氮构成了一个由单键和双键原子形成的无序网格结构[16,17]。

制备聚合氮的一个重要步骤就是要首先对单键晶体氮(每个氮原子都与其他三个原子通过单键连接)进行理论预测[18]。它具有立体对称结构，但是原子排列很不寻常：一种 $I2_13$ 空间群的立方偏转结构(用 cg-N 或者 CG 表示)。这种结构最近在实验中得到充分确认[19-22]。理论计算同时也认为 cg-N 结构是可能提出的单键氮网状结构中最稳定的结构[23-29]。聚合氮是一种独特的材料。首先，它储存了非常高的能量：从 cg-N 到 N_2 的转变过程中释放 1.2～1.5eV/atom 的能量[16-18,30]。这个数值比高能炸药 RDX 高出 5.5 倍(能量/质量比)[17]。同时 cg-N 相在晶格参数和低可压缩性能上与金刚石接近。因此，它可能成为一种具有极高储能的高硬度(超硬)材料。重要的是，有预测认为常压下聚合氮处于亚稳态[18]，且在低温常压下确实得到了一种非晶聚合氮[14]。实验上证明至少在低至 25GPa 的压力下 cg-N 相是亚稳态的。本章将详细介绍聚合氮的合成及其各种性质，同时讨论其他经预测可以在某些压力范围内与 cg-N 相可比拟的聚合物结构[23,25-28,31-33]。

最后讨论尝试通过采用不同于纯氮母体前驱体的方法来降低聚合物合成过程中的压力。验证了用 NaN_3 晶格中的 N_3^- 取代双原子氮的可能性[34,35]。N_3^- 是三个氮原子通过双键连接的一种直链。它可以当成一种比三键双原子氮分子弱得多的分子。因此，有理由期待 N_3^- 能够比双原子氮更容易合成聚合单共价键网状结构。通过激光加热后在接近常压下发现了不同于 N_3^- 的新的分子结构相[34]。文献[35]对叠氮化钠在紫外线脉冲辐照下的光解作用进行了研究。推测发现可能的产物 N_7^- 在常温常压下不稳定。

2.2 聚　合　氮

本节将要介绍在单键氮聚合物合成和性质方面的研究结果。当氮原子通过单键聚合成网状结构时，它将成为一种高能量密度物质(HEDM)。此外，由于聚合氮的最终转化产物是氮气，因此它是一种环境清洁型材料。这种聚合氮材料也可能成为一种理想的火箭燃料或者推进剂。

正如 McMahan 和 LeSar 在 1985 年预测的一样[12]，生成单键连接而成晶体的一种方法就是高压。他们计算了同其他氮族元素相似的简单立方和单斜结构。这种转变伴随着很大的体积减小以及相当大的滞后效应。这种新材料可以称为“聚合氮”：它的起始二聚物是氮分子，终态产物是一种由单键共价键所构成的晶体。需要指出的是氮在高压下表现出来的性质非常独特。如果将氮与其他分子固体，如 H_2、O_2、I_2 等进行比较会发现[36]，它们都是双键共价键，在高压下都会金属化，但是氮在高压下会先转变成一种绝缘的共价键晶体。氮也与其他氮族元素不同。例如，常压下磷的稳定存在形式是 P_4 分子，该分子中每个原子都与其他原子通过单键连接。产生这种区别的原因很简单：磷原子比氮原子大得多，因此较长的单键连接更加可行。高压下氮的相变也没有遵循氮族元素典型的相变规则。

Mailhiot 等[18]发现高压下氮的性质表现得异常独特：分子氮转变成一种由单键原子构成的具有立方偏转结构(cg-N)的晶体。这种独特的结构由定向共价键自然地形成：N—N 键中的二面角更偏向形成一个偏转结构形态[18]，正如可以在联氨分子中看到的一样。结果显示，这种结构理论上更加优化(图 2.1)：相对于先前考虑过的相，它具有相当低的总能量(0.86eV/atom)，这在很多计算中都被证实过[17,23-28,30,32,37-44]。

Mailhiot 等[18]计算了 cg-N 的体积、体积模量和其他相关参数。这个相变应该在约 50GPa 的条件下发生，并且伴随巨大的体积减小(约 20%)和声子谱的彻底改变。有学者预测 cg-N 相在常压下处于亚稳态，所有这些给实验验证提供了详细的信息。然而，随后的实验没有在这个压力范围下发现任何相变，但是在高至 180GPa 压力下观察到了一种暗黑色[45]的和几乎不透明[46]的状态。

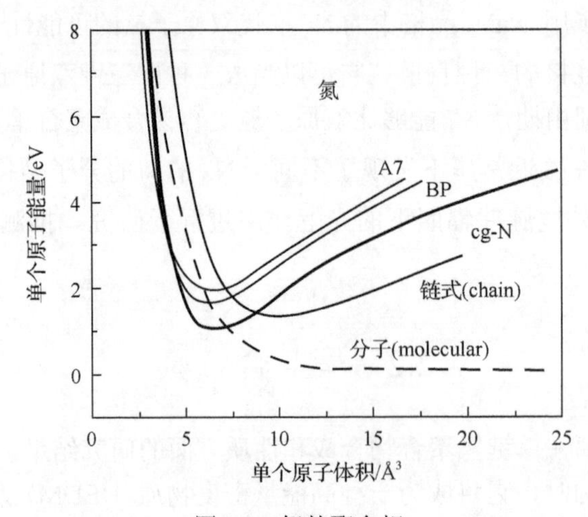

图 2.1　氮的聚合相

计算得到的每个原子的总能量与原子体积关系曲线(引自 Mailhiot 等[18])，其中 A7 表示三价三氧化二砷，BP 表示黑磷，cg-N 表示立方偏转结构氮，链式表示氮的二价链状结构相

在 190GPa 压力和低温条件下由透明相转变为不透明相的过程中伴随着分子振子的消失，最终观察到氮向非分子态的转变[14]。在室温和高温下测量到同样的相变[15,47,48]。这种转变有非常强的滞后效应[14]。因此，平衡压力约为 100GPa[14]——远低于直接转变的压力，与理论计算结果接近[18]。此外，这种滞后效应如此之大以至于它能够允许低温下回收到非分子态氮[14]。尽管非分子态氮具有和预测的聚合氮相近的性质[18]，但它是一种窄带半导体[14,16,47]，而这与预测的 cg-N 相为绝缘体相矛盾。第一性原理模拟给出了不透明相的结构：一个如图 2.2(a)所示由单键和双键氮原子构成的非晶或无序网状结构。然而，没有直接的实验证明非分子相生成一个聚合物网状结构。现有的光学测试数据只能表明这种材料的非晶特征[14,16,47]。这可以从图 2.2(b)中看出，在其拉曼光谱中只有很宽的谱带。

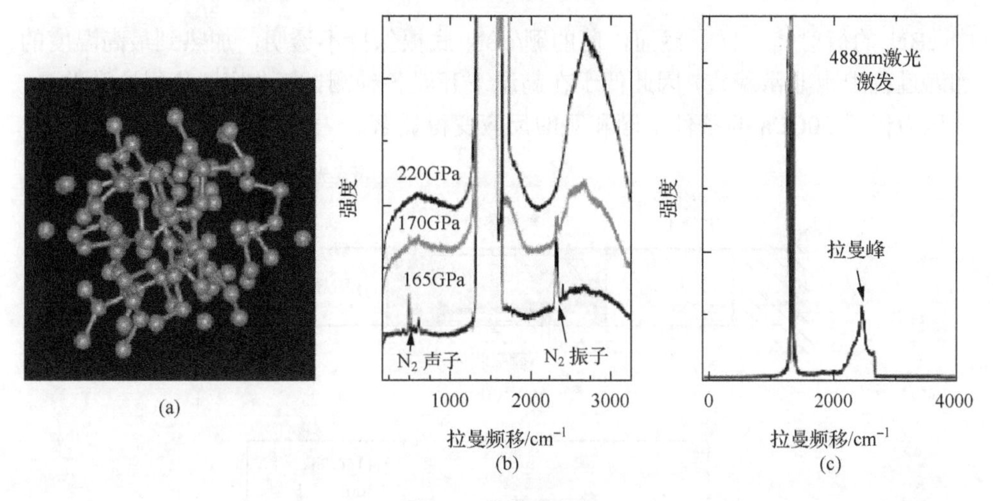

图 2.2　非晶聚合氮

(a)计算得到的常压和 100K 下显示原子位置以及原子之间化学键的低配位数(Z=3～4)氮的结构[16]；(b)通过金刚石对顶砧得到的 1Mbar 压力和 300K 温度下氮的拉曼光谱；(c)来自 15 个对顶砧的拉曼光谱表现出惊人的一致：该谱中只有来自金刚石的第一和第二个拉曼峰。

另一个对于聚合氮研究具有决定性意义的进步就是在高于 100GPa 压力条件下通过激光加热分子氮[19]，这时从分子氮直接转变到一个新透明相，而这个新的透明相被证明是在发现聚合氮以后人们一直不断追求的结构。聚合氮是在压力大于 110GPa 和温度高于 2000K 的条件下合成得到的，这些创纪录的实验数据都是在对金刚石对顶砧精心设计的基础上得到的(图 2.3)。首先，采用通过立方氮化硼(cBN)粉末混合环氧树脂压缩得到的垫圈[49]。这种垫圈在同样压力下比典型的硬垫圈材料如 Re 或 W 要厚 1.5～2 倍(60GPa 条件下 8～10μm)。这使得能够使用更大的样品体积。同时，这也增加硼激光辐射吸收器(用于加热样品)和金刚石压砧之间的间隙，而这正是在兆巴压力下得到异常高温的先决条件。其次，这个腔体经过精确设计，可用于 X 射线衍射测量。在高达 170GPa 的压力条件下氮样品(它是一种轻元素和弱散射材料)的 X 射线衍射测量在 ESRF 的 ID9 线站进行[50]。cBN 垫圈在 X 射线衍射研究中具有极大的优势：与氮元素的衍射性相比它只产生很少的弱衍射峰。同时，硼也作为 1.064μm 激光辐射的吸收体使用。重要的是，硼是 X 射线一个很弱的散射体，同时 1μm 厚的硼板产生的信号并不干扰氮样品的衍射图样。而且，来自硼元素的弱衍射峰在一个宽频谱范围内均匀分布，没有一个强衍射峰[51]。硼底板是通过对 99.99%纯度的无定形硼纳米颗粒加压得到的。硼在常态下是一种半导体，但是在兆巴压力下会转变成一种弱金属性物质[49]。硼是 1.06μm 激光辐射很好的吸收体，但是在温度大于 1800K 和压力小于 15GPa 的条件下它能与氮发生剧烈的反应[52]。在兆巴压力下这个反应基本可以被抑制。在最高温度下硼底板的中间观察到了微小的颜色变化，这很可能是由 cBN 生成引起的，正如图 2.3

中 cBN 的衍射峰一样。然而，薄的硼/cBN 底板保持不透明，加热到最高温度的加温过程中也非常稳定，因此便于在高温下开展各种测试工作[53]。值得注意的是，在压力低于 50GPa 的条件下硼和氮的反应变得显著。

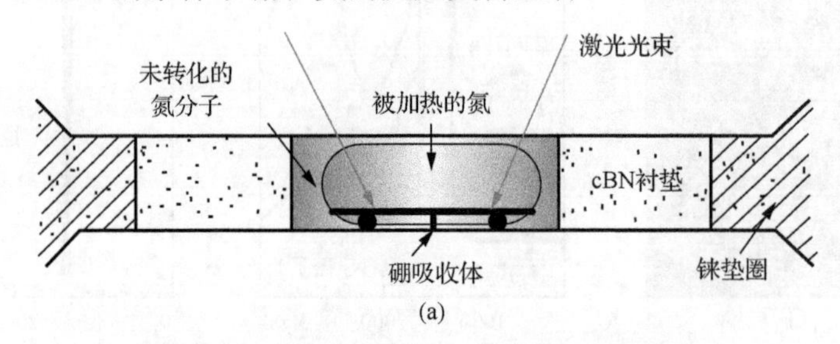

(a)

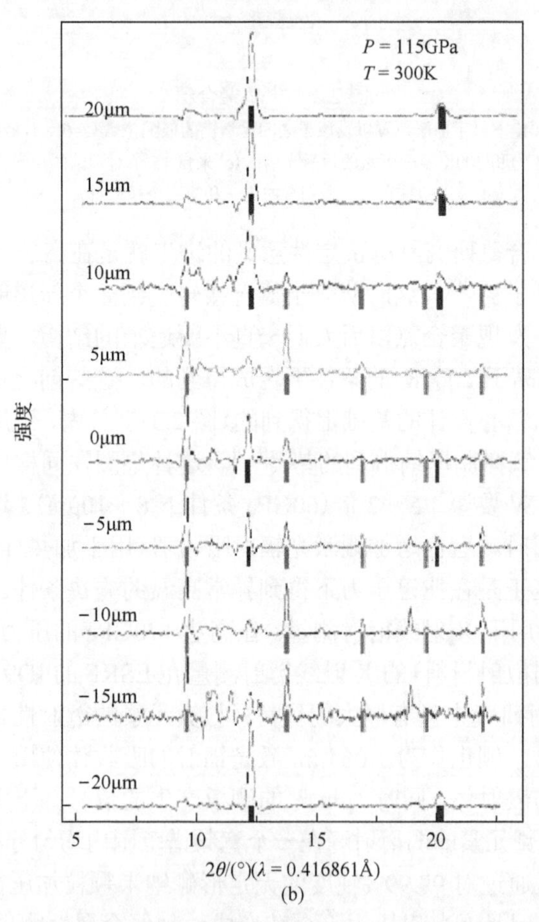

(b)

图 2.3　140GPa 条件下加热到 2600K 后氮元素的 X 射线衍射测量

(a)样品布局图的横截面；(b)取自横跨金刚石砧底面的 X 射线图谱，为了区分来自垫圈和样品不同相的信号。取自加热部分(±5μm)的光谱主要归因于氮的新相。在垫圈上只显示了纯 cBN 图谱。在氮样品的边缘(r = –15μm)有一个较大输入，来自 10°～14°范围的分子相。黑色和灰色的垂直线分别表示计算得到的 cg-N 和 cBN 相关的反射位置

对样品加热可以释放样品内部的应力，使得 X 射线衍射峰更锐利(图 2.3)，并且极大地增加测量准确性。红宝石的荧光谱用于压力测量[54]。对此，一片微米尺度的红宝石被放在垫圈孔的边缘。为了研究红宝石与氮元素可能的反应，在另一个实验中没有使用红宝石，也得到了相同的结果。在红宝石实验中的压力通过金刚石压砧的自身的谱学频率来确定[55]。文献[56]中描述了金刚石压腔的初始构型。氮气在室温下被压缩到 2500bar。使用具有直径 95μm 的台面、10°倾角、380μm 切割尺寸的超低荧光背底合成金刚石(图 2.3)，而在其余多轮实验中使用 60～90μm 的台面尺寸。加热前后的拉曼光谱用一个单光栅单色仪、陷波滤光片、制冷 CCD 相机和氩、钛蓝宝石激光器在 458～800nm 频谱范围内记录。

在一轮典型的实验中，在 300K 的条件下压力升高到 140GPa 直到样品开始变暗。在这个压力下，样品被加热的同时记录下拉曼光谱。在第一次加热到 980K 以后，相变开始加速。样品继续变暗，但是它还保持分子态，也就是说氮元素拉曼光谱中对应的振动模没有发生变化。金刚石压砧的高频拉曼峰变得更加尖锐，表明压力分布均匀，这时压力下降到 120GPa。加热到 1400K 之后没有发现新的变化。加热到 1700K 之后，样品继续变暗，并且氮的振动峰强度明显降低。

在 1980K，振动峰在背景上变得不可分辨，拉曼光谱低频部分的所有宽谱带消失，氮样品上测量到的荧光显著增加。吸收体周围出现一个环，可能是由样品的熔化造成的。样品出人意料变得透明(在光的照射下吸收体板显得清晰可见)。在持续加热到 2500K 和 2600K 的情况下，无色透明的部分扩展到更大的区域，并可以看到透射光。垫圈孔边沿处的氮没有被加热到高温，因此依然保持不透明。样品中心处的压力降低到 115GPa。

因此，在温度大约为 2000K、压力为 115GPa 时出现了一个明显的相变。实验中透过金刚石台而采集了样品不同区域的 X 射线衍射图样，这样做的目的是区分来自垫圈和来自样品不同相的贡献(图 2.3)。在样品中心有来自氮新相的高达 5 个衍射峰和 2 个来自 cBN 的衍射峰。这些衍射峰具有明显的区别：氮的衍射环只有点状结构，而 cBN 没有。此外，cBN 峰的强度随着扫描点的改变而改变，在某些区域甚至消失了。

用氮的立方偏转结构(cg-N)和 cBN 拟合了测量得到的 X 射线衍射谱。cg-N 具有如下拟合参数：空间群 $I2_13$，a_0=3.4542Å，晶胞位置 8a，x=0.067。试图用其他文献中[12,13,17,25,37]提出的聚合物结构以及硼吸收体[1]取代 cg-N 结构来拟合测量到的 X 射线衍射谱，就像文献[51]中提到的硼的做法一样，但是没有得到相吻合的结果。图 2.4 给出了 cg-N 结构的示意图。所有的氮原子都通过三重共价键与其他原子连接，而且所有氮原子之间的键长都一样。在 115GPa 的压力下，键长为 1.346 Å，键角为 108.87°。同时在压力降低到 42GPa 的情况下得到了 cg-N 的结构[图 2.4(c)]。将 Birch-Murnaghan 状态方程外推到零压条件并用其与 42～

134GPa 范围内的实验点进行拟合，采用如下参数：体积模量 B_0=298GPa，B'=4.0，V_0=6.592Å^3。从非常高的 B_0 值(这也是高硬度共价键固体的特征)(cBN 的 B_0=365GPa[57])可以看出 cg-N 是一种硬度很高的固体。通过不同类型状态方程得出它的体积模量可能范围是 300～340GPa。得到的原子体积 V_0 接近文献[18]中预测的值 6.67Å^3。

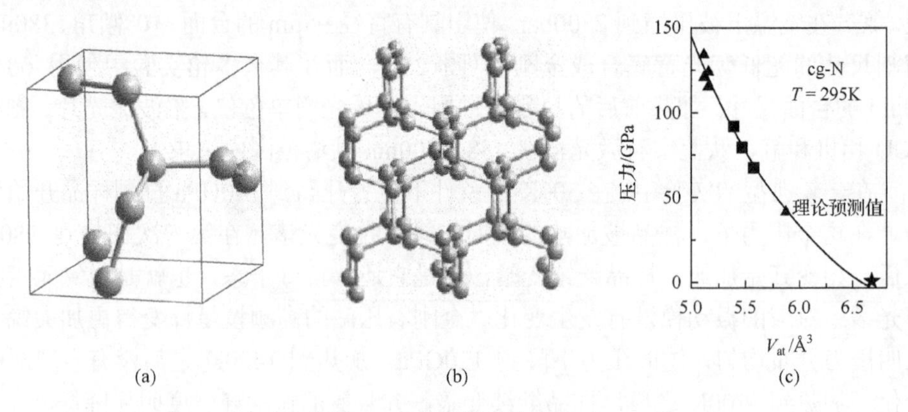

图 2.4　立方偏转结构(cg-N)

每一个氮原子都与三个相邻氮原子通过共价单键连接。(a)原胞；(b)聚合氮的扩展结构；(c)cg-N 结构的状态方程，通过将此状态方程扩展到零压条件得到 cg-N 的体积大约为 Å^3，这与理论预测值[18]具有很好的一致性。

cg-N 结构在很多实验中得到进一步确认[20-22]。例如，为了检验 cg-N 结构，测量到了更多的 X 射线衍射[58]。为此制造了能够在更大的角度采集衍射信号的金刚石压腔。它有一个与金刚石对顶砧成 15°角的侧向光入射口。如果 X 射线从这个窗口穿过，得到的衍射光束可观测的角度可达 35°。这种侧向输入结构的一个 X 射线衍射谱如图 2.5 所示。因此，发现了 cg-N 结构两个新的(321)和(320)反射。此外，在其他实验中，使用这种几何结构但是采用不同的垫圈和加热器组合得到了(402)和(332)反射。在这种样品上一共测到了 9 个反射，能够观测到这些反射同时也是因为用更大的晶体结构 cg-N(它在大角度情况下能够给出很强的反射)取代了粉末 cg-N。为此，在给定压力下合成温度要尽可能低，并且加热时间增加到几分钟，这样可以达到均衡生长的条件。

激光辐射的吸收体给实验结果的分析和解释带来了额外的难度。因此，也尝试用激光加热但不使用任何吸收体来合成 cg-N。氮在压力高于 130GPa 的条件下会发生强烈的自吸收，并且能成功地被 YAG 激光辐射直接加热，得到 cg-N 的 X 射线衍射谱和拉曼光谱[20-22]。

综上所述，研究发现了 cg-N 结构，而这种结构在理论上认为是含能量最高的单键结构[17,23-28,30,32,37-44]，它最先由 Mailhiot 等提出[18]。这是氮的一种新同素异构体，这种结构中所有原子都与其他原子通过单键共价键连接。据了解，这种不同寻常的立方相之前还没有在任何其他元素中发现过。

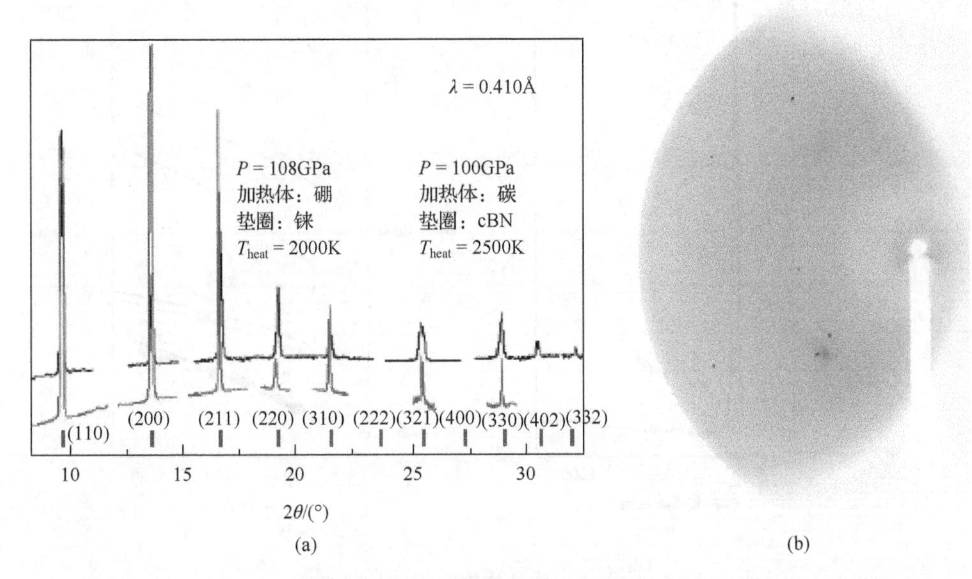

图 2.5　110GPa 压力下金刚石压腔中通过激光加热合成的 cg-N 结构的 X 射线衍射谱

(a)来自于两个实验的衍射峰。上方曲线来自于硼吸收体加热到 2000K 和铼垫圈的组合。下方曲线：金刚石底板加热到 2500K，垫圈由 cBN 粉末混合少量环氧树脂压制而成。数字和线条分别代表通过立方偏转结构计算得到的反射的序数和位置。曲线的峰值通过对衍射图(b)中的斑点积分而来

2.2.1　cg-N 的拉曼光谱

转变到 cg-N 相会伴随振动谱的巨大变化：氮分子振动消失之后观察到了 cg-N 相一个新的拉曼峰(图 2.6)，这是一种极具特征的转变。这个新的拉曼峰很容易检测到，而且在一些样品中它的强度很高。这个峰的位置及它与压力的对应关系与 cg-N 的计算结果相当吻合[39](图 2.6)。本来根据立方偏转结构的 $I2_13$ 对称性可以预见到 4 个峰，然而，令人莫名其妙的是，在所有实验中都测到了一个峰，直到最近这个问题才得到解决。从理论角度来看，文献[24]中计算了拉曼峰的强度和位置，结果发现只有一个峰占主导地位，其他的峰相当弱。实验中从一个大样品中得到一个较强的拉曼信号，从而证实了上述结论，它是从一个采用环形对顶砧底板的金刚石压腔中得到的[22](图 2.7)，这个结构显著增加了加压体积，并可以展开大样品实验，从而得到加强的拉曼光谱(图 2.6)。因此，我们有能力详细地分析 cg-N 相的拉曼光谱并且发现一个额外的弱峰(图 2.6)。它的位置和强度与计算结果具有很好的一致性[24,39]。剩下的两个峰源于 cg-N 结构的弱峰，它可以淹没在金刚石对顶砧的拉曼带的强背景下。

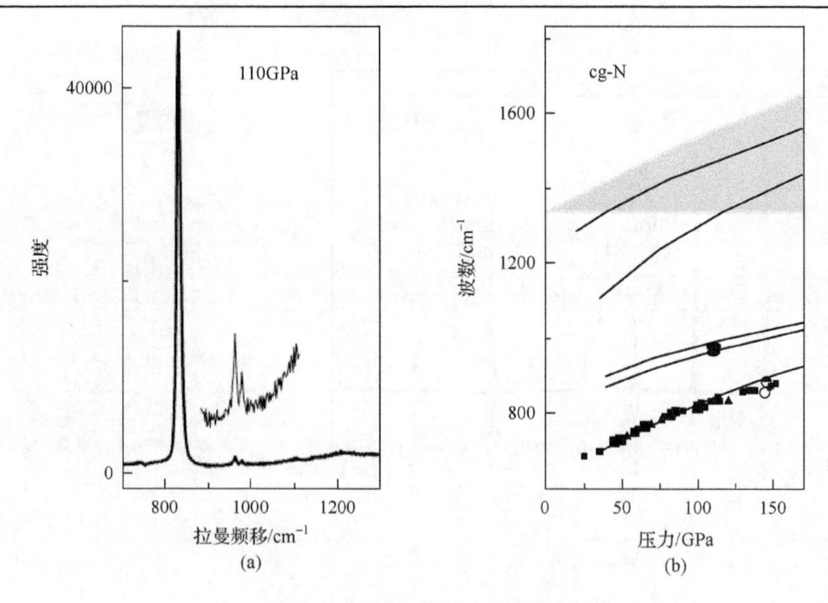

图 2.6　立方偏转结构聚合氮的拉曼光谱

(a) 120GPa 条件下 cg-N 大样品的拉曼光谱。为了看得更清楚，963cm^{-1} 处一个较弱的双峰结构被放大；(b) cg-N 相拉曼模式与压力的对应关系。数据点来自不同的实验。曲线来自理论计算[24]。覆盖了 cg-N 相高能量拉曼谱线的阴影区域代表来自金刚石对顶砧的拉曼谱带区域

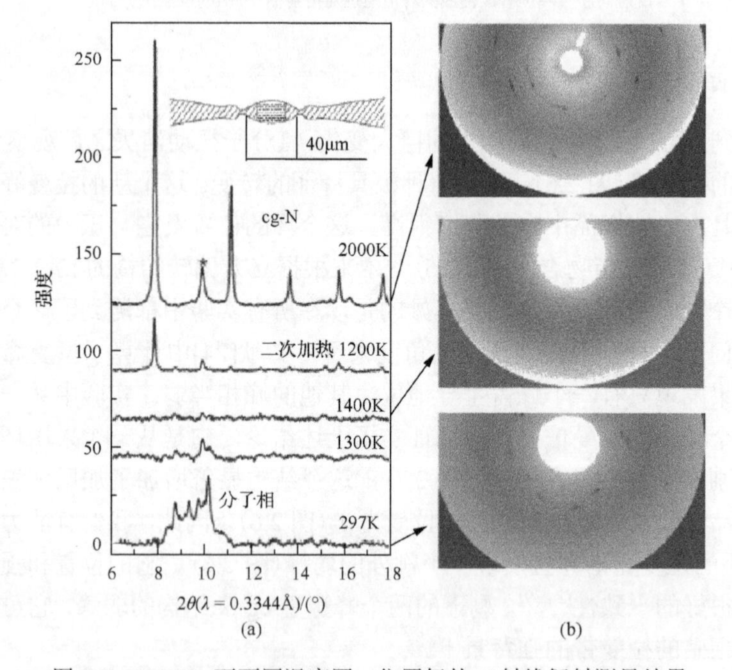

图 2.7　140GPa 下不同温度同一位置氮的 X 射线衍射测量结果

图 (a) X 射线衍射谱是由图 (b) 所示的 CCD 图像模式通过积分并去除背景而得到。星号代表 cBN 的衍射峰。波长为 0.3344Å 的 X 射线束集中照射在直径为 5μm 的点上并通过 20μm 的小孔进行准直。YAG 激光器产生的辐射也聚焦在同一点上。图 (b) 中的插图显示了金刚石对顶砧底板的环形图

2.2.2　控制实验

在超过 2000K 的高温的实验中，并不能排除高温氮与加热器、周围垫圈或者金刚石的化学反应。因此，进行了很多验证实验，目的就是确认得到的拉曼光谱和 X 射线衍射谱属于 cg-N，而不是氮与垫圈、吸收体或者金刚石的某种反应产物。不同的吸收体和垫圈材料的组合(硼-cBN，硼-铼，TiN-铼，铍-cBN，hBN-铼)得到了相同的 X 射线衍射谱和拉曼光谱，证明确实生成了 cg-N。以下两种组合的实验能够提供充分的证据：①吸收体为化学气相沉积(CVD)(金刚石通过化学气相沉积生长)金刚石底板，垫圈为 cBN/环氧树脂；②硼吸收体和铼垫圈组合。这两组实验中都获得了对应于 cg-N 结构的 X 射线衍射谱，这就意味着测量得到的衍射谱跟氮与铼或硼的化合物没有关系。与碳元素反应的可能性也被排除，因为可以说明 CVD 加热器很显然不会在温度高达 2500K 的情况下与氮发生反应，受热多晶 CVD 板的衍射谱只呈现了与没受热 CVD 板一样的金刚石环。在 200～3500cm^{-1} 范围内没有测到任何其他拉曼峰，除了 850cm^{-1} 左右的 cg-N 峰和强度很小的振动峰——这说明氮分子的相变并不完全。以下原因使氮与金刚石对顶砧的反应同样能够排除。已知氮分子几乎完全转变为新相(分子的振动峰消失)。在实验中氮样品的厚度大约为 5μm。这意味着金刚石对顶砧应该被侵蚀超过 1μm 深度以便能够产生假设存在的碳氮化物，实际上在实验后没有在对顶砧表面上看到任何变化，只是通过干涉显微镜可以很清楚地看到很多亚微米尺度的变化。的确，在少数实验中偶尔会因为强聚焦激光辐射对金刚石表面造成损伤，但是这些斑点在视觉上很容易进行区分。此外，金刚石区域的拉曼光谱显示出与碳氮化物相关的峰，但不是 cg-N 的峰。最后，在激光加热过程中金刚石被加热到小于 100℃，这是通过铂温度计(铂箔与对顶砧接触)测量得到的。因此，氮和金刚石的反应不太可能发生。

2.3　分子态氮到聚合氮的转变

这一节将讨论从分子氮到聚合氮的转变细节。首先，预估一个相变的最小压力。为此，在持续增加的压力下对样品进行加热。在 20GPa、800K 和 60GPa、2500K 条件下没有在拉曼光谱中看到任何变化。在 82GPa 压力，温度低于 2400K 条件下没有观察到拉曼光谱的显著变化。在这个温度基础上继续加热，在 2392cm^{-1} 发现了来自一种新氮分子相的拉曼峰，它的位置低于氮分子主振动峰 2410cm^{-1} 的主振动峰，这表明 N—N 键级减小，并且分子间作用加强导致电荷重新分布[41]。在 95GPa 下，加热到 1500K 之后这个相消失，加热到 2590K 之后只能看到先前公认的分子相。压力增加到 110GPa 之后，样品表现出与其他合成 cg-N 实验中相类似的行为(图 2.3)。温度高于 800K 时荧光显著增强(图 2.8)，很明显，这是由晶格缺陷的增加导致的。加热到更高的温度 1520K 之后荧光消失，但是氮明显保持在分子态——振动峰的强度保持不变，没有新的拉曼峰出现。剧烈的自发转变发生在加热到 2000K 之后：氮转变成一种非分子态(振动峰消失)，形成单键 cg-N 结构，并伴随着 820cm^{-1} 处典型的拉曼峰。激光加热诱导相变过程中，温度下降几百摄氏度，因此需要额外的能量来维持相变温度。相变过程中压力急剧下降 5～20GPa(取决于样品在腔内的特定排列)，表明相变过程中样品体积显著减小。相变过程可以参见图 2.8。在硼表面和边缘的 cg-N 看起来像是无色的或者黄色的。在样品温度较低的部分，一个瞬态强荧光非晶相形成了，它是红色的而且可与 cg-N 相很好地区分开。样品中未加热部分的无色分子氮保持不变。

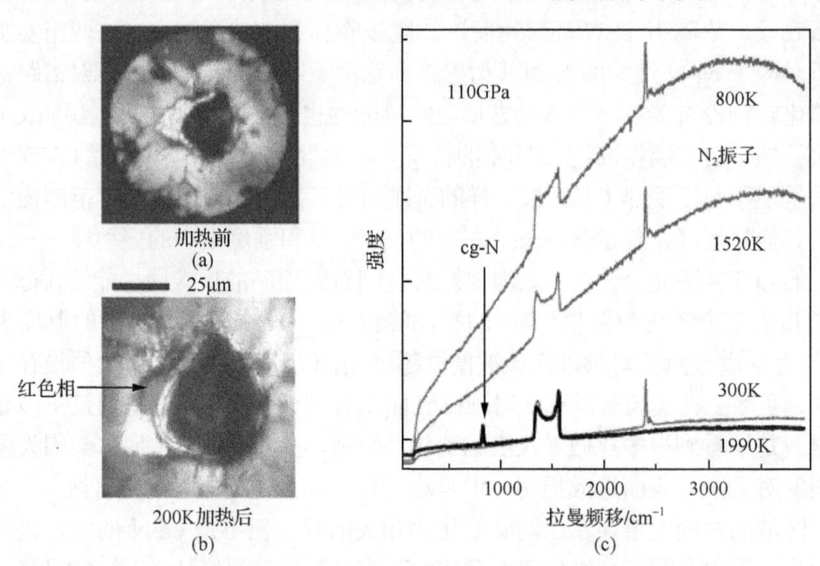

图 2.8　110GPa 下氮分子的激光加热

(a)透过金刚石砧看到的样品图像。氮包含在铼垫圈的一个孔中，而背面放置了一个 1μm 厚的硼板作为 YAG 激光辐射加热的吸收体。氮位于棚板的上面，而且在铼垫圈中孔洞的左边看起来是透明的。(b)通过激光加热到 1990K 之后氮转变成 cg-N 相，可以在硼吸收体的周围看到，它是黄色或者无色的。一个短暂的红色相出现在加热区周围，在样品左边未加热角落氮保持为分子态。(c)加热到相应温度之后在室温下得到的氮的拉曼光谱，加热到 1990K 之后振动峰消失，出现一个与 cg-N 相对应的峰

在其他实验中，压力低于 110GPa 情况下，即使加热到 3000K 氮还是保持在分子态。越高的压力需要的温度就越低：例如，140GPa 下 cg-N 相可以在 1400K 温度下生成。

为了更深入地阐述分子氮到聚合氮的相变，对样品的初始结构(对氮分子晶格结构)的了解就很有必要了。然而，只有 50GPa 以下双原子固体氮存在丰富的相图数据[59,60]。在更高的压力 60GPa 和室温下，拉曼和红外吸收数据表明发生了 ε-N_2 斜方六面体相(R3c)[61-63]到 ζ-N_2[60,64,65]的相变。这个相保持在分子态，到 150～180GPa 时进一步相变到非分子态。ζ-N_2 相的晶格结构并没有得到完全确定。它被认为是 R3c 结构[65,66]，但是后来人们发现这个结构与低温下的拉曼光谱和 FTIR

数据不相符合[60,64]。一种具有两个原子位置的低对称性(正交或者单斜晶系)结构曾被提出[64]。在高达 65GPa 和室温下对氮的 X 射线研究中，Jephcoat 等[67]在 60GPa 看到一个相变，但是信号很弱，而且压力不够高以至于不能区分新相以便确定其结构。高温高压(70～90GPa 和 600～1000K)下同样合成了新的分子相；尽管 X 射线衍射谱足以确认它们是新相，但是他们的晶格结构还没有确定。

在压力高达 170GPa 时对分子氮进行了大量的 X 射线衍射测量，试图确定 ζ-N_2 相的结构。大部分分子相的衍射图通过先进光子光源(APS, HPCAT 在 16 号线站)得到，而 cg-N 和分子氮的一些衍射图是从欧洲同步辐射装置上(ESRF, beamlines ID-9 和 ID30)得到的。在所有的实验中，用一个 X 射线束聚焦在一个 5μm 焦点上，同时使用了角色散衍射技术[19]。

60～150GPa 压力范围内氮的衍射图像如图 2.9 所示。在 60GPa 时，初始 ε 相的某些峰都有所加宽。在 69GPa 压力下，这些峰发生分裂，但是新的峰并没有出现，这表明 ε-N_2 到 ζ-N_2 的相变并没有伴随显著的晶格畸变。超过 80GPa 之后，除了 100GPa 之上出现的一个无定形光环和峰强度的重新分配，衍射图显示只有一个相，而且该相直到 150GPa 的压力都不会发生相变。分析 80GPa 得到的 ζ 相衍射图，尝试用六方晶系来核实它是否为 R3c 结构。结果发现，它的结构并不是斜方六面体结构；只有六方晶系序数与数据相符，证实 ζ 相没有 R3c 结构。为了识别这种低对称性结构，通过斜方晶系原胞发现了最好的晶格序数。三种空间群 $P222_1$、$P2_12_12$ 和 $P2_12_12_1$ 满足它的衍射谱。选择 $P222_1$ 群，因为它与 $I2_13$ 群(cg-N 结构)非常接近。然而，它与 cg-N 结构的比较可能无效，因为这些结构之间发生缓慢的马氏体相变似乎不太可能。这些相变需要非常高的压力，而这正是 ζ-N_2 和

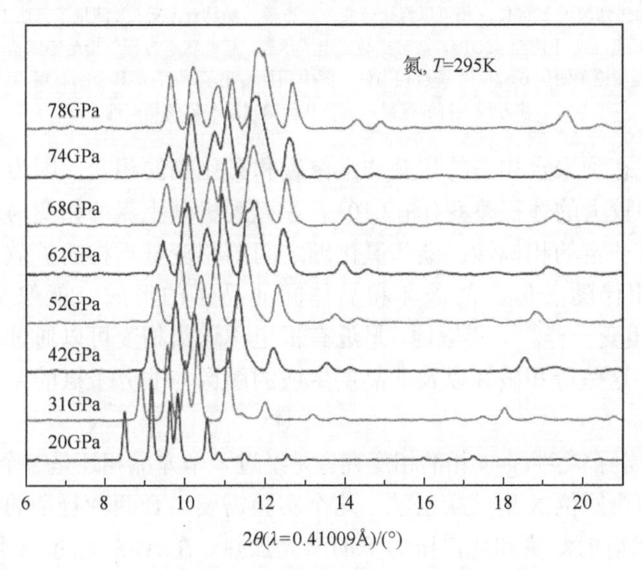

图 2.9　不同压力下分子氮的 X 射线衍射谱

cg-N 相的状态方程可能有交叉的范围(图 2.10)。其实，最终向 cg-N 结构的转变过程伴随着巨大的体积改变，110GPa 下大概为 22%(图 2.10)。注意，在这个压力下，分子相(ζ-N_2)的原子体积与零压下 cg-N 的原子体积接近(图 2.10)。$P222_1$ 群的结构仍然在争论中[68]，而且需要做更多的努力来确定 ζ-N_2 这种具有明显低对称性相的具体结构。

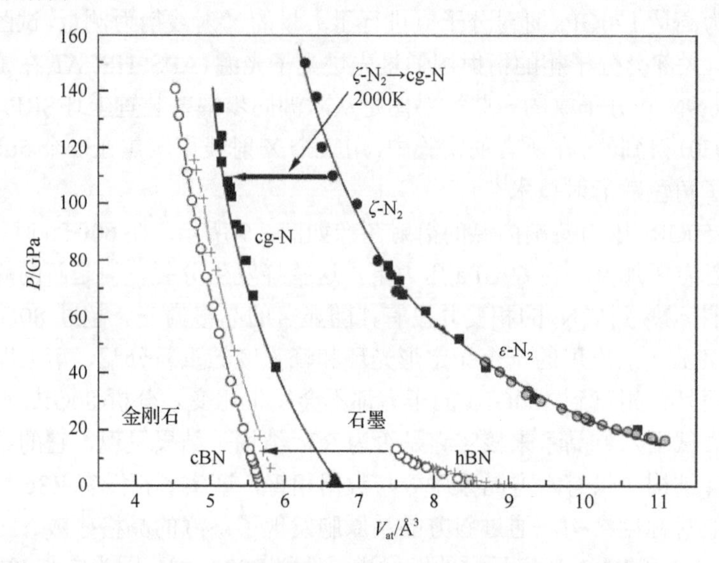

图 2.10 氮的压力-体积状态方程(EOS)

关于 ε-N_2 的实验数据用空心圆圈表示；灰色圆圈来自文献[61]中的数据。压力大于 60GPa 的情况下 ε 相转变为 ζ 相并且在压力大于 150GPa 时保持稳定，压力继续升高 ζ 相转变为另一个具有非晶结构的非分子相。压力大于 110GPa 使用激光加热到超过 2200K，η 相可以直接转变为立方偏转结构(cg-N)[20]。测量了高达 134GPa 条件下 cg-N 相的状态方程，然后让压力下降至 42GPa，这时样品逃出了压腔。将此状态方程外推至零压状态得到 cg-N 结构的体积为 6.6$Å^3$，这与理论预测值 6.67$Å^3$[18]符合相当好。图中同样给出了碳(石墨和金刚石)和氮化硼的压力-体积曲线方程，目的是显示这类共价键材料和氮的相似性

氮的分子态到聚合物态的相变非常像碳和氮化硼的相变，因为他们都有较强的可压缩性和较大的体积改变(图 2.10)。在微观机理上氮的相变与碳(氮化硼)的相变可能也有一定的相似性。碳和氮化硼之间的相变是重构的扩散类型相变，这类相变中新相伴随着母晶的破坏和晶体间非晶层的形成，就像文献中报道的 hBN$\leftrightarrow$cBN 相变一样[69]。类似地，最近有报道称这类相变可以通过材料界面的虚熔化发生[70]。这些母相破坏以及非晶层生成的图像与非分子氮的无序结构状态具有一致性。

为了确定分子氮到 cg-N 相的相变究竟是经过一个非晶相还是一个瞬态相[41]，首次采用激光加热原位 X 射线衍射法。这个实验需要结合两种复杂的技术：轻元素如氮的 X 射线衍射测量和兆巴压力下的激光加热。在 APS 上的 13 号 X 射线线站上进行测量，一个波长为 0.3344Å 的强 X 射线束被聚焦到 5μm 左右大小的斑点上。

这个射线束在样品中产生了荧光，因此，该射线束可以通过高灵敏度 CCD 相机观测，这使得能够更精确地控制 X 射线和激光加热光束。YAG 激光束被聚焦到一个比 X 射线束更大的 10μm 斑点上，因此能够从几乎均匀加热的区域获取衍射图。温度通过记录热辐射谱然后依据普朗克辐射方程进行拟合得到。

实验装置的一个重大改进就是之前提到的超环面金刚石对顶砧底板(图 2.7)。这使得样品的厚度可增加到 14～15μm(使用平面对顶砧样品厚度为 3～5μm)，因此极大地增加了 X 射线散射并将氮样品的 X 射线采样时间缩短到秒的量级。

压力增加到大约 140GPa，氮样品部分变暗，并且变暗部分不能监测到任何拉曼信号，这表明无定形非分子态的相变与之前的研究一致[14,15,47]。然而，根据 ζ-N_2 分子相的典型拉曼光谱推测，样品中心区域一直保持分子态。从样品这些区域得到的 X 射线衍射图也同样归属于分子 ζ 相，而非晶态样品的暗区得到的衍射图没有观察到任何衍射峰。随着样品加热到超过 1000K，ζ 相衍射线的强度逐渐减小(图 2.7)，表明这个相的数量正在减少。衍射图中没有监测到代表一种新的晶体相转变的新衍射线。随着温度进一步升高，分子 ζ 相转变为非晶态。在约 1450K 温度下，ζ 相的衍射线彻底消失。这个由分子态到非晶态的相变是不可逆的，因为退温到室温状态下的衍射图始终没有显示来自 ζ 相的衍射谱。通过降温后样品拉曼光谱中振动峰的消失可以推测，这种非晶相是非分子态的。随后对样品包含非晶态的区域继续加热，加热到超过 1300K 时明确定义的 cg-N 相衍射图出现了；随着温度继续提高，直到最高温度 2000K 左右，cg-N 相的数量持续增长。当样品冷却到室温时，没有看到衍射图发生任何变化。用激光对样品未加热部分进行持续加热发现同样的相变序列(分子→非晶态→cg-N 相)可以再现。如此反复，几乎整个样品可以完全转变成 cg-N 相，这可从典型的衍射图(图 2.7)上看出。

我们的数据证实，在高温高压下分子氮到原子 cg-N 相的相变要经过一个非晶态。这个固体分子态到 cg-N 相的转变在固定压力下通过持续加温来实现；因此，这是一个没有熔化过程的固体相变。如下的计算结果[16,17]表明，这个非晶态可能是由单键和双键氮原子组成的聚合物网状结构。相变过程中的中间非晶态在扩散型相变中很典型。非晶态在具有较大体积变化的相变过程中被清楚地观测到，如石墨-金刚石($\Delta V\approx 26\%$)[71-73]以及六面体 BN-cBN($\Delta V\approx 24\%$)[73,74]的相变。分子氮到 cg-N 相的转变同样是扩散型一阶相变，两种相有完全不同的结构，具有较大的体积变化($\Delta V\approx 22\%$)。

2.3.1　聚合氮的亚稳性及其回收

伴随晶格和体积巨大改变的相变的另一个特性就是相变具有较大的滞后作用以及亚稳定性——一旦形成，高压相能够保持到常压(一个众所周知的例子就是金刚石)。从能量的角度来看，亚稳性的一个原因是高压相和低压相之间巨大的能量势垒。对于碳元素，零压下石墨和金刚石之间的能量势垒为 $\Delta E \approx 0.33$eV/atom（图 2.11），氮化硼为 0.38eV/pair[73-75]，但是金刚石和六角晶系石墨的能量差异几乎为零[73]。因此，金刚石（具有较高能量）虽然与石墨存在较大的能量势垒，但是它实际上能与石墨一样稳定地存在。

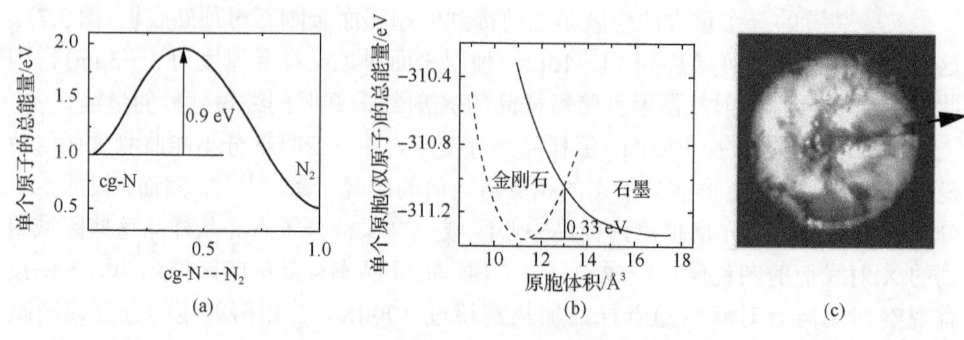

图 2.11 亚稳态与稳定基态的能量势垒

(a) 计算得到的 cg→β'-N_2 相变中每个原子总能量与反应坐标的对应关系，这里 cg→β'-N_2 表示 β-N_2 分子结构的双层扭曲变形态，这是一个接近零压下的路径，其起始原子体积与 cg-N 相的平衡值（6.67Å^3/atom）相同，终态体积与 β-N_2 分子相的平衡体积（19.67Å^3/atom）相同。能量零点代表双原子 β-N_2 分子[18]。(b) 石墨-金刚石对应关系。单个原胞（双原子）的总能量在静水压作用下作为原胞体积的函数。图 (b) 中实线代表石墨，虚线代表金刚石[73]。(c) 70GPa 下 cg-N 样品逃离压腔导致铼垫圈破碎的典型图像，箭头方向代表 cg-N 样品的运动方向

与 cBN 或者金刚石不同，聚合氮相对于分子氮具有更高的能量，这个差值为 1.2～1.3eV/atom。然而，从 cg-N 相转变为分子氮需要跨越 0.9eV [18]左右的势垒（图 2.11）。正如文献[16]中计算得到一样，作为非晶态聚合氮（它有占主导地位的短程三键原子）的一个特征，其活化能为 E_A=0.63eV。这些巨大的能量势垒表明，高能量的 cg-N 相和非晶态聚合氮可能在零压下都处于亚稳态。更仔细的研究还需要考虑表面的影响，cg-N 晶体界面上的不饱和键就像界面上的天然缺陷，极大地将势垒降低至 0.1eV[29]。这仍然是一个较大的势垒，意味着 cg-N 可能至少在低温常压下是稳定的。值得注意的是，界面附近键的断裂是不稳性的成核点，能够通过氢原子使其饱和[29]，这和非晶态聚合氮的情况类似[16]。

以上的推断说明聚合氮有回收的可能性。然而，这是一个非常困难的实验问题：通常在 70～100GPa 下样品往往因为垫圈破裂而逃出金刚石压腔。这是一个常常发生的事件，而且明显是由压力下降过程中垫圈固有的强度减弱造成的[56]：降压过程中，金刚石底板的加载边沿发生弹性恢复，不再对发生塑性变形的薄垫圈起支撑作用。必须发展能够在常压下将样品回收的新技术。然而，经过一系列的努力之后，在某次实验中非晶态聚合氮在温度低于 100K 时实现了常压回收[14]。cg-N 至今还没有在常压回收过——在我们众多的尝试中，采用了不同构型的垫圈和对顶砧，但是它每次都在同样的压力下逃离压腔。目前，由于某个对顶砧的失效，导致压力从 115GPa 突然下降到 42GPa。很偶然地观察到 cg-N 的存在，但是

部分已经转化为分子氮。在这个压力和 300K 温度下它很显然不稳定，在波长为 488nm、功率为 10mW 的激光辐射 40min 之后它全部转变为分子氮(cg-N 拉曼峰消失)。这个现象与非分子聚合氮在 300K、压力小于 50GPa 条件下转变回分子态的过程[14]十分相似。表明这两种聚合氮极有可能是无序或者单晶结构。这同时也意味着 cg-N 可能也会像无定形氮一样能够在常压下回收。

2.3.2 新型聚合氮合成的前景展望

从聚合氮的预测[12,18]开始，理论计算给出了它的性质并激励了研究。近年来，计算的精度越来越高，并能够很好地预测出高压相的结构。以我们的经验来看，找到了几乎与预测一样的硅烷的高温相[76,77]，可参见文献[23]。从这方面来看，对新聚合氮结构的理论探索是非常有前景的[16,23-31,33,37,38,42-44]，并且能够为实验研究指明方向。这些计算一致认为 cg-N 结构是最稳定的。另外，发现了很多其他能量与 cg-N 接近的结构，例如，另外一种与立方偏转结构相关的(图 2.7)三维聚合物结构，其稳定性相比 cg-N 只差 49meV/atom[23]。

Zahariev 等[28]系统地探索了氮的新亚稳态同素异构体。他们考虑了一种简单立方结构的 Peierls 型畸变。他们发现许多结构总能量与 cg-N 接近，但是明显具有更低的焓。发现两种结构在零压下具有力学稳定性。值得注意的是，发现在所有压力下之前考虑过的所有单键聚合氮(BP、A7 和 LB)都是力学不稳定的，cg-N 相除外。

许多工作都预测了在低压下能够与 cg-N 相共存的非分子相。发现椅式网状(CW)结构在常压下比立方偏转结构(cg-N)热力学更加稳定：因为焓值相差 20meV，CW 结构比立方偏转(CG)结构更优[31]。因为温度相关自由能和零点相差 54meV，CG 结构又较 CW 结构更优。温度增加时，两种结构的自由能曲线在 200K 左右发生交叉。在常温下新的 CW 比 cg-N 热力学更稳定。同时通过声子谱计算和第一性原理计算得到了 CW 相的亚稳性。CW 相在低压下为绝缘体，计算得到的带隙为 5eV。

Alemany 和 Martins[37]也预测了一种在压力小于 15GPa 时焓比 cg-N 更低的新相。它具有 zigzag 锯齿链状排列，因此它是部分聚合物，而且每个原子的配位数都是 2。这种相在零压下是亚稳性并且呈现金属性。Mattson 等[25]发现了一种非常相似也显示金属性质的链式结构，但是它具有不同的组合方式，并且有相当低的能量(约 0.18eV/atom)[25]，这使得它的能量与 cg-N 非常接近(只是稍高于 cg-N)。文献[44]提出了一种在两个原子通过双键连接的新相中具有 zigzag 锯齿链状新结构，但是它具有比其他链式结构相更高的能量。

Alemnay 和 Martins[37]研究了有限高压下 cg-N 结构的稳定性。他们发现在压力大于 200GPa 时 BP 结构(一种简单立方的斜方扭转结构)比 CG 更稳定。

所有这些理论预测的非分子相都没有在实验中得到证实。

理论计算给出了 cg-N 独有特性的进一步认识。这是电介质，具有较宽的能隙：零压下带隙为 4.13eV，240GPa 为 3.89eV[27]，150GPa 为 5.2eV[38]。广义梯度近似（GGA）计算得到的 240GPa 下的带隙和先前的工作[37]完全一致，但是蒙特卡罗计算[32]得到带隙为 8.1eV。Chen 等[42]发现压力为 40～130GPa 时它的带隙为常数（E_g=4.2eV），但是在更高的或者更低的压力下带隙会减小。兆巴压力下 E_g 约为 4eV，与观测到的无色透明相相一致。文献[41]进一步计算了 P_0 条件下 cg-N 相的压缩性、晶体动力学、介电常数 ε^{∞}=4.44，ε^{0}=4.81，以及这些参数与压力的关系。

Chen 等[42]认为 cg-N 可能也是一种超硬材料，这引起了大家的注意。常压下 cg-N 中氮原子之间的距离为 1.466Å[19]——比金刚石中碳原子间距（1.54Å）小得多。cg-N 较大的体积模量（260～340GPa）[18,19,21,27,38,44,50]，也表明它具有较高的强度。从另一方面来看，cg-N 的强度可能比金刚石弱，因为它的每个氮原子只有三个键而金刚石每个碳原子有四个键。Chen 等[42]计算得到 cg-N 的硬度大约为 83GPa，这小于金刚石的强度（100～130GPa），但是高于其他已知的超硬材料［c-BC_2N（76GPa）和 cBN（63GPa）］。

2.4　结　　论

这一章的研究结果表明纯氮能够以聚合物的形式存在，在该聚合物中氮原子通过单键共价键与其他原子连接。在室温或者低温下，压力为 150～200GPa 条件下氮转变为一种非晶态聚合相。P>110GPa 情况下通过激光加热到 2000K 将氮合成一种单键晶体形式，这种晶体具有罕见的立方偏转结构（cg-N），其空间群为 $I2_13$。在 cg-N 结构中每个氮原子的配位数都是 3，而且所有键长都一样。实验得到的晶体结构与理论预测具有完美的一致性。聚合氮在常压下处于亚稳态，正如实验中对非晶相亚稳态的验证一样。亚稳态的聚合氮被预测为最好的高能量密度材料，因为单键和三键的能量存在相当大的差别。特别地，计算得出聚合氮能够产生十倍于 HMX 的爆轰压力。有趣的是，cg-N 也被预测为一种仅次于金刚石的超硬材料。

研究同时表明，高氮含量材料可以在低压下利用有别于纯氮的前驱体来合成。存在的挑战在于，如何将这些高能量密度、高氮含量或者纯氮材料在常温常压下回收。

参 考 文 献

[1] Huheey, J. E., Keiter, E. A. & Keiter, R. L. Inorganic Chemistry: Principles of Structure and Reactivity (Harper Collins, New York, 1993).

[2] Christe, K. O. Recent Advances in the Chemistry of N_5^+ , N_5^- and High-Oxygen Compounds.Propel, Explosiv. Pyrotech. 32, 194-204（2007）.

[3] Samartzis, P. C. & Wodtke, A. M. All-nitrogen chemistry: How far are we from N60? Int. Rev.Phys. Chem. 25 527-552（2006）.

[4] Rice, B. M., Byrd, E. F. C. & Mattson, W. D. Computational aspects of nitrogen-rich HEM.High Ener Density Mater. Struct. Bond. 125, 153-194（2007）.

[5] Barlett, R. J. Exploding the mysteries of nitrogen. Chemi. Indus. 140-143（2000）.

[6] Cacase, F., Petris, G. d. & Troiani, A. Experimental detection of tetranitrogen. Science 295,480-481（2002）.

[7] Curtius, T. Berichte. Deutsch. Chem. Gesellschaft 23, 3023-3033（1890）.

[8] Christe, K. O.,Wilson,W.W., Sheehy, J. A. & Boatz, J. A. N5+ : A novel homolepic polynitrogenion as a high energy density material. Angew. Chem. Int. Ed. 38, 2002-2009（1999）.

[9] Klapotke, T.M. in High Energy Density Materials（ed. Klapotke, T.M.）, pp. 85-121（Springer,Heidelberg, 2007）.

[10] Knapp, C. & Passmore, J. On the Way to "Solid Nitrogen" at Normal Temperature and Pressure?Binary Azides of Heavier Group 15 and 16 elements. Angew. Chem. Int. Ed. 43, 2-4（2004）.

[11] Glukhovtsev, M. N., Jiao, H. & Schleyer, P. v. R. Besides N2, what is the most stable molecule composed only of nitrogen atoms? Inorg. Chem. 35, 7124-7133（1996）.

[12] McMahan, A. K. & LeSar, R. Pressure dissociation of solid nitrogen under 1 Mbar. Phys. Rev.Lett. 54, 1929-1932（1985）.

[13] Martin, R.M. & Needs, R. Theoretical study of the molecular-to-nonmolecular transformation of nitrogen at high pressures. Phys. Rev. B 34, 5082-5092（1986）.

[14] Eremets, M. I., Hemley, R. J., Mao, H. K. & Gregoryanz, E. Semiconducting non-molecularnitrogen up to 240 GPa and its low pressure stability. Nature 411, 170-174（2001）.

[15] Goncharov, A. F., Gregoryanz, E., Mao, H. K., Liu, Z. & Hhemley, R. J. Optical evidence for nonmolecular phase of nitrogen above 150 GPa. Phys. Rev. Lett. 85, 1262-65（2000）.

[16] Nordlund, K., Krasheninnikov, A., Juslin, N., Nord, J. & Albe, K. Structure and stability of non-molecular nitrogen at ambient pressure. Europ. Lett. 65, 400-406（2004）.

[17] Mattson, W. D. PhD thesis（University of Illinois at Urbana-Champaign, 2003）.

[18] Mailhiot, C., Yang, L. H. & McMahan, A. K. Polymeric nitrogen. Phys. Rev. B 46, 14419-14435（1992）.

[19] Eremets, M. I., Gavriliuk, A. G., Trojan, I. A., Dzivenko, D. A. & Boehler, R. Single-bonded cubic form of nitrogen. Nature Mater. 3, 558-563（2004）.

[20] Gregoryanz, E. et al. High P-T transformations of nitrogen to 170 GPa. J. Chem. Phys. 126,184505（2007）.

[21] Lipp, M. J. et al. Transformation of molecular nitrogen to nonmolecular phases at megabar pressures by direct laser heating. Phys. Rev. B 76, 014113（2007）.

[22] Trojan, I. A., Eremets, M. I., Medvedev, S. A., Gavriliuk, A. G. & Prakapenka, V. B. Transformation of molecular to polymeric nitrogen at high pressures and temperatures. In situ X-ray diffraction studies. Appl. Phys. Lett., to be published（2008）.

[23] Oganov, A. R. & Glass, C. W. Crystal structure prediction using ab initio evolutionary techniques:Principles and applications. J. Chem. Phys. 124, 244704（2006）.

[24] Caracas, R. Raman spectra and lattice dynamics of cubic gauche nitrogen. J. Chem. Phys. 127,144510（2007）.

[25] Mattson, W. D., Sanchez-Portal, D., Chiesa, S. & Martin, R. M. Prediction of new phases of nitrogen at high pressure from first-principles simulations.Phys. Rev. Lett. 93, 125501-125504（2004）.

[26] Zahariev, F., Hu, A., Hooper, J., Zhang, F. & Woo, T. Layered single-bonded nonmolecular phase of nitrogen from first-principles simulation. Phys. Rev. B 72, 214108（2005）.

[27] Yu, H. L. et al. First-principles calculations of the single-bonded cubic phase of nitrogen. Phys.Rev. B 73, 012101（2006）.

[28] Zahariev, F., Dudiy, S. V., Hooper, J., Zhang, F. & Woo, T. K. Systematic method to new phases of polymeric nitrogen under high-pressure. Phys. Rev. Lett. 97, 155503-1555034（2006）.

[29] Zhang, T., Zhang, S., Chen, Q. & Peng, L.-M. Metastability of single-bonded cubic-gauchestructure of N under ambient pressure. Phys. Rev. B 73, 094105-094107（2006）.

[30] Uddin, J., Barone, V. N. & Scuceria, G. E. Energy storage capacity of polymeric nitrogen.Molecul. Phys. 104, 745-749（2006）.

[31] Zahariev, F., Hooper, J., Alavi, S., Zhang, F. & Woo, T. K. Low-pressure metastable phase of single-bonded polymeric nitrogen from a helical structure motif and first-principles calculations.Phys. Rev. B 75, 140101（2007）.

[32] Mitas, L. &Martin, R.M. Quantum Monte Carlo of nitrogen: atom, dimer, atomic, and molecular solids. Phys. Rev. Lett. 72, 2438-2441（1994）.

[33] Lewis, S. P. & Cohen, M. L. High-pressure atomic phases of solid nitrogen. Phys. Rev. B 46,11117-11120（1992）.

[34] Eremets, M. I. et al. Polymerization of nitrogen in sodium azide. J. Chem. Phys. 120, 10618-10618（2004）.

[35] Peiris, S. M. & Russell, T. P. Photolysis of Compressed Sodium Azide（NaN_3）as a synthetic pathway to nitrogen materials. J. Phys. Chem. A 107, 944-947（2003）.

[36] Hemley, R. J. Effects of high pressure on molecules. Annu. Rev. Phys. Chem. 51, 763-800（2000）.

[37] Alemany, M. M. G & Martins, J. L. Density-functional study of nonmolecular phases of nitrogen: metastable phase at low pressure. Phys. Rev. B. 024110 68, 024110（2003）.

[38] Zhao, J. First-principles study of atomic nitrogen solid with cubic gauche structure. Phys. Lett.A 360, 645-648（2007）.

[39] Barbee, T. W. & III. Metastability of atomic phases of nitrogen. Phys. Rev. B 48, 9327-9330（1993）.

[40] Yakub, E. S. Diatomic fluids at high pressures and temperatures: a non-empirical approach.Physica B 265, 31-38（1999）.

[41] Caracas, R. & Hemley, R. J. New structures of dense nitrogen: pathways to the polymeric phase. Chem. Phys. Lett. 442, 65-70（2007）.

[42] Chen, X. Q., Fu, C. L. & Podloucky, R. Superhard dense nitrogen. Phys. Rev. B 77, 064103（2008）.

[43] Ross, M. & Rogers, F. Polymerization, shock cooling, and the high-pressure phase diagram of nitrogen. Phys. Rev. B 74, 024103（2006）.

[44] Wang, X. L. et al. Prediction of a new layered phase of nitrogen from first-principles simulations.J. Phys.: Condens. Matter. 19, 425226-425229（2007）.

[45] Reichlin, R., Schiferl, D., Martin, S., Vanderborgh, C. & Mills, R. L. Optical studies of nitrogen to 130 GPa. Phys. Rev. Lett. 55, 1464-1467（1985）.

[46] Bell, P. M., Mao, H. K. & Hemley, R. J. Observations of solid H_2,D_2,N_2 at pressures around1.5 megabar at 25℃. Physica B 139-140, 16-20（1986）.

[47] Gregoryanz, E., Goncharov, A. F., Hemley, R. J. & Mao, H. K. High-pressure amorphous nitrogen. Phys. Rev. B 64, 052103（2001）.

[48] Gregoryanz, E. et al. Raman, infrared, and x-ray evidence for new phases of nitrogen at high pressures and temperatures. Phys. Rev. B 66, 224108-5（2002）.

[49] Eremets, M. I., Struzhkin, V. V., Mao, H. K. & Hemley, R. J. Superconductivity in boron.Science 293, 272-274

(2001).

[50] Eremets, M. I., Gavriliuk, A. G., Trojan, I. A., Dzivenko, D. A. & Boehler, R. in ESRF Highlights2004 (ed. Admans, G.), pp. 37-38 (Imprimerie du Pont de Claix, Grenoble, 2005).

[51] Sanz, D. N., Loubeyre, P. & Mezouar, M. Equation of state and pressure induced amorphization of β-boron from X-ray measurements up to 100 GPa. Phys. Rev. Lett. 89, 245501 (2002).

[52] Yoo, C. S., Akella, J., Cynn, H. & Nicol,M. Direct elementary reactions of boron and nitrogen at high pressures and temperatures. Phys. Rev. B 56, 140-146 (1997).

[53] Boehler, R., Bargen, N. v. & Chopelas, A. Melting, thermal expansion, and phase transitions of iron at high pressures. J. Geophys. Res. B 95, 21731-21736 (1990).

[54] Mao, H. K., Xu, J. & Bell, P. M. Calibration of the ruby pressure gauge to 800 kbar underquasihydrostatic conditions. J. Geophys. Res. 91, 4673-4676 (1986).

[55] Eremets, M. I. Megabar high-pressure cells for Raman measurements. J. Raman Spectr. 34,515-518 (2003).

[56] Eremets, M. I. High Pressures Experimental Methods (Oxford University Press, Oxford,1996).

[57] Knittle, E., Wentzcovitch, R. M., Jeanloz, R. & Cohen, M. L. Experimental and theoretical equation of state of cubic boron nitride. Nature 337, 349-352 (1989).

[58] Eremets, M. I., Gavriliuk, A. G. & Trojan, I. A. Single-crystalline polymeric nitrogen. Appl.Phys. Lett. 90, 171904 (2007).

[59] Manzhelii, V. G. & Freiman, Y. A. (eds.) Physics of Cryocrystals (American Institute of Physics, College Park, MD, 1997).

[60] Bini, R., Ulivi, L., Kreutz, J. & Jodl, H. J. High-pressure phases of solid nitrogen by Raman and infrared spectroscopy. J. Chem. Phys. 112, 8522-8529 (2000).

[61] Mills, R. L., Olinger, B. & Cromer, D. T. Structures and phase diagrams of N_2 and CO to13 GPa by X-ray diffraction. J. Chem. Phys. 84, 2837-2845 (1986).

[62] Olijnyk, H. High pressure X-ray diffraction studies on solid N_2 up to 43.9GPa. J. Chem. Phys.93, 8968-8972 (1990).

[63] Hanfland, M., Lorenzen, M., Wassilew-Reul, C. & Zontone, F. Structures of molecular nitrogen at high pressure. Rev. High Pressure Sci. Technol. 7, 787-789 (1998).

[64] Goncharov, A. F., Gregoryanz, E., Mao, H. K. & Hemley, R. J. Vibrational dynamics of solid molecular nitrogen to megabar pressures. Low Temper. Phys. 27, 866-869 (2001).

[65] Schiferl, D., Buchsbaum, S. & Mills, R. L. Phase transitions in nitrogen observed by Raman spectroscopy from 0.4 to 27.4GPa at 15 K. J. Phys. Chem. 89, 2324-2330 (1985).

[66] LeSar, R. Improved electron-gas model calculations of solid N_2 to 10 GPa. J. Chem. Phys. 81,5104-5108 (1984).

[67] Jephcoat, A. P., Hemley, R. J.,Mao, H. K. & Cox, D. E. Pressure-induced structural transitions in solid nitrogen. Bull. Am. Phys. Soc. 33, 522 (1988).

[68] Gregoryanz, E. et al. On the epsilon-zeta transition of nitrogen. J. Chem. Phys. 124, 116102(2006).

[69] M. I. Eremets et al. Disordered state in first-order phase transitions: Hexagonal-to-cubic and cubic-to-hexagonal transitions in boron nitride. Phys. Rev. B 57, 5655-5660 (1998).

[70] Levitas, V. I., Henson, B. F., Smilowitz, L. B. & Asay, B. W. Solid-solid phase transformation via virtual melting significantly below the melting temperature. Phys. Rev. Lett. 92, 235702-1-4 (2004).

[71] Hanfland, M., Beister, H. & Syassen, K. Graphite under pressure: equation of state and first order Raman modes. Phys. Rev. B 39, 12598-12603 (1989).

[72] Occelli, F., Loubeyre, P. & LeToullec, R. Properties of diamond under hydrostatic pressure sup to 140 GPa. Nature

Materials 2, 151-154 (2003).

[73] Furthmueller, J., Hafner, J. & Kresse, G. Ab initio calculation of the structural and electronicproperties of carbon and boron nitride using ultrasoft pseudopotentials. Phys. Rev. B50, 15606-15622 (1994).

[74] Albe, K. Theoretical study of boron nitride modifications at hydrostatic pressures. Phys. Rev.B 55, 6203-6210 (1997).

[75] Fahy, S., Louie, S. G. & Cohen, M. L. Pseudopotential total-energy study of the transition from rhombohedral graphite to diamond. Phys. Rev. B 34, 1191-1199 (1986).

[76] Eremets, M. I., Trojan, I. A., Medvedev, S. A., Tse, J. S. & Yao, Y. Superconductivity in hydrogen dominant materials: silane. Science 319, 1506-1509 (2008).

[77] Pickard, C. J. & Needs, R. J. High-pressure phases of silane. Phys. Rev. Lett. 97, 045504 (2006).

第3章　炸药的状态方程及高压相

3.1　引　言

含能材料是炸药、推进剂、烟火剂以及其他瞬时爆炸材料的总称，它具有各种各样的化学组分和化学式。大部分军用含能材料都是由纯的含能颗粒和黏结剂组合而成的。常用的黏结剂包括油、蜡、高分子材料或可塑剂。黏结剂和含能颗粒的混合物通过熔铸、浇铸或压铸最终形成相应形态的含能材料(片状、块状等)。采矿、爆破等工业上常用的液体含能材料同现有的含能材料具有相似的构成，或由氧化剂和燃烧剂组成，它们混合在一起发生反应也能形成爆轰波。常用的含能材料包括硝化甘油、硝酸铵、高氯酸铵、TNT、HMX、RDX和TATB。这些材料的分子或离子在外界激发下都能发生快速分解释放大量的热量并形成稳定的反应产物。如果瞬间产生大量气态产物，压力将剧烈上升并形成冲击波。当反应足够快，导致反应波前的传播速度大于材料中的声速时，就形成了爆轰。通常情况下，将能够发生爆轰的含能材料称为高能炸药，而只能快速燃烧或发生爆燃的含能材料称为低能炸药或推进剂。

含能材料分子最典型的特征是易于引爆，即使轻微的摩擦都有可能引爆含能材料。正因为这些含能材料对外界的刺激如此敏感，所以其分解和反应是很容易诱发的。这意味着这些分子在常温、常压下是极其不稳定的，或者说相对于来自相同化学成分的其他晶相或产物而言这些分子的生成热是非常低的。对于高能炸药，其化学反应放出的热量是确定的，这或许能够解释常温常压下高能炸药具有多种亚稳态的晶体结构和其他多晶型异构体。因此，高能炸药的相图以及在高温、高压下的相变都是非常复杂的。

高能炸药的分解反应和爆轰过程也是非常复杂的，伴随着瞬时的化学、力学和物理变化。通常可以将爆轰的形成过程近似描述如下：当炸药受到外界刺激(冲击、摩擦等)时，能量将沉积到炸药内部导致力学变形或温升，在这种受力和高温状态下炸药将受到化学激发并诱发化学键的断裂。高能炸药化学反应的特点是：一旦化学反应被诱发，一连串的化学反应将被诱发并以超声速发展，从而快速释放能量并形成气态反应产物，这些高温、高压气态产物支撑并驱动冲击波做功。大多数武器的设计都是基于产物的膨胀做功能力来设计相应的结构来实现特定功能和效果的。

基于上述爆轰过程的复杂性，要准确预测爆轰的效应和结果是比较困难的。

然而，无论是设计高效的、具有特殊功能的武器还是开展大型综合性实验，都必须对高能炸药进行模拟、仿真和预测。为了精确预测高能炸药的行为，这些理论建模和数值仿真都依赖于对炸药复杂爆轰过程的全面理解。要准确预测高能炸药的响应行为就必须有效评估炸药的高温、高压热力学性质、化学反应动力学以及反应机理。然而，炸药爆轰过程中温度、压力、热力学特性以及化学反应都会急剧变化，从而处于非平衡状态(P、V、T)。因此，设计精巧的实验来测量炸药的热力学参数以及化学反应是极其困难的。而基于常温常压下实验数据的外推往往是不可靠的，并且这些数据在预测爆轰过程时具有很大的不确定性。因此，近 20 年来，在继续深入研究静态压缩方法的同时，能够模拟爆轰温度压力条件的动态压缩方法也正在不断发展，这些内容将在本书的第 3～5 章和第 6 章具体介绍。

本章将重点介绍静态高压、高温条件下未反应炸药的状态方程及相稳定性。获得的实验数据主要来自于 X 射线衍射实验，主要描述等温压缩下炸药的晶格结构。同时，对用于研究相结构稳定性的拉曼光谱和红外光谱技术也做了相应的介绍。传压介质的静水压和非静水压性对状态方程和相稳定性研究的影响也进行了讨论。对含能材料在高温、高压下的各种亚稳态相结构以及相变过程都进行了介绍。此外，加温、加压速率对相变过程的影响也在本章的末尾进行了介绍。

3.2 状 态 方 程

3.2.1 背景介绍

状态方程是描述材料的压力、温度、体积等热力学状态及其之间关系的表达式。在静压研究中，温度通常保持不变，因此得到的是等温状态方程。

推导状态方程的方法有多种，大部分方法采用经典热力学来定义压力和温度。

$$P=-\left(\frac{\partial U}{\partial V}\right)_S, \qquad T=\left(\frac{\partial U}{\partial S}\right)_V$$

式中，U 是总内能或平衡态势能。对于 U 的解释和推导与所研究材料的状态方程选取相关。早期的理论研究通常基于理想气体状态方程。此后，大多将材料中的原子近似成振动的球来计算其势能。更为精确的量子力学势函数描述将考虑原子间的引力、斥力、电子云的分布，甚至分子键的键合力。这些方法和势函数将在第 7 章和第 8 章介绍。

对于只有机械功的等温条件下的状态方程，可以应用亥姆霍兹(Helmholtz)自由能 F 推导出压力的表达式：

$$P = -\left(\frac{\partial F}{\partial V}\right)_T$$

这个定义在考虑固体的弹性及压缩性时非常有用，此时机械功可以用压力下材料的变形及应变来表示。这种关于有限弹性等温应变的表达式最初是由 Murnaghan 推导的，随后 Birch 对其进行了优化和发展[1]。这个推导假设固体中在任何温度下都存在初始零应变状态。这个假设使得此状态方程仅适用于无初始无应变的晶体，而限制了在有初始应变或者亚稳态晶体中的应用，实际上大多数炸药都属于此类型。然而，至少这些状态方程不依赖于电子相互作用、非谐性振动、结合能方面的假设，这些假设往往是建立包含第一性原理量子力学状态方程所需要考虑的。

在 Birch-Murnaghan 等温有限应变推导过程中，假定 F 仅依赖于弹性晶体中不同方向的应变分量(意思是 Helmholtz 自由能只考虑应变能，不考虑热膨胀效应)。当应变很小时(10%量级)应变分量可以基于初始无应变坐标利用拉格朗日(Lagrange)法则来确定。然而，当应变状态与初始无应变状态坐标无关时，利用欧拉(Euler)法则来确定的坐标在高压研究中更有用[1]。推导过程中定义受压状态下欧拉应变为负值，则 f 的表达式为

$$f = \frac{1}{2}\left[\left(\frac{V}{V_0}\right)^{-2/3} - 1\right]$$

式中，V 和 V_0 分别是受压和零压状态下的体积。因此静态压缩下的应变能可以用 f 的泰勒级数来表示：

$$F = \frac{9}{2}V_0 K_0\left(f^2 + \frac{2}{3}af^3 + bf^4 + \cdots\right)$$

通过求导可以推导出压力 P 的表达式为

$$P = 3K_0(1+2f)^{5/2}(f + af^2 + bf^3 + cf^4 + \cdots)$$

式中，K_0 是零压下的等温体积模量。基于已知的压缩特性数据，文献[1]和[2]中 a、b、c 的值，求解方程，可得

$$P = 3K_0(1+2f)^{5/2} \times \left\{f + \frac{3}{2}(K_0' - 4)f^2 + \frac{3}{2}\left[K_0K_0'' + K_0'(K_0' - 7) + \frac{143}{9}\right]f^3 + \cdots\right\}$$

式中，K_0'和K_0''分别是零压等温体积模量的一阶和二阶压力导数。

这种 Birch-Murnaghan(BM)状态方程已经广泛用于理解地球内部的矿物和其他物质在高压下的行为。利用上述表达式来拟合获得的实验数据就可以获得体积

模量及其导数，利用这些参数就可以外推更高压力下的状态方程。可以根据需要对 P-V 数据进行更高阶拟合，常用三阶多项式来拟合实验数据。在三阶多项式中代入数值 4 作为 K_0' 值，就可以得到二阶多项式方程：

$$P=\frac{3}{2}K_0\left[\left(\frac{V}{V_0}\right)^{-7/3}-\left(\frac{V}{V_0}\right)^{5/3}\right]\left\{1+\frac{3}{4}\left[K_0'-4\right]\left[\left(\frac{V}{V_0}\right)^{-2/3}-1\right]\right\}$$

还有其他几种形式的状态方程，包括 Vinet 等[3]提出的广义状态方程，方程中的内能表达式考虑了 Wigner-Seitz 半径，最后的表达式为

$$P=\frac{3K_0(1-X)}{X^2}\mathrm{e}^{\left\{\frac{3}{2}(K_0'-1)(1-X)\right\}},\qquad X=\left(\frac{V}{V_0}\right)^{1/3}\left(\frac{V}{V_0}\right)^{1/3}$$

Jeanloz 曾经指出，这种形式的状态方程是 BM 状态方程的代数近似[4]。既然大多数炸药的等温状态方程都采用 BM 状态方程，并且这种状态方程也是其他形式状态方程的近似，因此本章将着重关注 BM 状态方程的应用。

3.2.2　研究方法

典型的静高压实验是将实验样品和传压介质装载到金刚石对顶砧装置封垫中心的小孔中，封垫厚度一般在几百微米，小孔直径大约几十微米，因此每次实验的样品量都非常少。相对于其他来自化学制剂厂的化学样品，大部分批量生产的军用炸药的纯度都低于 99.99%。典型的军用炸药 RDX 可能含有 7%以上的 HMX[5]。同样，HMX 炸药中也含有 RDX 成分。像 CL-20 之类的炸药在常温、常压下具有多种亚稳态的相结构，因此这种炸药通常由不同相结构的晶粒混合而成。近年来，发明了多种降感型炸药，这些降感型炸药与常规炸药之间的结构差异仍在研究当中[6]。因此，在发表类似炸药状态方程之类的实验数据时，很有必要对实验样品的来源(厂商、批次等)及纯度进行详细描述。

用于炸药粉末的 X 射线衍射实验的炸药样品需要精心研磨，研磨这些对摩擦和静电都非常敏感的炸药样品是非常危险的。研磨量必须控制在 0.1mg 以内，并且要做好预防，同时要保持静电接地或者增加实验场所的湿度。为了测量样品中的静压力，微小的红宝石颗粒或其他压标材料通常与样品装载到一起[7,8]。要利用典型的有机液体作为传压介质装载到封垫的小孔中产生静水压或者准静水压是比较困难的，因为像甲醇和乙醇之类的有机液体传压介质有可能与炸药样品发生反应。因此，这种情况下可以使用惰性气体或者像 FX-75、Dowing-Corning 200 之类的无机液体作为传压介质[9]。

炸药对各种外界刺激都比较敏感，在一定波长的外界辐射下可能会分解或发

生化学反应。能散型 X 射线衍射技术所用的宽谱辐射通常会导致样品分解。此外，炸药晶体的结构对称性往往比较低，因此在 2θ 角和 d 平面获得的衍射信号还不足以开展高质量的结构反演。因此，单波长角色散衍射技术成为一种选择。DAC 中的样品尺寸非常小，利用同步辐射光源可以将获得衍射图谱的采样时间从小时缩短到分钟。

通常情况下，样品被压缩到特定压力后便可开展 X 射线衍射实验获得相应的衍射图谱，通常应用商业软件就可以分析衍射图谱并得到样品密勒指数。这些软件也可用来计算原胞参数和原胞体积。原胞参数的计算误差导致的体积计算误差是需要重点关注的问题。这些体积误差与压力测量误差都是在拟合状态方程时需要考虑进去的。如果采用 BM 状态方程，在参数拟合时必须考虑不同压力点的相对误差，并且需要给出拟合的最佳热力学参数条件。遗憾的是，因为误差的大小以及 P-V 数据点的分散性，如果不考虑误差和拟合条件将会拟合出一系列看似不错的拟合曲线，但由此获得的状态方程会有很大的分散性。

在实验中，采用 Bassett 发明的热液循环 DAC 来给样品加温[10]，将热电偶安装在金刚石台面附近来监测温度。加温实验中，在加温前通过测量红宝石荧光来获得样品加温前的初始压力状态[7,8]。当样品加温到指定温度后，重新测量红宝石荧光的峰位，此时的峰位用来计算指定温度下压力导致的峰位移动。最终压力为初始压力加上增加的压力。这种方法使得能够对压力和温度引起的红宝石荧光的变化分开处理，因此此处所指的压力不包含由温度上升引起的热压力。

3.2.3 数据

早期的炸药常温下的静高压状态方程数据来自 Los Alamos 国家实验室的 Bart Olinger 和 Howard 的研究小组。他们利用静压 P-V 数据来获得体积模量以及体积模量对压力的导数，同时应用 Hugoniot 关系获得粒子速度 u_p 和冲击波速度 u_s。

$$u_s = \sqrt{\frac{PV_0}{1 - V / V_0}}$$

$$u_p = \sqrt{PV_0\left(1 - V / V_0\right)}$$

然后，利用 u_p、u_s 数据拟合出线性方程式 $u_s = c_T + s_T u_p$，式中 c_T 为与体积模量相关的等温体声速，s_T 是与体积模量的压力偏导数相关的系数。

$$c_T = \sqrt{K_0 V_0}$$

$$s_T = \frac{K_0' + 1}{4}$$

Los Alamos 国家实验室将 RDX 和 HMX 最早的实验数据发表在法国巴黎举办的国际会议上[11]。在对 α-RDX 压缩过程中，他们在 4GPa 左右发现了类似于正交对称结构的新相。因此，他们利用常压到 4.4GPa 的实验数据计算出了 α-RDX 的体积模量为 13GPa，其压力偏导数为 6.6。随后，Yoo 和 Cynn 也开展了 α-RDX 的静压实验[12]，获得的体积模量为 13.9GPa，压力偏导数为 5.8。他们获得了假定为正交对称结构 γ-RDX 在 12GPa 压力范围下的晶胞体积。

图 3.1 为 Yoo、Cynn、Olinger 等的实验数据，其中 Olinger 的实验数据在 Yoo 和 Cynn 实验数据误差范围内。图中的三条实线分别为 α-RDX 实验数据的三阶拟合获得的 BM 状态方程曲线、γ-RDX 实验数据三阶拟合获得的 BM 状态方程曲线，以及综合 Yoo 和 Cynn 实验数据拟合的 BM 状态方程曲线。在这种情况下，如果假设 γ-RDX 为正交对称结构，那么相变时的体积变化为 1.5%～1.6%[11,12]。假定如此小的体积变化可忽略，那么就可以拟合出如图 3.1 所示唯一的状态方程，并且两种相结构的体积模量和压力偏导数分别为 13GPa 和 6.3。

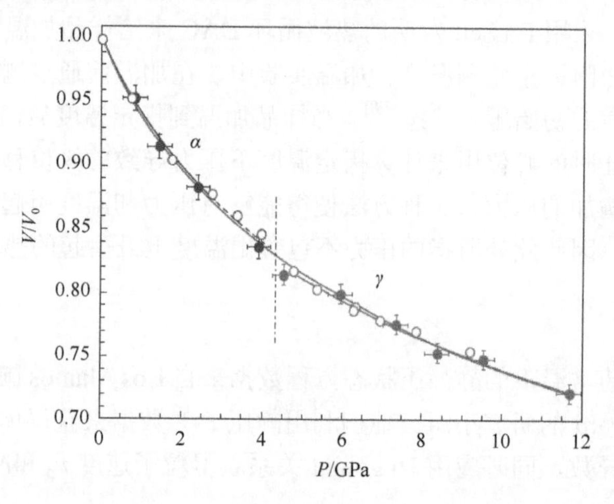

图 3.1　12GPa 压力范围内 RDX 的等温线[12]

其中实心圆圈是 Yoo 及 Cynn 等的实验数据，空心圆圈是 Olinger 等的实验数据，4GPa 左右的垂直虚线表明 α-γ 相变。实线是用三阶拟合获得的 BM 状态方程

Olinger 等的实验数据还包括 β-HMX，这是一种在常温、常压下稳定的相结构。利用 Hugoniot 关系，他们应用 4∶1 的甲醇和乙醇作为传压介质开展 HMX 的静压实验获得了 β-HMX 的等温体积模量为 13.5GPa，压力偏导数为 9.4。Yoo 和 Cynn 也报道了常温下 β-HMX 的状态方程，他们用氩作为传压介质，能够保证在此实验压力范围内依然保持着静水压性[12,13]。他们将实验数据通过三阶拟合来获得 BM 状态方程，在 27GPa 静水压条件下得到的等温体积模量和压力偏导数分别为 12.4GPa 和 10.4。

Menikoff 和 Sewell 对 Yoo、Cynn 以及 Olinger 获得的两套数据进行了对比分

析[14]。他们将 Olinger 的实验数据拟合成三阶 BM 状态方程并与 Yoo 和 Cynn 的数据进行比较，拟合曲线如图 3.2 中的点划线所示，获得的体积模量和压力偏导数分别为(10.6±1.7)GPa 和 18.1±13.4。此外，他们利用 Yoo 和 Cynn 在 12GPa 压力下的数据进行数据拟合得到的体积模量和压力偏导数分别为(16.0±2.5)GPa 和 7.4±1.4。最后得出的结论是：在低压下用 BM 状态方程拟合 *P-V* 实验数据需要更多低压段的数据点[14]。利用正己烷作为传压介质在常压到 5.5GPa 压力下获得了 30 组 *P-V* 数据点[15]，并最终拟合成三阶 BM 状态方程，得到的体积模量和压力偏导数要高很多，分别为(21.0±1.0)GPa 和 7.5±0.9。

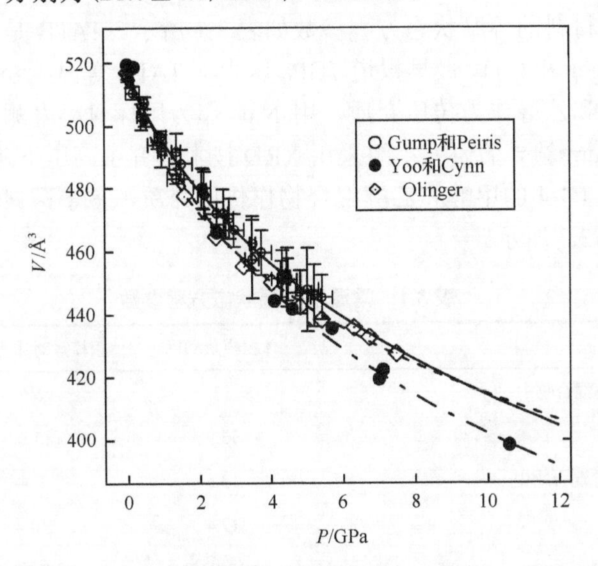

图 3.2　图中 3 套 β 相 HMX 的数据分别来自于参考文献[11]、[13]、[15]

实线是用参考文献[15]的数据通过三阶拟合获得 BM 状态方程，点划线是用 Olinger 等的实验数据[14]拟合获得的 BM 状态方程，虚线为用 Yoo 及 Cynn 等的实验数据[13]拟合获得的 BM 状态方程

上述三组关于 HMX 的实验数据表明：结果的分散性如此大，因此利用这种方法来拟合实验数据是不必要的。其主要原因可能是非静水压对 HMX 的压缩具有很大的影响。实验用的传压介质正乙烷在 1GPa 压力下就会固化，因此会在样品中引入非静水压性以及剪应力。Olinger 使用的传压介质在 4GPa 以上也会硬化，意味着 4GPa 以上 HMX 感受到的是较硬的压缩(相对于静水压)。然而，Yoo 和 Cynn 使用的传压介质氩无论是硬度还是剪切强度都远低于 HMX，因此他们的实验更接近静水压。非静水压下的体积模量数据表明。非静水压使得 HMX 的晶格变硬。对于静水压性越好体积模量越大的趋势，Yoo 和 Cynn 猜测是因为在非静水压条件下材料发生了化学反应[13]。如果样品在 5～6GPa 的压力下发生化学反应，那么这个化学反应应该是可逆的，因为压力卸载后实验样品又回到了 β 相[15]。很显然，非静水压是否真的导致 β-HMX 晶格硬化的问题仍需深入研究。

常压下比容 V_0 随温度(室温，100℃，140℃)的变化可用函数表示[15]。假定体积的热膨胀与温度是线性关系，体积随温度变化曲线的斜率就可以通过线性最小二乘法拟合获得，因为 $\alpha=(1/V)(V/T)_P$，热膨胀系数 α 就可以通过将斜率除以常压下的体积获得。常压下，在实验温度范围内平均的体积热膨胀系数为 0.00027K^{-1}[15]。较早之前 Hermann[17]发表的热膨胀数据和 Saw[18]最近发表的热膨胀系数分别为 0.00013K^{-1} 和 0.00020K^{-1}。关于 β-HMX 热膨胀数据差异性的原因可能是 HMX 的热膨胀对 HMX 中的杂质含量(如 RDX 含量)非常敏感，然而，Hermann[17]和 Saw[18]都没有讨论杂质含量问题。

其他含能材料的等温状态方程参数如表 3.1 所示。TATB 是迄今应用最钝感的炸药，Olinger 和 Cady 最早报道 7GPa 压力下 TATB 等温压缩的研究工作[19]，他们利用甲醇和乙醇作为传压介质，用 NaF 作为压标材料来测量样品的压力。最近，Dattlebaum 领导的研究小组采用 XRD 技术研究了高压下 TATB 的结构[20]，他们也是利用 1∶4 的甲醇和乙醇混合物作传压介质，获得了 14GPa 压力下的实验数据，如图 3.3 所示。

表 3.1　常温下等温状态方程参数

材料	体积模量/GPa	体积模量对压力的导数	参考文献
α-RDX 在甲醇乙醇混合物中	13	6.6	[11]
α-RDX 在氩气中	13.9	5.8	[12]
β-HMX 在甲醇乙醇混合物中	13.5	9.4	[11]
β-HMX 在氩气中	12.4	10.4	[12], [13]
β-HMX 在已烷中	21.0±1.0	7.5±0.9	[15]
β-HMX 在 100℃已烷中	14.1±0.82	11.6±1.41	[15]
β-HMX 在 140℃已烷中	13.5±0.56	9.0±0.85	[15]
TATB 在甲醇乙醇混合物中	16.2±2.0	5.9±1.4	[19]
TATB 在甲醇乙醇混合物中(加压至 8GPa)	13.4±0.8	12.8±1.1	[20]
TATB 在甲醇乙醇混合物中(加压至 14GPa)	16.9±1.0	8.2±0.7	[20]
PETN 在甲醇乙醇混合物中	8.70	9.9	[19]
PETN 在氩气中	12.3	8.2	[12]
AP 在甲醇乙醇混合物中	20.3±0.5	4	[25]
AP 在 FC-75 或氯化钠中	12.7±0.7	11.0±1.6	[26]
ε-L-20 在 Dow-Corning 200 液体中	13.6±2.0	11.7±3.2	[30]
ε-L-20 在 Dow-Corning 200 液体中升温至 75℃	11.0±1.3	14.0±2.7	[30]
γ-CL-20(无传压介质加压至 0.9GPa)	18.9±0.5	4	[30]

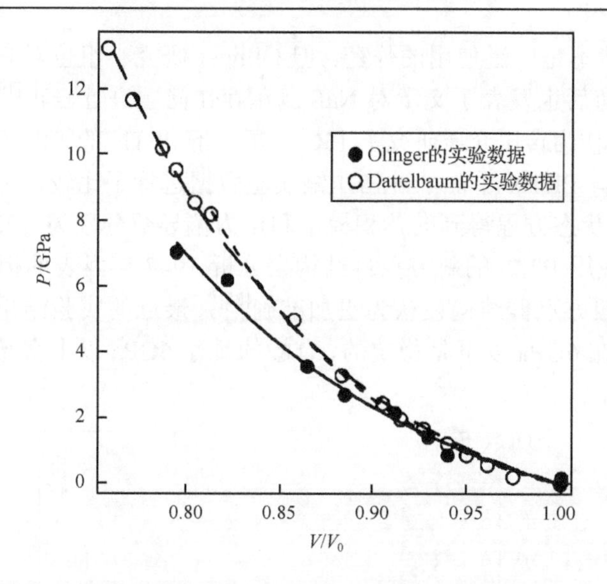

图 3.3　基于文献[19]和[20]实验数据拟合的三阶 BM 状态方程所给出的 TATB 的压缩性
实线数据来自文献[19]，短虚线数据来自文献[20]，长虚线数据来自文献[20]

在压力大于 2GPa 时，Dattlebaum 与 Olinger 和 Cady 之间数据的差异可能是由他们采用的 XRD 图谱的差异造成的。TATB 晶体的原胞具有三斜晶系对称性，因此最少需要来自于(*hkl*)晶面的 6 个衍射峰数据才能较准确地计算晶胞体积。遗憾的是，Olinger 和 Cady 仅在 3GPa 压力以上看到了 4 个衍射峰，并且他们假设沿 *a*、*b* 轴的压缩是完全一样的，从而减少计算三斜晶胞体积所需的参数个数。Dattlebaum 的实验数据表明上述假设太不严谨。虽然 Dattlebaum 的实验也存在问题，因为他不能在同一样品上同时观察到来自于(*hkl*)晶面的衍射信号，因此他们获得的完整衍射信号并不是来自于同一样品。但是相对而言他们的体积数据更为可靠，因为他们的实验中没有对晶胞的压缩特性进行假设。

用 Olinger 和 Cady 的实验数据拟合三阶 BM 状态方程可以得到体积模量和压力偏导数分别为(16.2±2.0)GPa 和 5.9±1.4，拟合的曲线如图 3.3 所示[19]。Dattlebaum 的实验数据从常压到 8GPa 以及常压到 14GPa 两个压力段来拟合[20]，因为他们先前的报道认为状态方程在 8GPa 处出现了拐点。然而，此处数据表明，即使考虑 *P*、*V* 数据的误差，并没有特别明显的体积突变。在 8GPa 压力范围内，拟合三阶 BM 状态方程得到的体积模量和压力偏导数分别为(13.4±0.8)GPa 和 12.8±1.1。在 14GPa 压力范围内，拟合三阶 BM 状态方程得到的体积模量和压力偏导数分别为(16.9±1.0)GPa 和 8.2±0.7。有趣的是，这两套数据拟合出的状态方程参数出入如此之大同样凸显了用 *P-V* 数据拟合 BM 状态方程所出现的异常情况。如果考虑每个压力数据点的误差问题，这一问题就不会如此明显，关于这一问题随后将进一步讨论。

PETN 虽然不是广泛使用的炸药，但 Olinger 研究小组也对它开展了静高压研究[21]。他们随后也发表了文章对 NaF 测压存在问题进行修正[19]。Yoo 和 Cynn 在 1998 年用氩作为传压介质研究了 15GPa 压力下 PETN 的等温压缩特性[12]。他们将实验数据与 PETN 单晶的冲击压缩实验数据进行了比较，如图 3.4 所示。拟合三阶 BM 状态方程得到的体积模量和压力偏导数分别为 12.3GPa 和 8.2。Yoo 和 Cynn 应用 $P2_12_1$ 的斜方点群结构来分析 1947 年发表的衍射信号[22]。然而，$P42_1c$ 的四方点群结构被认为更加准确[23]，最近的实验结果也证实了四角点群对称结构在 6GPa 以下是稳定的，有趣的是在 6GPa 以上会转化为斜方点群对称结构[24-26]。

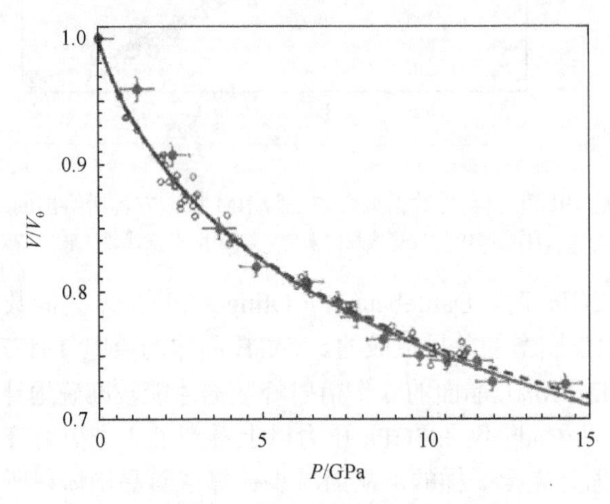

图 3.4　文献[12]中 PETN 静态压缩(实心圆)及冲击压缩数据(空心圆)
实线为三阶 BM 状态方程拟合，虚线为冲击于 Hugoniot 线

高氯酸铵(AP)也是一种常用的炸药配方，特别是作为氧化剂。不同压力下高氯酸铵的相变问题目前还存在争议。Bridgeman 最早开始 AP 的高压研究，在 3.1GPa 压力下发现实验数据突变，他将此变化归结为高压相变[27]。相变引起的体积变化被认为是非常小的。随后，利用甲醇和乙醇作为传压介质开展了 5.0GPa 压力下 XRD 研究[28]。实验结果表明，在 3.57GPa 时开始发生相变，在 4.70GPa 时发现了新相。应用 XRD、拉曼光谱和红外光谱所得到的实验结果与目前报道的结果有些许差别[29]。比较不同的传压介质，如 NaCl 和 FC-75，在 0.9GPa 以上发现了新的衍射峰，同时发现在 3.0GPa 左右发生了完整的相变。应用斜方点群结构来解读 3GPa 压力下的衍射数据得到的三阶 BM 状态方程中 K_0 和 K_0' 分别为(12.7±0.7)GPa 和 11.0±1.6。数据和拟合曲线如图 3.5 所示，将文献[28]中 4.7GPa 下的六个实验数据点拟合成二阶 BM 状态方程得到的体积模量和压力偏导数分别为(20.3±0.5)GPa 及常数 4.0。

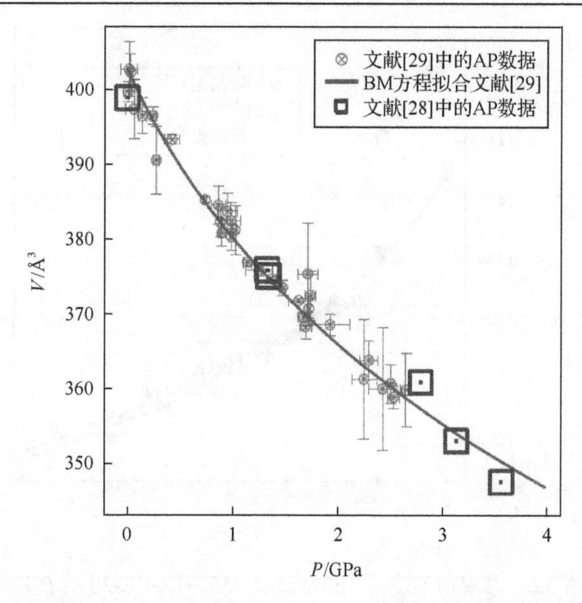

图 3.5　在 3GPa 压力范围(因为 3GPa 压力以上发现了相变)内基于文献[29]的实验数据拟合的三阶 BM 状态方程，也包括基于文献[28]的实验数据，相变压力约为 3.57GPa

HNIW 或 CL-20 是最近合成的新炸药，具有四种常温常压下稳定的相结构，分别为 α 相、β 相、γ 相和 ε 相，从 1990 年开始对 γ 相和 ε 相开展了广泛研究。然而，在 2006 年利用 Dow-Corning200 液体开展 5.6GPa 压力下 ε-CL-20 在常温和 75℃温度下的压缩特性以前[30]，几乎没有 CL-20 的等温压缩实验数据。将实验数据拟合成三阶 BM 状态方程得到 ε-CL-20 的常温体积模量和压力偏导数分别为 (13.6 ± 2.0) GPa 和 11.7 ± 3.2。常温下 γ-CL-20 在 0.7GPa 时发生了相变[31]，因为 γ 相 CL-20 只在较小的压力范围内存在，因此实验中没有使用传压介质，并且只获得了 0.9GPa 压力下的 P-V 数据[30]。在这种非静水压加载下拟合三阶 BM 状态方程得到的常温体积模量和压力偏导数分别为 (18.5 ± 2.6) GPa 和 5.4 ± 7.9。压力偏导数的误差如此大主要是因为实验压力太小。如果用固定值 4 作为体积模量的压力偏导数(此时状态方程退化为二阶)，得到的体积模量为 (18.9 ± 0.5) GPa。实验数据和拟合的状态方程曲线如图 3.6 所示。

图 3.6 中还包括 ε-CL-20 在 75℃下的压缩数据，常压下 ε-CL-20 的 27～75℃范围内的热膨胀数据为 $(0.00014\pm0.0002)\,\mathrm{K}^{-1}$。然而，若在 75℃温度下开始等温压缩，晶胞的体积热膨胀可以忽略，并且不同温度下的压缩曲线在 1GPa 处重合。75℃温度下拟合三阶 BM 状态方程得到 ε-CL-20 的常压等温体积模量和压力偏导数分别为 (11.0 ± 1.3) GPa 和 14.0 ± 2.7。室温和 75℃下拟合的 ε-CL-20 三阶 BM 状态方程在误差范围内几乎是相同的，说明加温到 75℃并不会改变 ε-CL-20 的压缩特性。

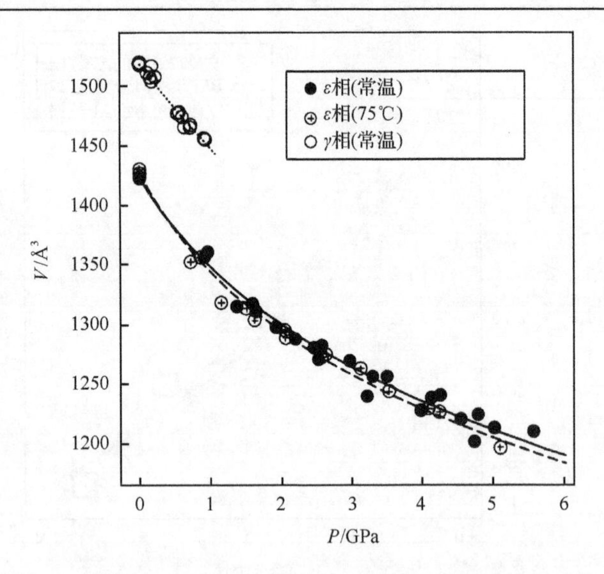

图 3.6　常温时 γ-CL-20 和常温及 75℃时 ε-CL-20 的 P-V 线

γ-CL-20 只有在 0.9GPa 以下的压力才稳定，其 P-V 线只能用没有传压介质的实验数据来拟合

3.3　高　压　相

3.3.1　背景介绍

大部分固态高能炸药都有正的生成热。这一结果使得微弱的外界刺激(如冲击、激光脉冲或其他辐射作用)都会导致快速化学反应发生，并且持续以超声速释放化学能量，最终形成稳定的气态反应产物。正的生成热液意味着炸药在常温、常压下处于亚稳态，并且具有多种亚稳态的晶体结构和多晶形态。因此，在加温或压缩加载下会诱导多种结构相变，这些相结构在相当长的时间尺度下也处于亚稳态。

相变速率是炸药相变研究面临的深层次的问题。例如，与慢速加热相比，加热速度越快相变温度越低。此外，缓慢的压力卸载往往能使一种高压相得以保存，而快速卸压往往会使高压相恢复到常压相结构。在 DAC 研究工作中，剪应力的出现往往会影响压缩特性以及相变压力。因此，如 3.2 节所述，在静压相变实验中必须尽可能地减小剪应力对压缩状态的影响，实验中应尽量选择在所研究压力范围内比炸药更软的材料作为传压介质。

目前，对于固体结构分析最为权威的方法是中子衍射和 X 射线衍射技术，但是固体炸药分子都是由 C、H、N、O 等元素组成的，因此对炸药的结构分析就变得较为困难。此外，大部分固体炸药具有非常低的结构对称性，如单斜晶系和三斜晶系，这就需要高分辨的衍射方法才能对倒空间中 2θ 范围内的复杂衍射峰进行合理的解读。基于上述原因，再加上 DAC 中样品尺寸极小以及 DAC 自身几何结构的限制，开展材料的高压相结构研究依然是一个尚未很好解决的热点问题。

3.3.2　方法

与状态方程研究相似，典型的高压相变研究都是将样品装载入 DAC 装置中并装入相应的传压介质。样品通常会通过加温加压方法到达 *P-T* 相空间，然后应用 XRD 来探测高压相变或高温诱导的热分解。大部分炸药在液态都是不稳定的，因此持续加热到很高的温度通常会导致炸药的直接分解并产生气态或固态产物。在实验中，样品的温度通过贴在 DAC 对顶砧端面的热电偶来测量，压力测量方法已在 3.2.2 节中介绍。

虽然衍射方法是权威的用来测量晶体结构的方法，但是拉曼光谱和红外光谱在探测分子的点群结构、对称性以及局部晶格位置方面提供非常有价值的信息。开展拉曼光谱和红外光谱研究需要入射激光、单晶或粉晶样品、光谱仪以及探测器等材料和设备，这些都是容易获得的商用产品。然而，基于同步辐射光源的拉曼光谱和红外光谱技术可能会更有优点，这些目前在实验室装置上已经获得了高质量的结果。

要深入理解拉曼和红外光谱实验数据必须结合密度泛函(DFT)或其他的理论手段对特定的振动模式进行理论分析和计算。商用软件(如 Gaussian 2003)已成功用于振动模式的计算分析。

3.3.3　数据

几乎所有的炸药在 15GPa 压力范围内至少发生一次相变。炸药的体积模量和硬度都在 8～20GPa 范围内(体积模量的压力偏导数在 4～14 范围内)，在 15GPa 压力下这些炸药材料大多会被压缩到原始体积的 70%。对各种比炸药硬度更高的材料的等温压缩(包括地质材料)研究表明，大部分材料在体积压缩到 60%时都会发生相变，当然炸药也不例外。然而，与地质材料相比，炸药具有更低的对称性和更复杂的晶体结构。

常压下的 RDX 处于 α 相，具有正交对称性(P_{bca})，晶胞尺寸约为 11Å×10Å×13Å，每个晶胞中有 8 个分子。在这种结构下，单个 RDX 分子具有 C_s 对称性，其中有两个硝基以垂直方向(A)，第三个硝基以平行方向(E)连接在三臻环平面，分子构象为 AAE[32]。在室温至 225℃范围内，当静态压力超过 3.8GPa 时 RDX 会发生相变形成高压 γ 相[11,33]。现有的研究表明 γ-RDX 具有 α-RDX 类似的正交对称性，并且直到 2008 年之前也没有确切的结论来描述 γ 相 RDX 的结构[47]。最近，日本学者 Goto 应用 DFT 计算并结合 FTIR 和 XRD 实验研究表明 γ-RDX 依然保持 P_{bca} 的晶体对称性，相变后体积变化很小并伴随着分子的旋转与平移，但分子结构并没有发生变化，依然维持 AAE 分子构象[34]。最近，Dreger 应用拉曼光谱技术研究了 RDX 炸药单晶的结构特征[35]。研究表明，γ-RDX 的点群对称性似乎与 α-RDX 类似，实验中发现的振动模式增加以及振动模式的劈裂可能是由主要基团(factor group)的振动耦合造成的。另外一项更高压力范围内的研究发现在 18GPa 以上有新的振动特征，表明可能存在一个新的高压相 δ-RDX[36]。

在 3～3.8GPa 范围内，当温度高于 225℃但低于 RDX 熔点(熔点温度 250℃)时，α-RDX 将变成一个高温相 β-RDX[33]，这个 α-β 的相转化非常快并且是可逆的。然而，在压力高于 3.8GPa 时通过加温诱导的 γ-β 相变被认为是缓慢且不可逆的。从来没有观察到 β-RDX 转化到 γ-RDX 的过程，但当温度降到室温且压力卸载到常压时能够观察到 β-RDX 转化到 α-RDX 的过程。β-RDX 的晶体结构目前还不清楚，但推测分子构象和晶体结构都有较大的变化。

常温、常压下稳定的 HMX 是 β 相，每个晶胞中有两个分子并属于单斜晶系 $P2_1/c$ 结构，密度为 $1.9g/cm^3$。β-HMX 压缩到 12 GPa 以上时通过拉曼光谱可以看到明显的模式劈裂，但晶胞体积没有变化[13]。在静水压条件下，大于 27GPa 时，HMX 会发生相变的工作已有报道；但通过最近的准等熵压缩实验，在 200～500ns 的时间尺度内压力达到了 40GPa，实验表明这一相变过程即使发生了也是一个很慢的过程[37]。

HMX 被认为还存在两个不常见的相结构，一种是亚稳态的 α-HMX，密度为 $1.84g/cm^3$，另一种是 δ-HMX，密度为 $1.79g/cm^3$(γ-HMX 被认为只存在于水合物中)。很多学者都已经研究过高温高压下的 β-HMX 和 δ-HMX 以及他们之间的相变。这些研究表明，在常压或当压力升高到 0.12GPa 时，在 149～190℃将发生 β-HMX 到 δ-HMX，并且当 HMX 中有一定量的杂质 RDX 或者升温速度较慢时，相变温度会更低[38,39]。在 0.2GPa 以上，β-HMX 在低于分解温度(278℃)的高温状态下是稳定的[38,40]。不同温度下 β-HMX 高压实验表明，即使温度低至 140℃，当压力从 4GPa 卸载到常压时 δ-HMX 可以得到保存[15]。我们不能够将 δ 相的样品保存足够长的时间来观察这个晶相是否真的会在此温度和常压条件下稳定存在。反之，当样品温度降低到室温常压时，几个小时后 δ-HMX 将转化为 β-HMX。这与以前通过 β-HMX 制备 δ-HMX 所观察到的 β-HMX 残余以及 δ-HMX 在常态下退化到 β-HMX 的现象一致[38]。

描述 HMX 的相图依然要考虑加热速率和加压速率的影响。通常情况下，快速升温和加压都将会导致更低的相变温度和相变压力。快速降温和卸压同样会导致相变的滞后效应。此外，正如前述状态方程研究中所提到的，非静水压同样会影响 HMX 的压缩特性。非静水压会影响对 HMX 稳态压力和温度范围的精确描述。然而，当升温和加压足够慢，并且静水压性很好时，仅通过密度就能精确预测 HMX 的稳定性。常态下 HMX 处于 β 相，密度为 $1.9g/cm^3$，当加温后密度降低到 1.79g/cm^3 时将发生 β-HMX 到 δ-HMX 相变。同样，高温压缩下当密度升高到 1.9g/cm^3 时将发生 δ-HMX 到 β-HMX 相变。

常温、常压下 TATB 分子就像石墨一样一层层堆积，每个晶胞中有两个分子并处于三斜晶系对称性。对常用 TATB 的 XRD 实验发现，(001 方向)的衍射信号非常强，而其他晶面的衍射信号几乎看不到。此外，精磨的 TATB 粉末结晶度较低，使得衍射信号变差。上述两方面的原因使得用 XRD 方法研究 TATB 非常有挑战性，Los Alamos 国家实验室用特别的方法来合成 TATB 晶体，使得(001)方向的衍射信号不至于掩盖其他方向的衍射信号(图 3.7)。因此，到目前为止所有关于 TATB 的 XRD 实验数据都来自 Los Alamos 国家实验室[19,20]。所有的研究都表明 TATB 的室温常压相在 8GPa 范围内都是稳定的，然而最新的研究发现在 8GPa 时似乎有非均匀的体积变化，但从图 3.7 的衍射数据来看并没有明显的体积变化。

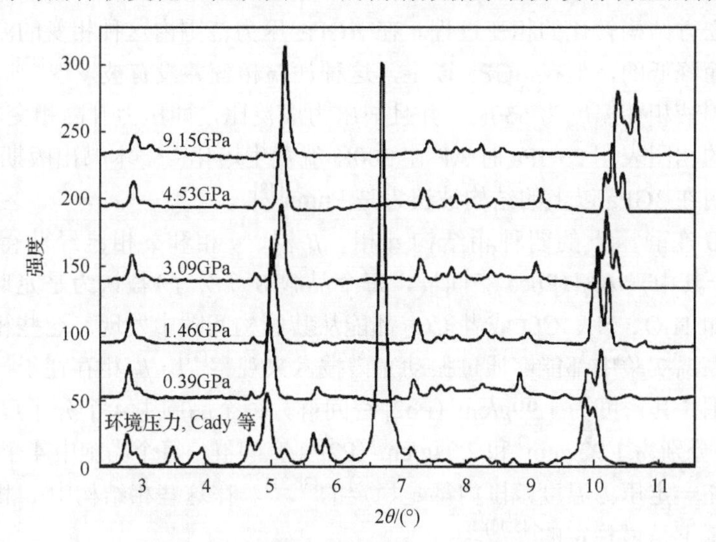

图 3.7　不同压力下 TATB 的衍射谱图

其中常压下 2θ 角在 6.5°和 7°间的较强的(002)峰数据来自文献[19]，其他的来自文献[20]

考虑到研究 TATB 真实结构的难度，目前还没有关于 TATB 在高温下的高压研究报道。

关于 PETN 的常温高压相已有非常详细的研究。早在 1947 年就报道了 PETN 的常压结构特征，即 $P2_12_1$ 正交对称性[22]。然而，最新的研究表明 PETN 属于四角形空间群结构，即 $P42_1c$[23]，每个晶胞中有两个分子并具有 S_4 点群结构[24]。早期 Olinger 等和 Yoo 的实验并没有在 15GPa 的压力范围内发现相变[19,21]。1997 年的中子衍射实验以及 PETN 的氘代实验在 4.28GPa(实验中能获得的最高压力)范围内都没发现对称性的改变[41]。最新的拉曼光谱实验发现在 5GPa 压力以上出现了拉曼谱线劈裂，并且分子的点群对称结构降低为 C_2[24]。因为 C_2 对称性结构

与 $P42_1c$ 对称性结构无法并存，上述变化可以认为是通过相变变成 $P2_12_12$ 正交对称结构[24,26]，这种相变过程目前仍在研究之中，到目前为止还没有 PETN 的高温静压实验。

高氯酸铵(AP)晶体在常温、常压下属于正交对称结构。Bridgman 利用加温剪切实验在 3.1GPa 时发现了体积突变，被认为是一种相变[27]。Richter 和 Pistorius 在 1℃/s 的加温速率下确定了相变压力和相变温度，他们发表了 300℃、4GPa 压力下的 PETN 相图[42]。然而，另一项 DAC 实验研究表明，室温下即使加载到 26GPa 也没有发现固-固相变[43]。XRD 实验表明，常温下高氯酸铵在 0.9GPa 时出现了新的衍射峰，在 3GPa 时相转变完成[29]。可能的解释是：压力升高会凝固或减缓 NH_4^+ 的自由转动，在特定方向能够提升 NH_4^+基团的电子云密度从而失去局部的对称性并最终导致在 0.9GPa 附近发现新的衍射峰。常压下加温至 513K 就能够发现由正交结构向立方结构转化的相变过程。在 4GPa 压力范围内这种相变的温度是随着压力升高而降低的，但在 4GPa 以上，这种加温相变并没有被发现[43]。常压下高氯酸铵的固液相变温度为 550K，并且与压力成反比，即压力升高相变温度降低。目前给出的相图表明 25GPa 时 AP 在 300K 就发生熔化[43]。本书出版期间，AP 研究结果表明在 3GPa 以上的结构被认为是 Pnma[48]。

CL-20 在静压下的四种相结构 α 相、β 相、γ 相和 ε 相已经获得广泛的研究[30,31,44]。其中，α 相(Pbca 空间群，每个晶胞 8 个分子)被认为是笼形结构，其分解产物如 H_2O、N_2、CO 或者 CO_2 都能从其结构间隙中发现。这些相在低于分解温度的高温实验中都能够通过振动光谱技术来观察[31]。β 相存在于一个比较窄的 P-T 范围，其密度为 $1.99g/cm^3$($Pb2_1$ 空间群，每个晶胞中 4 个分子)，而 γ 相和 ε 相的密度分别为 $1.92g/cm^3$ 和 $2.04g/cm^3$($P2_1/n$ 空间群，每个晶胞中 4 个分子)，它们被认为在一定压力温度范围内都是稳定的[30,31]。在这些相结构中 ε 相被认为在常温、常压下是最稳定的[45,46]。

关于 γ 相的全面研究是利用 FTIR 技术在 340℃和 14GPa 压力范围内进行的，其相变特征可从图 3.8 看出。γ 相在常压到 0.4GPa 范围内是稳定的，当温度升到 250℃时将完全分解为气态产物。在 0.40～0.50GPa 和 190～240℃范围内，将发生 γ-α 相变并伴随部分样品分解为 CO 和 CO_2。这种结果表明 CO 和 CO_2 都储藏于 α 相的晶格之间，因为上述变化过程是可逆的[31]。

在 0.60～0.65GPa 和 150～170℃范围内 γ 相能够缓慢地(数小时)转化为 β 相，并且相变是可逆的。当 β 相在 0.6GPa 加热到 200℃时将部分通过不可逆过程分解为 α 相+CO+CO_2。此外，当 β 相被压缩到稍高于 0.6GPa 时将转化为 ε 相，这个相变过程也非常缓慢[31]。

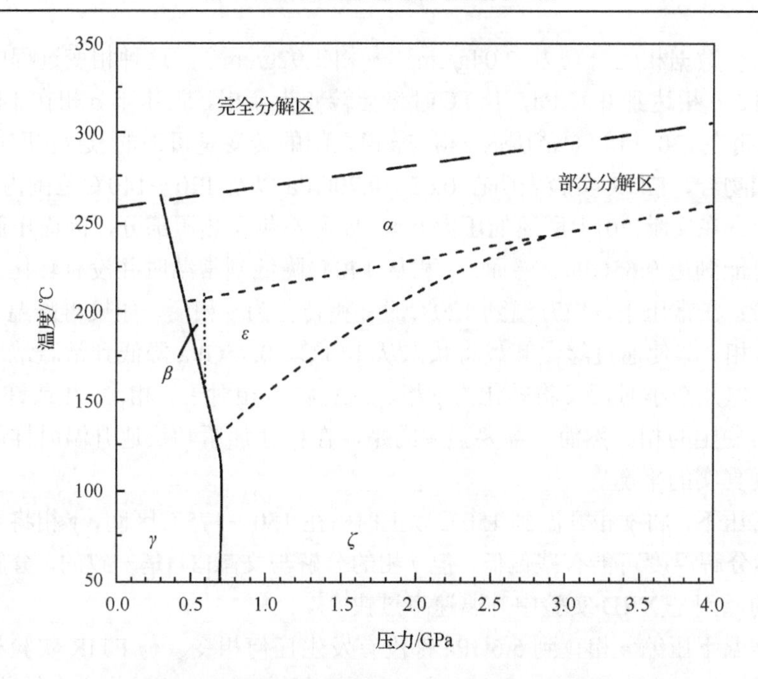

图 3.8　来自于文献[31]的 γ-CL-20 的相变数据

实线为可逆相变，虚线为不可逆相变。点划线所示的 β-ε 相变的可逆与不可逆机制目前还无法确定

在 0.65～0.7GPa 和 120～150℃范围内 γ 相转化为 ε 相。在这个压力范围，当 ε 相加热至 200℃将部分通过不可逆过程分解为 $CO+CO_2$ 以及 α 相，加热至 260℃时将完全分解[31]。

常温下压力高于 0.7GPa 时 γ 相转化为 ζ 相[43]。在 0.7GPa 时两相共存，当加热至 110℃将相变为 ε 相，因此在 CL-20 的 *P-T* 相图上是一个三相点。在 0.7～2.5GPa 范围内，当温度处于 110～190℃区间时，ζ 相将通过不可逆过程相变为 ε 相，当 ε 相继续加热至 220℃时，它将部分分解为 α 相+$CO+CO_2$。然而，与 γ 相的部分分解是可逆的不同的是，ε 相的部分分解是不可逆的。在 0.7～2.5GPa 范围内，如果升温到 260℃时，α 相将会完全分解[31]。

在 2.5～10GPa 压力区间，ζ 相在常温到 230℃是稳定的，230℃以上会通过不可逆过程转化或部分分解为 α 相、CO 和 CO_2。在上述压力范围内，温度高于 280℃时，α 相将完全分解为气态产物。当压力从 10GPa 上升到 14GPa 时，在 300～340℃区间，ζ 相将完全分解[31]。

因为 ε 相被认为是最稳定的相结构[45,46]，实验中应用 XRD 实验方法研究了 5GPa 和 175℃时 ε 相的特征[30]。与 FTIR 实验[31]不同的是：为了节约同步辐射束线机，实验中需要快速升温(3℃/min)和加压。因此，实验中所得到的相变温度和压力数据(通常与升温加压速率相关)可能不是理想平衡态下的数据。

在常压下，将 ε 相加热至 120℃以上，ε 相将转化为 γ 相。这种高温相变与两个相的密度数据相吻合(ε 相 2.04g/cm^3，γ 相 1.92g/cm^3)，这种相变过程中升温将降低密度。γ 相达到 0.4GPa，140℃时将会转变为 ε 相。常压下 ε 相在 140℃转化为 γ 相说明在 120～140℃范围内 γ 相与 ε 相之间的转变是可逆的。这些事实与 FTIR 的研究相吻合，FTIR 实验表明在 0.65～0.70GPa 以及 120～140℃范围内，γ 相转化为 ε 相。在文献[30]中所述的压力 0.4GPa 并不包含热压部分，因而压腔中实际的压力可能到达 0.65GPa。然而，γ 相从 140℃降低到常温时并没有转化为 ε 相。这意味着：在常压下，当升温到 120℃时 ε 相转化为 γ 相后，如果再降温，将仍然保持在 γ 相。即使通过缓慢卸载将状态从 140℃、0.75GPa 降低到常温常压从而获得 ε 相，但几个小时后又将转化为 γ 相。这意味着相对于 ε 相，γ 相或许是常温、常压下最稳定的相。然而，需要强调的是，在快速加压和快速升温时样品可能并没有达到真实的平衡态。

在常压下，将 γ 相升温到 150℃以上时，在 150～175℃区间，γ 相将发生热分解。虽然分解温度可能有些偏低，但 γ 相的分解与文献[31]是一致的。分解温度偏低可能的原因是 XRD 实验中升温速率过快[30]。

在常温下压缩 ε 相直到 5.6GPa 都没有发生任何相变。与 FTIR 实验相比，常温下压缩 γ 相时，在 0.7GPa 时开始发生 γ-ζ 相变，在 0.9GPa 时将完全转化为 ζ 相。如图 3.9 所示，与文献[31]类似，实验发现 γ-ζ 相变是可逆的。

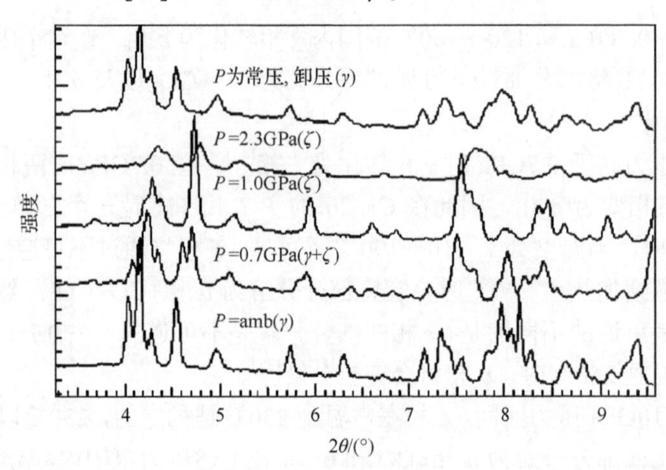

图 3.9　常温下对 γ-CL-20 的压缩实验表明在 0.7GPa 时开始发生 γ-ζ 相变

常温下的 ζ 相在 1.4GPa 压力下加热到 180℃时，新衍射峰将逐渐出现。新峰出现的 2θ 角为 3.97°、4.62°、5.78°、6.54°和 9.00°的位置，如图 3.10 所示。为了进行比较，先前 160℃时的衍射图样在图中依然能够看到。依照图 3.8 所示的相图，在 1.4GPa 和 180℃时应该处于 ε 相。因此，图 3.10 中也能看到常压、100℃时 ε 相的衍射图样，100℃是能够清晰地看到 ε 相衍射图样的最高温度。然而，新的衍

射峰与 ε 相的衍射图样并不一致。实际上，新的衍射峰与计算得到的 α 相衍射图样相一致，如图 3.10 中的条状线所示。由于热压力的存在，180℃下样品在 1.4GPa 时的实际压力可能高于 1.4GPa。因此，与图 3.8 所示相图一致的是：新相有可能是部分分解的 α 相+CO+CO_2。当温度从 180℃下降到常温时能看到样品部分发黄，这也从侧面证实了新相为 α 相+CO+CO_2。从发黄的样品的衍射图样可以看出出现了非晶态，并且混合物的衍射峰也不能指认到任何一个已知的 CL-20 的相结构。与降温相反，如果在 180℃的基础上继续升温到 220℃以上，可以确认样品发生了完全分解。

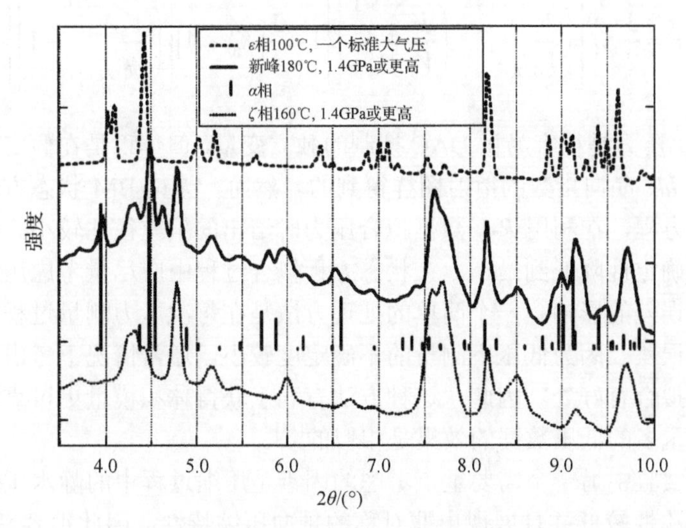

图 3.10　在 1.4GPa 压力下对 ζ-CL-20 进行加温并测量 XRD 图谱表明：在 160℃时依然维持 ζ 相，在 180℃时出现了新的衍射峰表明相变发生

3.4　结　论

本章通过实验详细研究了含能材料的等温状态方程以及高温高压相。大部分常用炸药的体积模量以及硬度与其他分子固体相似，都在 8～20GPa(体积模量的压力偏导为 4～14)，如表 3.1 所示。比较而言，大部分无机矿物地质材料的硬度都比炸药样品高。此外，与地质材料相比，炸药晶体结构的对称性更低，具有更复杂的相结构。

研究等温状态方程通常在不同温度下通过改变压力来测量晶胞的体积。当应用 BM 状态方程来计算热力学模量时，数据的范围及分散性将会导致拟合出不同的参数值。例如，文献[20]中的 TATB 的数据，通过 8GPa 时的数据计算出的体积模量为(13.4±0.8)GPa，压力偏导数为 12.8±1.1，但当在 14GPa 下拟合数据时体模量和压力偏导数分别为(16.9±1.0)GPa 和 8.2±0.7。即使考虑到误差范围，这些数据也存在本质上的差别。考虑零压时的体积模量，并且接近零压时的曲率不会受到 8～14GPa 范围内数据的影响，无论用哪个压力段的 BM 状态方程拟合出的零压时等温体积模量，都应该是相同的。拟合形式不同导致的差别已在文献[14]用 HMX 举例说明。文献[14]中的重要发现是：需要更多低压段的实验数据来控制由状态方程拟合形式引起的不确定性。

假定 BM 状态方程的拟合形式为

$$P=\frac{3}{2}K_0\left[\left(\frac{V}{V_0}\right)^{-7/3}-\left(\frac{V}{V_0}\right)^{-5/3}\right]\left\{1+\frac{3}{4}\left[K_0'-4\right]\left[\left(\frac{V}{V_0}\right)^{-2/3}-1\right]\right\}$$

实验上，压力是很容易由 DAC 控制的独立变量，但体积是在假定某种晶体对称性下通过 *hkl* 晶向指数的衍射图样得到的。然而，无论 BM 状态方程还是其他形式的状态方程，在利用 *P-V* 数据拟合压力时给出的偏差往往较小。因此，为了将拟合的不确定性降低到最小，在状态方程拟合过程中应尽量考虑压力及体积的测量偏差和误差的影响。一个简单的处理方法是在每次压力测量过程中都要考虑压力的系统误差。因为低压下测量的不确定度较小，通常情况下考虑系统误差对低压数据的拟合有好处。因此，这种方法有利于获得体积模量更可靠的统计值，这与获得尽量多的低压数据的效果是相似的[14]。

在本章实验中另一个需要重点考虑的因素是压缩过程中的静水压性。含能材料晶体的对称性较低并且展现出非对称的轴向压缩特性，因此很容易受到 DAC 中非静水压性的影响，如 HMX 实验。因此，为了获得 HMX 的最佳等温压缩数据，结合了目前最佳的静水压实验数据，如文献[11]、[13]、[15]。例如，文献[11]中的 *P-V* 数据局限在 4GPa 压力范围内，文献[15]的数据在 1GPa 左右，将两个文献中的数据综合起来就相当于增加了低压段的实验数据点，当然这些数据必须保证是在最佳的静水压性下获得的。

同时需要认识到数据拟合的重要性，在应用 HMX 综合数据进行拟合时就需要考虑加权拟合。遗憾的是，在文献[11]和[13]中并没有发表压力数据的偏差。因此，DAC 中的压力误差只能按照常规测压方法的压力误差(0.05GPa)来处理。通常情况下压力偏差是压力测量值的 5%，最小值是 0.05GPa。这些实验数据如表 3.2 所示。考虑拟合及系统误差时，应用 26.0GPa 范围内的实验数据基于 BM 状态方程拟合出的体积模量为 K_0=16.6±0.4GPa 以及 K_0'=7.2±0.3。这些数据都非常接近文献[14]中 Yoo 和 Cynn 在 12GPa 压力下获得的数据。如果不考虑加权拟合，应用 26.0GPa 范围内的实验数据拟合的结果与 Yoo 和 Cynn 在文献[13]中的结果类似。这些数据都列在表 3.3 中，拟合曲线如图 3.11 所示。

表 3.2　文献[11]、[13]及[15]中 HMX 的静高压 *P-V* 关系数据

压力/GPa	体积分数	压力偏差/GPa	系统误差
0.00	1.000	0.05	20
0.10	0.998	0.05	20
0.17	0.999	0.05	20
0.20	0.998	0.05	20
0.39	0.975	0.05	20
0.49	0.984	0.05	20
0.83	0.958	0.05	20
0.95	0.963	0.05	20
0.96	0.954	0.05	20
1.61	0.924	0.08	12
2.47	0.899	0.12	8.1
2.50	0.897	0.13	8.0
3.24	0.881	0.16	6.1
4.10	0.855	0.21	4.9
4.60	0.850	0.23	4.3
5.70	0.837	0.29	3.5
7.00	0.807	0.35	2.9
7.10	0.813	0.36	2.8
10.6	0.767	0.53	1.9
14.1	0.742	0.71	1.4
15.8	0.733	0.79	1.2
22.9	0.685	1.15	0.9
24.9	0.682	1.25	0.8
26.0	0.675	1.30	0.7

表 3.3　文献[11]、[13]及[15]中 HMX 的状态方程数据

数据种类	体积模量/GPa	压力导数
26GPa 内未加权拟合的数据	14.8±0.7	8.5±0.5
26GPa 内加权拟合的数据	16.6±0.4	7.2±0.3
Yoo/Cynn 12GPa 范围内的数据[14]	16.0±2.5	7.3±1.4
Yoo/Cynn 从文献[13]中获得的数据	12.4	10.4

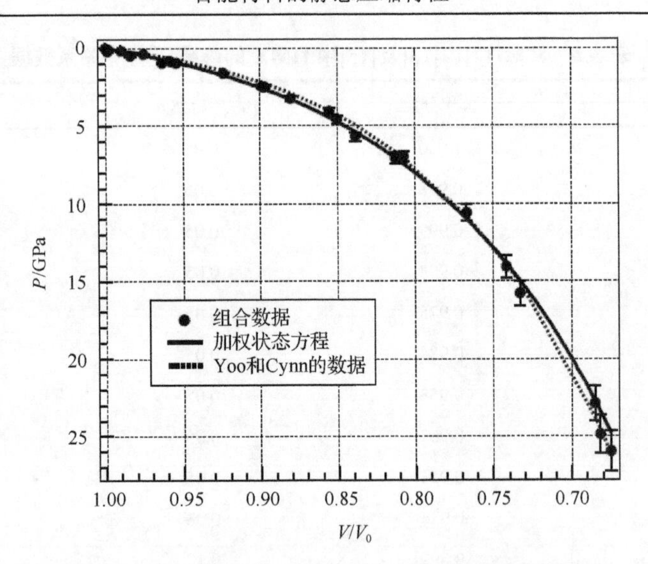

图 3.11　文献[11]、[13]及[15]中 HMX 的静水压 *P-V* 关系数据以及用文献[13]的数据进行三阶 BM EOS 拟合获得的等温线

上述分析证明了应用 BM 状态方程拟合得到等温压缩线时考虑数据加权拟合的重要性。文献[14]中讨论了应用 Yoo 和 Cynn 26.0GPa 范围内的实验数据以及 12GPa 范围内的实验数据拟合等温压缩线带来的偏差。然而，当拟合考虑加权拟合时，应用 Yoo 和 Cynn 26.0GPa 范围内的实验数据以及 12GPa 范围内的实验数据拟合出的等温压缩性是一致的。因此，热力学参数拟合与数据误差、系统误差以及数据系统都是相关的。

本章也详细介绍了含能材料晶体在高温高压下的相结构及相图。在常温下，RDX、PETN 和 AP 在 5GPa 压力范围内都会发生相变，但 HMX 和 TATB 即使在较高的压力下也是稳定的。CL-20 的相图较为复杂，在常温下它具有多个稳态和亚稳态的相。如上所述，这些材料的相图多比较复杂，并且与加压和升温的速率极度相关。可能正因为如此，虽然包括 TNT 在内的这些含能材料已经应用了数十年，但他们的高温高压相结构与相图依然没有得到深入研究。

参 考 文 献

[1] F. D. Murnaghan (1937) "Finite Deformations of an elastic solid", American Journal of Mathematics 59, 235–260; F. Birch (1947) "Finite Elastic Strain of Cubic Crystals", Phys. Rev. 71, 809–824.

[2] F. Birch (1978) "Finite strain isotherm and velocities for single-crystal and polycrystalline NaCl at high pressures and 300 K", J. Geophys. Res. 83, 1257–1268.

[3] P. Vinet, J. Ferrante, J. H. Rose, J. R. Smith (1987) "Compressibility of Solids", J. Geophys.Res. 92, 9319–9325.

[4] Raymond Jeanloz (1988) "Universal equation of state", Phys. Rev. B 38, 805–807.

[5] S. M. Caulder, M. L. Buess, A. N. Garroway, P. J. Miller (2004) "NQR Line Broadening Dueto Crystal Lattice Imperfections and its Relationship to Shock Sensitivity", Proceedings of the APS Topical Group on Shock Compression of Condensed Matter Conference, 2003, Editors M. D. Furnish, Y. M. Gupta, J. W. Forbes, American Institute of Physics, Melville, NY, pp.929-933.

[6] D. S. Watt, R.M. Doherty (2004) "Reduced Sensitivity RDX-Where are we?", 35th Annual Conference of ICT, Karlsruhe, Germany.

[7] G. J. Peirmarini, S. Block, J. D. Barnett, R. A. Forman (1975) "Calibration of the pressure dependence of the R1 ruby fluorescence line to 195 kbar" J. Appl. Phys. 46 2774–2780.

[8] H. K. Mao, J. Xu, P. M. Bell (1986) "Calibration of the ruby pressure scale to 800 kbar underquasi-hydrostatic conditions", J. Geophys. Res. 91, 4673–4676.

[9] G. J. Piermarini, S. Block, J. D. Barnett (1973) "Hydrostatic limits in liquids and solids to 100 kbar", J. Appl. Phys. 44, 5377–5382.

[10] W. A. Bassett, A. H. Shen, M. Bucknum, and I.-M. Chou (1993) "A new diamond anvil cell for hydrothermal studies to 2.5GPa and from−190℃ to 1200℃", Rev. of Sci. Instrum. 64, 2340–2345.

[11] B. Olinger, B. Roof, H. Cady (1978) Actes du Symposium International sur le Comportement des Milieux Denses sous Hautes Pressions Dynamiques, Paris, France, pp. 3–8.

[12] Choong-Shik Yoo, Hyunchae Cynn W. Michael Howard, Neil Holmes (2000) "Equations of State of Unreacted High Explosives at High Pressures", Proceedings of the Eleventh International Detonation Symposium, 1998, Snomass, CO, Office of Naval Research, pp. 951 - 957.

[13] C.-S. Yoo, H. Cynn (1999) "Equation of state, phase transition, decomposition of β-HMX (octahydro-1, 3, 5, 7-tetranitro-1, 3, 5, 7-tetrazocine) at high pressures", J. Chem. Phys. 111, 10229–10235.

[14] R. M.nikoff, Thomas D. Sewell (2001) "Fitting Forms for Isothermal Data", High Pressure Research 21, 121–137.

[15] Jared C. Gump, Suhithi M. Peiris (2005) "Isothermal equations of state of beta octahydro-1, 3, 5, 7-tetranitro- 1, 3, 5, 7-tetrazocine at high temperatures", J. Appl. Phys. 97, 53513–53520.

[16] P. W. Bridgeman (1926) "The effect of pressure on forty-three pure liquids", Proc. Am. Acad.Arts Sci. 61, 57–99; P.W. Bridgeman (1942) "Freezing parameters and compression of twenty one substances to 50, 000 kg/cm^2", Proc. Am. Acad. Arts Sci. 74, 399–424.

[17] M. Hermann, W. Engel, N. Eisenreich (1992) "Thermal expansion, transitions, sensitivities and burning rates of HMX", Propel. Explosiv. Pyrotech. 17, 190–195.

[18] Cheng K. Saw (2005) "Kinetics of HMX and Phase Transitions: Effects of Particle Size at Elevated Temperature", Proceedings of the Twelfth International Detonation Symposium, 2002, San Diego, CA, Published by Office of Naval Research, pp. 70–76.

[19] B. Olinger, H. H. Cady (1976) "The Hydrostatic Compression of Explosives and Detonation Products to 10 GPa (100 Kbars) and their Calculated Shock Compression: Results for PETN, TATB, CO_2, and H_2O", Proceedings of the Sixth International Detonation Symposium, 1976, Naval Surface Weapons Center, White Oak, MD, pp. 700–709.

[20] Lewis L. Stevens, Nenad Velisavljevic, Daniel E. Hooks, Dana M. Dattelbaum (2008) "Hydrostaticcompression curve for triamino-trinitrobenzene (TATB) determined to 13.0GPa with powder X-ray diffraction", Propel. Explosiv. Pyrotech. (submitted).

[21] B. Olinger, P. M. Halleck, H. H. Cady (1975) "The isothermal linear and volume compression of pentaerythritol tetranitrate (PETN) to 10GPa (100 kbar) and the calculated shock compression", J. Chem. Phy. 62, 4480–4483.

[22] A. D. Booth, S. J. Llewellyn (1947) "The crystal structure of pentaerythritol tetranitrate" J.Chem. Soc. 1947, 837–846.

[23] H. H. Cady, A. C. Larson (1975) "Pentaerythritol tetranitrate II - its crystal-structure and transformation to petn I - an algorithm for refinement of crystal-structures with poor data", Acta Crystallogr. B31, 1864–1869.

[24] Y. A. Gruzdkov, Z. A. Dreger, Y. M. Gupta (2004) "Experimental and theoretical study of pentaerythritol tetranitrate conformers", J. Phys. Chem. A 108, 6216–6221.

[25] M. Pravica, et al. (2006) "Studies of phase transitions in PETN at high pressure" J. Phys.Chem. Solids 67, 2159–2163.

[26] O. Tschauner, B. Kiefer, Y. Lee, M. Pravica, M. Nicol, E. Kim (2007) "Structural transition of PETN-I to a ferroelastic orthorhombic phase PETN-III at elevated pressures", J. Chem. Phys.127, 094502.

[27] P. W. Bridgeman (1937) "Polymorphic transitions of 35 substance to 50, 000 kg/cm^2", Proc.Am. Acad. Arts Sci. 72, 45–130.

[28] F. W. Sandstrom, P.-A. Persson, B. Olinger (1995) "Isothermal and shock compression of high density ammonium nitrate and ammonium perchlorate", Proceedings of the Tenth International Detonation Symposium, 1993, Boston, MA, pp. 766–774.

[29] Suhithi M. Peiris, G. I. Pangilinan, and T. P. Russell (2000) "Structural properties of ammonium perchlorate Compressed to 5.6 GPa", J. Phys. Chem. A, 104, 11188–11193.

[30] Jared C. Gump, Suhithi M. Peiris (2007) "Phase stability of epsilon HNIW (CL-20) at high-pressure and temperature", Proceedings of the Thirteenth International Detonation Symposium, 2006, Norfolk, VA, pp. 1045–1050.

[31] T. P. Russell, P. J. Miller, G. J. Piermarini, S. Block (1992) "High-pressure phase transition in γ-hexanitrohexaazaisowurtzitane", J. Phys. Chem. 96, 5509–5512.

[32] Richard J. Karpowicz, Thomas B. Brill (1984) "Comparison of the molecular-structure of hexahydro-1, 3, 5-trinitro-S-triazine in the vapor, solution, and solid-phases", J. Phys. Chem.88, 348–352.

[33] P. J. Miller, S. Block, G. J. Piermarini (1991) "Effects of pressure on the thermal decomposition kinetics, chemical reactivity and phase behaviour of RDX", Combustion Flame 83, 174–184.

[34] Naoyuki Goto et al. (2007) "High Pressure Phase of RDX", Proceedings of the Thirteenth International Detonation Symposium, 2006, Norfolk, VA, pp. 1051–1057.

[35] Zbigniew A. Dreger, Yogendra M. Gupta (2007) "High pressure raman spectroscopy of single crystals of hexahydro-1, 3, 5-trinitro-1, 3, 5-triazine (RDX) ", J. Phys. Chem. B 111, 3893–3903.

[36] J. A. Ciezak, T. A. Jenkins, Z. Liu, R. J. Hemley (2007) "High-pressure vibrational spectroscopy of energetic materials: hexahydro-1, 3, 5-trinitro-1, 3, 5-triazine", J. Phys. Chem. A111, 59–63.

[37] D. E. Hare, J. W. Forbes, D. B. Reisman, J. J. Dick (2004) "Isentropic compression loading of octahydro-1, 3, 5, 7-tetranitro-1, 3, 5, 7-tetrazocine (HMX) and the pressure-induced phase transition at 27GPa", Appl. Phys. Lett. 85, 949–951.

[38] H. H. Cady (1961) "Studies of the polymorphs of HMX", Report LAMS-2652, Los Alamos National Laboratory, 1962, Los Alamos, NM, pp. 1–50.

[39] A. G. Landers, T. B. Brill (1980) "Pressure-temperature dependence of the β-δ polymorph interconversion in octahydro-1, 3, 5, 7-tetranitro-1, 3, 5, 7-tetrazocine", J. Phys. Chem 84, 3573–3577.

[40] Gasper J. Piermarini, Stanley Block, Philip J. Miller (1987) "Effects of pressure and temperature on the thermal decomposition rate and reaction mechanism of β-octahydro-1, 3, 5, 7-tetranitro-1, 3, 5, 7-tetrazocine", J. Phys. Chem. 91, 3872–3878.

[41] J. J. Dick, R. B. von Dreele (1998) Proceedings of the APS Topical Group on Shock Compression of Condensed Matter Conference, 1997, Editors S. C. Schmidt, D. P. Dandekar, J.W.Forbes, American Institute of Physics, Woodbury, NY, pp. 827–830.

[42] P. W. Richter, C. W. F. T. Pistorius (1971) "Phase relations of NH_4ClO_4 and NH_4BF_4 to High Pressures", J. Solid State Chem. 3, 343–439.

[43] M. Frances Foltz, Jon L. Maienschein (1995) "Ammonium perchlorate phase transitions to 26GPa and 700K in a diamond anvil cell", Mater. Lett. 24, 407–414.

[44] T. P. Russell, P. J. Miller, G. J. Piermarini, S. Block (1993) "Pressure/temperature phase diagram of hexanitrohexaazaisowurtzitane", J. Phys. Chem. 97, 1993–1997.

[45] R. Y. Yee, M. P. Nadler, A. T. Neilson (1990) Proceedings of the October 1990 JANNAF Propulsion Meeting, CPIA.

[46] M. F. Foltz, C. L. Coon, F. Garcia, A. L. Nichols (1994) "The thermal stability of the polymorphs of hexanitrohexa-azaisowurtzitane, part I", Propel. Explosiv. Pyrotech. 19, 19–25;"The thermal stability of the polymorphs of hexanitrohexaazaisowurtzitane, part II", Propel.Explosiv. Pyrotech. 19, 133–144.

[47] A. J. Davidson et al. (2008) "Explosives under pressure - the crystal structure of γ-RDX as determined by high-pressure X-ray and neutron diffraction", Cryst Eng Comm, 10, 162–165.

[48] A. J. Davidson et al. (2007) "High-pressure structural studies of energetic ammonium compounds"Proceedings of the 38th ICT conference, 2007, Karlsruhe, Germany pp 41:1–12.

第4章　黏结剂及相关聚合物的状态方程

4.1　引　　言

由单质高能炸药与聚合物黏结剂混合而成的塑性黏结炸药(PBXs)是高能炸药科学发展中重要的进步，它在确保装药爆发性能的同时，提高了其安全性和可靠性[1]。PBXs 的发展离不开下列这些关键进步，它们包括低感度材料的生产、化学稳定性的提高、更好的工艺重复性。从使用角度来看，PBXs 具有更好的加工性能、更好的工程属性、更好的耐化学性及长期化学稳定性。最终，不敏感的高能炸药(IHEs)分子被引入 PBXs 的制造中。基于 IHE 的 PBXs 使得聚合物黏结剂的选择更为自由，可以使用如氟化聚合物等高密度黏结剂。美国能源部使用含有 IHE 的高聚物黏结炸药主要包括 PBX9502(图 4.1 和图 4.2)(95% TATB/5% Kel-F 800)和 LX-17(92.5% TATB/7.5% Kel-F800)，它们均使用Kel-F 800 作为黏结剂。TATB和Kel-F 800的分子结构如下：

TATB　　　　Kel-F 800

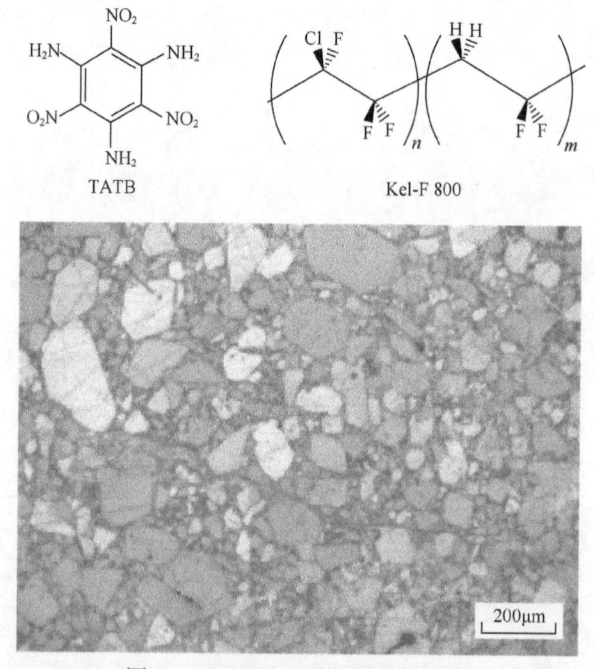

图 4.1　PBX9501 的光学显微图像

PBX9501 是一种常用的高能炸药，由 HMX 晶体与 2.5%的 Estane 5703 和 2.5%的 BDNPDF/BDNPA 易溶塑化剂组成(图片由 Los Alamos 国家实验室的 P. D. Peterson 提供)

塑性黏结炸药及相关推进剂配方的研究在军事上具有重要的意义，它可以为高精度爆轰数值模型的构建和新型安全炸药配方的研制提供支撑。近年来对于钝感和作战安全弹药的需求驱动了新型 PBXs、烟火剂及相关配方的发展。如美国国防部近期出台了一项政策，新的弹药必须能在火灾、意外或被攻击(如枪击)等作用下保持安全。除了常规武器中的应用，塑性黏结炸药由于具有可塑性还可应用于反应装甲、爆炸切割、传爆系列中。

图 4.2　用于飞片撞击实验中经过部分切削处理的 PBX9502 样品图像

样品由 95%的 TATB 和 5%的 Kel-F 800 聚合物黏结剂混合制成(图片由 Los Alamos 国家实验室的 R. Alcon 提供)

基于一些力学效应带来的好处，聚合物的添加会降低炸药在撞击和摩擦作用下的感度。为了保持高能炸药的威力，PBXs 中含有的高能炸药颗粒的体积比例通常会高于 85%。这么高的体积填充比例在材料研究领域也并不常见，在材料表征和成形方面都面临不少挑战。

聚合物所具有的长链结构及由此形成的多种形式的网状结构和复合结构使其具有独特的物理性质。自 20 世纪 40 年代首次开始聚合物研究以来，聚合物化学和聚合物合成科学的影响与日俱增。实际上，据最近的估计，约有 50%的化学家和化学工程师都涉及聚合物的研究和开发[2]。聚合物(polymer)中的“poly”代表多和多重的意思，“mer”代表单个化学基团。小的化学样本——单聚体(monomer)之间的化学反应会促使低聚物(oligomer，短链样品)的生成，并最终生成聚合物。相对分子质量是区别聚合物与大的有机分子或低聚物一个重要参量。低分子质量的聚合物通常为 10000～20000amu，高分子质量的聚合物则可能超过一百万 amu。

聚合物可以归类到几个大的类别，如热塑性塑料(thermoplastics)和热固性材料(thermosets)及它们的子类。热塑性塑料指在加热后会发生软化的一类材料，PBXs 中用的许多聚合物黏结剂都可以归入这个类别。弹性体或称人造橡胶也是常见的黏结剂。当温度为以下三种情况时，弹性体处于橡胶状态：①室温；②高于玻璃化转变温度；③在 PBXs 的制备温度范围内。PBXs 的配方中包含了改善力学或电学性能的添加剂，包括稳定剂、抗氧化剂以及最常见的塑化剂或者用于软化聚合物结构的小分子材料。一般来说，热固性材料由于常会形成非溶性交叉网络，因此并不常用作高能炸药中的黏结剂。

表 4.1 简要总结了一些塑性黏结炸药的配方。部分聚合物直到今天仍普遍应用于 PBX 中。它们包括含氟聚合物 Kel-F 800、PTFE、Viton（杜邦公司）和 THV（泰良公司）系列的氟化共聚物、Estane 5703 和基聚丁二烯（HTPB）。其他相关材料也用于现今的配方中，包括含氟弹性体 Kel-F 3700、Exon 461、聚二甲硅氧烷（PDMS）基的硅酮树脂配方（道康宁公司）和 HyTempTM 聚丙烯酸类弹性体。Exon 461 是氯三氟乙烯/四氟乙烯/偏二氟乙烯的一种共聚物，Kel-F 3700 则是氯三氟乙烯/偏二氟乙烯按 31∶69 的单聚体比例得到的共聚物。早期配方中使用的 Kel-F 827 是 Kel-F 800 的一种低分子形式。由于这些聚合物在与炸药晶粒混合时具有均衡的化学和物理（力学）性质及较好的性价比，所以广泛用作高能炸药黏结剂。Estane 5703、PTFE、HTPB 和 Viton A 的重复结构如下：

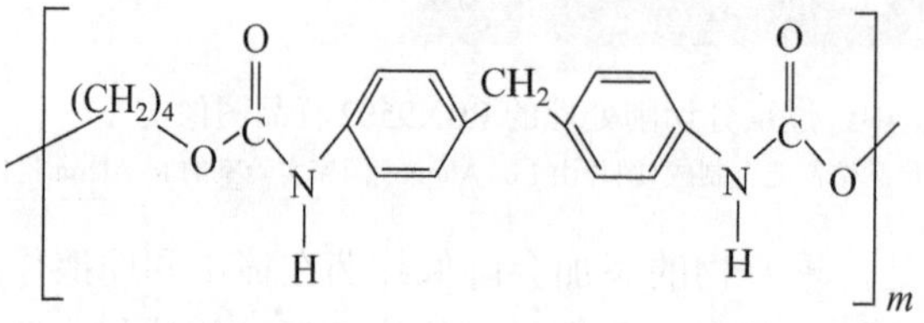

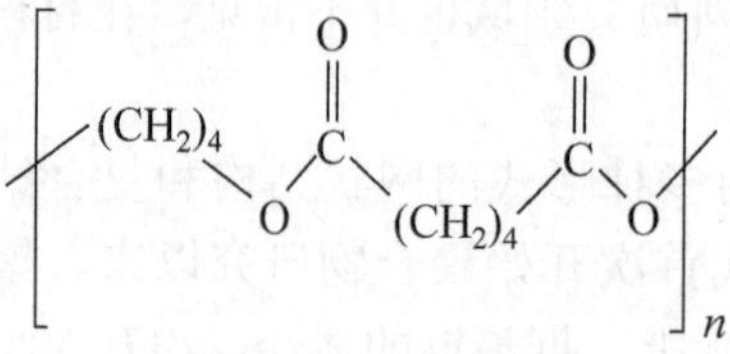

m=1~3

n=4~6

Estane ® 5703

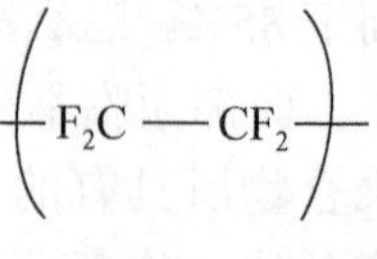

$-\!\left(F_2C-CF_2\right)\!-$

PTFE

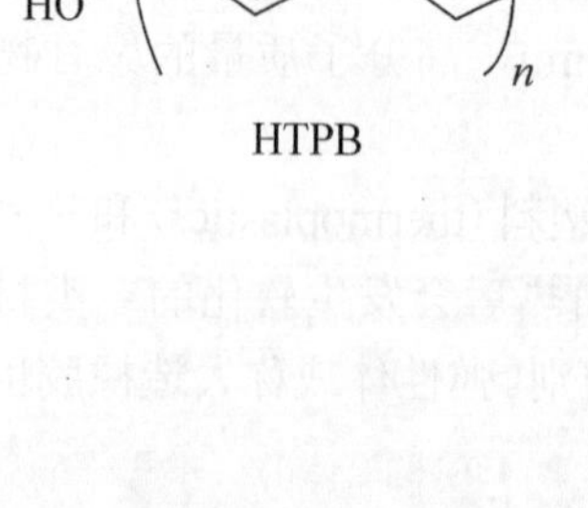

HTPB

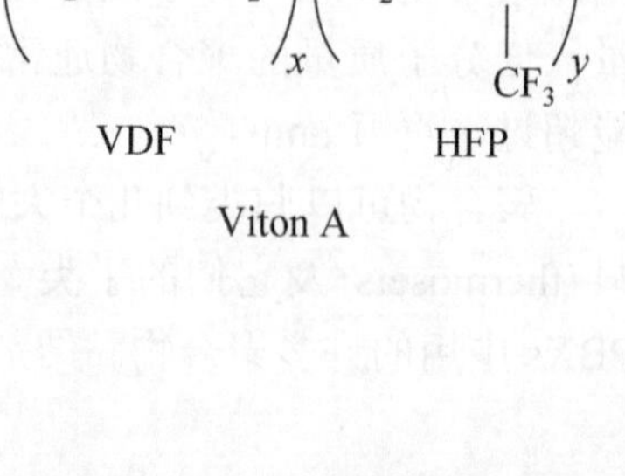

$-\!\left(F_2C-CH_2\right)_x\!\left(F_2C-CF(CF_3)\right)_y\!-$

VDF HFP

Viton A

表 4.1　部分塑性黏结炸药的配方[33]

塑性黏结炸药名称	含能颗粒	黏结剂
X-0007	86HMX	14 Estane
X-0009	93.4HMX	6.6 Estane
X-0069	90.2HMX	9.8 Kel-F 3700
X-0204	83.2HMX	16.8PTFE
X-0213	94.6HMX	2.0 Estane /2.0BDNPF/1.4 石蜡
X-0235	94HMX	2DNPA/2NP/2 Estane
X-0143	85.6HMX/9.2 DATB	5.4 Estane
X-0183	65.7HMX/26.4NQ	7.79 Kel-F
X-0118	29.7HMX/64.9NQ	5.4 Estane
X-0030	95DATB	5 Estane
X-0219-50-14-10	50HMX/40TATB	10 Kel-F 800
X-0228	90NQ	10 Estane
X-0224	74RDX/20Al	5.4 醋酸乙烯酯, 0.6 石蜡
X-0250-40-19	40.4RDX	40.4 氰尿酸, 19.4 硅酮树脂
X-0219	90TATB	10 Kel-F 800
	90TATB	5 Kel-F 800, 5 Kel-F 820
	85TATB	15 Kel-F 800
	85TATB	7.5 Kel-F 800, 7.5 Kel-F 827
AF902	95NQ	5 Viton A
AFX-521	95PYX	5 Kel-F 800
EDC 37	91HMX/1NC	8K10 聚氨酯橡胶
EDC 35	95TATB	5 Kel-F 800
EDC 32	85HMX	15 Viton
EDC 29	95HMX	5 聚氨酯
LX-03	20DATB, 70HMX	10 Viton A
LX-04	85HMX	15 Viton A
LX-07	90HMX	10 Viton A
LX-09	93HMX	4.6 BDNPA, 2.4FEFO
LX-10-0	95HMX	10 Viton A
LX-10-1	94.5HMX	5.5 Viton A
LX-14-0	95.5HMX	4.5 Estane
LX-15	95HNIS	5 Kel-F 800
LX-16	96PETN	4FPC 461
LX-15	95HNIS	5 Kel-F 800
LX-16	96PETN	4FPC 461

续表

塑性黏结炸药名称	含能颗粒	黏结剂
LX-17-0, -1	92.5TATB	7.5 Kel-F 800
PBX 9501	95HMX	2.5 Estane /2.5BDNPF/BDNPA
PBX 9502 (X-0290)	95TATB	5 Kel-F 800
PBX 9007	90RDX	9.1 聚苯乙烯 0.5DOP, 0.4 松香
PBX 9010	90RDX	10 Kel-F 3700
PBX 9011	90HMX	10 Estane
PBX 9404	94HMX	3NC, 3 三氯乙酰磷二苯胺
PBX 9407	94RDX	6Exon
PBX 9405	93.7RDX	3.15NC, 3.15 氯乙基磷酸酯
PBX 9503	80TATB, 15HMX	5 Kel-F 800
PBX-122, 124, 125	AP, NTO, RDX	HTPB 在不同浓度中
PBXN-106	RDX	聚氨酯
PBXW-7	36RDX/60TATB	5 Viton A
BX1	60TATB/35 (95RDX:5HMX)	5 Kel-F 800
BX2	60TATB/35 (95RDX:5HMX)	5PTFE
BX3	60TATB/35 (90RDX:10HMX)	5 Kel-F 800
BX4	60TATB/35 (90RDX:10HMX)	5PTFE
CX-84-A	84RDX	16HTPB
CX-85	84.25HMX	15.75HTPB

氟化聚合物作为高能炸药黏结剂越来越受欢迎，不仅因为它们具有较高的密度、可与高能炸药晶粒更好地匹配，还因为它们在更大的温度范围内展示出的化学稳定性和结构稳定性。聚四氟乙烯(PTFE)是现在最为常用的氟化聚合物，已被一些简单配方用作黏结剂。但是从配方制备的角度来看，PTFE 仍有一些缺点，如它具有较高的熔融黏性、较高的熔化温度及在常用溶剂中较低的可溶性。但四氟乙烯与相关氟化乙烯及偏二氟乙烯(和/或)邻丙烯的共聚物戏剧性地改善了这类聚合物在加工时的物理性质，同时保持了较高的密度和化学稳定性。这些例子包括树脂类的 Viton 和 THV，以及氯三氟乙烯和偏二氟乙烯的共聚物 Kel-F 800，它们在美国和欧洲广泛应用于非敏感高能炸药的制作[4,5]。

弹性体如 Estane 5703、PDMS 和基聚丁二烯(HTPB)，仍然是常用的炸药黏结剂，尤其应用于一些相对敏感的含能材料时。HTPB 是一种人造橡胶类聚合物，广泛应用于各种 PBXs 配方中，由于其具有较低的预定形黏性，因此它可以承受较大的体积变化作用。它常通过添加异氰酸形成聚氨基甲酸酯交联结构进行定形。

这种聚合物的一个显著缺点是其在酸性环境下容易发生分解。

热塑性弹性体在近年来越来越引起人们的关注。在美国，这些材料由于它们的高温可塑性能而获得了广泛应用。热塑性弹性体主要有两类，它们分别合成自离子交联聚合物(ionomer)和嵌段聚合物(block copolymers)。嵌段聚合物类中用作炸药黏结剂的一个例子是苯乙烯-乙烯-丁烯的三元共聚物(Kraton G-6500, G-1650)族。Kraton G-6500 被发现能在 HMX 基炸药中提供稳定性并降低炸药的感度[8-12]。最近，人们对三种黏结剂 Kel-F 3700、Kraton G-1650 和聚氨基甲酸乙酯(ImpranilDLH)应用于 HMX 的黏结效果进行了评估。每种聚合物通过溶解糊化过程和 HMX 进行混合，稀的聚合物被溶解于有机溶剂中，再和糊状的 HMX 进行混合。研究发现，Kel-F 3700 和 Kraton G-1650 在和 HMX 混合时都存在静电危害，而聚氨基甲酸乙酯需要在较高的应力下合成 PBX。除此之外，Kel-F 3700 在黏结 HMX 粒子时并没有充分溶解。

在公开发表的文献中，已经有一些依据 PBXs 的物理特性或使用性能进行聚合物黏结剂选择的系统性研究。Dobratz 发表了一个详尽的研究报告[13]，介绍了多种黏结剂下的 TATB 配方及其实际性能。Field 及其合作者调查了不同黏结剂作用下 PBXs 的总体力学性质和起爆感度[14]。他们发现，一些聚合物黏结剂会增加炸药的感度，因为它们会形成剪切带或裂纹，结合其较低的热传导系数，导致局部温度上升，最终导致炸药起爆。这类不太理想的黏结剂材料包括聚碳酸酯、聚砜和聚酯。在配方中添加更多量的聚合物被发现能提高破坏应力，比较聚氨基甲酸乙酯、聚乙烯和 Viton 这三种黏结剂，聚氨基甲酸乙酯是三种材料中最容易破碎的，其次是 Viton 和聚乙烯。95%HMX 和 5%(质量分数)聚氨基甲酸乙酯这种配方被发现是兼顾强度和破坏应力的最佳组合，同时兼容于目前最常用的炸药 PBX9501 及 EDC37。Arnold 的研究显示，替代 HTPB 里的一种硅基黏结剂会对隔板实验中感度产生显著影响[15]。关于 PBX 配方中黏结剂对炸药感度影响的研究在文献[16]～[18]中也有描述。

一些研究致力于在 PBXs 配方中加入反应性黏结剂。硝酸纤维是一种典型的含能黏结剂，常用于硝化甘油相关的配方。一类新的材料是包含反应基团的替代性聚合物。这类材料的典型例子是包含叠氮基或苄基叠氮部分基团的聚合物。Glycidylazide 类聚合物(poly-(azidomethyl) ethylene oxide，GAP)最早合成于 1972 年[19]，可能是已知的应用最为广泛的含能黏结剂。GAP 分别作为聚合物和含能配方被广泛研究[20-29]。GAP 的反应性主要体现在叠氮基团键断裂释放氮气的放热反应中[30]。最近也对苄基叠氮属的聚酯纤维进行了测试[31]。氧杂环丁烷类黏结剂 3-硝酸酯甲基-3-甲基氧杂环丁烷(NMMO，以及它们的聚合物型 poly-NIMMO 或 NMMO)、聚缩水甘油硝酸酯(聚合态的缩水甘油硝酸酯)和 3,3-双叠氮甲基氧杂环丁烷(3,3-bisazidomethyl oxetane，BAMO)也是今天广泛使用的含能材料黏结剂。

许多含能材料黏结剂的普遍特征是都有低的 T_g，和普通炸药分子是一致的，易于和塑化剂及其他惰性弹性体混合。

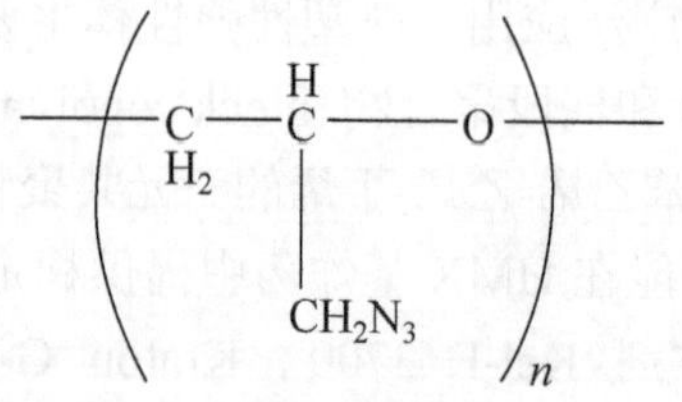

$$\left(-\underset{H_2}{C}-\overset{H}{\underset{CH_2N_3}{C}}-O- \right)_n$$

GAP重复单元

PBXs 的发展毫无疑问推动了炸药科学的发展，但黏结剂和炸药的结合也会有其不利之处。例如，化学上的不相容，或溶解性能的差异导致黏结剂没有充分包覆炸药颗粒。一个相关的例子就是两种材料显示出的热-力属性差异。在包含 TATB 的 PBX9502 和 LX-17 炸药中，TATB 颗粒不仅具有各向异性的特点，还具有被称为“棘轮增长”的行为特征(热循环加载下的膨胀行为，会导致 1.5%～2.0%的体积变化[32])。研究发现，使用一种具有比 Kel-F 800 更高的玻璃化转变温度(T_g)的黏结剂，如由双酚 A 和表氯醇组成的环氧树脂，棘轮增长会限制在 5 倍之内[32]。据推断，这可能是由于 TATB 颗粒之间的运动被阻碍。包括聚苯乙烯/聚苯醚、含苯氧基 PRDA 8080 等在内一些黏结剂发现能降低含 TATB 的 PBXs 的总体热膨胀系数。

还有许多关于塑性黏结炸药的力学、冲击和起爆特性的研究。本章主要聚焦于与黏结剂及相关聚合物的状态方程属性相关的实验方法和近期研究结果。在大多数情况下，颗粒状或球状的个体聚合物材料必须处理成固态样品以满足实验研究需求，所以关于黏结剂的研究相比真实 PBX 配方中的情形有一定局限性。在准备研究中使用的黏结剂样品时，对于材料的选择、加工方法和热加载过程必须特别注意，因为聚合物属性随着温度、热作用历史、相对分子质量、结晶或相分离程度的变化会有极大不同。

4.2 状 态 方 程

4.2.1 介绍

“状态方程”这个名词在高压科学和冲击波研究领域里具有丰富的内涵。“状态方程”涉及的研究内容较为广泛，即包括冲击压缩实验中冲击波速度与波后粒子速度之间的线性拟合关系，也可以是静高压中压强-体积之间的关系或通过 X 射线衍射测量的物质密度等状态参数等温关系的经验拟合，或者是对于材料能量的全面描述，即所谓的热力学状态方程，其能量关于体积或其他参数的一阶和二阶导数是可以测量的热力学属性(如热容、压强等)。

虽然本书关注的重点是含能材料在静高压加载下的性质，但只有很少的实验工作致力于了解包括高能炸药黏结剂在内的聚合物在高压下的表现。这是因为在很大程度上，许多状态方程实验方法并不适合聚合物或非晶态材料的研究。但对静高压和动态加载下聚合物及其他软或无序状态材料行为的需求在不断增加。随着研究状态方程和本构关系能力的提高，对于本构行为深入了解的需求也在增加。聚合物不仅用作高能炸药的黏结剂，还用来制造各种密封件、薄膜件、缓冲件和各种结构支撑件。

本章目的是描述目前研究聚合物材料状态方程和热力学属性的实验方法，并给出一些主要与高能炸药黏结剂材料相关的实验数据。近年来，从实验和理论角度研究聚合物状态的兴趣都在增加。作者希望能提供一些能给读者启示的研究成果。本章首先介绍一些描述聚合物状态方程的理论，然后将从静态和动态角度介绍研究状态方程的实验方法。

4.2.2　状态方程

本节的主要目的是提供一些总体背景知识帮助理解和分析相关的高压实验数据。虽然状态方程的概念是明确的，但它的广泛内涵应该被限制，特别是状态方程在一些有本质区别的材料上(分子态、聚合态、离子态等)的可移植性。因此，状态方程及它们的应用在宏观的 P-V-T 关系甚至凝聚态物质的基本力学作用中就变得特别重要[34-36]。

这些研究内容对于聚合物的研究非常关键。凝聚态作用力从离子间到离散体间都存在，在聚合物中，范德瓦耳斯(van der Waals)力是相关的体现。这源于聚合物宏分子结构所具有的长程、累积性、离散作用力的显著效应[37-39]。大分子重要结构的细微改变，无论在构型还是构象上，都会导致力学行为上很大的差异。了解这些细微关键点对于聚合物状态方程的分析非常必要。然而，聚合物材料的状态方程分析面临晶态、非晶态、相分离或者刚性非晶态这些复杂相分布时也存在较大的难度。

状态方程可以依据其研究基础进行粗略分类，如经验型(和半经验型)或理论型。这里将不会对每种类型的状态方程进行详尽的介绍。本章将探讨的经验型状态方程包括 Tait[40]、Murnaghan[41, 42]、Birch-Murnaghan[43]、Vinet[44, 45]、Sun[46]方程。这一系列方程展示了具有逻辑关系的状态方程发展过程，并以 Sun 方程这个专门适用于聚合物的方程为结尾。选择以 Tait 方程开头有以下几个原因：①该方程形式简单；②引入了压缩性和应力作用；③最重要的则是它成功地重现了包括聚合物在内的不同系统在压缩状态下的实验数据。Tait 方程的原始定义也将被详细讨论，对它的理解通常存在一些细微的错误[51]。这也导致一些作者在文献中进一步将 Tait 方程错误地区别为“原始”或“通常”形式[36]。

经验状态方程能较好地再现材料的 P-V 关系。但这种方法在试图发展对于材料行为模式的宏观和物理上的理解时存在局限。如前面所论述的，这种理解非常必要，尤其在发展新型材料时。当然，某种程度上这些方程也促进了一些理论状态方程的发展。这些方程基于统计热力学理论和特定的接触势能假设，如 Lennard-Jones、方阱或硬球等。广泛应用的 Mie-Gruneisen 方程是针对固体材料的，包含一个振子系统和特征频率随体积变化的方式[52,53]。涉及聚合物流体的三个理论型状态方程也将被讨论：胞格、格子-流体、空穴理论。Prigogine [54-56]方程、Flory-Orwoll-Vrij[57]方程、Sanchez-Lacombe[58, 59]方程和 Simha-Somcynsky[60]方程会用来与聚合物材料的理论模型进行比较。

4.2.3 热力学基础

在描述几种不同的状态方程形式之前，首先介绍构建这些状态方程的热力学基本概念。这些基本概念包括热力学势：Helmholt 自由能 F、内能 U 等，以及自然变量，即熵(S)、压力(P)、体积(V)、温度(T)。

考虑一个封闭的系统，也就是说系统中没有化学势。这不仅简化方程的形式，也是流体静力学实验的典型状态。假设 U 是 V 和 S 的函数，然后就可得出 $\mathrm{d}U$ 关于可逆过程的形式为

$$\mathrm{d}U = \left(\frac{\partial U}{\partial S}\right)_V \mathrm{d}S + \left(\frac{\partial U}{\partial V}\right)_S \mathrm{d}V \tag{4.1}$$

对比热力学第一和第二定律，依据方程(4.1)可以得到

$$\left(\frac{\partial U}{\partial S}\right)_V = T, \quad \left(\frac{\partial U}{\partial V}\right)_S = -P \tag{4.2}$$

类似的表达形式可以在其他势能函数的表达式中得到。不同的热力学参量 S、P、T、V 均可表达成势能函数关于自然变量的偏导形式。类似方程(4.1)及方程(4.2)的基本关系提供了状态方程构建的热力学基础[61,62]。

结合方程(4.2)中的偏导关系和欧拉互易关系，就可导出麦克斯韦(Maxwell)关系式。Maxwell 关系的优势在于关于熵的偏导关系可以等价于关于 P、V、T 的偏导关系。在封闭系统中，基于内能 U 的 Maxwell 关系式可表示为

$$\left(\frac{\partial S}{\partial V}\right)_T = \left(\frac{\partial P}{\partial T}\right)_V \tag{4.3}$$

因此方程(4.1)可以重新示为

$$\left(\frac{\partial U}{\partial V}\right)_T = T\left(\frac{\partial P}{\partial T}\right)_V - P \tag{4.4}$$

方程(4.4)右边项是由状态参量或偏导关系构成的热力学状态方程。基于不同的热力学势函数可以构建类似的方程形式。方程中的偏导关系常常定义为体积模量(压缩系数的倒数关系)、热膨胀系数或它们的组合等热力学参数。在接下来的一些章节中将看到，等温压缩系数将是构建一些经验性 P-V 状态方程的基础。在构建状态方程时常需要使用链式变换，如下式所示：

$$\left(\frac{\partial x}{\partial y}\right)_z \left(\frac{\partial y}{\partial z}\right)_x \left(\frac{\partial z}{\partial x}\right)_y = -1 \tag{4.5}$$

比内能可表示为 $\mathrm{d}e=-p\mathrm{d}V+T\mathrm{d}S$，Helmholtz 自由能 $F(V, T)$ 与比内能的表达关系是

$$\begin{aligned} F &= e - TS \\ \mathrm{d}F &= -P\mathrm{d}V - S\mathrm{d}T \end{aligned} \tag{4.6}$$

将自由能函数在三个相互独立的自由度上进行分解，即

$$F(V,T) = F_{\mathrm{c}}(V) + F_{\mathrm{ph}}(V,T) + F_{\mathrm{el}}(V,T) \tag{4.7}$$

式中，F_{c} 是与晶格或静态分子结构相关的原子排斥作用贡献的能量；F_{ph} 是声子振动能或与晶格振动相关的能量；F_{el} 则指电子能级的贡献。声子振动能可以通过准谐波近似和对声光模态的测量得到。热力学相容状态方程的优势在于热力学参量将直接通过自由能函数的解析得到。

例如，压力可以表示为自由能函数关于体积的偏导数：

$$P(V,T) = -\left(\frac{\partial F}{\partial V}\right)_T \tag{4.8}$$

同样，熵可以通过自由能函数关于温度的偏导数进行表示：

$$S(V,T) = -T\left(\frac{\partial F}{\partial T}\right)_V \tag{4.9}$$

Hayes 解析形式是一种基于自由函数 F 的易于处理的状态方程。其中，自由能函数被分解为三项，第一项为参考项，第二项为室温项，第三项是热贡献项：

$$F(V,T) = F_0(V) + F_{T_0}(V) + F_{\mathrm{th}}(V,T) \tag{4.10}$$

电子能级的贡献常被忽略。因此只需要室温等温关系、环境压力和温度随热容变化关系及 Gruneisen 关系来构建 Hayes 形式的状态方程。

Debye 状态方程的推导在开始阶段采取与 Hayes 状态方程类似的处理方式，对自由能函数进行了分项处理。针对声子振动贡献部分，Debye 通过扩展 Einstein 单振子模型，将振动频率的贡献包含进来，如状态的声子密度。在 N 个原子组成系统中，振动自由度为 $3N$，Debye 假设 $g(\omega)$ 必须满足自由度约束。而且，Debye 还提出可能的声子状态连续并逼近一个最大频率 ω_{D}。通过对 $g(w)$ 规范化和上边界上 ω_{D} 的限制，ω_{D} 可以表示为

$$\omega_{\mathrm{D}}^3 = \frac{6\pi^2 N c^3}{V} \tag{4.11}$$

式中，N 是原子数量；V 是体积；c 是材料的声速。声波(声频声子)有三个偏振取向：两个横波方向和一个纵波方向。对于非各向同性材料，这些波会以不同速度传播，所以方程(4.11)中的 c 可以认为是这些声速平均后的结果。Debye 温度通常通过方程(4.11)中的 Debye 频率进行表示。

$$\Theta_{\mathrm{D}} = \frac{h\omega_{\mathrm{D}}}{2\pi k_{\mathrm{B}}} \tag{4.12}$$

式中，h 和 k_{B} 分别表示普朗克常量和玻尔兹曼常量。通过 Debye 的这种处理方法结合声子贡献的简谐近似，热力学参量可以比较容易地推导得到。

状态方程提供了如 P、V、T、U 等热力学状态参量之间的解析关系。更进一步，通过使用微分计算和其中的守恒关系，一系列热力学参量都可依据初始条件进行求解。这些复杂而严密的求解方法不在本章讨论范围，本章将针对一小部分典型的热力学参量进行有益的探讨。

体积模量 K 描述的是材料在均匀压力下的不可压缩性。也就是说，具有体积模量较高的材料比体积模量较低的材料更难被压缩。K 的规范化定义为

$$K = -V\left(\frac{\partial P}{\partial V}\right)_{T,S} \tag{4.13}$$

方程(4.13)中，偏导数可以在等熵约束或等温约束下进行求导，这样将分别得到等熵体积模量(K_S)或等温体积模量(K_T)。K_S 和 K_T 之间的关系是

$$K_S = \frac{C_P}{C_V} K_T \tag{4.14}$$

式中，C_P 和 C_V 分别代表定压比热和定容比热，它们可以分别表示为

$$C_P = \left(\frac{\partial H}{\partial T}\right)_P, \quad C_V = \left(\frac{\partial U}{\partial T}\right)_V \tag{4.15}$$

式中，H 和 U 分别是指系统的焓和内能。由于 C_P / C_V 会略大于 1，K_S 也会比 K_T 略大。

这里重点讨论体积模量是因为其在状态方程中被经常使用，另一个基本热力学参量是热膨胀系数 α，其表达式为

$$\alpha = \frac{1}{V}\left(\frac{\partial V}{\partial T}\right)_P \tag{4.16}$$

这些热力学参量之间的关系易于通过一些独立参量的进行构建。α 也可以表示为

$$\alpha = \frac{C_P}{K_T V} \tag{4.17}$$

Grunneisen 系数 Γ 是状态方程中的一个重要参量。这个热力学参量常称为“热压”，可以表示为

$$\Gamma = V\left(\frac{\partial P}{\partial e}\right)_V \tag{4.18}$$

或更简单的形式：

$$\Gamma = \frac{\beta V K_T}{C_V} \tag{4.19}$$

由于在很多实验数据中都没有发现 Γ/V 和 C_V 对于压力的依赖关系，因此很多状态方程方法中常假设 Γ/V、C_V 不随压力变化。以上介绍的基本热力学知识将成为状态方程状态变量和参数研究的基础。

4.2.4 经验和半经验状态方程

尽管这些状态方程是经验型，但仍然在高压研究领域得到广泛的推广和应用。它们通常是导出更复杂形式状态方程的体积模量和压力偏导的基础，或者直接代入流体动力学程序中使用，如 CTH[63]。

1. Tait 方程

1888 年，Tait 采用如下形式的状态方程方法对海水密度进行了详细分析：

$$\frac{V_0 P}{V_0 - V} = \frac{B + P}{C} \tag{4.20}$$

式中，P 显然可以认为是 0；B 和 C 都是依据实验压缩数据拟合得到的经验参数。方程(4.20)实际上是 Tait 报道的方程的倒数形式，但为了便于理解，可以认为这就是 Tait 方程的原始形式。观察方程(4.20)左边项(Tait 认为的“平均压缩率”的倒数)，可以发现它与压强之间是线性相关的。Hayward 采用体积模量状态方程线性形式对方程(4.20)进行等效对比研究[51]。经过对比后发现，B/C 相当于等温体积模量，K_0 和 $1/C$ 正比于体积模量关于压力的偏导数 K_0'。Tait 方程导出的体积模量取值有一定范围，参数 $1/C$ 受到严格限定，其取值介于 0.090(液态碳氢化合物)到 0.150(液态水)之间[49]。这种较窄的取值区间保证了低压情况下 K_0 与边界压力之间的依赖关系。

由于原始的 Tait 方程等价于基于体积模量状态方程的线性形式，这就限制了它在较高压力环境中的应用。在这种情况下，K_0'将不再被认为是常数，体积模量的线性假设也将失效。因此，Tait 方程常常应用于 2 kbar 压力范围内液体(保持其原始用途)、可压缩固体和聚合物材料的研究[64-66]。

基于原始 Tait 方程的改进工作出现于 1907 年，由 Tamann 进行[51,67]。Tamann 去掉了方程(4.20)中的 V_0，并用导数关系替换掉了其中有限差分关系(假设 P_0 等于 0)。“改进”的 Tait 方程如下所示：

$$-\frac{\mathrm{d}P}{\mathrm{d}V} = \frac{B + P}{C} \tag{4.21}$$

这里同样采用的是原始方程的倒数形式。对上述方程进行积分后得到

$$\frac{V}{V_0} = 1 - C \ln\left(1 + \frac{P}{B}\right) \tag{4.22}$$

这是广为引用的 Tait 方程形式。Hayward 并不认为用导数关系替代原有的有限差分关系是一个好的处理方式，因为它使得方程形式趋于复杂化。不管这种理由是否充分，这种 Tait 方程的改进形式和大量材料的 P-V 等温线都吻合很好[68]。

2. Murnaghan 方程

Tait 方程的改进形式[方程(4.21)]显示 P-V 坐标上的相切关系是状态方程发展的基础，这是由于经验状态方程大多是基于应变关系的。但根据普遍意义上的等温体积模量的定义

$$K_T = -V\left(\frac{\partial P}{\partial V}\right)_T \tag{4.23}$$

积分可以得到简洁的 P-V 关系式：

$$P = -K_0 \ln\frac{V}{V_0} \tag{4.24}$$

这种状态方程形式基于体积模量为常数的假设，这就使它的应用只适合较小的压力区间。

对方程(4.23)中粗糙的近似进行处理的方法是对体积模量基于压力进行展开：

$$K_T = K_0 + K_0{}'P + K_0{}''P^2 + \cdots \tag{4.25}$$

为了简化方程(4.25)，将不考虑二阶及更高阶的压力项并假设 K_0'为常数。虽然 Tait 原始的研究论文中没有相关记录，但基于这些假设可以得到和 Tait 方程一致的方程形式，即线性插值体积模量方程。联立方程(4.23)和方程(4.25)中的线性项，并积分可以得到

$$P = \frac{K_0}{K_0'}\left[\left(\frac{V_0}{V}\right)^{K_0'} - 1\right] \tag{4.26}$$

这个状态方程是于 1944 年由 Murnaghan 研究弹性体的有限形变时推导得到的。

仅考虑体积模量的线性形式，可以将其与 Tait 方程(修正结果见方程(4.22))进行比较。对比 Tait 方程，可以发现 K_0 等价于 B/C。进一步分析可以发现，体积模量关于压强的偏导数在压强为 0 处可以表示为

$$K_0' = \frac{1}{C} - 1 \tag{4.27}$$

代入 Murnaghan 方程，可以得到

$$P = \frac{B}{1-C}\left[\left(\frac{V_0}{V}\right)^{\frac{1}{C}-1} - 1\right] \tag{4.28}$$

作为比较，考虑一种模拟材料，它的 Tait 参数 C=0.150、B=0.3GPa。对应的 K_0=2.0GPa、K_0'=5.66GPa。模拟材料的 P-V 关系图如图 4.3 所示。在压强高于 2GPa

时，两个方程对应的函数值出现差异。虽然已假设 K_0 和 K_0'和对应的 Tait 参数相等，但 Murnaghan 方程仍比 Tait 方程拥有更陡的曲线斜率。这些差异显示，当分析 P-V 等温线时应该重点注意不同状态方程的应用范围。

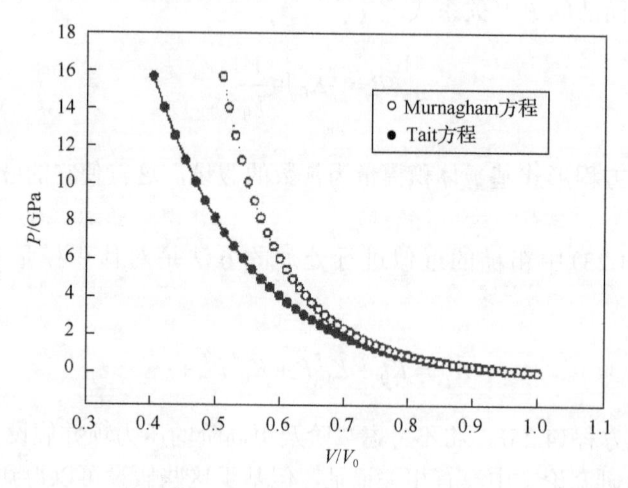

图 4.3　基于 Tait 和 Murnaghan 方程的模拟材料状态方程图

其中 K_0=2.0GPa 和 K_0'=5.66GPa

3. Sun 方程

由于材料的不同相可能对应完全不同的分子间相互作用，适用于某种相的状态方程可能不适合应用于描述其他相下材料的行为。由于聚合物材料通常有多种相态，想用单一状态方程准确描述处于熔融态、玻璃态、晶态下聚合物 PVT 关系是不大可能的。例如，主要用于描述液体状态的 Tait 方程应用于描述聚合物状态时就存在困难。为了解决这一问题，Sun 等提出了一个半经验性的状态方程：

$$P = \frac{K_0}{(n-m)}\left[\left(\frac{V_0}{V}\right)^{n+1} - \left(\frac{V_0}{V}\right)^{m+1}\right] \tag{4.29}$$

式中，n 和 m 都是经验参数，方程(4.29)基于冷压(通常定义在热力学零度位置)在任何温度都遵循同样的斜率变化假设。然后采用 Mie 势函数描述分子链间相互作用能，这是个普适的状态方程，Tait 方程和 Murnaghan 方程都是它的近似形式。下面的内容中还将看到，方程(4.29)和 BM 状态方程极为类似。

采用几种聚合物的压缩数据对方程(4.29)的进行拟合检验，数据包含不同物理状态(三种玻璃态、三种熔融态、一种液态)、压力超过 2kbar。Sun 等发现经验参数取值 n=6.14、m=1.16 普遍适用于上述情况。由于这种状态方程本质上与 Tait

方程、Murnaghan 方程是类似的，它较新，同时也没有像他的两个方程一样通过大量材料数据进行检验。进一步的应用会决定参数 n、m 是否真正“普适”。

4. BM 方程

除了将体积模量对于压强进行展开，材料自由能函数与体积之间关系也可用来发展状态方程。对于等温、封闭的系统，Helmholtz 自由能对体积的偏导与压强之间的关系为

$$P = -\left(\frac{\partial F}{\partial V}\right)_{T,n} \tag{4.30}$$

参考方程(4.6)，方程(4.30)是热力学方程的基本形式。然而 Birch 采用不同处理方式，基于欧拉应变对自由能函数进行展开。联立展开关系式和方程(4.30)即求得 BM 方程。Helmholtz 展开关系式仅保留至二阶项得到的二阶 BM 方程，如下所示：

$$P = \frac{3K_0}{2}\left[\left(\frac{V_0}{V}\right)^{7/3} - \left(\frac{V_0}{V}\right)^{5/3}\right] \tag{4.31}$$

展开过程中进一步保留至三阶项，即可得到三阶 Birch-Murnaghan 状态方程：

$$P = \frac{3K_0}{2}\left[\left(\frac{V_0}{V}\right)^{7/3} - \left(\frac{V_0}{V}\right)^{5/3}\right]\left\{1 + \frac{3}{4}(K_0' - 4)\left[\left(\frac{V_0}{V}\right)^{2/3} - 1\right]\right\} \tag{4.32}$$

如预期的一样，基于自由能函数进一步展开可以扩展状态方程适用的压力范围。但这类展开同时也会引入更多如 K_0 一样的参数。同时比较方程(4.31)和方程(4.32)会发现，当 K_0' 趋近于 4 时，三阶 BM 方程会退化为二阶的 BM 方程。

由于研究关注点集中在聚合物，二阶 BM 方程和 Sun 方程之间采用和前面类似的分析。采用和前述一样的模拟材料，两种状态方程之间的对比如图 4.4 所示。和其他状态方程分析相似，明显差异点在 1.5GPa 附近出现。同时，伴随 V/V_0 趋近 0.5，数值差距变得更大。造成这种差距的原因是 Sun 方程在 V/V 项幂数上($\varDelta$=4.98)和 BM 状态方程($\varDelta$=0.66)的巨大差别。要判断 Sun 方程的分岔变化是否能符合聚合物行为还需要对 2kbar 以上的情形进行研究。

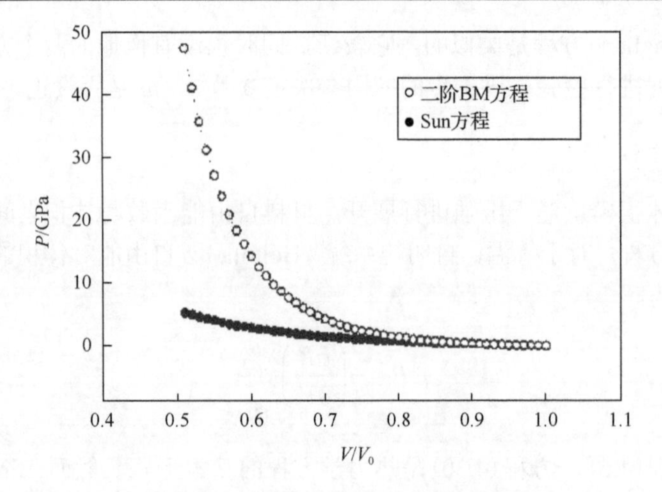

图 4.4　基于二阶 BM 方程和 Sun 方程的模拟材料状态方程图

其中 K_0=2.0GPa 和 K_0'=5.66GPa

5. Vinet 状态方程或“普适”状态方程

构建 Vinet 状态方程的最初目的是描述从离子态到 van der Waals 态的所有固体材料。与推导 BM 状态方程类似，方程(4.30)中的自由能函数是方程构建的基础。但自由能函数将不再关于应变进行展开，而直接采用如下所示关系式：

$$F \cong (1+a^*)\mathrm{e}^{-a^*} \tag{4.33}$$

式中，a^*是归一化的距离关系，其定义如下：

$$a^* = \frac{(a-a_0)}{l} \tag{4.34}$$

其中，a 为原子间的距离；a_0 为平衡状态下原子间的距离；l 为特征长度。将这些基本关系代入方程(4.30)就得到了 Vient 状态方程：

$$P = 3K_0\left(\frac{V}{V_0}\right)^{-2/3}\left[1-\left(\frac{V}{V_0}\right)^{1/3}\right]\exp\left\{\frac{3}{2}(K_0'-1)\left[1-\left(\frac{V}{V_0}\right)^{1/3}\right]\right\} \tag{4.35}$$

方程(4.35)的普适特性在不同固体材料和大范围的压力作用条件下得到验证和应用[45,69,70]。但从方程(4.33)和方程(4.34)的基本定义可知，Vient 状态方程将主要适用于简单的单原子或双原子固体材料。因此，如果不对简单的原子结合能关系式进行修正，Vinet 状态方程应用于描述具有很多自由度的聚合物材料将存在限制[70]。

4.2.5　理论状态方程

1. 总体发展

和纯粹的经验状态方程不同，理论状态方程能够提供基于对材料内部基础性和微细观作用力充分理解的 $P\text{-}V$ 关系分析。其本质是利用统计热力学知识在微观作用和宏观性质之间建立联系[71,72]。和经验状态方程的讨论一样，这里将首先简要介绍理论研究方法的统计力学基础。

等概率原理是统计力学的基本假设，它也可表述为平衡态下最大概率状态，即为所在的热力学状态。为了描述这种热力学状态，必须在系统中引入统计系综。对于孤立、封闭或开放的系统，对应的系综分别是微正则系综、正则系综或巨正则系综。要详细研究 $P\text{-}V$ 等温关系，采用正则系综较为合适。为了描述封闭系统中的热力学平衡，将通过 Boltzmann 分布引入温度的概念。下面的配分函数即基于 Boltzmann 分布进行构建：

$$Z = \sum_i \mathrm{e}^{-E_i/kT} \tag{4.36}$$

式中，E_i 代表第 i 种微观态的能量。每一个可能的微观态都包含结构、电子、原子能、振动、转动、平动等多种自由度。如果考虑各个自由度是相互独立的，它们独立的贡献只需简单加入 E_i 即可。考虑方程(4.36)，总的配分函数可以通过式(4.37)将各个子配分函数的贡献进行表达：

$$Z = \prod_j Z_j \tag{4.37}$$

式中，j 遍历所有可能的自由度；Z_j 是平动、振动等子配分函数。

由于配分函数的定义，很容易建立其与宏观热力学状态之间的联系。例如，Helmholtz 自由能可以通过式(4.38)进行计算：

$$F = -kT \ln Z \tag{4.38}$$

联立式(4.30)，即可得到压力的表达式：

$$P = kT\left(\frac{\partial \ln Z}{\partial V}\right) \tag{4.39}$$

剩余的热力学参量可以通过类似式(4.38)和式(4.39)的表达式推导得到。

通过对势函数和微观态的建模来构建配分函数是发展和区别不同理论状态方程的基础。由于聚合物是重点关注对象，讨论将从 Mie-Gruneisen 状态方程及其在结晶态聚合物上的应用开始。为了方便，常常将结晶态聚合物的空间周期性在理论上处理为同一胞元结构[52]。胞元的平移对称性可以用来发展适用于整个固体材料的状态方程。

2. 固体聚合物：Mie-Gruneisen 方程

考虑一个由 N 个原子组成、相互间为简谐势作用的系统，它的配分函数表示为

$$Z=\exp\left(\frac{-U_0}{kT}\right)\prod_j \frac{\exp\left(\frac{-h\nu_j}{2kT}\right)}{1-\exp\left(\frac{-h\nu_j}{kT}\right)} \tag{4.40}$$

式中，U_0 为初始内能；ν_j 为第 j 阶振动频率。将方程(4.39)和上述配分函数联立，可以求得压力的表达式为

$$P=-\frac{\partial U_0}{\partial V}+h\sum_j -\frac{\partial \nu_j}{\partial V}\left[\frac{1}{2}+\frac{\exp\left(\frac{-h\nu_j}{kT}\right)}{1-\exp\left(\frac{-h\nu_j}{kT}\right)}\right] \tag{4.41}$$

方程(4.41)的第一项代表冷压，第二项代表振动频率关于体积的变化对压力的影响。将方程(4.41)与本章介绍部分热力学状态方程[方程(4.6)]进行比较。方程(4.41)中代表热压的第二项可以认为与方程(4.6)中 $\partial P/\partial T$ 相似。求和项中乘积部分通常定义为

$$\gamma_j=\frac{\partial \ln \nu_j}{\partial \ln V} \tag{4.42}$$

式中，γ_j 是第 j 种振动模式的 Gruneisen 系数。基于各振动模式的振动频率对于体积的依赖关系相同的假设，方程(4.41)可以改写为

$$P=-\frac{\partial U_0}{\partial V}+\frac{h\gamma}{V}\sum_j \nu_j\left[\frac{1}{2}+\frac{\exp\left(\frac{-h\nu_j}{kT}\right)}{1-\exp\left(\frac{-h\nu_j}{kT}\right)}\right] \tag{4.43}$$

进一步引入系综体系中内能定义式：

$$E = kT^2 \frac{\partial \ln Q}{\partial T} \tag{4.44}$$

将方程(4.44)代入方程(4.40)中的配分函数，再将结果代入方程(4.43)，可以得到

$$P = -\frac{\partial U_0}{\partial V} + \frac{\gamma E}{V} \tag{4.45}$$

这就是典型的 Mie-Gruneisen 方程。

之前的方程构建基于单原子晶格的假设，这个理论基础无疑能扩展应用于晶态聚合物。这种扩展常常以区分内部振动和外部振动为中心点。对于单分子材料，它的内部振动自由度为 0，所以不需要进行区分。但对于多原子、分子或聚合物材料，内部振动和外部振动分别与分子间势能和晶格势能相关联。相比外部振动，如声速、光声子等内部振动[73,74]，经常表现出对体积变化的不敏感。联系分子间势能与体积之间实质的依赖关系，这种差异的出现是不难理解的。基于这种依赖关系，外部振动及其相应的 Gruneisen 系数将在聚合物材料的状态方程研究中进行重点分析。

3. *液态聚合物*

液体在微观结构上固有的不规则性使理论模拟工作变得复杂[52]。这种复杂性从用来模拟液体行为理论模型的数量也可看出。讨论将重点聚焦液态聚合物的三种模型：胞元、晶格流体和孔洞理论。对于所有的模型，都将施加一个体积单元网络。对于胞元模型，这个体积单元是流动的；但每部分体积单元所关联的质量是固定的。与之相对的是，晶格流体模型将保持体积单元的固定，同时引入空格点来适应这种变化。作为胞元模型的扩展，孔洞理论不仅包含可压缩的体积单元，也引入空格点。这三种模型的本质区别在图 4.5 中进行了展示。下面将针对三种理论对应的状态方程展开更深入细致的讨论。

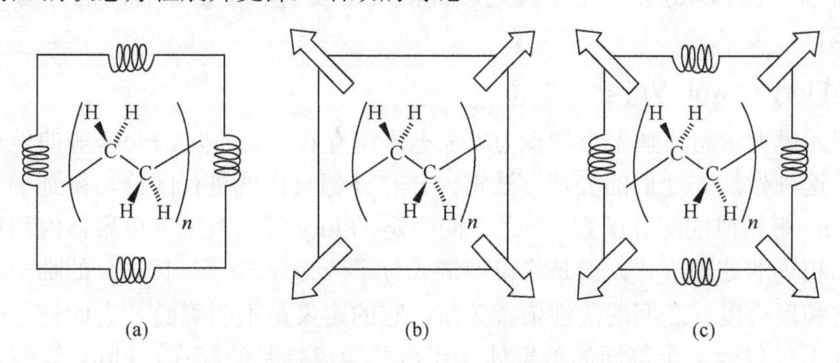

图 4.5　胞元(a)、晶格流体(b)和孔洞(c)流体聚合物模型示意图

弹簧代表单位体积的压缩作用，箭头代表可能出现的空穴[60,75,76,78]

1) Prigogine 状态方程

Prigogine 等发展基于液体的胞元模型以描述大分子材料。一个基本前提是流体聚合物由 r-聚体组成，r-聚体指 r 个标记点通过谐振势联系在一起的链式分子。此外，r-聚体的空间关系发展了一种准静态的晶格，其中假设偏离平衡位置标记点的平均势函数符合近似于方阱势的 Lennard-Jones 势。Prigogine 等还提出了其他适用于平均势函数的几种假设[75,76]，但这里将不进行讨论。这些势函数都假设分子间的回复力比大分子间的回复力强很多。这就使内部自由度和外部自由度间做有效区分成为可能，并得到类似方程(4.37)中配分函数的分列形式。

将方程(4.39)与这些配分函数联立，Prigogine 等得到了下列状态方程：

$$\frac{P_R V_R}{T_R} = \frac{V_R^{1/3}}{V_R^{1/3} - 2^{-1/6}} + \frac{2}{T_R}\left(\frac{A}{V_R^4} - \frac{B}{V_R^2}\right) \tag{4.46}$$

式中，P_R、V_R和 T_R分别代表归一化的压力、体积和温度；A 和 B 分别是 Lennard-Jones 势中相关的几何常数。

归一化表达式如下所示：

$$P_R = \frac{P}{P^*}, \quad V_R = \frac{V}{V^*}, \quad T_R = \frac{T}{T^*} \tag{4.47}$$

式中，P^*、V^*、T^*都是材料的特征参数。采用六边形封闭胞元，也就是 12 个近邻胞元，Lennard-Jones 势中的几何常数 A=1.011，B=1.2045[54]。

在改进状态方程时，Prigogine 等假设相邻 r-聚体中单聚体(也就是标记点)间的距离可以近似认为相等。因此，在较低温度下，可以形成一个相当完美的静态晶格；然而，由于无法忽略的热扩散，这种“周期性”会随着温度的增加而逐渐消失。考虑温度的升高将破坏平均势函数谐振假设中微小位移的基本前提，所以方程(4.46)在应用于描述较高温度下支链、交链聚合物的行为时将存在问题。

2) Flory-Orwoll-Vrij 状态方程

胞元模型中将流体聚合物视为准晶态系统存在一定不足，Flory 等的处理方法抛弃了这种做法。他们的处理方法将内部和外部自由度进行区分，得到了一个和 Prigogine 等相似的配分函数。与之不同的是，Flory 等没有采取单聚体内和单聚体间距离相等的处理方式，而是将模型链式分子分为 x 个子分区。x 的唯一不足是除了它和聚合度 n 之间的线性依赖关系，它的定义是不明确的[57]。此外，模拟的聚合物不仅包含 r 个等同的单聚体，还需要考虑端基的存在。Flory 等假设分子间势函数具有下列性质：①硬球式排斥势能；②“非特定目标”的软性吸引。基于这些考虑，得到的 Tlory-Orwoll-Vrij (FOV) 状态方程如下式所示：

$$\frac{P_R V_R}{T_R} = \frac{V_R^{1/3}}{V_R^{1/3} - 1} - \frac{1}{V_R T_R} \tag{4.48}$$

其中，归一化的压力、体积和温度仍然用下标进行标示。归一化变量的定义和方程(4.47)一致。

比较 Prigogine 等和 Flory 等发展的状态方程发现，FOV 状态方程更适合描述液相材料的行为性质。为了展示这一点，将考虑 175℃下的高密度聚乙烯。相比低密度聚乙烯，高密度聚乙烯具有更简单、更少分叉的碳氢键。缺少分叉的高密度聚乙烯能承受更高效的压缩。这类材料行为可能更适合用 Prigogine 等的对空间有限制的胞元模型来描述。但由于用于比较的等温线温度为 175℃，这一温度正好高于高密度聚乙烯的熔化温度 130℃。这使材料具有一定的液态性质，而 FOV 方程的使用可能更为符合实际情况。

高密度聚乙烯的 175℃等温线如图 4.6 所示。高密度聚乙烯的经验参数、特征参数(P^*、V^*、T^*)摘取自 Rodgers 等的《聚合物状态方程概论》[68,71]。

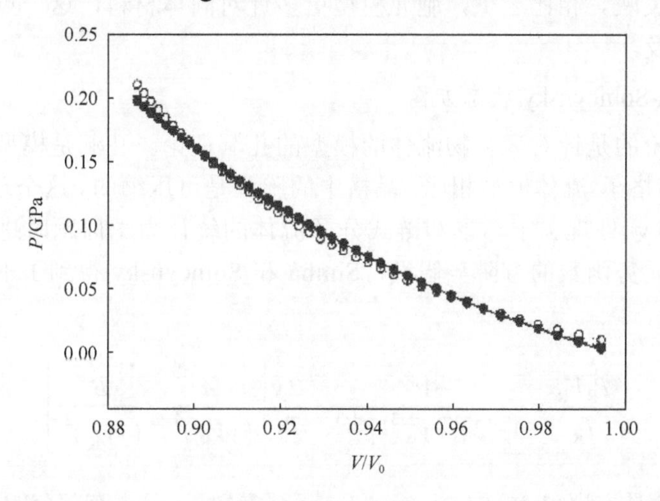

图 4.6　HDPE 在 175℃时的等温线(▼)与 Prigogine 等的 FOV 方程(○)和胞元模型(●)的比较

检视图 4.6 发现，FOV 状态方程和 *P-V* 等温线吻合得很好，而 Prigogine 等的胞元模型几乎和经验数据完全重合。这种结果表明高密度聚乙烯在这一特定温度更主要显示出晶体态。在更高的温度上，FOV 状态方程可能给出更为精确的结果；但到目前为止，高密度聚乙烯的实验数据的温度上限约为 200℃。

但聚合物材料中远处的空穴并没有考虑。显然，聚合物在各方向上的随机压缩会在材料中产生空穴，这些空穴会相应影响它的 *P-V* 关系。为考虑空穴的影响，需要引入晶格-流体模型，这个模型中空穴的压缩将主导材料的 *P-V* 关系[78]。晶格本身将保持不变，体积上的变化来自空穴浓度的变化。

3) Sanchez-Lacombe 状态方程

作为晶格-流体模型的代表，基于 Ising 流体的 Sanchez-Lacombe 状态方程被发展并建立混合流体的总体理论。和聚合物流体一样，混合流体可以被认为是内部分散有空穴的 r-聚体流体。在它们的配分函数中，唯一的非零接触能是由非键及单聚体相互作用引起的。但孔洞-孔洞、孔洞-单聚体或分子内相互作用能并没有考虑。在用最速下降算法计算配分函数时，Sanchez 和 Lacombe 发现分子量在极限情况时，即 r 趋近无限时，状态方程可表示为

$$\frac{P_{\mathrm{R}}V_{\mathrm{R}}}{T_{\mathrm{R}}}=-V_{\mathrm{R}}\left[\ln\left(\frac{V_{\mathrm{R}}-1}{V_{\mathrm{R}}}\right)+\frac{1}{V_{\mathrm{R}}}\right]-\frac{1}{V_{\mathrm{R}}T_{\mathrm{R}}} \tag{4.49}$$

为了和前面讨论的状态方程进行比较，将方程(4.49)依据原始形式进行改写。虽然胞元模型和格子-流体模型有一些共同的假设条件，但方程(4.49)中的势函数与体积之间的依赖关系没有胞元模型紧密。这种更为微弱的依赖关系是流体性质的反映。相比之下，胞元模型更多针对固体材料，这一点在前面的讨论中也有提及。

4) Simha-Somcynsky 状态方程

最后讨论的是针对聚合物流体的模型的孔洞理论。孔洞是模型中固有的内容；然而，和格子-流体模型相比，晶格中的胞元是可压缩的。这个理论在 Simha 和 Somcynsky 处理关于球形和链式分子流体的统计力学问题时进行了详细研究。基于胞元势函数的方阱势假设，Simha 和 Somcynsky 得到了下列形式的状态方程：

$$\frac{P_{\mathrm{R}}V_{\mathrm{R}}}{T_{\mathrm{R}}}=\frac{1}{1-2^{-1/6}y^{2/3}V_{\mathrm{R}}^{-1/3}}+\frac{2y}{T_{\mathrm{R}}}\left[\frac{A}{(yV_{\mathrm{R}})^{4}}-\frac{B}{(yV_{\mathrm{R}})^{2}}\right] \tag{4.50}$$

式中，A 和 B 是方程(4.46)中 Lennard-Jones 势参数；y 是占有部分的比例。y 的表达式可以通过 Helmholtz 自由能函数的最小化处理给出：

$$\frac{s}{3c}\left[\left(1-\frac{1}{s}\right)+\frac{1}{y}\ln(1-y)\right]=\frac{\dfrac{y^{2/3}}{2^{1/6}V_{\mathrm{R}}^{1/3}}-\dfrac{1}{3}}{1-\dfrac{y^{2/3}}{2^{1/6}V_{\mathrm{R}}^{1/3}}}+\frac{y}{6T_{\mathrm{R}}}\left[\frac{2B}{(yV_{\mathrm{R}})^{2}}-\frac{3A}{(yV_{\mathrm{R}})^{4}}\right] \tag{4.51}$$

式中，s 是单聚体的数量；$3c$ 是代表外部自由度的参数。为了计算 P-V-T 关系，

将方程(4.50)和方程(4.51)联立求解[60]。

Simha-Somcynsky 状态方程的严格求解过程在这里没有必要详细讨论。考虑一些极限情况，如 y=1。物理上，这种极限情况指的是晶格内所有部分都被占满的情况，也就是说，模型退化为胞元模型。正如预测的一样，将 y=1 代入方程(4.51)就得到了方程(4.46)。两个方程趋向一致并不仅仅因为占有率相同，还因为采用同样的作用势函数。因此，Simha-Somcynsky 状态方程中的 y 参数可以简单地看成 Prigogine 等发展的胞元模型上的一个扰动。

4.2.6　结论

考虑到在广泛的变量范围内预测 *P-V-T* 关系的复杂性及有限可移植性，要构建一个完全通用的状态方程不是一件容易的事。因此发展出了大量基于经验、半经验或理论、各种类型的状态方程。作为经验状态方程，Tait 方程(无论是初始形式还是修正形式)成功地重现了很多材料在 2 kbar 以上压力下的 *P-V* 等温关系。针对一种给定热力学参数的模拟材料，所有的物态方程对材料在 1.5GPa 压力下行为的预测都很接近。在更高的静态压力作用下，不同经验状态方程会出现显著的偏差。这些偏差起源于用于区分不同状态方程的基本假设。因此，当要分析的等温关系处在较广的压力范围时，必须仔细考虑哪种状态方程最为适合。

相比经验状态方程，理论状态方程不仅能计算 *P-V-T* 关系，还能提供材料内部基本的力作用。预设一种合适的分子间势函数，就可构建相应的配分函数。应用统计热力学知识，可以建立配分函数与材料微观、宏观结构及热力学势函数(G、F、H 等)之间的联系。在得到热力学势函数后，进一步发展为状态方程就比较容易了。

为了简化状态方程的分析，经常采用方阱势、谐振势或中心势势函数假设。此外，为了处理聚合物流体，将在材料上施加一个网格。不同的网格结构分别对应有胞元、晶格-流体和孔洞理论。虽然胞元模型由于将流体处理为聚合物而受到批评，但所有的模型都能很好地重现一部分聚合物的 *P-V* 关系。然而，和经验物态方程一样，这种预测能力在 2kbar 以上压力就会受到限制。

在所有例子中，不管是经验状态方程还是理论状态方程，它们都提供了关于 *P-V-T* 关系和分子间作用力方面的有用信息。了解基本的作用力对于研究结构与势函数关系、冲击波动力学或新材料的合成等广泛领域都至为关键。

4.3　静态实验方法

确定聚合物材料状态方程的一个难点是缺乏简便的静态实验方法来获取固态网络结构和流体在压力大于几个千巴下的 *P-V-T* 数据。为了构建材料的状态方程，常假设其在比实验更高温度或压力条件下仍然满足相关假设。

实际上，对于作为炸药配方中黏结剂使用的聚合物，冲击波与爆轰物理研究领域更关心它们在很高压力和温度下的响应，这些经常被普通的聚合物研究领域认为是“极端条件”。此外，状态方程信息结合对网络结构、晶态状况及相关相变发展、热力学行为(如玻璃化转变和融化温度)、损伤机理、降解化学的细致了解对于准确预测在变化范围较大的压力、温度和形变应变率下聚合物行为非常关键。静高压下等温压缩数据对于增进对动态冲击实验的了解及评估材料在冲击作用下的热效应非常有用，这里包括冲击熔化、降解发生的测定或反应物-反应产物转变等内容。遗憾的是，文献上聚合物状态方程数据与金属和静态有机物相比要少很多，仅有的数据也大多集中在低压范围内(＜200MPa)[68,79]。

4.3.1 热力学属性

密度通常是研究一种新材料在高压或冲击作用首先测定的状态参量。对于聚合物，两种测量方法用得最多：液体浸没法和气体测比重法。两种方法都基于体积测量，只是用的介质分别是液体和气体。应用聚合物的液体浸没法时要尽量避免聚合物的溶解，同时要考虑聚合物-液体界面效应(如湿润)和孔隙的影响。根据上述原因，氦气测比重法常常认为是优于液体浸没法的选择。这种方法同样可以用来测定泡沫材料的骨干密度。一些聚合物结构会吸附氦气，这会给测量结果带来误差。

研究一种新聚合物材料时，它的相变行为和热传导性质是最为重要的研究问题。差示扫描量热(DSC)法是一种探测常压和低压下(1～7MPa)材料热传导性质必不可少的工具。除此之外，由于实验技术的进步，DSC 现在还用来测量绝对或直接(非相对)热容[80]。

典型的热处理后的 Kel-F 800 的差示扫描量热数据如图 4.7 所示。由图可以看出，在室温附近发生了玻璃化转变。对于 Kel-F 800，玻璃化转变温度(T_g)的范围为 24～27℃。从 Fox 方程预测的 T_g 及聚三氟氯乙烯同聚物(PCTFE)的玻璃化转变温度、聚偏二氟乙烯(PVDF)的 27.7℃和实验测量值吻合得很好[81-83]。在较高温度下可以观察到两种熔化吸热曲线。虽然都知道熔化吸热曲线与氯三氟乙烯聚合物中的结晶物质熔化相联系的，但两种转变状态的出现却是没法预测的[84]。偶然地，DSC 方法首次指出 Kel-F 800 在制造过程中的干燥不完全现象。LANL 将 Kel-F 800 坯料在 90℃及 15000psi(1psi=6.89476×10^3Pa)压力下压制得到的样品中可以看到透明颗粒，在提取这些颗粒做 DSC 分析后显示它们的熔化温度在 0℃(图 4.7)，这表明过程中混入了水。这在随后的耦合热重质谱分析中也得到证实[81]。

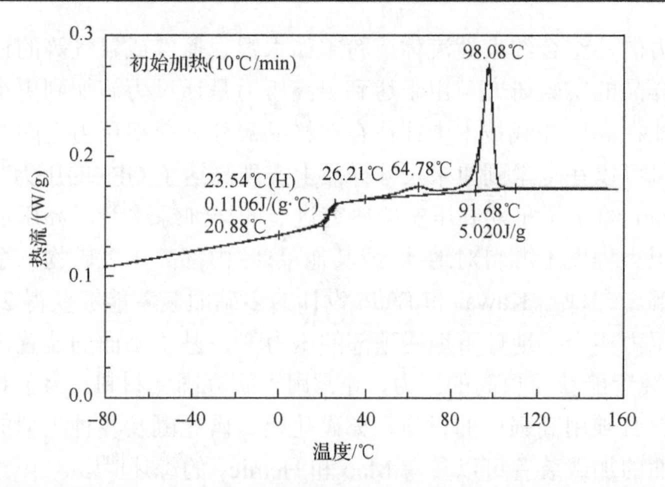

图 4.7　高结晶状态的 Kel-F 800 的差示扫描量热分析结果(E.B. Orler, Los Alamos 国家实验室)

图 4.8 是 Kel-F 800 绝对热容测量值关于温度的函数。通过 DSC 法中热容、膨胀测量法中体积模量和热膨胀系数的测量，可以直接计算得到体积 Gruneisen 系数。

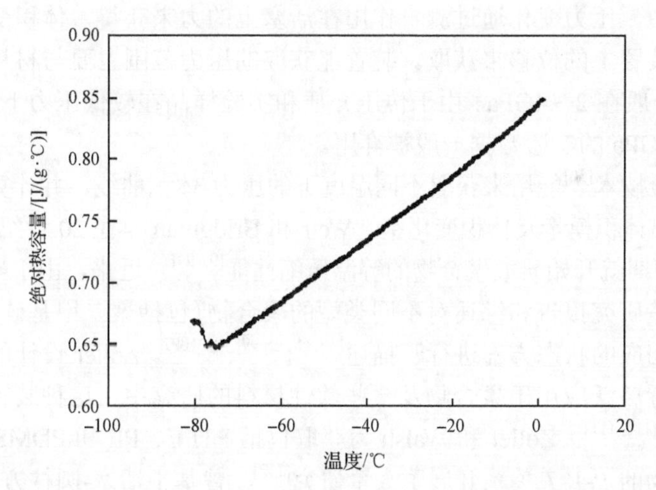

图 4.8　通过准等温 DSC 测量得到的 Kel-F 800 的热容与温度的关系[85]

一个有趣的现象是，很多聚合物的玻璃化和熔融转变温度都是与压力相关的。压力系数 dT_g/dP，可以非常大，低压限制下(其中自由体积压缩的影响最大化)的某些材料可以达到 400K/GPa[86,87]。熔融和玻璃化转变温度关于压力的变换关系的测量主要通过膨胀测量方法(PVT)或介电谱方法来实现。

4.3.2　体积膨胀方法

体积膨胀实验方法，如活塞-圆柱装置和对顶砧装置，都是通过坚硬的金属组件来施加压力的，结合约束性流体或粉末如水银、氮气或氩气等的使用来实现静高压环境下样品的实验研究。由于达到更高压力是通过力施加到更小作用面积上实现的，因此在高压加载技术中往往存在样品尺寸和获得压力之间的折中。现在的大腔体压机可以在毫米到厘米尺寸样品上实现高达 15GPa 的压力[88]。

Bridgeman 给出了早期高压实验研究进展的详细综述[89]。高压加载装置的发展驱动力在很大程度上源自对地球(或其他星球)内部高压下矿物一系列物理和化学性质的了解。一种由 Kawai 和 Endo 设计的多砧面装置能够获得 25～30GPa 的高压，这个压力相当于地球下地幔顶部的压力[90]。基于砧面的装置比大多数基于活塞-圆柱的装置能获得更高的压力，经常用于研究固体材料。为了获得较高的压力，砧面材料必须用高强度的材料，如碳化钨、碳化硼及各种类型的硬化金属制造。基于砧面的加载装置可以参考 Mao 和 Hemley 的综述[88]。

在聚合物研究领域，由于受到实验方法的限制，大多数文献中的 *P-V-T* 数据都是通过活塞-圆筒或“piston-die”方法获得的。这些装置都会在圆柱形腔体中使用可压缩粉末或水银等传压介质来对样品进行约束，传压介质的使用能在样品周围实现静水压加载。活塞-圆筒装置的原型设计是由 Boyd 和 England 完成的[91]。在这类装置中，压力变化通过测量作用在活塞上的力来获得，体积变化则通过测量活塞运动装置上的位移来获取。装置能获取的压力范围主要与材料的选择和使用量有关，一般在 2～4GPa。由于传压介质和实验样品在较低压力下的破碎行为，压力低于 0.5GPa 的实验数据一般被弃用。

这些实验技术[50]能用来获取不同温度下的压力-体积曲线，并计算得到与热膨胀相关的等温体积模量及体积变化率。Weir 和 Bridgman 早在 20 世纪 40 年代末期和 50 年代初期就开始研究聚合物的等温压缩性能[92-94]。近来，由于聚合物应用越发广泛，一些研究报告和综述对不同类型的聚合物(包括聚二甲基硅氧烷)的体积压缩性能和相应的状态方程进行了描述[46, 68, 95-99, 101-109]。Zoller 设计的一种特殊的活塞模具装置广泛应用于聚合物及一些软性材料的研究中，这种装置现在常称为 Gnomix 装置[110, 111]。Zoller 和 Walsh 为获取包括 PTFE、PE 和 PDMS 等材料在内的大量聚合物的 *P-V-T* 关系开展了大量研究[112]。曾基于活塞-圆柱方法在 Gnomix *P-V-T* 装置上(Datapoint 实验室)上获得了一些材料的 *P-V-T* 信息，包括 PTFE、Estane5703、Estane-NP 混合物、Kel-F 800、PCTFE 和几种弹性体材料。虽然活塞-圆筒方法对于探测大体积聚合物的响应非常有用，但它们被限制应用于较低压力范围内。例如，对于 Gnomix 装置，压力作用被限制在 0.2GPa 以下。而遗憾的是，对于大多数聚合物，这个压力值仍然位于破碎行为或非线性压缩最为频繁的压力区域内，而将数据应用于较高压力时必须多加注意。

1. THV 500

聚(四氟乙烯-二氟乙烯一共六氟丙烯)

通过膨胀测量术获得的 PTFE 的 *P-V-T* 数据已有报道[112]。基于 PTFE 的共聚合作用，可以改进含氟聚合物的处理工艺和其他性质。PTFE 与六氟丙烯、偏氟乙烯共聚可以获得 THV 500，这种三元聚合物含有 60%(质量分数)的四氟乙烯(TFE)，20%(质量分数)的六氟丙烯(HFP)，20%(质量分数)的 vinylidene fluoride(VDF)[113]。THV 500 的成型粉由 3M(Minnesota Mining and Manufacturing)下属的 Dyneon 公司制造提供。

$$\left(F_2C - CF_2 \right)_x \left(F_2C - CH_2 \right)_y \left(F_2C - \underset{\displaystyle CF_3}{\underset{|}{CF}} \right)_z$$

TFE　　VDF　　HFP

THV 500 的固体片材或块材可采用压模制作获得。采用氦气测比重法(He pycnometry)测得材料密度为 2.01g/cm³、在 2.004～2.010g/cm³ 波动，T_g 为 28～36℃，T_m=157℃。X 射线衍射结果揭示，相比 PVDF，THV500 的晶体结构更接近 TFE/VDF 共聚物中 PTFE 的相Ⅳ。这个观察结果和高 TFE 含量说明，TFE 区域是可结晶的。从压制样品的观测结果来看，对于 60%的 PTFE，结晶率介于 23%～25%。

已经应用低压膨胀测量术测量了 THV 500 的 *P-V-T* 行为。图 4.9 是 THV 500 在 0、0.04GPa、0.08GPa、0.12GPa、0.16GPa、0.2GPa 时的等压线，标准压力通过 Gnomix 装置获得[114]。

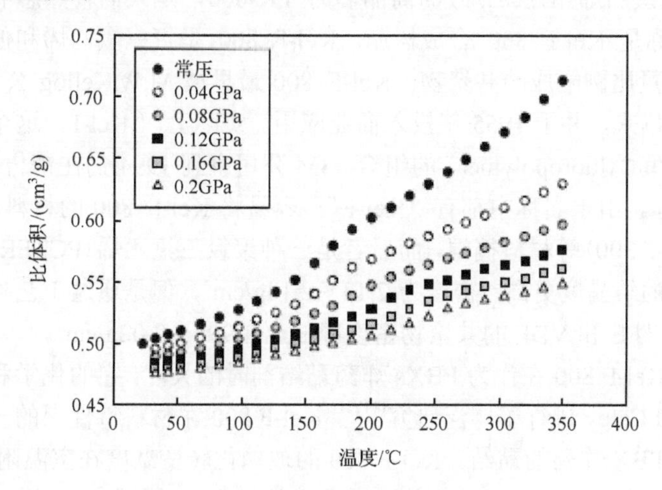

图 4.9　THV 500 在 50～350℃的等压线

通过分析 P-V-T 数据可知，温度在 23～68℃线性区域的热膨胀系数约为 6.89×10^{-4}/℃。当施加 0.2GPa 的约束压力时，热膨胀系数降低至 2.39×10^{-4}/℃。通过分析 V-T 数据发现，有约束压力的情况下，在熔融相变点附近存在明显的拐点。压力会减弱链的移动能力，这被称为聚合物的转变偏移，更高温度下的玻璃化转变就是这种情况[115]。例如，据文献报道，PMMA 玻璃态转变温度会发生 200℃/GPa 的偏移，最终会在 0.6GPa 附近趋近极限[87]。对 T_m 和压力进行线性拟合，可以得到关于压力的导数 49℃/MPa，它等于 T_m 在温度 169～253℃偏移，对应的压力仅为 2kbar。进一步对数据进行解读发现，玻璃化转变温度可能会偏移到较高的温度，但这一偏移能达到的最大值还未能发现。

虽然没有对室温下的等温线进行测量，但通过将较高温度下等温线进行线性外推到 23℃来获取。采用不同的等温关系式模拟得到室温下的等温参数给出了让人信服及一致的零压等温体积模量和它的压力偏导，见表 4.2。结合膨胀测量术的结果及实测热容同样可以计算得到 Gruneisen 系数[116]。

表 4.2　THV 500 在室温下等温关系的模拟结果

状态方程	$K_{T,0}$/kbar	K'	备注
BM	26.6±0.38	16.3	
Vinet	26.9±0.30	7.3	
Sun	29.3±0.30		n=6.14，m=1.16
Tait	27.2		C=0.0744

2. Kel-F 800

聚(三氟氯乙烯-偏氟乙烯)的商品名为 FK-800，是人们较熟悉的名称，它更为正式的名称是 Kel-F 800 合成树脂。Kel-F 800 是氯三氟乙烯和偏二氟乙烯按 75∶25 的质量比例配成的共聚物。Kel-F 800 最早被 M.W.Kellog 公司于 20 世纪 50 年代开发出来，并于 1955 年投入商业应用。实际上，“Kel-F”这个名字来源于“Kel-logg”和“fluoropolymer”的组合。3M 公司直到 1994 仍在销售中延用 Kel-F 800 这一名称。由于名称中都有“Kel-F”，容易将 Kel-F 800 的材料属性与 Kel-F 81(也叫 Kel-F 300)等材料搞混，而后者是一种聚氯三氟乙烯(PCTFE)的均匀聚合物。PCTFE 的结晶度更高，密度为 2.13～2.14g/cm^3，但是通过工艺处理和控制结晶，可将 PCTFE 和 VDF 的共聚物密度降低至 1.998～2.02g/cm^3。

基于对 Kel-F 800 在作为 PBXs 炸药黏结剂时的关注，它的化学和力学性质最早被 Cady 和 Caley 进行了广泛研究[117]。Kel-F 800 在材料特性上的一些优势使其广泛应用于 PBX 炸药的黏结。Kel-F 800 的玻璃化转变温度在室温附近，T_g=28，熔融相变温度介于 85～110℃。特定的熔融特征和流动特征可以通过改变 PVDF

的含量来获得，相比 PCTFE，它的作用主要是降低结晶度的百分比。Kel-F 800 同时也是热稳定的。Cady 和 Caley 发现共聚物在温度 150～210℃和较低的温度时发生的质量损失是由乳化剂溢出导致的(不是聚合物本体)[117]。实际上，聚合物在温度低于 200℃时并没有发生显著的质量损失，聚合物在空气中的分解开始于 300℃，直到 450℃分解仍然没有完成。线性共聚物在几种普通的溶剂，如丙酮、甲基乙基酮(MEK)和四氢呋喃(THF)中，同时在低于和接近熔点(T_m约 110℃)处仍然表现出流动性。

Kel-F 800 还有一个特点，虽然在 PBX 炸药黏结应用中也许不会涉及，就是它的玻璃化转变温度接近室温。Cady 和 Caley 发现的平均 T_g 为 30～31℃[117]。在 Los Alamos 国家实验室最近的研究报告中，用 TSC 方法观测到的 T_g 约为 28℃。在 T_g 点，储能模量会发生三倍的降低。

要测量 Kel-F 800 的力学及状态方程特性的一个挑战是必须将材料处理成块材以进行整体测量。Kel-F 800 由 3M 公司提供，有不透明白色到黄色颗粒类型。对于所有聚合物，加工工艺和温度历史都会导致总体力学和热塑性上的差异。这里讨论的材料制作工艺会将颗粒先在温度高于 115℃、常压和真空环境下往复处理 14 天。为了促进晶体生长，再将对应的产出物在 65℃环境中密封 40 天，然后将温度骤降至 0℃，通过收集熔融的恒温物质得到结晶比例为 12%的物质。

在多种密封压力(结晶度约 12%)下生产的 Kel-F 800 材料在 0.2GPa 的 P-V-T 数据均被测量[118]。等压线数据在 110℃附近出现明显的不连续，对应于聚合物初级熔融相变处。但奇怪的是，Kel-F 800 的熔融相变点并不随压力变化而偏移，尽管与 Kel-F 800 相似的 THV 500、PCTFE 都存在熔融相变点随压力偏移的特点。这有可能是由于聚合物网络中存在更多的自由体积，从而使较低压力下压力对链结构迁移的影响可以忽略。要调查清楚这种行为，必须将这类实验扩展到更高的压力作用下。

通过采用等温状态方程拟合公式对室温下的等温线和零压等压线进行分析能够得到等温体积模量和相应的压力偏导(表 4.3)。

表 4.3　采用等温状态方程关系拟合的 Kel-F 800 在室温下的结果

状态方程	$K_{T,0}$/GPa	K' 的压力偏导
Tait	2.70	
Murnaghan	2.70	15.1
BM	2.60	23.53
Vinet	2.66	8.94

热膨胀系数也可以同样获得。温度介于 24～87℃，α=6.73×10^{-4}/℃。热膨胀系数在低于 T_g 时数值偏低(α=5.08×10^{-4}/℃)；温度高于 T_g 时，数值走高

(α=6.81×10^{-4}/℃)。

3. Estane 5703 和 Estane-NP

BF Goodrich 公司可提供丸状相分离形式的 Estane 5703 聚(酯-氨基甲酸酯)黏结剂。Estane 5703 含有质量分数大约 23%的“硬的”部分，这些由 4,4-methylene-diphenyl 1,1-二异氰酸酯(MDI)和 1,4-丁二醇组成。“软的”部分由聚(己二酸丁烯酯)(butylene adipate)组成。Estane 弹丸能在 110℃时压铸成 ρ=1.19g/cm^3、T_g=−35℃的材料(基于动力学分析)[119]。在 PBX 配方中，如 PBX 9501，黏结剂一般由质量比为 50∶50 的 Estane 和“nitroplasticer”混合物组成，再额外添加少量的稳定剂。硝基增塑剂(Nitroplasticizer，NP)是质量比为 50∶50 的二甲氧基甲烷(BDNPF)和乙缩醛(BDNPA)的融合混合物的通用名称，在室温下呈液态，密度约为 1.385g/cm^3。BDNPF 和 BDNPA 的分子结构如下：

BDNPF　　　　BDNPA

采用膨胀测量术测得 Estane 5703 的结果如图 4.10 所示，最高温度为 122℃。在所测的所有压力下，实验数据在 33～122℃范围内都是呈线性变化的。在加载压力为零的情况下，对 V-T 数据进行线性拟合得到热膨胀系数 α = 6.64×10^{-4}/℃。

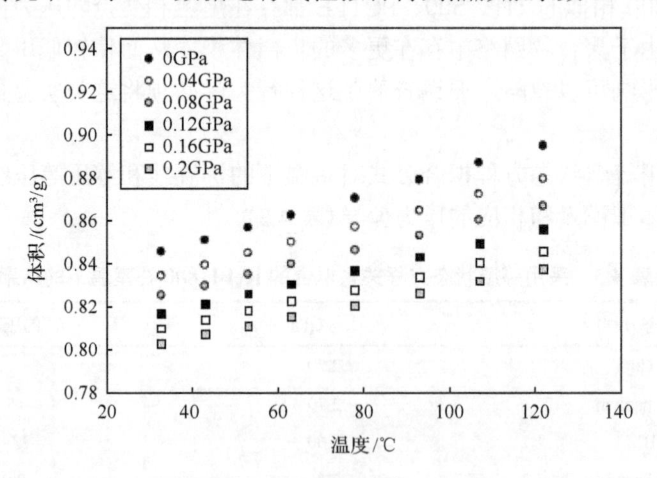

图 4.10　Estane 5703 的等温线，初始密度为 1.19g/cm^3

表 4.4 给出了 Estane 5703 基于约束压力形式的 BM 状态方程的一些等温关系的拟合结果。正如所料，随着温度的升高，零压等温体积模量变小，材料趋于软化。

表 4.4　三阶 BM 方程对 Estane 5703 等温关系的拟合结果

温度/℃	$K_{T,0}$/GPa	K'
33	2.86	13.1
43	2.68	14.7
53	2.65	12.8
63	2.55	12.8
78	2.38	13.0
93	2.24	13.3
107	2.18	11.9
122	2.08	11.8

对于 50∶50 的 Estane 5703 和硝化塑化剂混合物，在三种温度下测量 P-V-T 数据。有趣的是，对于规则的 Estane 5703，等温体积模量是差不多的。然而，体积模量的压力偏导(可以给出高压下压缩曲线的曲率)比塑化材料低。Estane-NP 材料的体积模量和它的压力偏导在不同温度的值如下：33℃，$K_{T,0}$=2.90GPa，K'=9.47；43℃，$K_{T,0}$= 2.82GPa，K'=9.9；53℃，$K_{T,0}$=2.7GPa，K'=10.2。

4.3.3　金刚石对顶砧方法

实验室用静高压的实验装置的成功发展离不开高强度金刚石对顶砧和支撑材料的使用。在 20 世纪 50 年代晚期，地球上最坚硬的天然材料金刚石(希腊语 adamas；invincible[120])，在 Bridgman 金刚石装置中第一次被采用。金刚石的广泛使用使今天所见的、手掌大小的现代金刚石对顶砧迅速发展起来，并把在实验室内能安全获得的压力上限推高到 100GPa[121,122]。

金刚石的透过性也为高压下大量材料属性探测方法的应用提供了可能，极大推动了静高压领域的研究工作。这包括材料样品的直接观测、电子和振动光谱、X 射线和中子散射、实时的温度和压力测量，甚至在初始静高压状态下的冲击压缩等。这里将介绍其中的一部分应用于高能炸药黏结剂和相关聚合物研究的实验方法。

1. X 射线衍射

X 射线衍射方法配合高压金刚石对顶砧的使用早已成为测量金属、矿物质和其他晶体材料 P-V 等温关系的典型方法。在美国及其他国家，第二代和第三代同步辐射光源的应用极大地活跃了高压下材料属性的研究。本节将介绍基于同步辐射 X 射线光谱方法最新的一些应用，如非弹性 X 射线散射，以及扩展边界的 X 射线吸收精细结构。然而，大多数聚合物并不具有明显的晶体形态，无法采用散射(X 射线、中子)的方法进行探测。这包括大量常用于高能炸药黏结剂的弹性体类材料。

基于同步辐射光源和实验室X射线装置的X射线衍射方法已经应用于大量准晶态聚合物的研究，其中 PTFE 和聚乙烯作为炸药黏结剂相关的材料是研究极为广泛的。之前关于聚乙烯的高压研究表明，聚乙烯在高压下是一种斜方晶系和亚稳态单斜晶系的混合物[123-125]。与此同时，PTFE 的相图信息丰富，至少存在四个已知的相，包括一个在压力大于 6kbar 区域的高压平面锯齿结构。PTFE 的相变行为将在下面详细描述。

发展高压下材料 *P-V* 关系的通用方法是建立相变与已知晶格参数关联的空间集合之间的联系，或采用结构拟合程序计算基于 X 射线波长、实测峰位、布拉格(Bragg)关系的空间集合。

$$n\lambda = 2d_{hkl}\sin\theta \tag{4.52}$$

晶格参数以及晶胞体积随压力增长的变化也被测量，可能的 X 射线衰减、高压相变的出现或化学反应的发生也被仔细地监测。

虽然具有更高亮度的同步辐射光源、更高平行度的单色光束的出现以及探测技术的进步，使得高压 X 射线衍射测量手段得到了显著发展，而准晶态聚合物仍由于缺乏足够的晶态区域难以获取有用的信息。采用 X 射线探测晶态区域能直接了解这些区域的压缩状态，但同时也忽略了剩余的非晶态部分。最近，采用 X 射线衍射方法探测了高压作用下的 Kel-F 800、聚三氟氯乙烯和 THV 500 这些聚合物。然而，空间集合的测定仍然难以确定，已知低压下晶体结构和这些材料与 PTFE 和 PVDF 之间的相似性可以对晶化区域、相变的出现或消失得出一些结论。图 4.11 是 X 射线衍射观测 Kel-F 800 的一个例子。

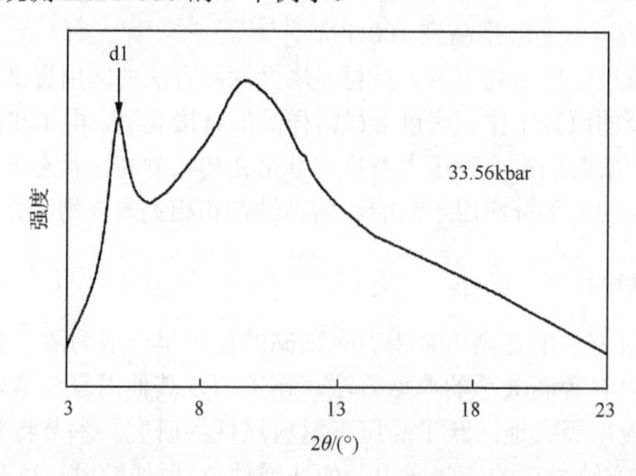

图 4.11　采用角散 X 射线衍射得到的 Kel-F 800 的 X 射线衍射数据

单色 X 射线的波长为 0.4234Å，压力约为 34kbar。静压实验的传压介质为 4∶1(质量比)甲醇/乙醇混合溶液，压力通过和样品一同装入的红宝石微片的荧光谱进行测定

2. 振动光谱

红外和拉曼光谱都是了解高压下材料行为极为有用的手段，也是研究高压相变、分子结构对称性的改变、调查化学反应、高压下键作用改变和压力相关的分子内作用所必不可少的手段。金刚石对顶砧由于既能实现高压加载，又是天然的光学窗口，光谱技术和高压加载条件的结合变得容易实现。虽然对聚合物及高压状态下聚合物的振动光谱的综述超出了本章关注范畴，但值得关注的是作为炸药黏结剂的很多聚合物在静高压和动态变形作用下的行为已经用红外光谱或拉曼光谱进行了研究。这些研究涉及 Estane 5703[126-129]、Sylgard 184[50]、Kel-F[118,130]、THV 500[131]和 PTFE(见下文)。值得关注的涉及黏结剂的光谱研究工作包括：Estane570 在压力升高时氢键的联合，与聚合物结晶区域关联的高压相变的出现和消失及其模式的理解(PTFE、Kel-F 800、THV 500)，通过独立的 Gruneisen 模式分析推断聚合物链中那一部分对压力更敏感或更不敏感(PMMA、聚碳酸酯、Sylgard 184)。

1) 极端条件下材料行为的振动光谱研究案例

PTFE 是高压加载下研究最多的聚合物之一，也是振动光谱应用于探测聚合物在压力增加下相变很好的例子(聚乙烯是另外一个好的例子)。PTFE 是一种很有趣的材料，因为无支链的分子链同时存在于结晶和非结晶区域，同时常温常压下结晶区域存在至少 4 种已知的晶相[132-135]。

Bunn 和 Howells 在 1954 年首先报道了 PTFE 的相图[132]，随后被其他研究者进一步完善[133-136]。其两种常压下的结晶相变分别在 19℃和 30℃被观察到。常压下低于 19℃时，PTFE 的线性链中呈螺旋形排布(13 个 CF_2 组团每隔 180°转向)，称为相Ⅱ。发生在 19℃时相Ⅱ和相Ⅳ之间的一阶相变是和螺旋形分子链从三斜结构(13 个每转)向排列好的六边形相(15 个每转)转变联系在一起的。相Ⅳ中的螺旋形分子链的对称系数为 $D(14\pi/15)$。温度升到 30℃以上后，相Ⅰ中的螺旋形结构进一步转动紊乱的同时没发生扭曲，形成一个兼具动态合成的紊乱特征和长程位置、取向特点的准六边形结构(如链间的重复性结构大都得以保留，但链间的螺旋形结构的扭转角度是随机的)。从相Ⅳ的群论分析来看，PTFE 有 24 个普通模式：$4A_1$(拉曼-活性)、$3A_2$(IR-活性)、$8E_1$(IR 和拉曼-活性)、和 $9E_2$(拉曼-活性)[137-140]。文献[144]中报道的正交和单斜晶系的相Ⅲ典型的“高压相”，为平面形折线构型。Ⅱ型-Ⅲ型之间相转变依靠这两种 PTFE 振动模式对应的不规则的频率-压力变化进行观测。与 $t(CF_2)$ 模式对应的波段约 $295cm^{-1}$ 随着相变时压力的降低会戏剧性地频移(可达到 $15cm^{-1}$)，$\rho(CF2)$ 模式除了在 $578cm^{-1}$ 到 615～$620cm^{-1}$ 波段会有不规则的频移，这个模式的频移随着压力增加呈线性变化，与之伴随的还有波段的展宽。在大气压到 40kbar 的压力范围内，依据图 4.13 的波数-压力的线性关系拟合，对于 $t(CF_2)$，$\frac{dv}{dP}\left(\frac{cm^{-1}}{kbar}\right)$=0.205，$\Delta(CF_2)$对应的值为 0.409，$\Delta(CF_2)$对应的值为 0.287，$v(CF_2)$对应的值为 0.471。图 4.12 给出了 PTFE 在低于、等于、高于Ⅱ-Ⅲ相变点压力时低波数段的拉曼光谱分布。这种相变在低温下的动力学机理曾被 Nicol 等用 Avami 方程研究和分析过[145]。

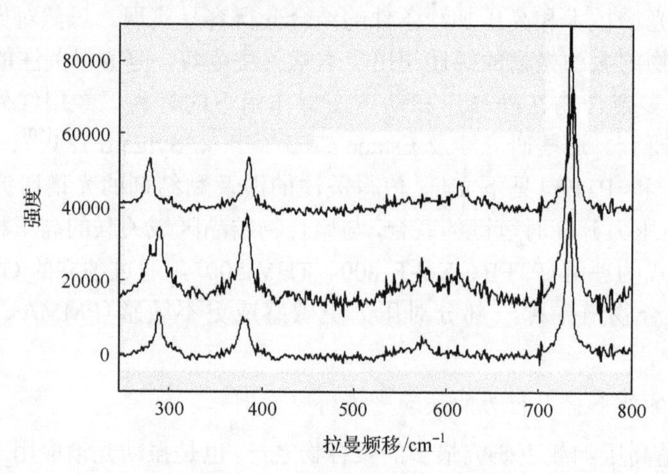

图 4.12　Ⅱ-Ⅲ相变压力(6.5kbar)附近的三种压力下的 PTFE 的拉曼光谱

最底部的曲线压力低于相变压力，在 3～5kbar。压力增加到相变点附近时(6.5kbar)，中间曲线中出现了两种相的光谱。此时，$295cm^{-1}$ 附近的低波数段的峰开始变宽，两个峰出现在 580～$680cm^{-1}$ 附近。上部曲线，压力的增加使相变彻底完成

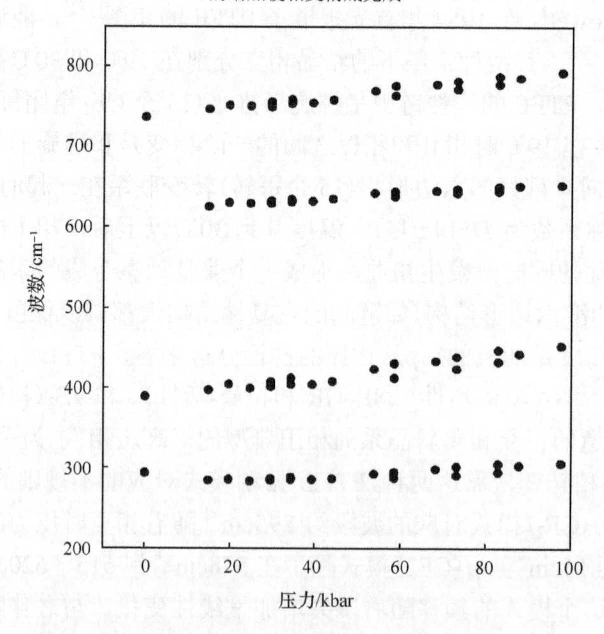

图 4.13　PTFE 四个低频段的拉曼峰随压力的变化关系

继续研究 PTFE 相关的含氟黏结剂揭示了高压下不同的相变行为。TFE、单聚体[如偏二氟乙烯(VDF)和六氟丙烯(HFP)]的共聚物一般倾向减少结晶度，而整块的 HFP 则与之相反。TFE 和 HFP 的共聚物则通过阻止链间滑动来减少材料蠕动行为[146]。

THV500 的拉曼光谱(图 4.14)可以通过其组成成分及综合均聚物 PTFE 和 PVDF 的波段数据来得到[137-139]。虽然六氟丙烯均聚物没有公开报道的数据，但同样可以参考六氟丙烯的信息进行了解[147]。

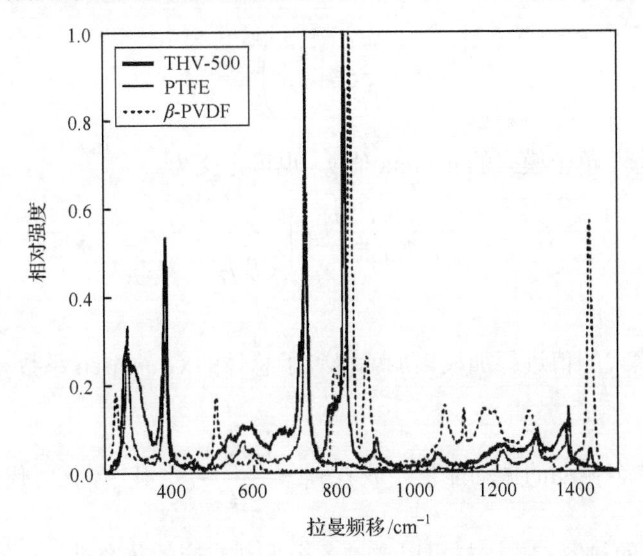

图 4.14　THV 500、β-PVDF 和 PTFE 在 200～1500cm^{-1} 波段内的拉曼光谱

有趣的是，对于含有 60%TFE 的材料(其中 25%为结晶状态)，却没有确切的证据显示结晶区域与相变的联系。然而，在 40～50kbar 范围 $\frac{\mathrm{d}v}{\mathrm{d}P}\left(\frac{\mathrm{cm}^{-1}}{\mathrm{kbar}}\right)$ 斜率的变化和依据 X 射线衍射观察到的可能发生的结构变化是一致的。但是，这种可能的相变缺乏振动光谱数据的支持。类似的结果也在共聚物 Kel-F 800 中观察到，即使加载压力达到 4GPa，正在结晶的 CTFE 也不会发生相变[118]。这个例子也揭示了探究和理解聚合物的高压行为的复杂性，尤其是包含多种单体和相。

2) 单独振动模式的 Gruneisen 分析

振动光谱对高压下聚合物的分析不仅能够调查相行为和直接识别分子组分，还可直接探究材料的热力学属性。Helmholtz 自由能可以通过对分子样本的各种标准振动模式进行相加后得到。Helmholtz 自由能的一阶和二阶导数可以直接同相关的热力学参数联系，如压力。热容和 Gruneisen 系数都可以直接通过振动模式的测量得到。Gruneisen 系数在多种状态方程形式中都有涉及，包括 Mie-Gruneisen

状态方程，它用于计算冲击加载下的热能[148]。标准模式因此可以直接了解极端情况下的材料行为和热力学属性。

Gruneisen 模式分析不仅能对体 Gruneisen 系数进行定量测量，还可通过一个近似的状态方程分析被研究材料的不同标准振动模式对压力的敏感程度。某个振动模式随压力的频移关系可以和式(4.53)中体积变化联系起来，其中下标 0 和 P 代表振动能量(用波数表示)和体积在常态和高压下的情况，γ_i 则代表单个 Gruneisen 振动参数[149-151]。

$$\frac{\overline{v}_0}{\overline{v}_P}=\left(\frac{V_0}{V_P}\right)^{\gamma_i} \tag{4.53}$$

等温状态下单个模式的 gamma 值 $\gamma_{i,T}$ 也可定义为

$$\gamma_{i,T}=\frac{B_{0,T}}{v_i}\left(\frac{\partial v_i}{\partial P}\right)_T \tag{4.54}$$

将各个模式的值进行加权累加就得到了总体的 Gruneisen 系数 $\gamma_0=\frac{\sum\limits_i \gamma_i \varepsilon_i}{\sum\limits_i \varepsilon_i}$，其中，$\varepsilon_i$ 代表单个振动的振动能量。或者 $\gamma_0=\frac{\sum\limits_i \gamma_i C_{Vi}}{\sum\limits_i C_{Vi}}$，其中，$C_{Vi}$ 代表单个振动模式的热容。总的热容 C_V，同样可以通过各个振动对应的热容进行计算，$C_V=\sum C_i$。聚合物的热容可以这样表示：$C_V=\sum\limits_{i=1}^{4N} C_i+N\sum\limits_{i=1}^{14} C_i=4Nk+N\sum\limits_{i=1}^{14} C_i$ [152]。

这些分析方法已用于分析高压作用下的 PMMA 和聚碳酸酯[149-151]。最近用这种方法分析了 Sylgard 184 的拉曼振动模式，它是一种交联结构的聚二甲基硅氧烷，对应的波数在 200～1400cm^{-1}[50]。图 4.15 给出了 Sylgard 184 的拉曼数据，坐标采用了 ln[v_P/v_0]-ln[V_0/V_P]的对数坐标系，并用 Tait 状态方程对静态 P-V 关系进行拟合。从坐标平面中振动模式的表现来看，两者的变化关系并不是线性的，一个普遍的关系 $\gamma\rho$(总体 Gruneisen 系数和密度之积)或 γ/V=常量随着压力的变化并不再适用于这种材料[148,153]。如果 γ_i 是体积无关的，那么 $\ln\left(\frac{v_0}{v_P}\right)=\gamma_i\ln\left(\frac{V_0}{V_P}\right)$ 中的变化关系也应该是线性的[149]。该结论也并不让人惊讶，非线性压缩特性普遍存在于聚合物中，特别对于 PDMS 和低压时的情况。一个体积相关的 Gruneisen 系数表达式

$$\gamma_i = a\left(1-\frac{\Delta V}{V_0}\right) = a\left(1-\frac{V_P}{V_0}\right) \tag{4.55}$$

被提了出来[149]，并用来拟合图中的数据。从分析来看，系数 α 在对称的 Si—O—Si 主干伸展振动中达到最大值，这表示这种振动模式对压力作用最为敏感，而与支干相关联的振动则对体积变化最为敏感。此外，所有模式都被发现在更高压力导致的体积变化后变得更加敏感。一旦压力超过自由体积下的破碎压力为 10～15kbar 时，数据可能趋向于线性关系，但在更高压力下这种情况是否还成立，仍有待进一步研究来验证。

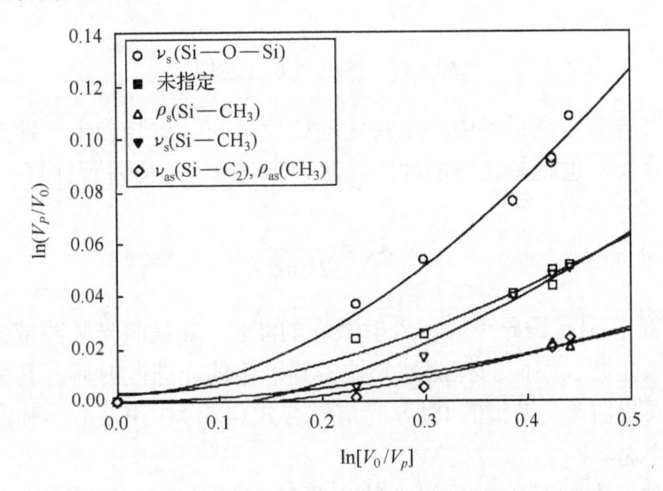

图 4.15　Sylard 184 的振动频率随压力的变化关系

坐标系已变换为 $\ln[\nu_P/\nu_0]$-$\ln[V_0/V_P]$，并采用 Tait 方程对对应的高压 P-V 关系进行了拟合。曲线为体积相关的 Gruneisen 公式的拟合[式(4.53)]，结果显示 Si—O—Si 拉伸模式对于压力变化最为敏感(复制许可来自 Dana M. Dattelbaum, Journal of Chemical Physics, 122, 144903 (2005). Copyright 2005, AmericanInstitute of Physics.)

更多的研究工作有助于更好地理解这类材料在极端压力(和温度)条件下的响应，并进一步比较不同聚合物网络结构的影响，了解填充颗粒的具体影响，甚至将对高压下聚合物行为的理解拓展到更高的压力区域(超过 10GPa)。

3. ISLS 和 Brillouin 光谱

材料的声学性质能够很好地反映其弹性性质并进一步了解其力学响应。从弹性声速中，可以获取材料强度、与分子运动相关的瞬态动力学和弛豫现象以及状态方程特征。超声测量是常压下常用的测量方式，静高压下常用的声速测量方法有两种：瞬态受激光散射(ISLS)和布里渊光谱。

ISLS 实验的基本原理如图 4.16 所示。一束激光被分成两束后，又在某一任意角度 α 实现空间和时间上的重叠。

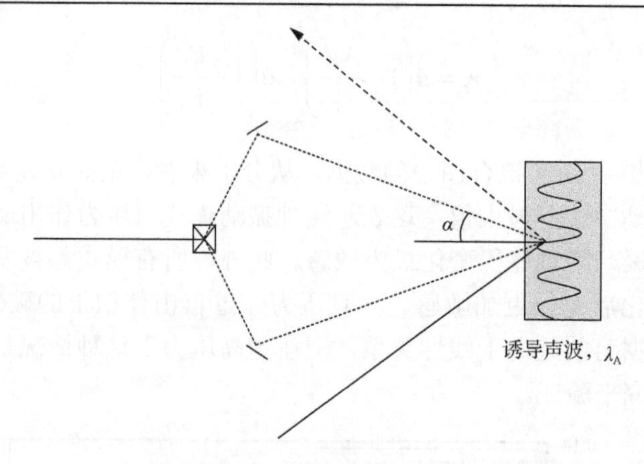

图 4.16　ISLS 实验示意图

重叠光束的干涉在材料中产生特定的强度分布，这相当于一种热和声的瞬态光栅。声波波长，也就是光栅的间距，可以通过式(4.56)进行计算：

$$\lambda_A = \frac{\lambda_E}{2\sin\alpha} \tag{4.56}$$

式中，λ_A 和 λ_E 分别是诱导声波和入射激光的波长；α 是激光脉冲重叠时的夹角。一束与入射激光波长不同的探测激光被诱导产生的光栅散射后，其强度随延迟时间的变化被同步监测。采集的 ISLS 光谱结合式(4.56)中声波频率和激光波长关系可以换算出声速。

一个相关但在原理上差异很大的、测量高压下声速的方法是布里渊散射。布里渊光谱类似于更为人们所熟知的拉曼光谱，是一种非弹性散射技术。在布里渊光谱中，相干光来自声振子的非弹性散射。液体样品通常都不能承受剪切作用，所以只有纵向振动模式能被观察到。在各向同性固体中，横向和纵向模式一般都能被观察到。布里渊散射理论在文献中已进行了很好的阐述[154,155]。当热激发的声振子穿过材料时，分子移动会造成本地电介质的周期性波动。在布里渊散射中可以观察到“热学光栅”上的 Bragg 反射产生的 Doppler 频移。声速可以基于布里渊频移公式进行计算。对于一般材料中的散射，布里渊频移公式为下列形式：

$$\Delta\nu = \frac{\upsilon \nu_i}{c}\sqrt{n_i^2 + n_s^2 - 2n_i n_s \cos\theta} \tag{4.57}$$

式中，n_i 和 n_s 分别是沿入射方向和散射方向材料的折射率；θ 是两个方向间的夹角；$\Delta\nu$ 是相对于入射频率 ν_i 的频移；c 是声速。

在聚合物系统的实际应用中，通常假设聚合物材料在光学和弹性性质上都是各向异性的。因此，高压布里渊散射实验中常使用对称、前向的散射布置[156,157]。关于常压和高压下的布里渊实验装置在文献[158]～[160]中有详细介绍。由于这样的散射安置方式及材料在光学上的各向同性，布里渊频移方程可以简化为

$$\Delta\nu = \frac{2\upsilon}{\lambda_0}\sin\left(\frac{\theta}{2}\right) \tag{4.58}$$

式中，$\Delta\nu$ 是相对于瑞利线(弹性散射)的非弹性频移。由于前面叙述的对称散射方式，金刚石传压介质和样品内表面的折射效应都相互抵消了。因此，布里渊频移方程中的折射率项就没有了。对于高压下的布里渊散射，这样的处理尤为便利，因为依据式(4.58)，声速可以直接通过测量的频移值计算得到。测量声速和所加压力之间的依赖关系可以对如力学和热学性质、状态方程分析和分子间的基本作用有更深入的了解。

最近，三种聚合弹性体、一种交联聚二甲基硅氧烷(Sylgard 184)、一种交联三元共聚物聚(乙烯醇乙酸酯-二烯醇)(VCE)和 Estane 5703 从常压到接近 12GPa 的声学性质通过布里渊散射结合高压金刚石对顶砧进行了测量[119]。据我们所知，这是第一次在压力超过 10GPa 的情况下测得聚合物布里渊散射数据。随后，Kel-F 800、PCTFE 和 PTFE 这三种氟多聚体的声速随压力的变化关系也首次在实验中测得[161]。Estane 5703 在几种压力下的典型布里渊光谱见图 4.17。

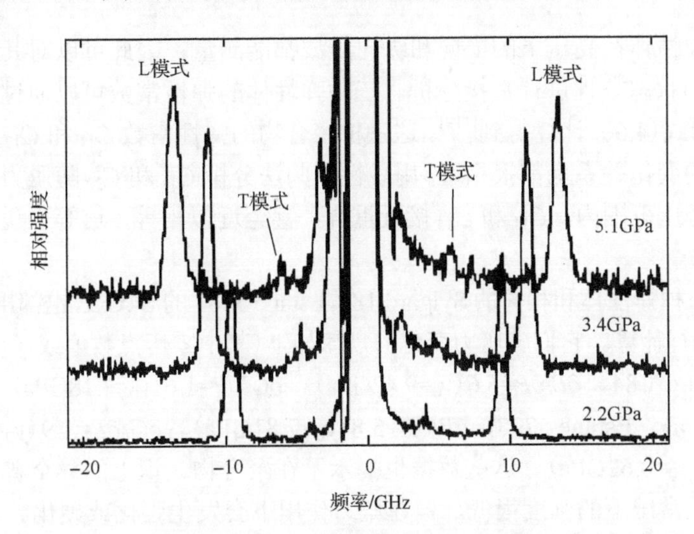

图 4.17　Estane 5703 的布里渊光谱图

复制许可来自 Lewis L. Stevens, Journal of Chemical Physics, 127, 104906(2007).

对于各向同性材料，其弹性特性可用两个弹性常数 C_{11}、C_{12} 进行描述[8]。这两个弹性常数与纵向和横向声速之间的关系可以通过式(4.59)和式(4.60)进行换算。

$$\rho\upsilon_{\mathrm{L}}^{2}=C_{11} \tag{4.59}$$

$$\rho\upsilon_{\mathrm{T}}^{2}=\frac{C_{11}-C_{12}}{2} \tag{4.60}$$

弹性常数与固体力学性质之间的关系可通过对体积模量、剪切模量和杨氏模量的计算来建立。对于各向同性固体，体积模量用声速可表示为

$$B=\rho\left(\upsilon_{\mathrm{L}}^{2}-\frac{4}{3}\upsilon_{\mathrm{T}}^{2}\right) \tag{4.61}$$

同样，各向同性材料的横向模量(G)和杨氏模量(E)的表达式分别为

$$E=\frac{(C_{11}-C_{12})(C_{11}+2C_{12})}{C_{11}+C_{12}} \tag{4.62}$$

$$G=\frac{C_{11}-C_{12}}{2} \tag{4.63}$$

由于弹性体在高压下的横向和纵向声波都能测量，因此可以对其弹性常数、力学性质和状态方程进行直接分析。三种弹性体的弹性常数可以通过声速数据及式(4.59)和式(4.60)计算得到[119]。这三种聚合物的弹性常数 C_{11} 和 C_{12} 在数值量级和随压力的变化关系上都很相近。用线性回归法分析 C_{11} 和 C_{22} 随压力的变化趋势显示，在低压范围内，C_{11} 和 C_{22} 接近重合，甚至近似相等，这等于说，横向声速可能接近 0。

所有三种弹性体和相关的 Sylgard 184、Estane 5703 的 B、G、E 也都用式(4.61)～式(4.63)进行计算。它们随压力变化的规律如下(其中零压点数值或 y 轴数值为插值)：Sylgard 184，$\partial B/\partial P=5.6$ (y_0=9.42GPa)，$\partial G/\partial P=1.6$ (y_0=3.18GPa)，$\partial E/\partial P=4.3$ (y_0=8.54GPa)；Estane 5703，$\partial B/\partial P=5.8$ (y_0=7.81GPa)，$\partial G/\partial P=1.9$ (y_0=0.06GPa)，$\partial E/\partial P=5.3$ (y_0=0.62GPa)。这些数据也揭示了在聚合物认识上的一个普遍错误。虽然弹性体在常压下的强度很低，但在压力作用下会发生强化或硬化。

分析泊松比有助于深入了解弹性性质。泊松比与横向应变、拉伸应变有关，其在各向同性材料中的表达式如下：

$$\sigma = \frac{\nu_{\mathrm{L}}^2 - 2\nu_{\mathrm{T}}^2}{2\nu_{\mathrm{L}}^2 - 2\nu_{\mathrm{T}}^2} \tag{4.64}$$

Sylgard 184 和 Estane 5703 泊松比的计算值随压力的增加而降低。这个值在常压下趋近于一个额定值(0.4～0.5)，然后会随着压力的上升而下降到和大多数固体材料差不多的数值。作为参考，理想弹性体和流体在常压下的 σ 约为 0.5[162]。三种弹性体在常压下的泊松比都接近这个理论值，然后随着压力的增加这个数值趋近于大多数固体的数值，约为 0.33。

对声学特性随压力变化关系的测量也能直接了解状态方程性质，特别是对式(4.12)这种密度依赖于压力变化的关系。

$$\rho_{\mathrm{P}} - \rho_0 = \int_{P_0}^{P} \frac{\gamma}{v_{\mathrm{B}}^2} \mathrm{d}P \tag{4.65}$$

式(4.65)中体积声速 v_{B} 用横向和纵向声速可表达为

$$v_{\mathrm{B}}^2 = v_{\mathrm{L}}^2 - \frac{4}{3} v_{\mathrm{T}}^2 \tag{4.66}$$

式中，v_{L} 和 v_{T} 分别为纵向和横向声速。压力作用下的一系列弹性体体积声速都可以计算，式(4.65)可以通过积分得到压力-密度或 P-V 关系。

对于 Sylgard 184 和 Estane 5703，当采用 5 种常用的等温状态方程形式对其 P-V 关系进行拟合时，都需要对零压等温体积模量(K_0)进行插值，相应的 K_0 平均值分别为 1.1GPa 和 3.2GPa。而 Sylgard 184 和 Estane 5703 在 0.2GPa 以下压力的膨胀数据对应的零压体积模量插值分别为 1.0GPa 和 2.9GPa。压力相关的 K_0 差异极可能由自由体积的压缩导致，这一现象在中低压作用下的聚合材料及频率相关的刚性或黏弹性的弹性体中普遍存在。体积模量的差异代表不同聚合物所具有的化学和网络结构会对它们的压缩性带来影响，如 PDMS 基的 Sylgard 184 的 Si—O—Si 主干、Estane 5703 中(如物理交联、结晶和相分离等)的组织特征。压紧过程会导致对应等温关系中 $\partial P/\partial V$ 的非单调变化，这揭示了依赖状态方程在宽压力范围内重现聚合物中的实测 P-V 状态的局限性。

在 3.5GPa 以下的压力，并没有观察到 Sylgard 184 中存在剪切波(横向模式)，而对于 Estane 5703，对应的压力小于 1GPa[119]。虽然仪器因素是这种反常行为的一种可能解释，材料特性，如可能接近 0 的 Pokels 常数、频率和压力相关的玻璃态转化温度影响了链的移动和弛豫动态过程都是可能的原因。

包括 Kel-F 800 和 Kel-F 81(PCTFE)在内的三种含氟聚合物的声速-压力关系显示，低压时，它们比另三种弹性体拥有更高的声速，但随着压力超过 5GPa，这一趋势最终被逆转[161]。和弹性体类似，横向模式出现在压力较高时，其中黏结剂 Kel-F 800 对应的压力值刚好在 0.27GPa。Kel-F 800 的纵向声速和横向声速关于压力的变化关系如图 4.18 所示。相比弹性体，横向模式被观察到的压力值相对较低。此外，在 3～4GPa 附近，Kel-F 800 的声速数据中可能存在一个转折点。

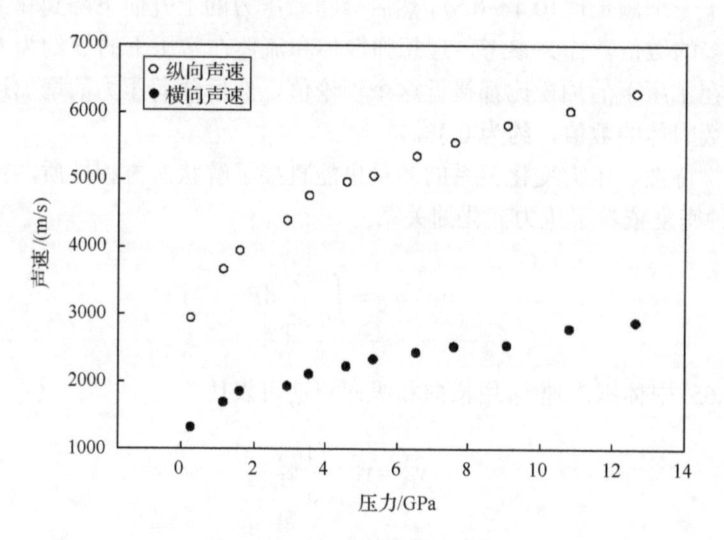

图 4.18　Kel-F 800 的声速数据

4. 光学显微技术

虽然活塞-圆筒实验能够加载到很高压力，最新的布里渊测试技术也显示出巨大前景，但仍需推进实验方法的发展来满足非晶态材料状态方程研究的需要(特别是压力-体积关系)。最近提到的一种新型方法将光学显微技术结合图像分析方法应用于高压金刚石对顶砧，该方法可对与体积变化相关的横截面区域进行直接测量[50]。这种方法和圆筒实验很相似，都是测量与体积应变相关的单向位移。Middaugh 和 Goudey 给出了采用这种方法获得 10000psi 压力(深海、中等压力环境下)下 17 种聚合物的测试结果[163]。

在这种直接通过光学手段获得体积的方法中，基于两个方向的应变(面积)来推断三个方向上的应变(体积)有一个假设前提，那就是各个方向上由压力作用引起的压缩度是各向同性(统一)的。聚合物样品的横截面数据通过捕捉高压 DAC 中的样品图像来获取。聚合物的光学显微图像随着压力的提高逐步采集，随后用图像分析工具对其进行分析。典型的 DAC 中聚合物样品的光学图像如图 4.19 所示。

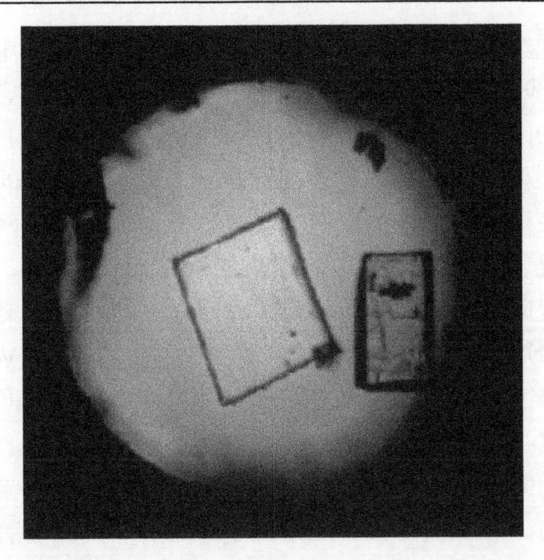

图 4.19　金刚石对顶砧中高压作用下的弹性体 Sylard 184 切片的光学显微图像

用 ^{13}C 标记的金刚石片放置于图右侧，用作压力的测定。传压介质为氦气(复制许可来自 Dattelbaum, Journal of Chemical Physics, 122, 144903(2005). Copyright 2005, American Institute of Physics)

建立二维应变与体积应变之间的联系可以采用下面的处理流程。对于厚 h、宽 b、长 c 的矩形样品，初始体积可用方程(4.67)进行计算(下标 0 代表常压下的值，1 代表高压下的值)：

$$V_0 = h_0 b_0 c_0 \tag{4.67}$$

压力作用下的体积变化可用式(4.68)给出：

$$\Delta V = V_1 - V_0 = h_1 b_1 c_1 - h_0 b_0 c_0 \tag{4.68}$$

假设样品厚度的变化同样品其他尺寸的变化是同比例的，尺寸间的比值为常数，有

$$h_1 = h_0 \frac{c_1}{c_0} \tag{4.69}$$

等比例的尺度变化将式(4.68)中体积的变化简化为图像处理后横截面面积和样品尺寸之间的关系，其中，A_0 为常压横截面面积，A_P 为加压下的横截面面积。

$$\frac{V}{V_0} = \left(\frac{A_P l_P}{A_0 l_0}\right) = \left(\frac{A_P \sqrt{A_P}}{A_0 \sqrt{A_0}}\right) \tag{4.70}$$

这种方法用来研究一种交联硅填充 PDMS 结构 Sylgard 184，比较静压和动压

下实验数据后，观察到了一些现象。例如，这种方法得到的压缩曲线比设想的更硬，和 Hugoniot 线出现重合。取 Gruneisen 参数低的计算值，P-V 图上的等温线和 Hugoniot 线之间的偏差很小，但是仍然可以认为等温线比 Hugoniot 线更软。此外，Brillouin 散射测定的等温线在较高的频率上显示为较软的曲线。观察到的聚合物的“硬化”表现可以解释为这些因素的影响，如聚合物网络对氮气的吸收、图像处理带来的误差、尺寸等比例变化假设的失效。

这种方法最近应用于分析另一种弹性体，交联的三聚体聚(乙烯-乙酸乙烯)。聚(乙烯-乙酸乙烯)是采用氢氧化钾对聚(乙烯-乙酸乙烯)(EVA)进行皂化后得到的，得到的三聚物包含57%乙烯、37%乙酸乙烯和6%乙烯醇(质量分数)。这种材料再和亚甲基双(4-苯基异氰酸酯)中的双酚络合物进行交联。最终产物的 T_g 约为 −25℃，密度 $\rho = 0.99\text{g/cm}^3$。图 4.20 给出了 VCE 上一系列实验数据，包括通过光学观察方法得到的 P-V 曲线。图中还给出了最近的布里渊散射结果、通过膨胀测试术得到的低压等温关系及采用飞片撞击实验得到的 Hugoniot 关系。

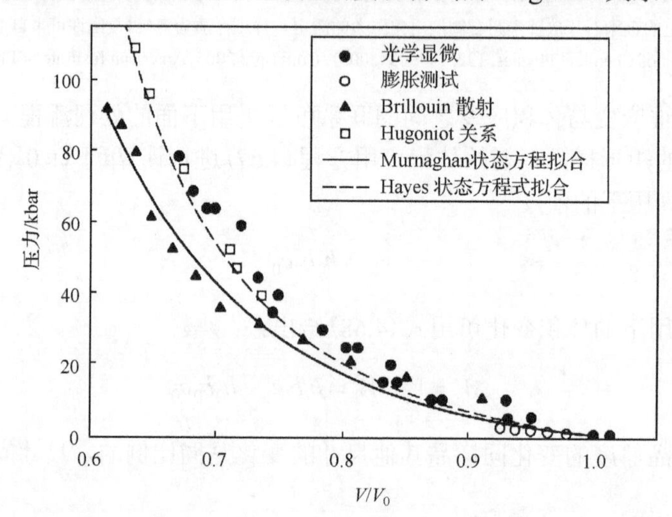

图 4.20　VCE 的状态方程数据的集合，包括静高压方法(光学显微、膨胀测量、布里渊散射)

同样，通过光学方法得到的结果比预期的更硬，和 Hugoniot 关系重合。通过布里渊散射得到的等温线在低于 20kbar 处存在一个明显的间断，这可能是由于随着压力增加出现的横向模式，会影响通过式(4.65)积分得到的 P-V 曲线。采用 Murnaghan 状态方程对布里渊散射和膨胀测量术获得的 P-V 关系进行拟合，得到 $K_{T,0}$=3.5GPa 和 K'=5.1。应用 Hayes 状态方程关系对这些值进行拟合时，预测的 Hugoniot 关系和实验结果吻合得很好。

光学显微技术和高压金刚石对顶砧的结合是一种非常有趣的工具，伴随显微技术的持续改进，未来有望直接测得材料体积。这方面工作最新的发展动态包括金刚石压砧中水的共聚焦成像[164]和 X 射线显微成像技术应用于高压下样品体积的测量。对于高压下非晶态材料体积的直接测量仍然是一个值得关注的挑战。

4.4 动 态 实 验

在过去的 30 年里，冲击压缩科学为聚合物材料的冲击响应行为提供了合理的评估。在 20 世纪 60、70 年代，涌现了大量聚合物方面的实验工作，而其中大多数是由 Los Alamos 国家实验室推动的，在过去 10 年，同样的情况在美国和英国都有出现。许多冲击实验技术推广到研究聚合物样品的整体响应。揭示材料在冲击加载下的效应仍存在一些困难。这包括短时间尺度下实验的时间响应限制(纳秒到微秒)，建立实验中典型测量对象之间联系的可靠方法，如冲击加载下宏观特征量(速度、压力等)和冲击作用时的微观结构变化之间的联系。这些变化必须通过快速的光谱测试技术或者实验后的回收分析进行测量。

与 Hugoniot 关系相关的热力学参数压力、比体积(密度)和比内能，可以通过对冲击波和粒子速度的直接测量、及 Rankine-Hugoniot 方程(基于冲击间断面上质量、动量、能量守恒关系)间接获得：

$$
\begin{aligned}
&\frac{V}{V_0}=\frac{1-u_{\mathrm{p}}}{U_{\mathrm{s}}}\\
&P-P_0=\rho_0 U_{\mathrm{s}} u_{\mathrm{p}}\\
&E-E_0=\frac{1}{2}(P-P_0)(V_0-V)
\end{aligned}
\tag{4.71}
$$

基于冲击波和粒子速度直接测量得到的 Hugoniot 关系常常采用冲击波速度-粒子速度坐标系进行表示。如果不发生相变或其他动力学行为，这种关系一般是线性的，$U_{\mathrm{s}}=c_0+su_{\mathrm{p}}$。在 U_{s}-u_{p} 平面上进行线性拟合时，u_{p} 一般取为 0，或者 y 轴上截距取为体声速 $c_{\mathrm{b}}^2=\frac{K_{\mathrm{s}}}{\rho}$。平面上关系式的斜率为 $S=(K'+1)/4$，其中，K' 为等熵体积模量关于压力的偏导。

4.4.1 高能炸药驱动的实验

早期的聚合物冲击波物理研究集中于在 LANL 和其他地方开展的大量平面波透镜实验[166]。在 20 世纪 60、70 年代期间的数年，Carter 和 Marsh 开展的冲击波作用下的聚合物研究可能是相关方面最为详细的工作之一，研究的大部分数据都刊登在 Los Alamos 国家实验室冲击手册中，在 1995 年发行的 Los Alamos 国家实验室报告也再次详细列举了他们在聚合物上的发现，并特别提及他们对于冲击条件下反应发展的关注[166]。Carter 和 Marsh 系列研究给出了包括聚乙烯、聚亚氨酯、PTFE、PCTFE、PMMA、聚苯乙烯、环氧树脂以及聚亚氨酯在内的许多重要聚合物的数据。

早期实验中的压力加载来自炸药产物驱动的飞片或者直接通过传爆药和缓冲材料(如 PMMA)进行驱动。冲击波速度通常通过氩气发光或其他发光间隔来获取(通过样品的时间)，而粒子速度基于已知的 Hugoniot 关系式通过阻抗匹配方法来计算得到，或者采用一些最新的测速技术来获得。平面波发生器的结构如图 4.21 所示。缺点是实验中由于需要使用炸药，必须在特定的场地进行；另外，平面波发生器加载所产生的冲击波平面性和重复性也不是很理想，通过这种加载方式难以获得对冲击作用过程的深入认识。

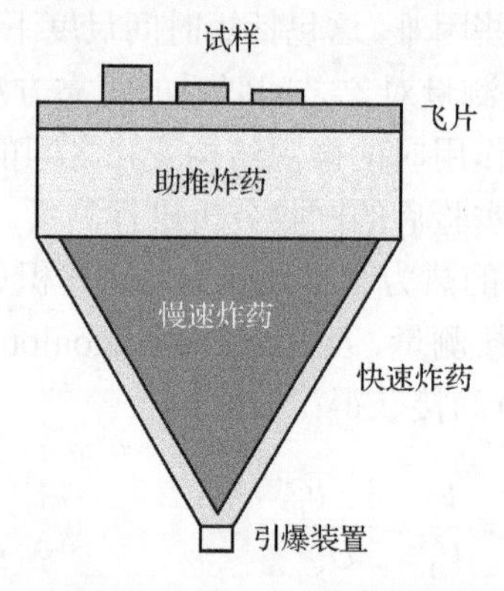

图 4.21　平面波发生器示意图

Carter 和 Marsh 发现了某些聚合物材料 Hugoniot 行为的一些独特特征。第一个就是 U_s-u_p 平面上成线性的 Rankine-Hugoniot 关系外推到粒子速度为零时，冲击波速度并不等于体积声速，例如，在粒子速度较低时，平面上会呈现弯曲[167]。U_s-u_p 平面上低 u_p 时出现的非线性现象可以归结于聚合物分子链上分子间和分子内作用力的差异。在低压作用时，压缩行为主要体现在分子链间 H—H 的相互作用，而压力升高时主要体现为分子内部的作用。这种作用力上的差异导致聚合物在低压力到“破碎”压力(分子间和分子内作用力接近的压力点)范围内更易于被压缩，这一点和大多数晶态固体很相似。

同一坐标平面中当粒子速度处于 2.5～3.5km/s 区间时，聚合物的 Hugoniot 关系还存在一个普遍的斜率变化。根据 P-V 曲线中的拐点，Carter 和 Marsh 估算了不同聚合物的体积变化，并定性认为含有边链或悬挂部分，尤其是环状结构，会带来转变时较大的体积变化。如图 4.22 所示，聚乙烯的 Hugoniot 关系几乎是线性的，而聚乙烯则在 u_p 约为 3.25km/s 处存在明显的拐点。这个拐点的出现被 Carter 和 Marsh 归结为分子链间化学反应的发生，预示着出现冲击波诱导的分解行为。

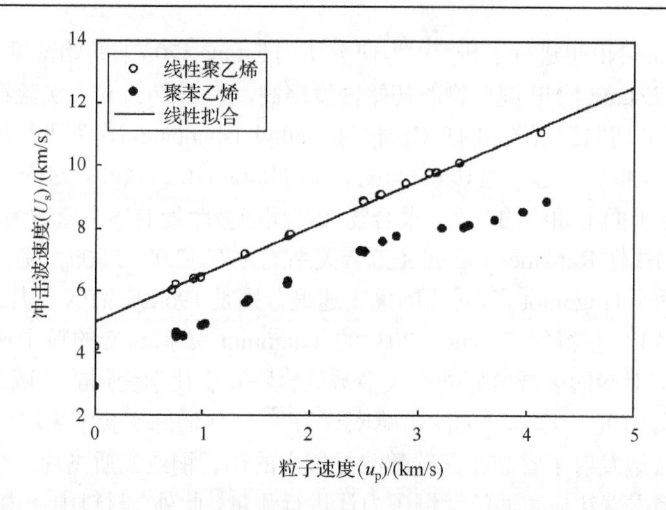

图 4.22　Carter 和 Marsh 测得的聚乙烯(○)和聚苯乙烯(●)的 Hugoniot 数据

两组数据在冲击波速度-粒子速度平面上存在明显偏移。含环状结构的聚苯乙烯在 u_p=3.5km/s 附近存在明显偏离线性的间断点

4.4.2　炮驱动实验

现在获取 Hugoniot 数据一种更为普遍的办法是采用气炮驱动飞片进行冲击加载，该方法利用气体或火药驱动的带有撞击体的飞片撞向固定的靶标。这种方法的优势在于，结合多种测试手段和多种类型飞片的使用，产生的冲击波易于探测和控制。在美国和其他国家都有一些活跃的气炮装置。单级和二级轻气炮产生的撞击速度低达 100m/s 或更低，高可达 7km/s。要突破发射速度的上限，需要采用小口径的高性能气炮装置。气炮实验中常用的测试手段包括短接或压电探针、测速探头，点和线 VISAR 技术[167-171]、ORVIS[172]，以及最近出现的光子多普勒测速技术(PDV)[173-175]和一些植入式测量方法(如采用锰铜压力计、PDVF、铝箔等材料制成的电磁速度计)。这些方法提供了深入了解动态加载过程的必要手段，如炸药中冲击向爆轰的转变或相变、黏弹性质、熔融和层裂都可通过对材料中冲击波剖面的直接测量来实现。

4.4.3　黏结材料的 Hugoniot 数据

1. Estane 5703

Carter 和 Marsh 率先采用平面波发生器研究了 Estane 5703 的 Hugoniot 关系[150]。实验用样品的初始密度为 1.186g/cm^3。分布在 1.13～17.90GPa 范围内的 17 个 Hugoniot 点经线性拟合后的关系式为 U_s=2.32+1.70u_p。研究显示，在较低压力时，U_s-u_p 平面上的数据更为分散并变得弯曲。

Johnson 等进一步研究了 Estane 5703 在低压加载下的动态响应，并对 PBX9501

的黏结剂Estane-NP也进行了研究[176]。研究所用Estane 5703的初始密度为1.19g/cm^3，按50∶50的Estane∶NP混合物的初始密度略高，为1.27g/cm^3。实验在一级轻气炮上进行，利用Z切向的石英和TPX[poly(4-methyl-1-pentane)]作为飞片撞击聚合物样品靶。Estane上低粒子速度点(0.076km/s，0.124km/s，0.291km/s)对应的Hugoniot点也显示了坐标平面上曲线的存在，聚合物体在相应截距处的体声速约为(1.742km/s)。低压段数据的线性Rankine-Hugoniot拟合关系式为U_s=2.00+2.00u_p。在Estane-NP材料上只得到两个Hugoniot点，对应的撞击速度分别是196m/s(TPX飞片)和179m/s(Z切向石英飞片)。获得的Estane 5703的Hugoniot数据对应的粒子速度都未超过2.5km/s，数据对应的区域恰好处于大多数聚合物发生化学变化的区域之下。

Bourne等研究了Estane的冲击响应行为[177]。他们的实验中采用口径50mm和75mm的轻气炮发射了安装在聚碳酸酯托板上的钨、铜或铝质飞片。纵向应力采用安装在靶标撞击端和后表面的锰铜压力计进行测量。此外，材料中还内置(离撞击端约4mm)了侧向应力计(锰铜，MicroMeasurements LM-SS-125CH-048)来开展测试。

2. PTFE

PTFE是工程中最常用的聚合物，PTFE的冲击行为被广泛研究。实际上，它可能是至今采用冲击方法研究最多的聚合物。Johnson等[176]、Carter和Marsh等[166]、Morris等[178]及其他一些人[179]采用了高能炸药驱动装置和气炮驱动飞片对其进行高压实验研究。对PTFE包括状态方程和冲击回收在内的冲击响应行为研究得最为深入的是Morris等[178]。研究结果表明，PTFE的相图很复杂，其在常压常温下就有至少4种已知的晶态相。Champion[180]和Robbins等[180,181]一直尝试在动态实验中寻找II-III晶态相转变的证据。静高压下的II-III晶态相转变发生在0.5～0.6GPa附近[182-185]。最近，激光冲击结合拉曼光谱也观察了这种转变[186]。

PTFE的部分Hugoniot数据如图4.23所示。近来，关于精选杜邦级PTFE材料的Hugoniot数据也已经被报道。

总体上，不同实验室给出的Hugoniot数据都吻合得很好。数据的差异可能来自不同的晶态比例和密度。例如，Carter和Marsh研究用的材料的初始密度为2.152g/cm^3，而Morris等用的材料的密度则为2.204g/cm^3，对应的晶态比例的差异接近20%。

在低压下，Champion发现了一个由II-III相变引起的拐点，相应的体积变化为2.2%[180]。拐点下部和上部的线性拟合关系分别是U_s=1.258+2.434u_p(压力＜5kbar)和U_s=1.393+2.217u_p(压力>5kbar)[180]。Robbins等发现这一结果和Champion的结果是一致的，虽然后者对应的拐点出现在更高的压力(约7kbar)[181]。Robbins的实验样品比Champion实验中用的密度要低，对应更低的晶态比例。最近更多的实验将冲击方法应用到更为优质的PTFE样品中，这些样品有固定的晶态比例及其他明确的材料属性。Los Alamos国家实验室做的工作中出色的一点是，他们使用了

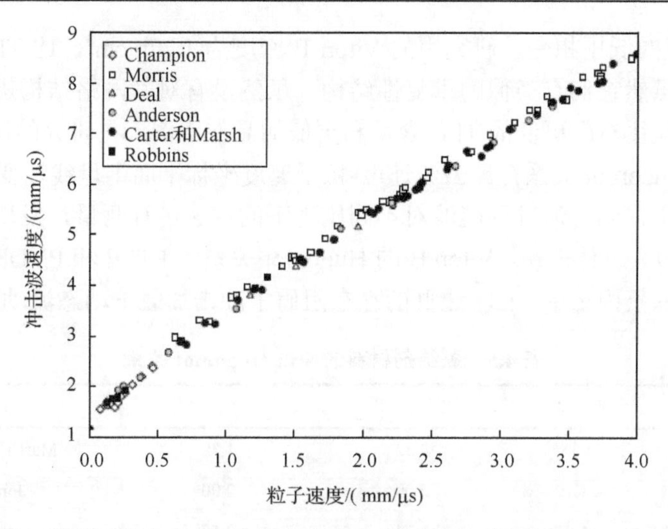

图 4.23　不同工作中 PTFE 在冲击波速度-粒子速度平面上的 Hugoniot 数据

嵌入式电磁速度计，这使得对冲击波的演化规律的深入了解能通过对粒子速度和冲击波波阵面的实时测量实现[188]。在低压时，可以观察到波阵面上明显变圆，这种圆的程度会随着输入压力的增加而降低。当压力高达 11.7GPa 时，波阵面几乎观察不到任何圆形的迹象。要理解聚合物波阵面演化规律，以及随着输入冲击波压力和应变率变化时与应变率相关的力学属性之间的关系，还需要开展更多的工作。

3. THV 500 和 Viton B

THV 和 Viton 系列聚合物是相近的氟化共聚物。THV500 为出现较早的氟化三元聚合物。Viton B 树脂与其类似，为偏二氟乙烯、六氟丙烯和四氟乙烯组成的三元聚合物。Viton A 为偏二氟乙烯和六氟丙烯的共聚物。杜邦公司指出氟成分在 Viton A 中质量分数占 68%。Viton A 曾用作 PBXs 黏结剂。

Dattelbaum 等曾用飞片撞击实验研究过 THV 500 的冲击压缩行为[189]。飞片撞击实验采用 Los Alamos 国家实验室的一级和二级轻气炮发射含有 PCTFE 撞击体的莱克桑飞片，去撞击 THV500 靶标。实验采用嵌入电磁速度计来实时测量波阵面附近的粒子和冲击波速度。依据测得的 Hugoniot 数据点拟合的线性关系为 U_s=1.62+2.02u_p。截距为 1.62km/s，比体声速(c_b=1.34km/s)高大约 300m/s。相比同聚物，THV500 的聚合物结构中作为边链的六氟丙烯会增加网络结构的自由体积，改变分子间和分子内作用力对压力的依赖关系，而这可能是 Hugoniot 关系在低压时出现非线性的原因。等熵体积模量关于压力偏导同样可以通过线性 Rankine-Hugoniot 关系拟合得到，其中 s=2.02，K_s=7.1。

Millet 等采用一级轻气炮发射铝合金(6082-T6)和铜飞片来研究了 Viton B[190] 的 Hugoniot 关系。由于 Viton B 含有 TFE 重复性结构，研究者希望观察到类似于

PTFE 中出现的低压相变。研究用的 Viton B 密度为 1.77g/cm^3，比 THV 500 的密度低得多，虽然它们有类似的重复性结构。虽然没有对其网络结构进行表征，但更低的密度往往对应更低的 TFE 含量和更低的晶态比例。在研究的压力范围内，Viton B 的 Hugoniot 关系在冲击波速度-粒子速度坐标平面上呈线性变化(表 4.5)。在一些实验中，同时通过稀疏波对不同压力下的声速进行测量，发现这个数值偏高(3～4km/s)。总体来说，Viton B 的 Hugoniot 关系比 PTFE 和 PVDF 都高。这有可能是由于六氟丙烯中—CF_3边群的存在阻碍了冲击加载下动态流动。

表 4.5　黏结剂材料的冲击 Hugoniot 关系

黏结剂名称	初始密度	C_0/(km/s)	s	数据来源
Estane 5703	1.186	2.32	1.70	Marsh, LASL 手册
	1.19	2.00	2.00	Johnson 等
50:50 Estane:NP	1.27	1.74	2.57	Johnson 等
Kel-F 800	1.998～2.02	1.838	1.824	Dattelbaum 等 3 结晶度
Kel-F 81	2.14	1.989	1.763	Sheffield 和 Alcon, LANL 气炮数据
Viton B	1.77	1.88	2.37	Millet, Bourne, Gray
THV 500	2.00～2.01	1.62	2.02	Dattelbaum 等
HTPB	1.46	1.53	2.84	Millet, Bourne, Akhavan “HTPB 1”
	1.43	1.65	2.13	Millett, Bourne, Akhavan “HTPB 2”
PVDF	1.77	2.587	1.575	Carter 和 Marsh
	1.78	二次拟合	U_s=2.01+3.54u_p−1.72u_p^2	Millet 和 Bourne 低压
PTFE	2.165	1.35	2.45	Robbins-below cusp
	2.165	1.20	2.78	Robbins-below cusp
	2.175	1.258	2.434	Champion-below cusp
	2.175	1.393	2.217	Champion-above cusp
	2.150	1.14	2.43	Johnson 等
	2.151	1.68	1.79	Carterr 和 Marsh 低压
	2.151	2.08	1.62	Carter 和 Marsh 低压 Pressure
	2.15	1.84	1.71	Bourne
Polychloroprene	1.42	1.40	4.00	Bourne

4. Kel-F 800 和 PCTFE(Kel-F 81)

至少已有 5 个公开报道过的对 PCTFE(Kel-F 81)动态响应的详细研究工作，这些工作来自 Carter 和 Marsh[166]，Los Alamos 的 Johnson、Halleck 和 Wackerle[191]，最近的 Anderson 和其合作者[192]， Sheffield 和 Alcon[193]以及 Weinberg[194]的贡献。前两项工作的数据是采用高能炸药爆轰驱动实验获取的。Sheffield 和 Alcon 及 Weinberg 的结果则是轻气炮驱动飞片装置上得到的。Anderson 的研究则主要聚焦于低压段(0.2～2.0GPa)的对称碰撞实验，对应的飞片撞击速度分别是 130～136m/s 和 766～783m/s[192]。所有实验中的冲击波速度都是通过直接测量获取的。粒子速度则通过阻抗匹配方法(对应平面波发生器实验)或直接通过嵌入式电磁速度计(对应 Los Alamos 国家实验室的轻气炮驱动实验)获取。在压力小于 8.0GPa 时，Johnson、Hallacke 和 Wackerle，Sheffield 和 Alcon、Carter 和 Marsh 获得的 Hugoniot 数据的线性 Rankine-Hugoniot 拟合结果有很好的一致性，对应结果为 U_s=1.963+1.839u_p。当 u_p 高于 1.0mm/μs 时，数据相比低压段的线性关系有所偏移。

最近，冲击加载实验结合嵌入式电磁计技术对具有不同晶态比例(1.3%～15%)的 PBX 黏结剂 Kel-F 800 进行了研究。聚合物材料被由颗粒状形式加工成可用于气炮实验的固态弹丸(图 4.24)。粒子和冲击波速度由嵌入式粒子速度计的响应进行推算得到(图 4.25)。

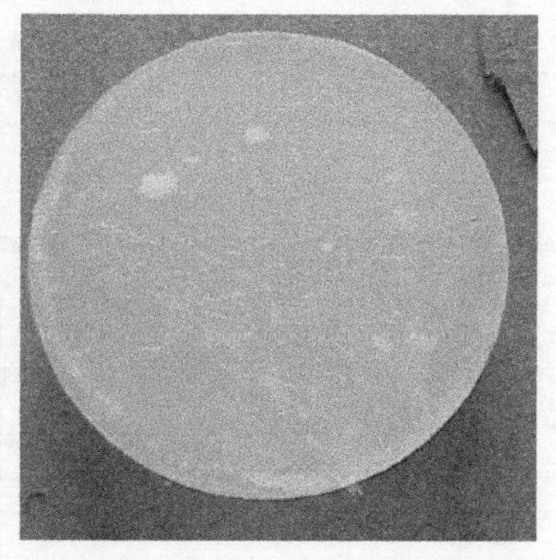

图 4.24　Kel-F 800 黏结剂颗粒的初始图像及经过压铸处理后的图像(90℃和 15000psi)

电磁速度计引起的电压变化和材料中的粒子速度、磁场分布、电磁计的长度呈比例关系。冲击波到达嵌入式电磁计的时间结合其在样品内部的拉格朗日坐标就可计算得到 U_s。三种晶态质量分数分别为 MP=1.3%、HX=12%、CM=15%的 Kel-F 800 在 U_s-u_p 平面上采用线性 Rankine-Hugoniot 拟合后(U_s=C_0+su_p)，对应的参数为 s=1.824(±0.052)和 C_0=1.838(±0.059)。即使晶态比例的差异接近 15%，所有数据和关系式仍然吻合得很好，这使得人们可以在研究 PBX 中一系列晶

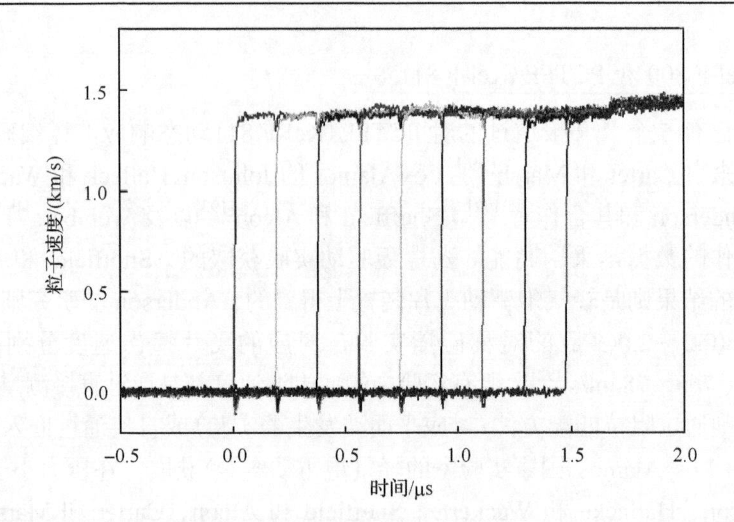

图 4.25　Kel-F 81(PCTFE)以 3.2km/s 速度撞击 Kel-F 800 时内置电磁粒子速度计的实测数据

态比例聚合的冲击响应和状态方程时，可以指定其作用的比例范围。共聚物 PVDF 和 Kel-F 81 经线性 Rankine-Hugoniot 拟合后的表达式分别为 U_s=2.587+1.575u_p 和 U_s=1.963+1.839u_p。每种共聚物已知都有比 Kel-F 800 大的结晶比例。Kel-F 800、Kel-F 81 以及相关的含氟聚合物 PTFE 和 THV 500 冲击下的数据如图 4.26 所示。

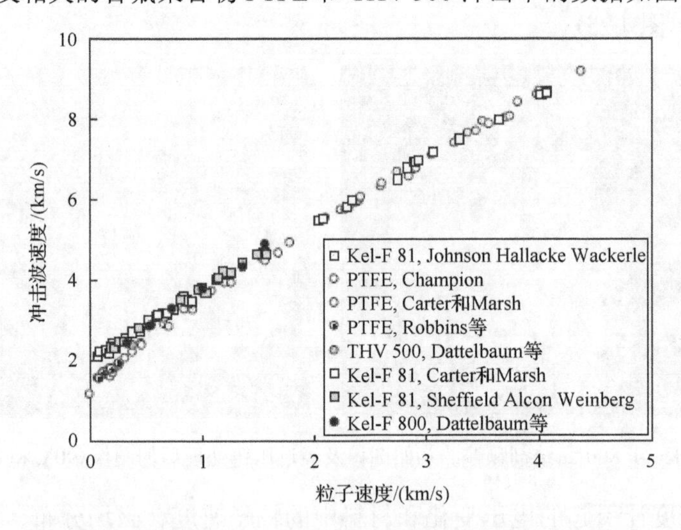

图 4.26　含氟聚合物 Kel-F 800、Kel-F 81、PTFE 和 THV 500 的 Hugoniot 数据汇集

5. HTPB

HTPB 的 Hugoniot 数据最早由 Gupta 和 Gupta 进行了测量[195]。最近，Millett 及其合作者对两种不同的 HTPB 配方的动态响应进行了研究。其中一种配方属于

Royal Ordnance 公司(Glascoed，UK)的专有配方。第二种配方由 Millett 等通过 HTPB(Krahn Chemie GmbH)与异佛尔酮二异氰酸酯(isophorone diisocyanate)间的反应制备而成，其中使用二月桂酸二丁基锡作为催化剂。两种配方的密度是相近的：Royal Ordnance 公司的为 $1.46g/cm^3$，英国皇家军事科技学院(Royal Military College of Science)制备的为 $1.43g/cm^3$。两种配方都具有线性 Rankine-Hugoniot 响应关系，只是冲击波速度-粒子速度坐标平面上的斜率存在显著差别。对于塑化剂材料，压力位于 0.44～3.7GPa 的 5 发实验数据的拟合结果为 U_s=1.53+2.84u_p。在第二种材料上进行的 3 次实验给出的线性关系为 U_s=1.65+2.13u_p。两种材料之间的差异是因为添加剂的加入，如 Royal Ordance 公司把塑化剂加入了 PBXs 的黏结剂配方。

6. 黏结剂的 Hugoniot 数据的汇总

表 4.5 总结了大量关于聚合物黏结剂材料冲击实验数据的 Rankine-Hugoniot 拟合结果(有时也称为 Hugoniot 状态方程)。

总体来说，黏结剂的 Hugoniot 数据具有一定的分布范围。依据线性 Rankine-Hugoniot 关系式的 y 轴截距计算的体声速介于 1.7～2.7km/s，其中聚氯丁烯例外(4.0km/s)。同样，斜率 s 一般介于 1.2～2.5。

图 4.26 展示了冲击波速度-粒子速度平面上含氟聚合物 PCTFE、Kel-F 800、PTFE 和 THV 500 的部分数据。Carter 和 Marsh 描述的聚合物动态响应的普遍特征都可以在图中找到。此外，图中 PTFE 的例子展示了相变对 Hugoniot 关系的影响。PTFE 在低压段的数据明显比其他含氟聚合物材料要低。这和低压下的Ⅱ-Ⅲ相变有关(0.5～0.7GPa)，出现了螺旋-平面形的锯齿形链式结构的改变及相应的体积塌缩约为 2%。

4.4.4　等熵压缩

等熵压缩实验是对冲击压缩实验的一种补充，其采用“斜”波或者压力渐变的波对材料进行加载。等熵压缩测量的是等熵线，对应状态方程的另外一种形式。本节将简要介绍下等熵压缩实验(ICE)的作用，并主要聚焦于 Sandia 国家实验室近期在 Z 装置进行的 ICE[196-198]。

在体应变较低时，Hugoniot 线和等熵线基本是等同的[199]，要获得整段 Hugoniot 线，往往需要进行数次实验；但整条等熵线的获取却只需要一次实验。用于 ICE 的 Z 加速器中的阴极和阳极间连接这一个正方形的短配件，中间有一个可撤去的空隙。随着电流脉冲的加载，样品表面的压力平缓增加，压力取决于电流密度和磁场强度的乘积。随着时间变化的磁压可用下面的表达式给出[197]：

$$P_B(t) = \frac{1}{2}\mu_0[J]^2 \tag{4.72}$$

式中，μ_0 对应自由空间磁导率。一个典型的电流脉冲能在约 2μs 时间内升到 20mA，产生的 P_B 在 100GPa 量级。考虑到材料在这样压力下的非线性效应，初始的压缩波最终将发展为冲击波。但是，这些冲击波的形成可以通过对样品尺寸、加载压力和脉冲持续时间的选择有效地避免。

通过在 Z 装置上同时加载两块样品，就可获得材料的等熵状态方程。其中一个样品作为另外一个样品的内部参照物。采用任意反射面干涉测速系统（VISAR），两个样品后表面的速度历史都可获取。结合样品尺寸和速度历史，就可构建 *P-V* 等熵线了[200]。

Sandia 和 Los Alamos 国家实验室的联合小组在 Sandia 的 Z 装置上对 Estane 5703、Estane-NP、HMX 晶体细颗粒和 Estane 黏结剂的混合物、PTFE、Kel-F 81、Kel-F 800 和 THV 220（四氟乙烯、偏二氟乙烯和六氟丙烯的共聚物，由 Dyneon 公司制备）进行了等熵压缩测试。此外，针对 HTPB 进行了研究[202,206]。

4.4.5 特别专题：聚合物在动态压缩下的行为

1. 聚合物网络的压缩性

对于液体、聚合物和软的有机材料，冲击波速度-粒子速度平面上 Hugoniot 关系中出现的弯曲是普遍存在的。这归因于在低压时多孔洞和自由体积被压缩，以及晶态材料中分子间和分子内作用力之间的差异。对于液体，这种弯曲变化是渐变式的，但固体聚合物网络中这种弯曲变化更为显著一些，在压缩中会达到一个“塌缩”压力（自由体积被完全压缩、1～1.5GPa）。在聚合物中，自由体积来自与网络结构相关的链间空间及体积增生特征（如叉链、分叉、边链尺寸等）。自由体积结构对于很多工业应用很重要，如可以在聚合物网络中实现气体流通、小分子的扩散及黏弹性要求[166,208]。

有一些方法可以用来估计聚合物中的自由体积。常见的方法结合了 Williams-Landel-Ferry（WLF）方法和 Doolittle 的方法[209]。该方法基于温度高于 T_g 时的经验观察，所有力学及电子弛豫过程与温度的关系都可用单一函数进行描述。函数中的经验“通用常数”与聚合物中的自由体积相关。“通用常数”来自 Doolittle 公式，该公式推测聚合物黏性与温度间的关系主要依赖自由体积的大小。当 $T \to T_g$ 时，自由体积会出现突变，与之对应的是聚合物黏性上的很大增加[211-214]。发现自由体积在 T_g 处的变化在过冷流体中普遍存在[209]。自由体积分数（$f_g = \dfrac{v_f}{v_0 + v_f}$），其中 v_0 和 v_f 分别代表核心和自由体积，在玻璃态转变温度 T_g 处发现，f_g 的普遍值接近 0.025(或 2.5%)。这种普遍性与 Fox 和 Flory、Simha 和 Boyer 等的等自由体积假定是一致的，他们的假定认为自由体积的热膨胀系数为一个恒定值 $\alpha_{FV,\ glass}$(温度低于 T_g 时)[215,216]。当温度高于 T_g 时，非晶态态聚合物中的自由体积分数的增加与热膨胀系数差异[$\alpha_2=(\alpha>T_g-\alpha<T_g)$]和温度变化[$f=f_g+\alpha_2(T-T_g)$]呈比例关系。

等核体积模型假定聚合物核心体积维持不变，整体体积随温度的变化只与自由体积有关。最近，正电子湮没寿命谱(PALS)结合 *P-V-T* 实验用来研究聚合物中自由体积的占比，以及其在温度低于和高于 T_g 时随温度变化的膨胀行为。PALS 是唯一能直接实验测量自由体积的方法。最近的工作发现，对于中等分子质量的非晶态聚合物的玻璃态，如聚(甲基丙烯酸甲酯)(PMMA)、聚(苯乙烯)(PS)和聚(2,6-二甲基苯醚)(PPO)，实际上并不能认为是等自由体积状态。在温度低于玻璃态转化温度时，核心和自由体积均随温度有所增加。实际上，相对于核心体积膨胀，自由体积膨胀在温度低于 T_g 时的热膨胀中仍然处于主导地位，与之相对应的是 Fox 等和 Simha 等提出的等自由体积假设(α_{FV} 可以比 α_{core} 大一个数量级)[215, 216]。自由体积占比的突然变化发生在温度 T_g，伴随而来的是在温度高于 T_g 时，自由体积带来更多的热膨胀。温度高于 T_g 时总的热膨胀仍然主要由自由体积主导，原因为温度高于 T_g 时出现的类似于“液体”的聚合物链的移动。PMMA、PS 和 PPO 中自由体积的占比从 6%到 15%不等，明显高于“普适值” 2.5%[217]。

根据 van der Waals 理论和分子体积推导得到的第一性原理也可用来估算自由体积占比。分子或聚合物链的 van der Waals 体积通过 Bondi 方法计算，基于原子和群半径的推荐值[218]。这种方法采用球形假设，并认为键距离、角度和 van der Waals 半径 r_w 为已知，van der Waals 体积(V_w)和 Lennard-Jones 分子最小势能 V^* 相关，V^*的值由实验测定的经验线性关系 $V^*=1.3–1.4V_w(0K)$ 或对于聚合物更适用的[$V^*=(1.45V_w)+3.88$]及液体更适用的[$V^*=(1.6V_w)$]决定。自由体积通过 van der Waals 体积和核心体积的比例进行估算，V_f(自由体积)$=1-V_{core}/V_m$(V_m 代表分子体积或 $1/\rho$)。

采用这些方法对交联结构的 PDMS 的自由体积进行估算[50]。研究了线性 PDMS 和交联结构的 Sylgard184 的体积热膨胀系数[220]，并结合 WLF/Doolittle 方法给出了自由体积占比，对于线性 PDMS，在温度高于 T_g 时，f_g 为 10%～15%且与分子质量相关。因为更少的末端和更好的链结构，PDMS 的一个显著分子特征是随着分子质量的上升，分子体积会下降(密度上升)[78]。对于 Sylgard 184 的冲击波速度-粒子速度平面上出现的弯曲，同样采用了经过修正的 *P-a* 模型进行类似描述[207]。多孔材料的状态方程分析预测自由体积含量约为 10%，完全破碎压力约为 1.5GPa。此前，这个模型用来分析 Estane 5703，自由体积占比约为

1.4%[207]。Estane 5703 网络结构中的相分离和结构特征可能具有更低的自由体积预测值[221]。同时，按此方法得到的 Kel-F 800 的估计值约为 3%[221]。最近，一些工作尝试测量采用正电子湮没寿命谱(PALS)测量黏结剂材料中的自由体积[222]。对于 Sylgard 184，PALS 测得的自由体积约为 18%，和采用这些方法估算的数值是一致的。

2. 聚合物中的冲击诱导化学

伴随冲击波的高压和高温能够使含能和惰性材料产生损伤、断裂和化学反应。对于软的材料，聚合物经受塑性变形、冲击损伤和化学变化的压力和温度阈值将比其他类别的材料更低。

Carter 和 Marsh 发现聚合物通常会出现一个高压下的转化，这个变化对应 U_s、u_p 平面上出现在 u_p 为 2～3km/s 的斜率变化[166]。这个冲击波速度-粒子速度平面上的不连续点归因于分解过程，虽然这一点并没有在多种类型的聚合物得到严格考证。关于这种转变的微观机理还存在一些争论，对于它到底是由固-固相变还是分解反应的产物导致的存在疑问。Morris 等发现稳态马赫压缩盘作用下的聚乙烯中的高压相变主要是由不可逆的分解产物引起的[223]。通过检查冲击波作用后样品的原子和分子样本、结构及形态，大多数的产物为无定形碳。

为了理解高压下的 Hugoniot 关系，特别是尖点的出现或者高压下的非线性现象，Morris 等对 PTFE 进行了冲击回收实验。在他们的实验装置中，PTFE 样品柱被约束在钢管中。马赫盘放置于样品中心，在样品柱中心到约束固壁间形成放射形的压力分布。检查实验后的 PTFE 样品柱发现中心出现了一个小洞，小洞中充满了无定形碳。通过对产物的气体分析发现，CF_4、C_2F_6 及其他一些全氟化气态产物均有形成。

虽然一般假定聚合物在足够的冲击压力和温度作用下能像爆炸物一样分解为小分子产物，但初步的爆轰化学实验(Los Alamos 国家实验室)发现只有部分破碎现象出现，类似聚二甲硅氧烷泡沫的产物混合物中发现的低聚物样本[224]。对于 PMMA、Kapton 和 Vespel，也有一些在冲击作用和冲击回收得到的样品中观察到的全新产物的报道[225]。

Graham 和其他学者研究了聚合物在冲击作用下由部分键断裂可能带来的一种效应。一些聚合物显示出冲击导致电导率变化或冲击极化。冲击极化现象在甲基丙烯酸甲酯、聚苯乙烯、尼龙、聚乙烯、PTFE、聚氯乙烯、聚(均二甲酰亚胺)(PPMI，或 Vespel SP-1)和其他一些聚合物中均有发现[226-232]。所有样品中，现象对应一定比例的压缩作用。Graham 调查了一些聚合物中压缩引起的极化相空间，并将其划分为三个区域：压缩发生区域、强极化发生区域(极化度范围跨越三个数量)和饱和区域[232]。他同时发现具有复杂骨干结构、并伴有环状结构的聚合物显示出较强的冲击极化特征，并认为这可能是由它们易于发生冲击下的键断裂引起的。

冲击下的电导率测量可以追溯到20世纪40年代晚期苏联人在PMMA上进行的工作[233]。对PTFE、PE、聚氯乙烯、聚醋酸乙烯、聚三氟氯乙烯和聚乙二醇对苯二甲酸酯在动态和静态压力作用下的电导率变化进行研究，许多材料在高压下都保持绝缘甚至呈现出电阻增高的趋向[234-237]。但是，冲击波加载下的PPMI和Kapton薄膜却展示出电子“开关”的特征。

联系到在冲击作用下具有压电效应的聚偏二氟乙烯(PVDF)。PVDF在α相时呈现TGTG分布(T=通，G=断)，当伸展或发生一定形变时，就会转换为全通型分布，即β相。聚合物骨干上偶极子们的取向决定了β相是天然极化的。这种变形导致的相变被成功地利用，PVDF用作冲击波实验中的应力计[239-242]。

Sheffield和Dattelbaum最近研究了一些简单分子的冲击响应，这些以碳基、硅基聚合物为代表的简单分子被认为会在冲击作用下发生反应。在叔丁基乙炔和三甲基硅乙炔的冲击作用实验中，材料在中等压力下呈现出冲击诱导的化学反应，生成的反应产物比液态反应物更为稠密。通过研究两种在结构上只有单个原子差别的材料(从C到Si)，研究者希望找到用于断裂化学键的压缩能量上的差异。有趣的是，两种材料中的能量几乎一致，这表明在乙炔基上的C—H键可能才是首先断裂的键位，而不是取代基和乙炔基上的C—C或Si—C键。研究还认为，冲击下的化学反应很可能与乙炔分子再冲击作用下的二聚和三聚行为有关。

理解冲击作用下的化学反应仍然是一个巨大挑战。聚合物行为的表征方法也与金属材料存在极大不同。不像金属，人们无法通过晶相信息来理解和冲击相关的损伤机制。无论如何，人们仍然能对聚合物材料在冲击中和冲击后的一些熔化行为、晶态比例变化、密度、塑性变形和相关微结构的改变、相变(亚稳态相出现的可能性)、分解化学进行研究和探索。

3. 聚合物的冲击回收

冲击回收技术，或者说冲击后样品的回收检测及表征，是一种用于了解冲击加载后材料性质的常用方法。冲击回收和冲击损伤评估实验成功的关键在于对样品几何结构和加载路径的仔细设计，以确保回收样品在实验中主要受单轴冲击压缩的作用及具有较好描述加载状态(如峰值压力等)[244-249]。软性回收实验采用“动量捕捉方法”，其中测试样品用冲击阻抗材料限制以减缓样品边界的应力波作用(可能导致层裂)。为了进一步将由稀疏波作用引起的应力和塑性行为最小化，一般在回收实验中将样品的直径厚度比例控制在7∶1。一些研究者在实验中尝试了如约束状态、星形、方形及一些组合态的样品几何结构[245-249]。衡量动量捕捉实验成功与否可以通过测量样品中的残余应变来进行，ε_{res}代表测试前后的厚度比值。对于金属材料的成功捕获实验，典型的 ε_{res} 值为 0.2%～0.5%。对回收后样品的颗粒结构(金属)的分析及总体力学性能的分析能帮助了解冲击波作用后金属的损伤机理。

有大量关于金属材料冲击回收以及通过回收检测和测试研究金属的冲击损伤和强度变化的研究报告。对于聚合物及其他软材料，这类研究比较少，因为同时控制一维冲击加载和“软材料捕获”都存在一定挑战。一种金属材料的成功回收方法通过在爆炸或气炮驱动的飞片前表面或窗口中使用相同材料来实现。装置中研究样品的一些特征用于实现一些特定功能，如动量捕获环、与靶标阻抗匹配、对装置边界反射的稀疏波的兼容、靶标与环之间的界面波作用的最小化。样品从高压状态和捕获环中释放后，将在边界稀疏波作用到样品之前被软捕捉材料捕获。装载样品的装置后部有层裂片(在样品撞击面的相反方向)，它的目的是用来吸收样品后的损伤和层裂。靶标装置在前端有一个弹体剥离器用来剥离重的弹体，避免其在晚期对样品造成损伤；同时有一个软的捕获腔(内部装有软的布、毛毡)或是有时用于爆炸驱动实验中样品回收的装满水的大容器。

Bourne 和 Gray 用欧拉爆炸流体动力学程序对他们用于回收聚合物的实验装置进行了模拟[258]。模拟展示了冲击波实验器件一维应变的变化，样品中最大的横向应变为 0.2%。这套实验装置被用于研究 PMMA、HTPE、PTFE 和一种 HTPB 非晶态组分在冲击作用下的变化。

PMMA 用于测试这套软性材料回收装置。实验用 EB3 型钢飞片以 300m/s 的速度撞击 PMMA，依据回收样品的几何尺寸计算得到的横向应变小于 1%。样品本身沿冲击波作用方向也被永久性地压缩了。

HTPB 的冲击回收实验同时研究了另一种材料[259]，这种材料为异佛尔酮二异氰酸酯(IPDI)交联结构配方。软回收的 HTPB 在其非晶态或熔融态温度附近显示没有发生任何变化。同时，也没有任何证据显示 HTPB 在 1.5GPa 的冲击压力作用下发生了任何化学反应，同样也没有证据显示其分子质量或交联密度发生了变化。

对聚合物-玻璃混合物响应的研究是这类工作的一个补充，它被当成塑性黏结炸药的一种物理模拟。在其中一个实验中，样品是由 30μm 直径的玻璃粉和 HTPB 混合而成的，然后采用 200m/s 的钢飞片对其进行撞击[259]。在实验前后将用扫描电子显微镜(SEM)对混合物样品进行扫描检查，结果显示冲击作用下黏结剂从玻璃颗粒上的断裂和脱落，但没有观察到玻璃粉末出现损伤。

Brown 和他的合作者最近给出了 PTFE 在 II-III 晶相转变压力附近的冲击回收结果。PTFE 采用的回收方式与 Bourne 等的类似，其残余应变小于 1.3%。他们在差示扫描量热法的测试结果中发现，高于相变压力的冲击作用将导致结晶比例从 38%增加到 53%。他们也能根据敲击模式的原子力显微镜观察到的细观结构的变化对输入的冲击压力进行修正。从冲击波作用后力学性能的评估来看，在低于相变压力冲击作用后 PTFE 会有杨氏模量和屈服应力的下降，而高于相变压力的冲击作用会带来杨氏模量和屈服应力的下降。

4. 聚合物中的层裂

层裂是由材料中稀疏波动态拉升导致的一种材料断裂。虽然所有断裂都被认为是一种“动态过程”，但层裂一般发生在高应变率尤其是压缩/冲击波通过材料时。对层裂过程中成核现象、微裂纹或空穴的增长和聚集的分析有助于建立层裂机理的理论模型[261]。因此，层裂样品常采用软的碎屑或“软”材料环境(如水或毛毡)等“软性回收”手段进行回收分析。

大量文献资料是关于设计合适实验装置来进行金属材料的冲击回收研究的[250,251]。金属中总的流动应力可以归因于这些因素：位错-位错运动的强度、Peierls 扭曲势垒、硬化机理、颗粒边界[250,251]。微观结构的改变依赖于应变路径、应变率和温度。铜、铝、锌、锆和其他金属的回收物的 SEM 和/或透射电镜(TEM)结果显示，高应变率变形导致的微观结构变化包括位错、面滑移、堆叠错位和孪晶[251]。如果材料经过适当的冲击作用和回收，损伤在整个材料中通常具有很好的一致性[250]。一些常态环境下存在的亚稳相也在部分条件下被发现[250]。为了对微观结构分析进行补充，回收材料的力学测试也用来加强对微观尺度和宏观尺度下冲击作用后的材料性质的理解。大多数金属材料在冲击作用下会比准静态压缩至同等应变率具有更大的机械硬化程度，同时也具有更大的再加载屈服强度。机械硬化被认为是由冲击加载后的金属中存在更高浓度的位错点导致的。

相比之下，只有很少关于陶瓷或其他脆性材料的冲击损伤数据。缺乏数据的主要原因是这些材料较低的屈服强度，以及极大可能在发散波作用下的断裂和压缩波作用下的应力集中与断裂[261]。陶瓷材料中一些固有的微结构，如孔洞、微裂纹和颗粒边界，都是导致断裂的应力集中点。这些材料是固有的各向异性，它们的主要损伤机理是塑性变形。依据高度碎片化的样品了解损伤机理非常困难，因为很难分辨这些损伤到底是由冲击作用过程中塑性变形还是破碎过程中张力释放造成的。

虽然基本没有聚合物相关的冲击损伤研究，但有一些工作研究了聚甲基丙烯酸甲酯(PMMA)和聚碳酸酯(PC)这些玻璃态的坚硬材料中的层裂现象。在 PMMA 中，在层裂信号出现了小尺度的振荡，这在这类聚合物中是罕见的。这可能是由层裂碎片引起的信号反射或来自非晶态聚合物的黏弹性响应。随着 PMMA 中输入应力峰值的增加，碎片变得更为黏稠，这可能是由聚合物的热效应和塑化造成的[261]。测得的 PMMA 层裂强度为 0.17～0.21GPa。PC 材料是透明的，这让测量材料中的宏观裂纹变得容易。Curran、Shockey 和 Seaman 的工作表明，PC 材料中的层裂现象表现为样品中很多短裂纹的聚集[261]。成核现象比较少见，但成核现象的存在会触发裂纹的增长并聚集成较大的裂纹。

Kanel 等研究了弹性体，发现它们和其他聚合物天然存在差异。在这些材料中，没有发现层裂，甚至没有空穴的形成(常见于最终的破裂过程)。这些发生在15～30MPa 的低“微空穴成核强度”阶段，材料并未出现彻底的断裂。

Johnson 和 Dick 在研究了 Estane 的低压 Hugoniot 关系和黏弹性后，又进一步调查了其层裂行为。冲击释放波剖面测量采用 VISAR，冲击波速度测量则采用撞击面上的压电探针来进行。采用有限差分波传播程序结合简单的空穴增长模型对实验数据进行了模拟，并成功地给出了空穴增长的压力阈值为 65MPa。空穴增长动力学造成的材料强度的逐渐降低也被 VISAR 测量所证实。研究没有尝试对冲击回收样品进行观测以便进一步了解损伤的本质。

Bourne 和 Gray 对 Estane 在逐渐增加的冲击作用下层裂和剪切强度的变化进行了研究[177]。Estane 在 280m/s 的撞击作用下出现层裂现象，对应于一个较低的层裂强度 0.015GPa，但目标材料中没有损伤的证据。从撞击表面上横向应力计的响应来看，横向应力随着时间的增加趋于下降，这被他们认为是材料在冲击加载下剪切强度下降的信号。

4.5 结 论

聚合物具有复杂的行为特征。在更高的压力(＞20GPa)下，要理解它们的状态方程和动态行为、进行材料性质的测量、持续挖掘相图信息、探索高压化学及理解与压力和应变率高度相关的各种属性仍存在挑战。发展新的工具和方法来研究非晶态材料的动态行为和状态方程性质被认为是研究极端条件下材料性质的优先方向[263]。随着高压领域聚合物的模型的不断完善，一定能在极端条件下对这些非晶态(或半非晶态)材料的响应方面有新的发现和突破。

感谢：作者们感谢包括 Sheffield、Robbins、Gustavsen、Engelke、Stahl、Alcon、Weinberg、Velisavljevic 和 Emmons 在内的 Los Alamos 实验室现在及过去成员在具体实验及日常工作上的帮助。我们同样非常感谢与聚合物项目团队成员之间持续而有益的讨论，特别是 BruceOrler、Kober、Brown、Rae 和 Clements。也要感谢能源部(Department of Energy)和 NNSA 的 Campaign 2 项目、LosAlamos 国家实验室的 DOE/DoD Joint Munitions 项目对动态加载下聚合物行为调研工作的支持。同时还要感谢下列国防实验室对我们工作的支持：Army Research Laboratory、NSWC-Dahlgren Division、NSWC-Indian Head Division、the Air Force Research Laboratory at Eglin Air Force Base。Los Alamos 国家实验室是由 Los Alamos National Security (LANS) LLC 在 Department of Energy 和 NNSA 授权下运营的实验室。

参考文献

[1] James, E. The Development of Plastic Bonded Explosives, Lawrence Livermore National Laboratory, UCRL-12439, 1965.

[2] Allcock, H. R.; Lampe, F. W. Contemporary Polymer Chemistry; Prentice Hall: Englewood Cliffs, NJ, 1990.

[3] Flory, P. J. Principles of Polymer Chemistry; Cornell University Press: Ithaca, NY/London, 1953.

[4] Dobratz, B. M.; Crawford, P. C. Lawrence Livermore National Laboratories Explosive Handbook:Properties of Chemical Explosives and Explosive Simulants; University of California:Livermore, CA, 1985.

[5] Eerligh, R.; van Gool, M. A.; Kramer, R. E.; van Ham, N. H. A. 17th International Annual Conference of ICT, 1986, pp. 10.1-10.12.

[6] Hercules, Urethane Technology; 1 January 1989, p. 33.

[7] Hercules, Chemical Week, 12 December 1981.

[8] Akhavan, J.; Burke, T. C. Prop. Expl. Pyro. 17, 271-274, 1992.

[9] Johnson, H. D.; Osborn, A. G.; Stallings, T. L.; Anthony, T. R. "MHSMP-77-54 Process Endeavor No. 105, " Pantex Plant, 1977.

[10] Osborn, A. G.; Stallings, T. L.; Johnson, H. D. "MHSMP-78–57 Process Endeavor No. 105, "Pantex Plant, 1978.

[11] Benzinger, T. M.; Loughran, E. D.; Davey, R. K. LA-8436-MS, Los Alamos National Laboratory, 1980.

[12] Stallings, T. L.; Osborn, A. G.; Johnson, H. D. MHSMP-81-17, Pantex Plant, 1981.

[13] Dobratz, B. "The Insensitive High Explosive Triaminotrinitrobenzene (TATB): Development and Characterization - 1888 to 1994, " Los Alamos National Laboratory, 1995, LA-13014-H, UC-741.

[14] Field, J. E.; Swallowe, G. M.; Pope, P. H.; Palmer, S. J. P. Inst. Phy. Conf. Ser., Oxford, 70, 381, 1984.

[15] Arnold, W. 35th Int. Ann. Conf. ICT, Karlsruhe, Germany, 2005, pp. 188-1–188-14.

[16] Eich, T.; Wild, R. 34th Int. Ann. Conf. ICT, Karlsruhe, Germany, 2003, p. 99-1.

[17] Mostafa, A. 37th Int. Ann. Conf. ICT, Karlsruhe, Germany, 2006, p. 56-1.

[18] Parker, R. 21st Int. Ann. Conf. ICT, Karlsruhe, Germany, 1990, p. 15-1.

[19] Vandenburg, E. J. United States, 1972.

[20] Vandenberg, E. J.; Woods, F.; Inc., H., Ed. U. S., 1972; Vol. 3, pp. 645, 917.

[21] Frankel, M. B.; Flanagan, J. E.; International, R., Ed. U. S., 1981, Vol. 4, pp. 268, 450.

[22] Frankel, M. B.; Wilson, E. R.; Woolery, D. O.; Hamermesh, C. L.; McArthur, C. Gov. Rep.Announce. Index 82, 2156, 1982.

[23] Frankel, M. B.;Wilson, E. R.;Woolery, D. O.; Hamermesh, C. L.; McArthur, C. Chem. Abst.97, 110490, 1982.

[24] Frankel, M. B.;Wilson, E. R.;Woolery, D. O.; Hamermesh, C. L.; McArthur, C. Chem. Abst.97, 74986, 1982.

[25] Kubota, N. Combustion Mechanism of Azide Polymer (I) and Part II, Japanese Defense Agency, 1988.

[26] Lavigne, J.; Lessard, P.; Ahad, E.; Dubois, C. International Symposium of Energetic Materials Technology, Orlando, FL, 1994, pp. 265–271.

[27] Leu, A.; Shen, S.; Wu, B. 21st Int. Ann. Conf. ICT, Karlsruhe, Germany, 1990, p. 6-1.

[28] Tokui, H.; Saitoh, T.; Hori, K.; Notono, K.; Iwama, A. 21st Int. Ann. Conf. ICT, Karlsruhe, Germany, 1990 p. 7-1.

[29] Kubota, N.; Sonobe, T.; Yamamoto, A.; Shimizu, H. J. Prop. Power 6, 686, 1990.

[30] Kubota, N. Prop. Explos. Pyro. 13, 172, 1988.

[31] Keicher, T.; Wasmann, F.-W. Prop. Expl. Pyro. 17, 182, 1992.

[32] Rizzo, H. F.; Humphrey, J. R.; Kolb, J. R. Prop. and Expl. 6, 57-62, 1981.

[33] Gibbs, T. R.; Popolato, A. LASL Explosive Property Data; University of California Press:Berkeley/Los Angeles, CA, 1980.

[34] Roy, S. B.; Roy, P. B. J. Phys.: Condens. Matter 11, 1999.

[35] Godwal, B. K.; Sikka, S. K.; Chidambaram, R.Phys. Rep. 102, 1983.

[36] MacDonald, J. R. Rev. Mod. Phys. 41, 1969.

[37] Tonelli, A. E.; Srinivasarao, M. Polymers from the Inside Out An Introduction to Macromolecules;Wiley: New York, 2001.

[38] Seymour, R. B.; Carraher, C. E. Structure-Property Relationships in Polymers; Plenum Press:New York, 1984.

[39] Rosa, C. D.; Auriemma, F.; Perretta, C. Macromolecules 27, 2004.

[40] Tait, P. G. Phys. Chem. 2, 1, 1888.

[41] Murnaghan, F. D. Proc. Nat. Acad. Sci. 30, 1944.

[42] Murnaghan, F. D. Finite Deformation of an Elastic Body; Wiley: New York, 1951.

[43] Birch, F. Phys. Rev. 71, 1947.

[44] Vinet, P.; Smith, J. R.; Ferrante, J.; Rose, J. H. J. Phys. C19, 1986.

[45] Vinet, P.; Rose, J. H.; Ferrante, J.; Smith, J. R. J. Phys.: Condens. Matter 1, 1989.

[46] Sun, Z.; Song, M.; Yan, Z. Polymer 33, 328, 1992.

[47] Dymond, J. H.; Malhotra, R. Int. J. Thermophys. 9, 1988.

[48] Neece, G. A.; Squire, D. R. J. Phys. Chem. 72, 128, 1968.

[49] Cutler, W. G.; McMickle, R. H.; Webb, W.; Sciessler, R. W.J. Chem. Phys. 29, 1958.

[50] Dattelbaum, D. M.; Jensen, J. D.; Schwendt, A. M.; Kober, E. M.; Lewis, M. W.; Menikoff, R. J. Chem. Phys. 122, 144903, 2005.

[51] Hayward, A. T. J.Brit. J. Appl. Phys. 18, 1967.

[52] Curro, J. G. J. Macromol. Sci.- Rev. Macromol. Chem. C11, 321, 1974.

[53] Johnson, J. N. Am. J. Phys. 36, 1968.

[54] Prigogine, I.; Trappeniers, N.; Mathot, V. Disc. Faraday Soc. 15, 1953.

[55] Prigogine, I. The Molecular Theory of Solutions; North-Holland: Amsterdam, 1957.

[56] Prigogine, I.; Bellemans, A.; Naar-Colin, C. J. Chem. Phys. 26, 1957.

[57] Flory, P. J.; Orwoll, R. A.; Vrij, A. J. Am. Chem. Soc. 86, 3507, 1964.

[58] Sanchez, I. C.; Lacombe, R. H. Nature 252, 1974.

[59] Sanchez, I. C.; Lacombe, R. H. J. Phys. Chem. 80, 2352, 1976.

[60] Simha, R.; Somcynsky, T. Macromolecules 2, 342, 1969.

[61] Lewis, G. N.; Randall, M. Thermodynamics; 2nd ed.; McGraw-Hill: New York, 1961.

[62] Mortimer, R. G. Physical Chemistry; 2nd ed.; Academic Press: San Diego, 2000.

[63] Sandia National Laboratory: Albuquerque, NM.

[64] MacDonald, J. R. Rev. Mod. Phys. 38, 1966.

[65] Baonza, V. G.; C´aceres, M.; N´u˜nez, J. Phys. Rev. B 51, 1995.

[66] Cho, J.; Sanchez, I. C. In Polymer Handbook; 4th ed.; Wiley: New York, 1999.

[67] Tammann, G. Uber die Beziehungen zwischen den inneren Kraften und Eigenschaften der Losungen; Leopold Voss: Hamburg, 1907.

[68] Rodgers, P. A. J. Appl. Poly. Sci. 48, 1061-1080, 1993.

[69] Hemley, R. J.; Mao, H. K.; Finger, L. W.; Jephcoat, A. P.; Hazen, R. M.; Zha, C. S. Phys.Rev. B 42, 1990.
[70] Cohen, R. E.; Gulseren, O.; Hemley, R. J. Am. Mineralogist 85, 338-344, 2000.
[71] MacQuarrie, D. A. Statistical Mechanics; Harper & Row: New York, 1976.
[72] Chandler, D. Introduction to Modern Statistical Mechanics; Oxford University Press: NewYork, 1987.
[73] Shen, M.; Hansen, W.; Romo, P. J. Chem. Phys. 51, 1969.
[74] Wada, Y.; Itani, A.; Nishi, T.; Nagai, S. J. Polym. Sci. 7, 1969.
[75] Prigogine, I.; Garikian, G. Physica 16, 239, 1950.
[76] Prigogine, I.; Mathot, V. J. Chem. Phys. 20, 1952.
[77] Hellwege, K.-H.; Knappe, W.; Lehmann, P. Kolloid-Z. Z. Polym. 183, 1962.
[78] Dee, G. T.; Walsh, D. J. Macromolecules 21, 815, 1988.
[79] Zoller, P. J. of Poly. Sci.: Polym. Phys. Edn. 20, 1453-1464, 1982.
[80] TA Instruments Product Information.
[81] Dattelbaum, D.M.; Sheffield, S. A.; Stahl, D. B.; Gustavsen, R. L.; Orler, E. B.; Velisavljevic, N. in preparation.
[82] Fox, T. G.Bull. Am. Phys. Soc 1, 123, 1956.
[83] Shen, M. C.; Eisenberg, A. Rub. Chem. Tech. 43, 95, 1970.
[84] Manzara, A.; Orler, E. B.; Dattelbaum, D. M. Private communication, 2006.
[85] Orler, E. B. Unpublished results Los Alamos National Laboratory, 2007.
[86] Roland, C. M.; Hensel-Bielowka, S.; Paluch, M.; Casalini, R. Rep. Prog. Phys. 68, 1405-1478, 2005.
[87] Skorodumov, V. F.; Godovskii, V. K. Polym. Sci. U.S.S.R. 29, 127-133, 1987.
[88] Mao, H. K.; Hemley, R. J. In Reviews in Mineralogy. Ultrahigh-Pressure Minerology:Physics and Chemistry of the Earth's Deep Interior, Vol. 37; Hemley, R. J., Ed.; MinerologicalSociety of America: Washington, DC, 1998.
[89] Bridgman, P. M. The Physics of High Pressure; G. Bell & Sons: London, 1958.
[90] Kawai, N.; Endo, S. Rev. Sci. Instrum. 41, 1178, 1970.
[91] Boyd, F. R.; England, J. L. J. Geophys. Res. 65, 741, 1960.
[92] Weir, C. E. J. Res. Nat. Bur. Stand. 46, 207, 1951.
[93] Weir, C. E. J. Res. Nat. Bur. Stand. 53, 245, 1954.
[94] Bridgman, P. W. Am. Acad. Arts Sci. 76, 71, 1948.
[95] Sanchez, I. C.; Cho, J. Polymer 36, 2929-2939, 1995.
[96] Sachdev, V. K.; Yahsi, U.; Jain, R. K. J. Poly. Sci. Part B: Polymer Physics 36, 841-850, 1998.
[97] Yan, Z.-T. Commun. Theor. Phys. 17, 389-392, 1992.
[98] Zoller, P.; Fakhreddine, Y. A. Thermochimica Acta 238, 397-415, 1994.
[99] Patrickios, C. S.; Lue, L. J. Chem. Phys. 113, 5485, 2000.
[100] Kontogeorgis, G. M.; Harismiadis, V. I.; Fredenslund, A.; Tassios, D. P. Fluid Phase Equilibria 96, 65-92, 1994.
[101] Tochigi, K.; Kurita, S.; Matsumoto, T. Fluid Phase Equilibria 160, 313-320, 1999.
[102] Brostow, W.; Duffy, J. V.; Lee, G. F.; Madejczyk, K. Macromolecules 24, 479-493, 1991.
[103] Barrett, A. J.; Domb, C. J. Stat. Phys. 77, 491-500, 1994.
[104] Kang, J. W.; Lee, J. H.; Yoo, K. P.; Lee, C. S. Fluid Phase Equilibria 194, 77-86, 2002.
[105] Sun, Z. H.; Song, M. Acta Chimica Sinica 50, 729-733, 1992.
[106] Schmidt, M.; Maurer, F. H. J. J. Poly. Sci. B: Polym. Phys. 36, 1061, 1998.
[107] Zoller, P. In The Polymer Handbook; Brandrup, J., Immergut, E. H., Eds.; Wiley: New York, 1989.
[108] Lichtenthaler, R. N.; Liu, D. D.; Prausnitz, J. M. Macromolecules 11, 192, 1978.

[109] Sachdev, V. K.; Jain, P. C.; Nanda, V. S. Mat. Res. Soc. Symp. Proc. 22, 243, 1984.

[110] Zoller, P.; Bolli, P.; Pahud, V.; Ackermann, H. Rev. Sci. Instrum. 47, 948, 1976.

[111] Gnomix PVT Apparatus, P. Zoller, Boulder, CO 80304, USA.

[112] Zoller, P.; Walsh, D. J. Standard Pressure-Volume-Temperature Data for Polymers; Technomic Publishing: Lancaster, 1995.

[113] Ames, R. G. MRS Symp. Proceedings, 2006, 896.

[114] Dattelbaum, D. M.; Velisavljevic, N.; Emmons, E.; Stahl, D. B.; Sheffield, S. A.;Weinberg, M.; Orler, E. B.; Brown, E. N.; Rae, P. J. Unpublished report; Los Alamos National Laboratory, 2007.

[115] Roland, C. M.; Hensel-Bielowka, S.; Paluch, M.; Casalini, R. Rep. Prog. Phys. 68, 1405, 1995.

[116] Dattelbaum, D. M.; Sheffield, S. A.; Weinberg, M.; Stahl, D. B.; Neel, K.; Thadani, N. J.Appl. Phys. 2008 in press.

[117] Cady, W. E.; Caley, L. E. Properties of Kel F-800 Polymer, Lawrence Livermore National Laboratory, 1977 UCRL-52301.

[118] Clements, B. E.; Maciucescu, L.; Brown, E. N.; Rae, P.; Orler, E. B.; Dattelbaum, D. M.;Sheffield, S. A.; Robbins, D. L.; Gustavsen, R. L.; Velisavljevic, N. Campaign 2, level 2DOE milestone report: KEL-F 800 Experimental characterization and model development, Los Alamos National Laboratory, 2007.

[119] Stevens, L. L.; Orler, E. B.; Dattelbaum, D. M.; Ahart, M.; Hemley, R. J. J. Chem. Phys. 127, 104905, 2007.

[120] http://en.wikipedia.org/wiki/Diamond.

[121] Mao, H. K.; Bell, P. M. Science 191, 851, 1976.

[122] Jarayman, A. Rev. Mod. Phys. 55, 65, 1983.

[123] Caminiti, R.; Pandolfi, L.; Ballirano, P. J. Macromol. Sci., B: Phys. 39, 481, 2000.

[124] Yamamoto, T.; Miyaji, H.; Asai, K. Jpn. J. Appl. Phys. 16, 1891, 1977.

[125] Fontana, L. e. a. Phys. Rev. B 75, 174112, 2007.

[126] Wang, H. C.; Aubuchon, S. R.; Thompson, D. G.; Osborn, J. C.; Marsh, A. L.; Nichols, W. R.;Schoonover, J. R.; Palmer, R. A. Macromolecules 35, 8794-8801, 2002.

[127] Wang, H. C.; Thompson, D. G.; Schoonover, J. R.; Aubuchon, S. R.; Palmer, R. A. Macromolecules 34, 7084-7090, 2001.

[128] Graff, D. K.;Wang, H. C.; Palmer, R. A.; Schoonover, J. R. Macromolecules 32, 7147-7155, 1999.

[129] Wang, H. C.; Graff, D. K.; Schoonover, J. R.; Palmer, R. A. Appl. Spectr. 53, 687-696, 1999.

[130] Dattelbaum, D. M.; Robbins, D. L.; Sheffield, S. A.; Orler, E. B.; Gustavsen, R. L.; Alcon, R. R.; Lloyd, J. M.; Chavez, P. J. AIP Conf. Proc. 845, 69-72, 2006.

[131] Emmons, E. D.; Velisavljevic, N.; Schoonover, J. R.; Dattelbaum, D. M. Appl. Spectr. 2008, 62, p. 142-148.

[132] Bunn, C. W.; Howells, E. R. Nature 174, 549, 1954.

[133] Beecroft, R. I.; Swenson, C. A. J. Appl. Phys. 30, 1793, 1959.

[134] Bridgman, P. W. Proc. Amer. Acad. Arts Sci. 76, 71, 1948.

[135] Wu, C. K.; Nicol, M. Chem. Phys. Lett. 21, 153, 1973.

[136] Flack, H. D. J. Polym. Sci: Part A-2 10, 1799, 1972.

[137] Koenig, J. L.; Boerio, F. J. J. Chem. Phys. 50, 2823, 1969.

[138] Boerio, F. J.; Koenig, J. L. J. Polym. Sci: Part A-2 9, 1517, 1971.

[139] Koenig, J. L.; Boerio, F. J. J. Chem. Phys. 52, 4170, 1970.

[140] Hannon, M. J.; Boerio, F. J.; Koenig, J. L. J. Chem. Phys. 50, 2829, 1969.

[141] Rabolt, J. F.; Piermarini, G.; Block, S. J. Chem. Phys. 69, 2872, 1978.

[142] Brown, R. G.J. Chem. Phys. 40, 2900, 1964.

[143] Weir, C. E. J. Res. Natl. Bur. Stand. 50, 95, 1953.

[144] Eby, R. K.; Clark, E. S.; Farmer, B. L.; Piermarini, G. J.; Block, S. Polymer 31, 2227-2237, 1990.

[145] Nicol, M.; Wiget, J. M.; Wu, C. K. J. Polym. Sci.: Polymer Phys. Ed. 18, 1087-1102, 1980.

[146] Scheirs, J. In Modern Fluoropolymers; J. Scheirs, Ed.; Wiley: Chichester, England, 1997.

[147] Christen, D.; Hoffmann, V.; Klaeboe, P. Z. Naturforsch 31, 1320, 1979.

[148] Duffy, T. S.; Wang, Y. In Ultrahigh-pressure Mineralogy, Vol. 37; Hemley, R. J., Ed.; MineralogicalSociety of America: Washington, DC, 1998.

[149] Flores, J. J.; Chronister, E. L. J. Raman Spectroscop. 27, 149, 1996.

[150] Marsh, S. (Editor) LASL Shock Hugoniot Data, Los Alamos National Laboratory, 1980.

[151] J. Fritz; Upublished results, Los Alamos National Laboratory.

[152] Wunderlich, B. J. Chem. Phys. 37, 1207, 1962.

[153] Shaner, J. W. J. Chem. Phys. 89, 1616-1624, 1988.

[154] Cummins, H. Z.; Schoen, P. E. In Laser Handbook; Arechhi, F. T., Schulz-Dubois, E. O., Eds.; North-Holland: Amsterdam, 1972.

[155] Fabelinskii, I. L. Molecular Scattering of Light; Plenum Press: New York, 1968.

[156] Kr¨uger, J. K. Optical Techniques to Characterize Polymer Systems; Elsevier: New York, 1989.

[157] Kruger, J. K.; Marx, A.; Peetz, L.; Roberts, R.; Unruh, H.-G. Colloid Polymer Sci 264, 1986.

[158] Whitfield, C. H.; Brody, E. M.; Bassett, W. A. Rev. Sci. Instrum. 47, 1976.

[159] Koski, K. J.; M¨uller, J.; Hochheimer, H. D.; Yarger, J. L. Rev. Sci. Instrum. 73, 2002.

[160] Dye, R. C.; Sartwell, J.; Eckhardt, C. J. Rev. Sci. Instrum. 60, 1989.

[161] Stevens, L. L.; Orler, E. B.; Dattelbaum, D. M.; Ahart, M.; Hemley, R. J. American Physical Society Topical Conference on Shock Compression of Condensed Matter, 2007, accepted.

[162] Patterson, G. D. J. of Polym. Sci: Polym. Phys. Ed. 14, 1976.

[163] Middaugh, R. A.; Goudey, C. A. Oceans 93 Proceedings vols 1-3: engineering in harmony with the ocean, A149-A154, 1993.

[164] McCluskey, M., Personal communication, 15th American Physical Society Topical Conference on Shock Compression of Condensed Matter, Fairmont Orchid, Hawaii, July 2007.

[165] Mao, H. K., Personal communication, Bethesda, MD, June 2007.

[166] Carter, W. J.; Marsh, S. P. Los Alamos National Laboratory Report LA-13006-MS, 1995.

[167] Sheffield, S. A.; Bloomquist, D. D. Bull. Am. Phys. Soc. 26, 660-661, 1981.

[168] Barker, L. M. Am. Phys. Soc. Topic. Group Shock Compress. Condens. Mat., Snowbird, UT, 505, 11-17, 1999.

[169] Barker, L. M. Exp. Mech. 12, 209, 1972.

[170] Barker, L. M.; Hollenbach, R. E. Rev. Sci. Instrum. 36, 1617, 1965.

[171] Barker, L. M.; Hollenbach, R. E. J. Appl. Phys. 43, 4669, 1972.

[172] Bloomquist, D. D.; Sheffield, S. A. J. Appl. Phys. 54, 1717-1722, 1983.

[173] Jensen, B. J.; Holtkamp, D. B.; Rigg, P. A.; Dolan, D. H. J. Appl. Phys. 101, 13523-1-10, 2007.

[174] Mercier, P.; Benier, J.; Azzolina, A.; Lagrange, J.M.; Partouche, D. J. Phys. IV134, 805-812, 2006.

[175] Strand, O. T. et al. SPIE Proceedings, 2005, p 593.

[176] Johnson, J. N.; Dick, J. J.; Hixson , R. S. J. Appl. Phys. 84, 2520, 1998.

[177] Bourne, N. K.; Gray, G. T. J. Appl. Phys. 98, 123503, 2005.

[178] Morris, C. E.; Fritz, J. N.; McQueen, R. G. J. Chem. Phys. 80, 5203, 1984.
[179] Kalashnikov, N. G; Kuleshova, L. V.; Pavlovshii, M. N. Zh. Prikl. Mekhan. Tekh. Fiz.187, 1972.
[180] Champion, A. R. J. Appl. Phys. 42, 5546, 1971.
[181] Robbins, D. L.; Sheffield, S. A.; Alcon, R. R. Proceedings of the 13th American Physical Society Topical Conference on Shock Compression of Condensed Matter, Portland, Oregon, July 2003, Vol. 706, p. 675.
[182] Weir, C. E. J. Res. Nat. Bur. Stand. 50, 95, 1953.
[183] Rabolt, J. F.; Piermarini, G.; Block, S. J. Chem. Phys. 69, 2872, 1978.
[184] Wu, C.-K.; Nicol, M. Chem. Phys. Lett. 21, 153, 1973.
[185] Rae, P. J.; Dattelbaum, D. M. Polymer 45, 7615, 2004.
[186] Nagao, H.; Matsuda, A.; Nakamura, K. G.; Kondo, K. Appl. Phys. Lett. 83, 249, 2003.
[187] Bourne, N. K.; Gray, G. T. J. Appl. Phys. 93, 8966, 2003.
[188] Sheffield, S. A.; Gustavsen, R. L.; Alcon, R. R. Proceedings of the American Physical Society Topical Conference on Shock Compression of Condensed Matter, 2000, Vol. 505, p. 1043.
[189] Dattelbaum, D. M.; Sheffield, S. A.; Stahl, D. B.; Neel, K.; Thadani, N. in preparation.
[190] Millet, J. C. F.; Bourne, N. K.; Gray, G. T. J. Appl. Phys. 96, 5500, 2004.
[191] Wackerle, J.; Johnson, J. O.; Halleck, P. M. Projectile Velocity Measurements and Quartz and Manganin-Gauge Pressure Determinations in Gas Gun Experiments, Los Alamos National Laboratory, LA-5844, 1975.
[192] Anderson, M. U. American Physical Society Topical Conference on Shock Compression of Condensed Matter, 1991, p. 875.
[193] Sheffield, S. A.; Alcon, R. R. American Physical Society Topical Conference on Shock Compression of Condensed Matter, 1991, p. 909.
[194] Weinberg, M., Master Thesis, New Mexico Institute of Mining and Technology, 2006.
[195] Gupta, S. C.; Gupta, Y. M. High Press. Res. 19, 785, 1992.
[196] Hall, C. A. Phys. Plasmas 7, 2000.
[197] Reisman, D. B.; Toor, A.; Cauble, R. C.; Hall, C. A.; Asay, J. R.; Knudson, M. D.; Furnish, M. D. J. Appl. Phys. 89, 2001.
[198] Hall, C. A.; Asay, J. R.; Knudson, M. D.; Stygar, W. A.; Spielman, R. B.; Pointon, T. D.;Reisman, D. B.; Toor, A.; Cauble, R. C. Rev. Sci. Instrum. 72, 2001.
[199] Duvall, G. E.; Fowles, G. R. In High Pressure Physics and Chemistry, Vol. II; Bradley, R. S., Ed.; Academic Press: New York, 1963.
[200] Aidun, J. B.; Gupta, Y. M. J. Appl. Phys. 69, 1991.
[201] Sandia Z-pinch Machine, Sandia National Laboratory.
[202] Hall, C. A.; Baer, M. R.; Gustavsen, R. L.; Hooks, D. E.; Orler, E. B.; Dattelbaum, D. M.;Sheffield, S. A.; Sutherland, G. T. AIP Conf. Proc. 845, 1311-1314, 2006.
[203] Gustavsen, R. L.; Dattelbaum, D. M.; Orler, E. B.; Hooks, D. E.; Alcon, R. R.; Sheffield, S.A.; Hall, C. E.; Baer, M. R. American Physical Society Conference on Shock Compression of Condensed Matter, 2005, 845, pp. 149-152.
[204] Baer, M.; Hall, C.; Hobbs, M.; Gustavsen, R.; Hooks, D.; Dattelbaum, D.; Sheffield, S. American Physical Society Conference on Shock Compression of Condensed Matter, 2007, inpress.
[205] Baer, M. R.; Hall, C. A.; Gustavsen, R. L.; Hooks, D. E.; Sheffield, S. A. J. Appl. Phys. 101, 034906, 2007.
[206] Sutherland, G. T.; unpublished results.

[207] Kober, E. M.; Menikoff, R. American Physical Society Topical Conference on Shock Compression of Condensed Matter, Snowbird, UT, 1999, 505, p. 21.

[208] Higuchi, H.; Jamieson, A. M.; Simha, R. J. Polym. Sci. Part B: Polym. Phys. 34, 1423, 1996.

[209] Williams, M. L.; Landel, R. F.; Ferry, J. D. J. Am. Chem. Soc. 77, 3701, 1955.

[210] Doolittle, A. K. J. Appl. Phys. 22, 1471, 1951.

[211] Fox, T. G.; Flory, P. J. J. Am. Chem. Soc. 70, 2384, 1948.

[212] Fox, T. G.; Flory, P. J. J. Appl. Phys. 21, 581, 1950.

[213] Fox, T. G.; Flory, P. J. J. Phys. Chem. 55, 221, 1951.

[214] Fox, T. G.; Flory, P. J. J. Polym. Sci. 14, 315, 1954.

[215] Fox, T. G.; Flory, P. J. J. Appl. Phys. 21, 5, 1950.

[216] Simha, R.; Boyer, R. F. J. Chem. Phys. 37, 1003, 1962.

[217] Hagiwara, K.; Ougizawa, T.; Inoue, T.; Hirata, K.; Kobayashi, Y. Rad. Phys. Chem. 58, 525, 2000.

[218] Bondi, A. J. Phys. Chem. 68, 441, 1964.

[219] Simha, R.; Carri, G. J. Polym. Sci. Part B: Polym. Phys. 32, 2645, 1994.

[220] Dow Corning, "Sylgard 184 Silicone Elastomer"product information sheet.

[221] Menikoff, R.; Kober, E. M.; Dattelbaum, D. M. Unpublished results; 2005.

[222] Jean, Y.; Dattelbaum, D. M. unpublished results.

[223] Morris, C. E.; Loughran, E. D.; Mortensen, G. F.; Gray, G. T. I.; Shaw, M. S. American Physical Society Topical Conference on Shock Compression of Condensed Matter, 1989.

[224] Sander, R. K.; Sheffield, S. A.; Blais, N.; Engelke, R.; Dattelbaum, D. M.; McInroy, R.American Physical Society Topical Conference on Shock Compression of Condensed Matter, 2005, Vol. 845, p. 1165.

[225] Graham, R. A.; Richards, P. M.; Shrouf, R. D. J. Chem. Phys. 72, 3421, 1980.

[226] Eichelberger, R. J.; Hauver, G. E., 1962 p. 363.

[227] Hauver, G. E. J. Appl. Phys. 36, 2113, 1965.

[228] de Icaza Herrera, M.; Migault, A.; Jacquesson, J. C. R. Acad. Sci. Paris 284, 503, 1977.

[229] de Icaza Herrera, M.; Migault, A.; Jacquesson, J. C. R. Acad. Sci. Paris 284, 531, 1977.

[230] Novitskii, E. Z.; Ivanov, A. G.; Khokhlov, N. P. Third All-Union Symposium on Combustion and Explosion, Nauka, Moscow, 1971, p. 579.

[231] de Icaza Herrera, M.; Migault, A.; Jacquesson, J. In High Pressure Science and Technology;Timmerhaus, K. D., Barber, M. S., Eds.; Plenum Press: New York, 1979.

[232] Graham, R. A. J. Phys. Chem. 83, 3048, 1979.

[233] Brish, A. A. Soviet Physics JETP 11, 15, 1960.

[234] Graham, R. A. VIIth International AIRAPT Conference, Le Creusot, France, 1979, p. 1032-1039.

[235] Champion, A. R. J. Appl. Phys. 43, 2216, 1972.

[236] Kuleshova, L. V. Sov. Phys. Solid State 11, 886, 1969.

[237] Hauver, G. E. 5th Symposium (International) on Detonation, 1970, p. 387.

[238] Lovinger, A. J. Jpn. J. Appl. Phys. 24, 18, 1985.

[239] Bauer, F.; Graham, R. A.; Lee, L. M. ISAF 92, 1992, pp. 273-276.

[240] Bauer, F.; Graham, R. A.; Lee, L. M. ISAF 90, 1990, pp. 288-291.

[241] Bauer, F. American Physical Society Topical Conference on Shock Compression of Condensed Matter, 1983 p. 225.

[242] Bauer, F. Ferroelectrics 49, 231, 1983.

[243] Sheffield, S. A.; Dattelbaum, D. M.; Robbins, D. L.; Alcon, R. R.; Gustavsen, R. L. Proceedings of the American Physical Society Topical Conference on Shock Compression of Condensed Matter, 2005, Vol. 845, p. 921.
[244] Johnson, J. N. APS/AIRAPT Conference, 1993.
[245] Smith, J. H. ASTM Tech. Pub. 336, 264, 1963.
[246] Staudhammer, K. P.; Johnson, K. A. International Symposium on Intense Dynamic Loading and its Effects, 1986.
[247] Chang, S. N.; Chung, D. T.; Li, Y. F.; Nemat-Nasser, S. J. Appl. Mech. Trans. ASME 59, 305, 1992.
[248] Chang, S. N.; Chung, D. T.; Ravichandran, G.; Nemat-Nassar, S. American Physical Society Topical Conference on Shock Compression of Condensed Matter, 1989, p. 389.
[249] Kumar, P.; Clifton, R. J. J. Appl. Phys. 48, 4850, 1977.
[250] Gray, G. T. American Physical Society Topical Conference on Shock Compression of Condensed Matter, 1989.
[251] Gray, G. T. The Materials Society Symposium on Modeling the Deformation of Crystalline Solids, 1991.
[252] Bourne, N. K.; Gray, G. T. Proc. R. Soc. 2005.
[253] Clifton, R. J.; Raiser, G.; Ortiz, M.; Espinosa, H. American Physical Society Topical Conference on Shock Compression of Condensed Matter - 1989, 1990, p. 437-440.
[254] Gray, G. T. In High-Pressure Shock Compression of Solides; Asay, J. R., Shahinpoor, M., Eds.; Springer: Berlin, 1993.
[255] Gray, G. T. In ASM Handbook Vol. 8: Mechanical Testing and Evaluation; Kuhn, H., Medlin, D., Eds.; ASM International Materials Park, OH, 2000.
[256] Gray, G. T.; Follansbee, P. S.; Frantz, C. E. Mater. Sci. Eng. A. 111, 9, 1989.
[257] Koller, D. D.; Hixson, R. S.; Gray, G. T.; Rigg, P. A.; Addessio L. B.; Cerreta, E. K.; Maestas, J. D.; Yablinksy, C. A. J. Appl. Phys. 98, 103518, 2005.
[258] Bourne, N. K.; Gray, G. T. J. Phys. D.: Appl. Phys. 38, 3690, 2005.
[259] Millett, J. C. F.; Bourne, N. K.; Akhavan, J. J. Appl. Phys. 95, 4722, 2004.
[260] Brown, E. N.; Trujillo, C. P.; Gray, G. T.; Rae, P. J.; Bourne, N. K. J. Appl. Phys., 101, 024916, 2007.
[261] Antoun, T.; Seaman, L.; Curran, D. R.; Kanel, G. I.; Razorenov, S. V.; Utkin, A. V. Spall Fracture; Springer: New York, 2003.
[262] Johnson, J. N.; Dick, J. J. American Physical Society Topical Conference on Shock Compression of Condensed Matter - 1999, 2000, p. 543.
[263] "Basic Research Needs for Materials under Extreme Environments," Report of the Basic Energy Sciences Workshop on Materials under Extreme Environments, June 11-13, 2007, Department of Energy, Office of Science, Bethesda, MD.

第5章　反应动力学

5.1　引　言

爆炸，是猛炸药反应的结果，不是一个简单的化学反应过程。相反，它是一个快速化学变化的复杂过程，这会引起同向快速的机械和物理变化。一开始，爆炸是由像冲击波这样的激发因素引起的，能量传递给材料引起机械变形和温度升高。被传递的能量和加热诱导激发态物质的产生，导致最初的化学键断裂和反应开始。这些过程被认为是在热分子区域(hot-molecule zone，HMZ)发生的。一旦化学反应被激发，随后的一系列化学反应会导致化学能量的释放和气体反应物的产生。

想要理解和预测含能材料的行为，就必须测量和理解在 HMZ 中的反应速率和反应动力学过程。人们已经做了很多关于化学反应的激发和从 HMZ 或"热点"中能量释放的研究。然而，如冲击研究的动力学测量受到了分析技术的限制，仅实验中的光谱仪和探测器等设备想要探测在冲击起爆过程中的化学过程就具有相当的挑战性。因此，表征反应动力学、反应机制、最初化学键跃迁态的参数，通常在比 HMZ 中存在的更低的压力和更慢的加热速率下进行评估，并且可以推测 HMZ 的形成条件。然而，在高温、高压条件下，HMZ 中的这些参数是精确预测反应产物和爆炸模拟的必要条件。

相比于快速动力学过程的测量方法，利用 DAC 加载压力方式的静态高压，则具有足够的时间对与在 HMZ 中压力条件相当的化学过程进行分析。当含能材料被加热脉冲或激光辐射起爆时，它们的整个反应过程呈现慢的诱导过程、快速的增长过程和慢的减速过程三个部分(标准的 S 形曲线)。许多动力学模型可用来模拟发生在固体反应中的这一过程。因此，本章首先对一些固态 S 形动力学模型进行介绍，然后对有关在静高压下的一些含能材料反应和热分解过程的测量方法和结果分析进行描述。

5.2　动力学模型

5.2.1　背景

分解反应是一个化学过程，它表示反应物分解产生更简单、更稳定的产物。对于固态猛炸药，它分解形成的最终产物是气态的，如 CO、NO_2、CO_2 或 N_2，也许可能伴有煤烟形式的固态碳。猛炸药通常可以利用加热、剪切、摩擦或冲击波的方式轻易地起爆。由于所有的这些激发反应的方法导致猛炸药分解，本章中的大多数讨论集中于此。然而，分解的发生可能取决于起爆机制，分解路径和机制可能从初始化学键的断裂、熔化、化学键破坏后的蒸发或者其他未知机制开始。此外，在高压条件下，当固态猛炸药压缩时，固态晶格同时保持更高的温度；并且，分子间的反应比在常压和低压情况下变得更为重要，而在常压和低压情况下，挥发/蒸发被看成化学反应的主要方式。因此，激发反应的方法、加热速率等更有可能改变猛炸药分解反应的初始阶段，而本章关注的是同高压研究和快速加热速率相关的固态反应的动力学过程。

考虑到在固态晶格内部发生初始反应的固态猛炸药的分解过程，反应过程受到起爆位置的空间限制。不同于气相甚至液相的反应，在三维固体限制范围内，固相反应过程在不断变大的体积中进行传播[1]。在这样的情况下，存在反应发生的一个“边界”或者一个表面，使得反应的材料在一边，而未反应的材料在另外一边。这个边界或者表面通常称为“反应界面”。因为反应过程发生在反应界面内，物质的浓度通常定义为在单位体积中这种物质的总摩尔数；并且，通常所知的与浓度有关的动力学法则不能轻易地应用到固态反应中。相反，固态反应的动力学过程是由反应界面前进到未反应或者未变化材料中的速度决定的[1]。这个过程需要测量在反应界面内物质的数量和空间的分布(界面的表面面积)。

考虑到反应过程如同一个发展的界面，在固体中反应的传播可看成包括几个过程。反应开始的第一个过程就是成核，在这里反应界面开始建立起来[1]。最初产生反应的核心可能是一小部分分子，这些分子发生反应并在局部一点上产生高的张力。在现代爆炸理论中，这样局部的点通常称为“热点”，并且目前有很多热点形成的理论来回答“为什么或怎样使得能量聚集在这个点中”。一些理论认为热点的形成是由于有缺陷的晶格，如晶面的位错；或者由于缺位，如晶格空位或者分子被杂质置换。另一些理论通过讨论晶体猛炸药和周围非晶态聚合物黏结剂的密度差来解释热点的产生。本书第 8 章会对这些反应起爆理论进行大量的论述，因此在此不再做进一步的讨论。

在初始成核现象扩展到的反应界面前，大部分面积没有发生反应。在大多数材料中，因为反应的初始阶段需要能量去克服活化能，所以在一开始反应界面会缓慢地发展[1]。这个可能被观测到的短暂过程所持续的时间称为引发期。在猛炸药中，成核过程期间一小部分分子的分解产生热量。这个热量随后会迅速加热下一个分子层，使得引发期减少几微秒。随着反应界面持续的膨胀，反应过程被认为经历了一个增长过程。随着反应材料的消耗，反应的持续膨胀不可能维持，导致减速直至反应完成[1]。图 5.1 呈现了典型的 S 形曲线，可以看作反应界面从几乎没有到消耗整个材料的发展过程。

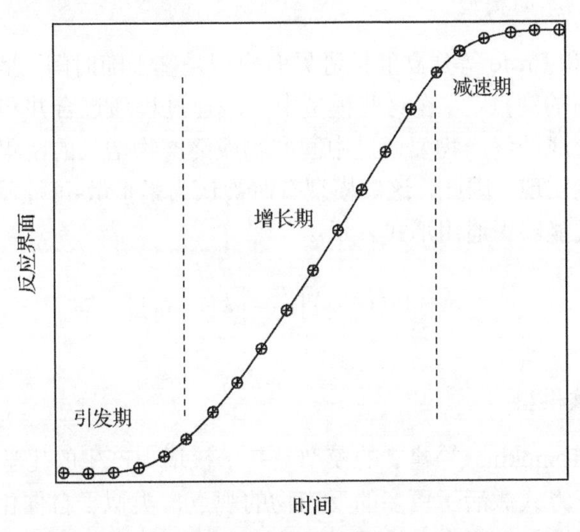

图 5.1　固态材料分解反应示意图，点线将图划分为三个不同的区域

分解速率，即在固体中反应界面的前进速度，可以通过两个不同的观点进行描述[1]。一个观点可以简单地表述为呈几何量级增长的成核点使得反应界面向前推进，而另一个观点是成核反应产生的化学中间产物或者终产物通过链式反应刺激了更多的反应物。根据第一个观点，减速过程被认为是两个过程的结果，一个过程称为接合过程，在这个过程中，一个增长的核心的反应界面遇到了另一个增长核心的反应界面；另一个过程称为吸收过程，在这个过程中，未反应的材料被全部消耗掉并且不再有新的核心产生。根据第二种观点，减速过程被认为反应物的消耗导致反应速率减小。在固体(如猛炸药)分解过程的研究中，大多数 S 形动力学模型都是根据这两个观点发展起来的[1]。

5.2.2　分解动力学

通常大多数用于了解固态材料分解的动力学模型都假设反应是在等温条件下发生的。没有加热或者与加热速率有关的项内建于模型中，因此，与温度有关的现象，如熔化，不被包括在模型中。

模拟分解动力学需要估计反应期间内任意时刻的反应界面。考虑到当界面消耗反应物体积的 50%时，整个反应也完成了 50%，作为一种判断反应进程的方式，已发生反应的部分(α)通常被量化。实验的动力学研究通过测量改变已发生反应部分的参数来估计 α。然后，α 随时间变化的图像呈典型的 S 形曲线，并且用模型的不同形式拟合数据曲线以帮助确定适合的动力学模型。

1. 推进反应界面模型

由 Avrami 和 Erofe 等建立的推进界面模型是基于随时间 t 呈几何量级增加的成核点推进界面的观点[1]。在这些模型中，减速过程通过合并和吸收过程实现。由于在界面中形成的终产物要通过中间产物或终产物增长的密集层发生扩散，反应减速过程也能实现。因此，这些模型有时被认为是扩散-可控反应。在上述两种情况中，表达式能够用通用形式表示：

$$-\left[\ln(1-\alpha)\right]^{1/n}=\left[k(t-t_0)\right]$$

2. 链式成核模型

由 Prout、Tompkins 等建立的模型是基于核增大产生的化学中间产物或终产物通过链式反应方式激活了更多的反应物的观点，类似于自催化过程[1]。如果由不同方向的破坏性传播形成支状反应区域从而建立晶格的张力，相同的链式行为同样也可以实现。考虑到由于反应物的消耗，反应迟早会减缓，以下的方程式考虑了积分常数 c，可以表示为

$$\ln\left[\alpha/(1-\alpha)\right]=kt+c$$

3. Lee-Tarver 起爆和增长模型

对于含能材料，经过多年的发展，通过含能材料的化学能和扩张的气体终产物，利用 Lee-Tarver 模型[2]可以很好地模拟含能材料的反应速率。类似于链式成核过程，这个模型假设起爆过程涉及炸药的一小部分(如几个热点)，并且这些微型反应区域的增长和相互作用消耗了所有的材料。然而，在这个模型中增长过程被认为由压力和表面面积控制，而这一点又与推进表面相类似。其表达式为

$$\frac{\partial\alpha}{\partial t}=I(1-\alpha)^x\left(\frac{V_0}{V}-1\right)^r+G(1-\alpha)^x\alpha^y P^z$$

式中，V_0 是未反应材料的初始特定体积；V 是在压力为 P 的情况下未反应材料的特定体积；I 是反应起爆的常数；r 是说明引发期时间的常数，通常取值为 4；x 是对于不同材料公式的经验拟合常数，取值为 2/9；G 是反应增长过程和减速过程消耗的常数；y 是与球面扩充界面有关的常数，对应与球面反应的表面面积取值为 2/3；z 是压力依赖于反应速率的常数，爆燃或者快速燃烧材料取值为 1～2。

后来，最初的 Lee-Tarver 模型改进为包括两个增长项，用来模拟高强度短持续时间冲击脉冲的起爆过程[3]。在高强度短持续时间冲击的作用下，由于压强对反应增长过程的依赖，爆炸材料的很大一部分被迅速点燃，因此公式中的第三项是有必要的。在这个三项模型中，第一项表示的仍然是通过形成热点的起爆过程，这些热点是由多个机制引起的，如空隙闭合、黏性加热、剪切带等。第二项表示反应相对慢速的增长过程，通过球形颗粒内向燃烧建立的模型。第三项表示当热点开始合并时反应迅速完成。与第二项类似，第三项也是通过压强随增长速率(对于自持爆炸过程，指数要足够大)变化关系建立的模型。

$$\frac{\partial \alpha}{\partial t}=I(1-\alpha)^x\left(\frac{V_0}{V}-1-\alpha\right)^r+G_1(1-\alpha)^x\alpha^s P^y+G_2(1-\alpha)^{(1-x)}\alpha^u P^z$$

在这个方程中，取适当的数值，α 的最小值和最大值用来开启和关闭某些项。

以上 3 个模型可用于大多数猛炸药反应动力学数据分析。然后，如文献[1]所描述，还有很多其他模型可以用来模拟固体中的反应动力学过程。

5.2.3 方法

典型的实验方法(在这章剩余的部分进一步描述细节)包括加载样品压力的装置和用来监测压力的可行材料。传压介质，特别是有机液体，可能会影响在压力和温度下样品的化学反应，因此常常不被使用。

在本章剩下的部分中，大部分研究集中于在加压元件内部设定一些高压情况下加热样品。慢烤速率(通常看作“自燃”)用来模拟有可能造成事故的紧急维护情形，而在冲击研究中遇到的加热速率——快烤过程用来模拟爆炸的动力学过程。因此，这里记述的大部分近期的研究使用激光起爆样品内部的单个点来实现非常快的加热过程。在对这些技术的早期研究过程中，使用可视的方法，如显微技术去“观看”样品的反应过程。另一些研究采用超温的方法模拟反应的起爆过程。这些研究得到燃烧速率或者起爆时间的测量结果，并且测量了在这些数值下压力的影响。后来的研究采用时间分辨光谱技术结合激光加热的方法给出了发生爆炸处的反应机理。有关这些研究中方法的其他细节会在余下章节中给出描述。

5.3 数　据

最早的静压反应研究集中于测量 NM、TNT、PETN 和 HMX 在 1GPa 和 5GPa 及不同温度下的“爆炸时间”(t_x)[4]。这些样品被装载在由金制成的高压元件中并且利用氮化硼对顶砧进行压缩。元件加热速率的测量为秒的量级，生成物爆炸时间 t_x 的值在 100s 左右。PETN 和 HMX 都表现为爆炸时间 t_x 随压强的增加而增加，而 TNT 的爆炸时间与压强无关。NM 表现为相反的趋势，其 t_x 在更高的压力下有所降低。这些结果出现的原因在于 PETN 和 HMX 由速率控制的反应进程中包含气体产物的形成过程，这些气体产物随后会被压强所抑制。TNT 由速率控制的分解过程包含 TNT 熔化过程和固态残渣的形成过程，使得这个反应同外部实施的压强无关(起爆时间和压力的关系)。

这些年来，人们利用一些不同的方法对在静高压下的 NM 动力学过程进行了研究。在 2～7GPa 和 393～453K 范围内的 NM 的分解动力学过程的细节研究在这本书第 1 章有所描述。该研究报道了压力会使分解动力学过程加速，并且观察到至少两个不同的化学分解过程的动力学路径依赖于静态压力和温度的变化[5]。人们还对 115～180℃和 0.6～8.5GPa 以外条件下的 NM 分解过程进行了研究，在这个实验里，样品在 Merrill-Basset DAC 内加载压力，并且随后通过外部加热器进行局部加热，这个加热点就是反应开始的地方[6]。分解产物被收集起来且利用红外吸收显微成像技术进行分析。观测到的挥发性产物为 N_2O、CO_2 以及 H_2O，在 2.5GPa 以下产物保持为液态，而高于这个压强则为固态[6]。考虑到已发现的 NM 复杂的相图，在不同的压强和温度下一些不同的机制和动力学速率被报道出来一点也不令人感到惊讶[7](两个有关 NM 在静压下的动力学研究)。

另一个研究，燃烧前沿传播速率(combustion frant propagation rate，CFPR)的测量发现，当利用从 Nd：YAG 脉冲激光器倍频出射的 10ns 脉冲点火时，压强低于 2.5GPa，NM 不能点燃[8]。文献[8]的作者将样品装入 DAC 中并利用从样品反应部分和未反应部分透射光的差异来监视燃烧前沿。从常压到 30GPa，测得 CFPR 从 5m/s 到 100m/s 线性地增加。从 30GPa 到 40GPa，CFPR 从 100m/s 减小到 40m/s。对于在 30GPa 左右速率变化的解释为在 DAC 内部反应产物从碳基黑色固体转变为透明材料[8]。(燃烧前沿传播速率的测量)在从常温常压到 26GPa，700K 条件下，人们对高氯酸铵(NH_4ClO_4，AP)进行了研究。研究了 AP 从接近常压的条件下(约 0.5GPa)加热到 603～620K 的性质，下面是 AP 分解产物的气体成分：

$$2NH_4ClO_4 \longrightarrow Cl_2 + 2NO + O_2 + 4H_2O$$

当压强上升到 10GPa 时，分解温度上升到大约 670K[9](关于 AP 的一个研究)。

与炸药分解速率相当的快速加热方法和用于表征化学变化的时间分辨光谱测量方法用于研究 AP 在静高压下的物质特性[10]。在这些实验中，样品被装载在 Merrill-Bassett 元件内部且通过 2.7J/cm^2、11J/cm^2 或者 22J/cm^2 激光能量密度的脉冲能量激光器(514nm，6μs FWHM)进行加热。通过反应终产物的光谱确认在对顶砧中的 AP 是否完全反应。为了监视反应进程，在使用脉冲激光器加热的同时，一束紫外-可见光从样品透射。为了使波长色散，透射光被收集起来并导入光谱仪(SPEX 270M)中。为了使时间分散，导入超快扫描照相机中。然后，二维输出被记录在

CCD 上。对于完整数据-收集系统，需要利用一个延迟发生器(Stanford Research DG535)控制同步性。吸收率可以通过 $A(t, \lambda)=\lg(I_0/I)$ 计算出来，其中 I_0 为脉冲激光加热前的光强，而 I 为激光脉冲作用后的光强。在分解期间，吸收中时域的变化用来确定反应的程度 $(\partial\alpha / \partial t)$[10]。

图 5.2 给出了得到的关于 AP 的实验结果以及适应激光起爆实验的 Lee-Tarver 模型[10]。在这个适应模型中，激光能量密度 L 是一个与时间相关的函数，它被包含在点火项和第一个增长项中。参数 h 和 w 用来控制 L 在最终结果中的影响。一个新的参数 i 被加入第一个增长项中以便当激光脉冲作用消失时这一项不被关闭。因此，i=4e^{-5}J/cm^2 对于第一个增长项仅用来得到非零值，甚至当激光能量密度 L 为零时[10]。

$$\frac{\partial\alpha}{\partial t}=I_g(1-\alpha)^{2/9}\left(\frac{V_0}{V}-1\right)^4 L^h+G_1(1-\alpha)^{2/9}\alpha^{2/3}P(i+L)^w+G_2(1-\alpha)^{2/3}\alpha^{2/9}P$$

在这个适应模型的数据拟合中，h=0.66 的数值是任意选取的。w=0.1 的选取使得 $w<<h$，因为增长项受到起爆激光的影响将会很小。对于其他参数数值的选择在有关 Lee-Tarver 模型的文献[3]中有所描述。对于 I_g、G_1 和 G_2，单一的一组数值发现可以描述在不同的初始压力和激光能量密度的 16 个实验中所观测到的速率。

如图 5.2 所示，模型拟合了 0.6GPa 低压下缓慢上升(引发期)和在所有压强下增长的速率。尽管计算得到的减速过程比实际观测到的在高压下发生的情况要快很多，低压测量下的减速过程拟合的还是非常好的。数据点和基于 Lee-Tarver 模型的预测结果之间的良好的对应关系表明，通过这些实验探测静高压、高温的反应过程具有描述真实爆炸化学过程的潜力(AP 的分解过程的研究)。

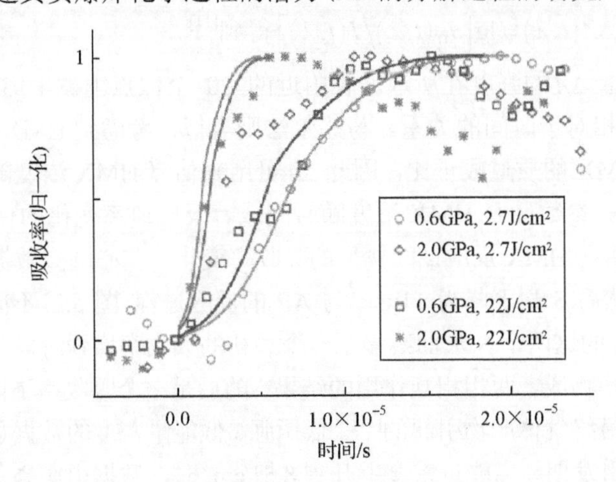

图 5.2　当起爆激光能量密度为 2.7J/cm^2 和 22J/cm^2 时，在 0.6GPa 和 2.0GPa 下利用时间分辨吸收率的变化检测 AP 的分解过程。实线为适应型 Lee-Tarver 模型，利用单一的一组数据进行拟合[10]

相似的实验方便地应用于 β-HMX，为了接近冲击或者爆炸研究的环境也采用在高压下激光起爆[11]。实验装置如图 5.3 所示。从一台泵浦能量激光器出射的单脉冲用于起爆样品。同时，出射光波长范围在 205～900nm 的光源用于入射吸收。吸收光源的脉冲持续时间为 25μs。透射光通过光谱仪进行波长色散且利用超快扫描照相机在时间上加上条纹。然后，CCD 探测器测量波长和时间分辨光的强度，y 轴代表时间，t=0 就是起爆激光脉冲的起始时刻。

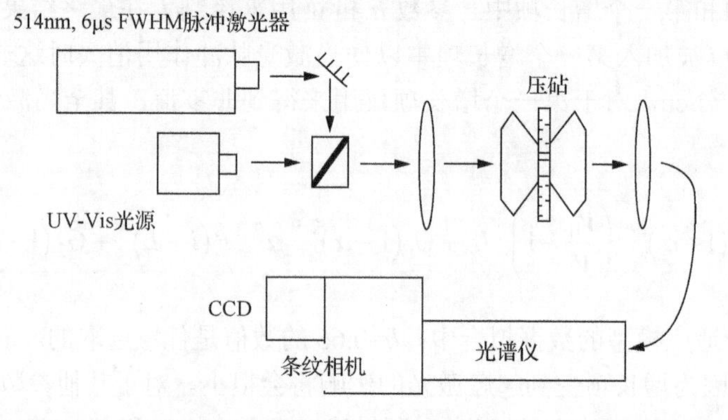

图 5.3　利用时间和波长分辨光谱技术实现单发激光起爆和反应进程测量的实验装置[11]

超过 20 个 β-HMX 的样品被压缩，初始压力设定在 0.6～3.7GPa，并且激光脉冲的能量密度设定在 1.4J/cm^2 和 8.5J/cm^2 之间，反应的每一个样品完全产生气体。对于每一个样品，首先，在用激光点火反应之前，“起爆前”传输图样对样品的加压被记录下来。这个传输图像被认为是参考光强 $I_0(t,\lambda)$。然后，在反应期间，传输图像被记录输出为 $I(t,\lambda)$。然后，与参考光强有关的“吸收率的变化”（ΔA）可以根据公式 $\Delta A(t,\lambda)=\lg\left[I_0(t,\lambda)/I(t,\lambda)\right]$ 得到[11]。

在选择波长 ΔA 的强度在所选波长附近的 20 个像点里被平均分配以得到 ΔA 在所选波长处相对于时间的关系。与比尔法则类似，考虑到 HMX 对紫外-可见光的吸收率与 HMX 的质量成正比，因此 ΔA 可用来估算 HMX 浓度随时间的变化及估算反应速率。参数 A 是 HMX 浓度随时间或者反应速率变化的估计值[11]。

图 5.4 表明在 HMX 反应期间典型的吸收率变化。实心圆圈数据表明初始 S 形上升为 5μs，然后 S 形下降为 11μs。与 AP 的反应过程(图 5.2)不同的是，所见到 HMX 反应过程的这两个 S 形曲线显示一个最初的吸收率增强阶段，这个阶段是一些黑色的中间产物或者两相相互作用的结果；随后是一个吸收率下降的阶段，这个阶段是透明的最终气体产物引起的[11]。低压强、低能量密度的数据(空心圆圈)有一个大约 2μs 的引发期。当能量密度上升到 8.5J/cm^2 时，数据由实心菱形表示，引发期减少为 1μs；而在高能量密度下，当压强上升时，数据由实心正方形表示，引发

期进一步减少为激光起爆的起始时间，t=0。因此，起爆初始能量密度与反应初始温度相当，降低了产生透明气体产物的总时间或提高了 HMX 总的反应速率。

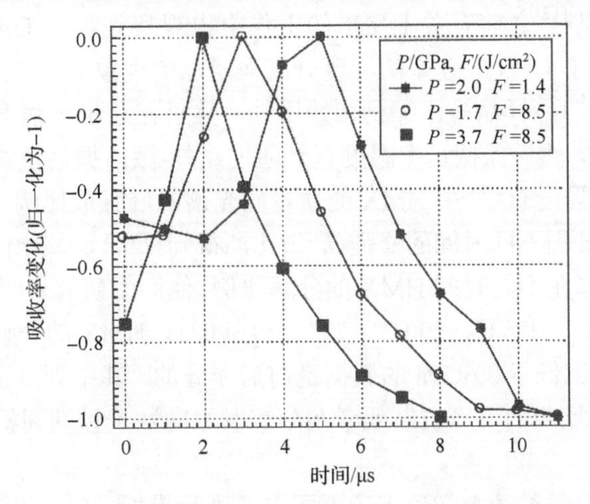

图 5.4　激光起爆后的 β-HMX 在时间为 0 时，归一化为–1 的吸收率变化(470nm)

这三个曲线表明随压力(P)和激光能量密度(F)的依赖关系

由第二个 S 形曲线描述的 HMX 的总反应过程的后半部分占总反应时间很大一部分比例。为了确定解释 HMX 反应的这一部分动力学模型，第二个 S 形的吸收率变化(考虑到反应进程)利用推进反应界面模型和链式成核模型来拟合。因为两个模型都含有线性方程，根据每一个模型，绘制数据 lnα 和 ln(1–α) 随时间变化的结果是一条直线。样品 HMX 数据根据每个模型绘制的图如图 5.5 所示。注意到推进反应界面模型数据远不是线性关系。然而，链式成核模型的结果符合得很好。

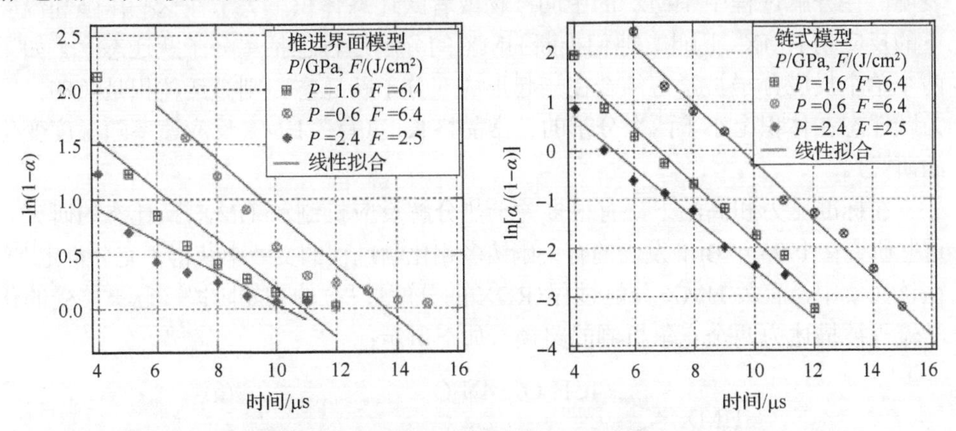

图 5.5　链式成核动力学模型和推进界面动力学模型模拟不同压力(P)和激光能量密度(F)下的 HMX 数据

链式成核模型线性拟合结果更好，表明 HMX 反应过程通过链式成核方式进行

这表明 HMX 化学反应增长过程可以通过链式成核模型进行很好的拟合(有关 β-HMX 分解过程的研究)。

Piermarini 等[12]之前有关 HMX 的工作中也观察到，当 DAC 中的样品被加载在 NaCl 层之间时，反应速率随温度升高而增加的现象其为 FTIR 技术提供了一个透明的光学窗口。样品被压缩到初始压强，然后在这个压强下以 5℃/h 的速率加热到初始温度，然后保持这个温度直到通过红外-激活振动模式减小强度从而观察到分解过程。假设 DAC 中 HMX 的质量同光谱的峰强成比例。将起爆前的峰强(I_0)和在热分解过程不同时间的峰强(I_t)做比，得到(I_t/I_0)，该比值来自九个峰强的平均值，用来估算在不同时间 HMX 的分解比例。他们的研究表明，在高于 3.6GPa，初始温度为 280℃、285℃、290℃、295℃和 300℃，HMX 的分解过程呈单个 S 形曲线[12]。他们报道低于 3.6GPa 的数据是前后矛盾的，其中列举了很多原因，如在低压情况下更为复杂的反应机制或者在分解发生的数千秒期间析出气体的泄漏造成压强波动。

HMX 数据也通过动力学速率的不同形式进行模拟。Piermarini 等也发现，在几个温度和压强大于 3.6GPa 的情况下，成核的链式理论给出了明显的线性拟合。这些线性拟合从直线的斜率中得到了速率常数(k)的值。

$$\ln\left[\alpha/(1-\alpha)\right] = kt + c$$

在每个压强下，ln$k$ 相对于 $1/T$ 的关系图是典型的 Arrhenius 曲线，表现出线性关系或者随温度变化的 Arrhenius 行为。这个关系可以计算不同压强下 HMX 的激活能。此外，对 ln$k$ 相对于 P 作图得到不同温度下的激活体积。正的激活体积表明，在分解过程中 HMX 的中间产物或者跃迁态体积上大于在这些压强和温度下的反应物 HMX。因此，他们推断 HMX 的分解过程包括单分子跃迁态[12]。如果两个单个反应分子被紧密结合在一起形成双分子跃迁态，则激活体积是负的，因为跃迁态在体积上小于两个分子的正常晶格长度(有关 HMX 反应速率随温度变化的研究)。

在标准压力和高温下，有很多关于热分解反应机制和 HMX 跃迁态的研究。这些研究在 1995 年 Brill 发表的有关硝铵多相化学过程的文章中获得了充分肯定[13]。在该文章中，有关 HMX 分解过程(RDX 的分解过程)的初始阶段，已被接受的化学流程被描述为两个竞争机制的路径，如下所示：

$$\text{HMX} \begin{cases} \rightarrow 4CH_2O + 4N_2O & \text{(a)} \\ \rightarrow 4HCN + 4NO_2 + 2H_2 & \text{(b)} \end{cases}$$

由速率决定的路径(b)的反应过程被推测为涉及 HMX 单个分子中 N—NO_2 键的断裂，而有关路径(a)的具体反应过程十分复杂。此外，据报道，路径(a)在低于 600K 温度的情况下反应更快，而路径(b)在高于 600K 温度下反应更快[13]。因此，占主要地位的机制路径和初始个别物质的浓度取决于温度。随后，在上文的初始机制路径后的次级反应中给出了最终的气体产物，也取决于温度。为了弄清压强和分解机制的关系，进一步的工作需要利用精细的高压，时间分辨 FTIR 或者拉曼光光谱技术来得到每一个化学物质的浓度(有关硝铵多相化学过程的研究)。

在静高压下，HMX 的激光起爆反应传播速率研究类似于之前文献[8]和文献[9]、[15]中讨论过的 NM 和 AP 的研究。当 HMX 被压缩的初始压强为 0.7～35GPa 时，这个研究简单地遵循“燃烧前沿”或者光的传播，然后利用 9ns 脉宽的 532nm Nd:YAG 激光器进行起爆。根据幂函数表达式，对于小的(约 3μm)和大的(约 10μm)颗粒样品，研究发现其反应传播速率都会随压强而增长[15](有关 HMX 反应速率和压强的关系)。

人们还进行了有关 RDX 整个反应在高压和高温下分解过程的研究[14]。这些在第 1 章进行了详细介绍。对照 HMX，发现低压(到 2GPa)和低温(到 215℃)的 RDX 分解过程存在界面推进而不是链式。在这个低 P-T 范围，α-RDX 直接分解；而在高 P-T 情况下，α-RDX 和 γ-RDX 在分解前转换为 β-RDX。类似于 β-HMX 分解，β-HMX 的分解过程被发现是自动催化的或者链式的。进一步地，在低的 P-T 情况下，α-RDX 分解过程表现出负的激活体积，表明存在一个双分子跃迁态；而高的 P-T 情况下，β-RDX 表现出正的激活体积展示了单分子反应过程[14](RDX 分解过程的研究)。

在高压 P 和高温 T 下，人们对 TATB 的化学动力学过程也进行了研究。类似于其他传播速率的研究，测量了 TATB 在 3～40GPa 压力下的反应传播速率[16]。研究表明传播速率随压强线性增长，而在 19GPa、30GPa 和 40GPa 条件下，观察到不连续现象。颜色逐渐变化，从在常压下的黄色到红色，然后到 30GPa 以上的黑色[16] (TATB 化学动力学的研究)。

类似于在文献[11]和上面关于 HMX[17]的研究，TATB 激光起爆反应速率也进行了测量。在这些实验里，用一个二相色镜来分离在 270～420nm 和 550～780nm 波长范围的透射光。未反应的 TATB 表现出一个中心波长为 370nm 很宽范围的吸收谱带。如图 5.6 所示，在反应期间，谱带强度减小，而形成的透明固态产物(激光作用之后)的吸收率测量没有表现出这个特征。因此，在 370nm 处的吸收可以用来探测 TATB 的整个反应速率。在激光脉冲点火之后，370nm 处的吸收带连续地下降且在 9μs 时达到最小值。然而，没有样品在 2GPa 压力下和激光能量密度上升到 17J/cm^2 的情况下完全地反应产生气体[17]。

在使用的 P-T 和激光能量密度以下，由于 TATB 不能完全地反应产生气体，不能够得到整个反应动力学过程。因此，每一个 P-T 关系对应的反应进程都不能估计出后面反应的趋势。TATB 的反应比例通过对比激光作用前后的吸收光谱(中心都在 370nm）来计算。有关压力对反应进程的影响如图 5.7 所示。显而易见，压力越高，TATB 反应比例越大。

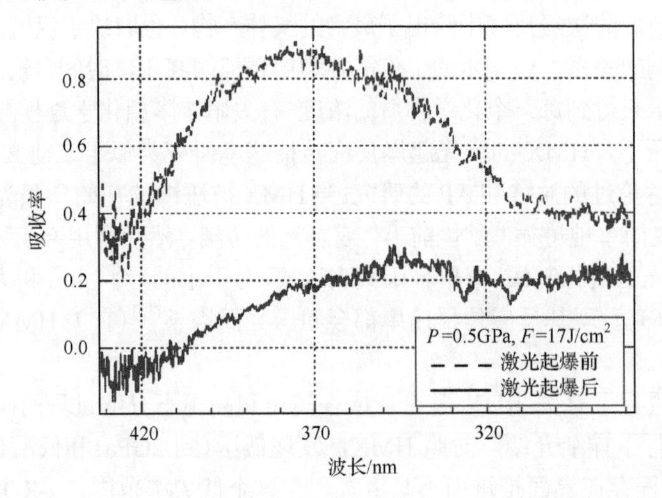

图 5.6 TATB 在 0.5GPa 下激光起爆之前和激光起爆之后的中心波长 370nm 处的吸收率

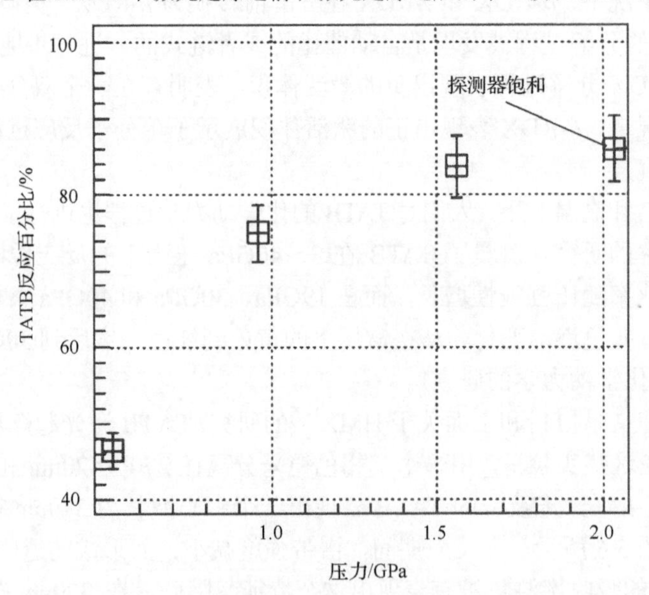

图 5.7 激光点火后从吸收率变化中估计反应的 TATB 的百分比

压力越高，TATB 反应比例越大

此外，TATB 的光分解过程利用 568.2nm、514.5nm、488.0nm 和 457.9nm 波长的光进行研究[18]。在压强超过 1.5GPa 条件下，利用 200～300mW 辐照功率，分别用 568.2nm、514.5nm 和 488.0nm 波长进行迁延辐照，没有出现光催化降解现象。然而，大于 250mW 的 457.9nm 波长的光辐照时会产生棕色斑点，这种现象解释为样品的热降解过程[18](TATB化学动力学过程研究)。

与此同时，文献[19]研究了CL-20的反应过程。利用γ-CL-20样品并将其压缩到2.7GPa产生ζ-CL-20。反应通过8ns，532nm，Nd：YAG激光脉冲进行起爆，并且利用基质隔离技术结合红外振动光谱技术去分析产物。即使金刚石对顶砧内的样品为了隔离产物而被冷却在50K，能量密度为5J/cm^{2}的激光也会将样品加热到300℃以上，甚至达到740℃。对原材料和激光点火之后反应产物的红外光谱进行测量，观测到主要是CO_2和一些NO_2、CO和HNCO。NO_2是前述常压下脉冲升温红外光谱实验研究的主要终产物。因此，可以总结出，当产物被冷却或者基质隔离，沿最终爆炸产物路径的CL-20的反应过程是被抑制的。

5.4 结 论

本章叙述了有效的动力学数据和含能材料在静高压下的反应或者热分解的测量方法。以目前研究来看，已开展的相关研究较少，且缺乏基础资料。数值计算以及涉及炸药的各种爆炸模型需要有关燃烧速率、反应速率以及相关压强效应等数据。因此，对在静高压下含能材料的反应和动力学有关问题还有待进一步研究。

参考文献

[1] Comprehensive Chemical Kinetics (1980) Volume 22 “Reactions in the Solid State” edited by C. H. Bramford and C. F. H. Tipper, Elsevier, Amsterdam.

[2] E. L. Lee and C. M. Tarver (1980) “Phenomenological model of shock initiation in heterogeneousexplosives”, Phys. Fluids 23, 2362–2372.

[3] C. M. Tarver and J. O. Hallquist (1985) “Modeling short-pulse duration shock initiation of solid explosives”, Eighth International Detonation Symposium, Albuquerque, NM, 1985, Proceedings published by the Office of Naval Research, Arlington, VA, pp. 951–961.

[4] E. L. Lee, R. H. Sanborn and H. D. Stromberg (1970) “Thermal decomposition of high explosives at static pressures to 50 kilobars”, Fifth International Detonation Symposium,Pasadena, CA,1970, Proceedings published by the Office of Naval Research, Arlington, VA,pp. 331–337.

[5] G. J. Piermarini, S. Block and P. J. Miller (1989) “Effects of Pressure on the Thermal Decomposition Kinetics and Chemical Reactivity of Nitromethane”, J Phys. Chem. 93, 457–462.

[6] S. F. Angew, B. I. Swanson, J. Kenney and I. Kenney (1989) “Chemistry of nitromethane at very high pressure”, Ninth International Detonation Symposium, Portland, OR, 1989, Proceedings published by the Office of Naval Research, Arlington, VA, pp. 1019–1025.

[7] S. Courtecuisse, F. Cansell, D. Fabre and J. P. Petitet (1995) “A Raman spectroscopic study of nitromethane up to 350℃ and 35 GPa”, J. Phys. IV (Paris), 5, 359–363.

[8] S. F. Rice and M. F. Foltz (1991) “Very high pressure combustion: reaction propagation rates of nitromethane within a diamond anvil cell”, Combust. Flame 87, 109–122.

[9] M. Frances Foltz and Jon L. Maienschein (1995) "Ammonium perchlorate phase transitions to 26 GPa and 700K in a diamond anvil cell", Mater. Lett. 24, 407–414.

[10] G. I. Pangilinan and T. P. Russell (1998) "Global Reaction Rates of the Laser-Induced Decomposition of Ammonium Perchlorate at static high pressures", Eleventh International Detonation Symposium, Snowmass, CO, 1998, Proceedings published by the Office of Naval Research, Arlington, VA, pp. 847–851.

[11] J. Gump, L. Parker and S. M. Peiris (2003) "HMX (beta phase): laser-ignited reaction kinetics and isothermal equations of state", 13th APS Topical Conference on Shock Compression of Condensed Matter, Portland, OR, July 20–25, 2003. Proceedings published by the AmericanInstitute of Physics, USA, 967–972.

[12] G. J. Piermarini, S. Block and P. J. Miller (1987) "Effects of pressure and temperature on the thermal decomposition of rate and reaction mechanism of β-octahydro-1,3,5,7-tetranitro-1,3,5,7-tetrazocine", J. Phys. Chem. 91, 3872–3878.

[13] T. B. Brill (1995) "Multiphase chemistry considerations at the surface of burning nitramine monopropellants", J. Propul. Power, 11, 740–751.

[14] P. J. Miller, S. Block and G. J. Piermarini (1991) "Effects of pressure on the thermal decomposition kinetics, chemical reactions and phase behavior of RDX" Combust.Flame, 83, 174–184.

[15] Anthony P. Esposito, Daniel L. Faber, John E. Reaugh and Joseph M. Zaug (2003) "Reaction propagation rate in HMX at high pressure", Propell. Explos. Pyrot. 28, 83–88.

[16] M. France Foltz (1993) "Pressure dependence of the reaction propagation rate of TATB at high pressure" Propell. Explos. Pyrot. 18, 210–216.

[17] S. M. Peiris, G. I. Pangilinan and T. P. Russell (1999) "The laser-induced decomposition of TATB at static high pressure", 11th APS Topical Conference on Shock Compression of Condensed Matter, Snowbird, UT, 27 June–2 July, 1999, Proceedings published by the American Institute of Physics, USA, pp. 849–852.

[18] Sushil K. Satija, Basil Swanson, Juergen Echkert and J. A. Goldstone (1991) "High-pressure Raman scattering and inelastic neutron scattering studies of triaminotrinitrobenzene", J. Phys.Chem. 95, 10103–10109.

[19] J. K. Rice and T. P. Russell (1995) "High-pressure matrix isolation of hetrogenous condensed phase reactions under extreme conditions", Chem. Phys. Lett. 234, 195–202.

第 6 章　对分子晶体中冲击诱导变化的理解

6.1　引　言

对于冲击波研究，弄清楚分子晶体对冲击压缩的响应是相当重要的。在某种程度上，这是因为大部分含能材料是由分子晶体组成的。由于它们的高压缩性、对于非弹性形变的低阈值以及低对称性，分子晶体在冲击压缩下经常经历一系列的物理和化学变化。这些变化主要取决于压力变化历程，其涉及形变以及温度上升，并且具有短的持续时间。在这些条件下，固体中发生的微观过程更为复杂。它们会涉及分子和晶体的转变，以及化学键的形成或断裂，而这些全部发生在很短的时间尺度内。在含能材料中会发生大量分解。从科学研究的角度来说，从一个冲击实验的单一事件中去揭示和阐明这些效应是十分具有挑战性的。由于问题的复杂性以及实验和理论的限制，对冲击作用下的分子晶体或含能晶体中的分子层面过程的理解是有限的。在未反应和反应的分子晶体中，起支配作用的微观机制大部分依然未被确认。

在最近的 20 年里，许多方法用于提高对受冲击含能材料中物理和化学过程的认识程度，包括实验、理论以及计算方面的努力。能够在文献[1]～[3]和本书的其他章节中看到关于这方面最近的积极评论。这些领域之间的协同已经成为一个具有挑战性的要求，由于现有实验的时间和空间尺度要比原子模型中大许多数量级。尽管如此，这些实验方法提供了受压缩含能材料中有关分子过程的更多细节信息，并且这些方法还在不断向前发展。

本章讨论拓展静态压缩研究使其能够供给和引导冲击压缩研究该怎么做以及要做什么。在对含能材料冲击压缩中现有方法和进展的一个简要评论之后，有关模型分子晶体和含能晶体的具体事例将被给出。

目前，冲击压缩含能材料领域的主要研究方向是评估含能材料在冲击压缩下的材料性能[4]。这样的研究是针对不均匀、多组分的实际猛炸药系统。进一步来说，这些工作中大部分涉及连续的和热力学的性质，包括爆炸特征。当这些研究提供有关冲击压缩下含能材料的力学、热力学以及流体力学的重要信息时，它们却不能够提供分子层面上的信息。这里，提出有关具有均匀单晶形式的理想含能材料的研究方法，以避免非均匀材料(粒度、缺陷、晶界、界面结构、杂质等)引入的额外复杂性。下一步要做的是，集中研究对冲击和静态实验都适用的诊断技术，同时关注探测分子结构和化学过程的技术。

静态和冲击压缩间的明显相似点在于两种情况的压力都是在可探测条件下被施加到目标上的。然而，这两种方法中，压力加载的路径是非常不同的，这定性地导致了不同的响应过程(表 6.1)。特别是冲击压缩会引起形变和加热，并且这一切都发生在一个很短的时间尺度上。尽管如此，人们还是进行了大量的尝试将冲击和静态压缩方法联系起来[3]。这经常通过升温和非静水压缩的静态实验完成。金刚石对顶砧单元(第 1 章)的发展大大促进了这类实验的进步。尽管在静态和冲击压缩中有其他一些不同之处，如时间尺度，但是静态高压方法还是能作为冲击波实验的补充。除作为补充方法以外，利用静态高压方法去理解受冲击含能材料，特别是化学惰性体系中的过程，具有明显的技术和实际应用优势。

表 6.1　冲击和静态加载特性的比照

特征	冲击压缩	静态压缩
加载方式	单次	可重复
持续时间	短(纳秒至微秒量级)	长(秒量级以上)
应力状态	单轴应变	静水压
应变率	高(可调)	低(不可控)
温度	跃升	恒定
测量值	依赖于时间	不依赖于时间

本章阐述一个完整的方法去研究含能材料：①基于同种材料进行静压和动压实验；②控制实验条件；③利用相似的诊断方法。其目的不是进行宽泛的评论，而是为了指明一些有趣的特征以引出分子晶体响应过程的一般性理解，特别是利用静态压缩给出含能材料的动态压缩过程。

6.2　冲击压缩下的含能材料

6.2.1　微观机制

冲击压缩含能材料从冲击点火到稳态爆轰要经历一个复杂的演化过程。这个演化过程的特征取决于含能材料的力学、热力学以及化学性质。重要的是，这些性质随时间发生剧烈变化，在时间上是瞬态的。因此，需要获得有关力学、热力学和化学性质才能够深入地了解由冲击诱发分解的微观机制。

正如 Gupta[5]提出的，如图 6.1 所示，冲击诱导含能材料的化学分解过程能够分为三个阶段。这三个阶段与相继发生时间的不同时间尺度有关。第一阶段涉及从冲击波到含能材料进而到分子的能量沉积过程。这一过程被认为发生在飞秒到皮秒的时间尺度上。不同的峰值压力可能会引起一个可逆或者不可逆的过程。可逆的过程仅涉及结构的变化。不可逆过程被认为是分子分解的预处理(激发)。第二阶段与化学分解的开始有关，会导致化学能的释放。通常，这个过程会扩展到数百纳秒的时间范围。最后，释放的能量耦合到冲击波能够导致最终的爆炸。下面简单地回顾在均匀含能材料的冲击点火方面所取得的最新进展。

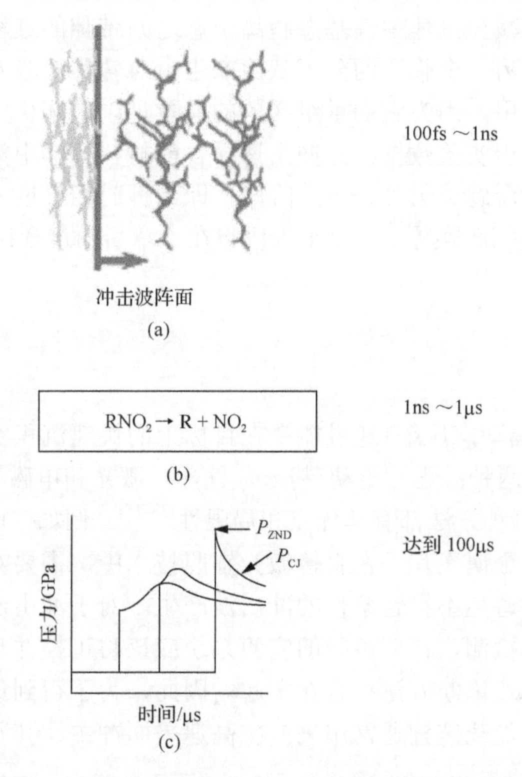

图 6.1　冲击含能材料中涉及的过程和时间尺度示意图

图(a)说明了由于波前通过引起分子的变形；图(b)呈现了假设的分解过程；图(c)说明压力随时间的变化导致爆轰波(P_{ZND} 和 P_{CJ} 分别对应 ZND 点和 CJ 点处的压力)

第一阶段的机制，即能量转移到分子，已经进行了大量理论研究，见文献[7]～[12]。理解这个机制对于含能材料分解的预测评估是必不可少的。随后提出的一些微观模型大致可分为两类：振动机制模型和电子机制模型。Dlott 和 Fayer[13,14]提出了多声子上泵浦模型，认为声子能通过最低分子振动模式(振动门径模式)吸收由冲击波能量产生大量的受激发声子。增加的声子吸收和分子内的振动能量重分布导致高能模式的激发。这个上泵浦机制加热分子，足以破坏化学键。这个机制需要几百皮秒使得振动态阶梯达到热平衡。相比之下，一些其他模型则建立起来支持微观电子机制[10]。Gilman[15,16]认为来自波前的压缩使共价键弯曲，导致最高占据(HOMO)分子轨道和最低未占据(LUMO)分子轨道之间的能隙减小而产生局域金属化。此外，Kuklja 和 Kunz 给出刃型位错能够显著地减小光学带隙导致初始的化学过程[17,18]。Manna[9]和 Reed[10,19]最近的计算表明，要想在硝基甲烷晶体中降低带隙以产生大量的激发态粒子，单有均匀高压是不够的，这一结果同之前的计算结果相矛盾[18]。由 Luty[20]和 Munn[21]所做的进一步工作指出，对于用物理方法诱导的化学反应不需要 HOMO-LUMO 带隙的闭合。这表明压缩减少晶体中性基态和离子态之间带隙的过程中，会存在电子从一个分子转移到另一个临近的分子从而产生电荷转移对激发。这个模型强调了电荷转移对的作用，因为它们重组释放的能量足以破坏化学键。尽管有这些努力，然而由于缺少实验数据，在冲击诱导含能材料分解中第一阶段的机制依然是一个开放性的命题。另外，第三阶段，即纳秒时间尺度上的化学分解阶段已经获得了大量的实验数据[22]。这个阶段将在本章后面进行讨论。

6.2.2 实验方法

1. *冲击波压缩*

冲击波(高振幅动态压缩)通过能量在目标上的快速沉积实现。冲击波产生的方法通常可分为两种：飞片驱动(粉末、气体、激光和电磁枪)和辐照(激光、磁性加速器等)。每种方法都有其优点和局限性[23-25]。例如，电动薄片加速装置不能发射高阻抗的金属飞片。在直接激光辐照技术中，需要对激光时域和空域进行大量的整形以避免不符合条件的冲击波产生。对于冲击诱导材料中的物理和化学变化的实时检测，任何可行的实验系统应该将可控并且可表征的冲击加载同与之相应的高速诊断方法整合在一起。因此，为了得到最佳的冲击加载条件，大型的气体枪加载装置通常用来产生高速平面冲击，其几何构型分析起来易于处理。

含能材料能够通过单一的冲击、多重冲击或者梯形波动态压缩。在学术研究中，材料的压强-温度状态将取决于这些方法。本章所举有关实验的例子中，冲击波压缩是通过阶梯式加载(多重冲击)产生的。这种类型的冲击波压缩可以防止样品的过度加热。这种方法可以有效调整需要的压强-温度状态[22]。下面，将讨论这种冲击波加载的原理。需要注意的是冲击实验中压强-体积末态是通过 Hugoniot 线(不可逆绝热线)和其在静态实验中的等温线确定的[26]。

阶梯式加载的原理如图 6.2 所示。通过碰撞，压强为 P_1 的冲击波传播进入前窗口。当这个波到达窗口/晶体的界面时，由于晶体和前窗口之间阻抗失配，冲击波要发生一部分反射，因此带有减少为压强 P_2 的冲击波传递到了晶体。阻抗失配同样发生在后窗口。在那里发生的反射会输出一个高压冲击波。这些多次反射波的传播如图 6.2(a)所示。在这种方式中，冲击波在晶体和两个窗口之间反射直至压强达到平衡。终态的压强由弹射装置的速度、撞击物的性质以及窗口的材料决定。然而，加载的线型可以通过一维波动传播法则[27]和晶体的材料模型来进行计算。通过改变撞击物的速度、窗口的类型和厚度，冲击波的振幅和持续时间能够精确控制。此外，通过对前窗口材料的适当选择，相同的峰值压力可以产生不同的温度。样品的温度能够基于已知的材料模型进行计算。

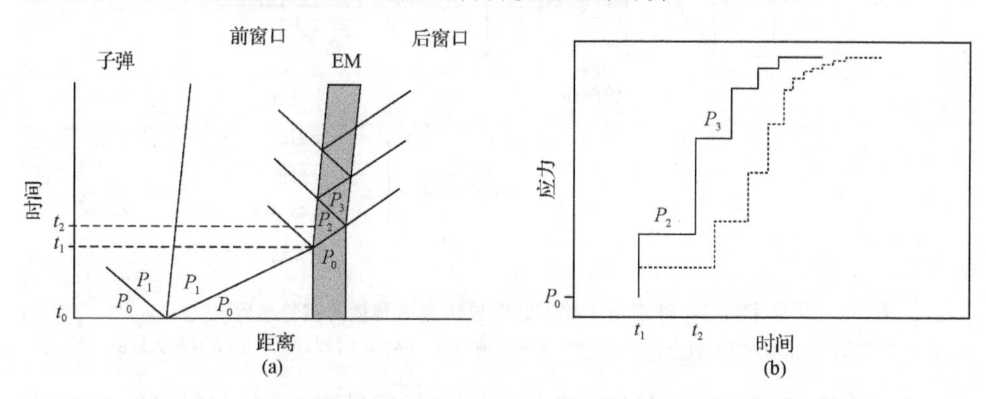

图 6.2　冲击波阶梯式加载的图例

(a) 含能晶体中冲击波的传播；(b) 对于不同撞击物材料的加载线型的图例

2. 冲击压缩下的光学光谱技术

从受冲击的含能材料获得分子层面信息最有效率的方法是振动和电子光谱技术。时间分辨吸收、荧光、发射和拉曼光谱技术的组合已经用于探测受冲击材料的微观机制，包括含能材料、平面撞击[28-37]和激光冲击[38-42]。

要想将光谱方法同冲击波实验结合起来需要冲击波、激发和探测之间的精确同步。在平面撞击实验中，利用合适的触发针，脉冲激光和条纹相机可以跟样品中的冲击波精确同步(图 6.3)。因为是平面撞击，发生的冲击压缩在样品和撞击物中会产生一维应变状态。这个状态可一直保持在样品和撞击物的中心区域，直到从样品边缘反射稀疏波到达；到达的时间定义为实验的持续时间。冲击压缩的持续时间很短，需要快速且灵敏的探测系统。受冲击样品的演化过程能够通过时间分辨的方法进行捕捉。

冲击实验中的时间分辨率由几个因素限制，最突出的是实验的持续时间、探测脉冲的脉宽、播前到达时序的不确定性、冲击波速度时域和空域分辨率的内在联系。目前，在平面撞击冲击实验中，光谱测量方法可达到纳秒和亚纳秒分辨率[43-45]。利用相干反斯托克斯拉曼散射(coherent anti-Stockes Raman spectroscopy，CARS)和红外光谱，可实现激光诱导冲击下的皮秒时间分辨率[42,46-48]。

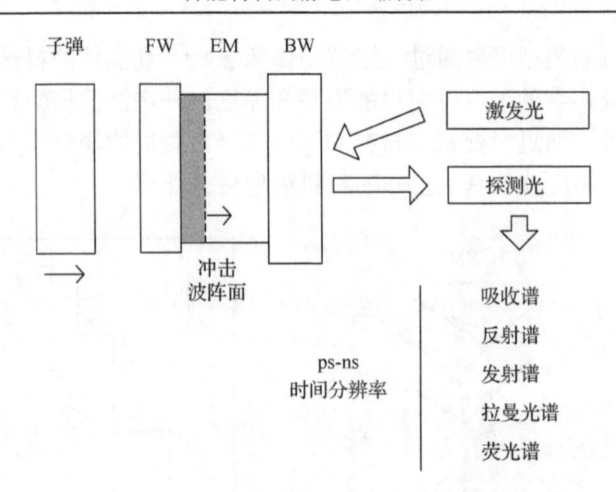

图 6.3　冲击波压缩下时间分辨光谱测量的实验装置

受冲击材料中的变化在冲击前沿后探测。FW 为前窗口，EM 为含能材料(单晶)，BW 为后窗口

振动光谱(自发拉曼、CARS、红外吸收)是研究受冲击含能材料中分子动力学和稳定性的众多方法之一。而且，振动动力学能够探测由形变、相变或者化学反应引起的分子和晶体对称性的变化。理论上，它具有高的时间分辨率，还能够用来测量受冲击材料的温度、压力以及组分。

下面简要地描述由冲击物理研究所(ISP)建立并使用的两种拉曼光谱测量系统。这两个系统的作用包括：①时间分辨拉曼光谱用来监视分子变化的演化过程，如冲击波反复通过材料的过程；②高分辨率拉曼光谱用来探测在峰值压力下的材料。

对于时间分辨拉曼光谱测量方法[22,32,33]，一台可调谐氙灯泵浦染料激光器被调到 514.5nm、2μs 脉宽作为光源。利用 400μm 的光纤将大约 65mJ 的脉冲能量传输至靶前，并且信号被另一根 400μm 的光纤收集再通过一个全息陷波滤波器除去 514.5nm 散射光，最后进入一台装有全息光栅的光谱仪。光谱色散的光被耦合进条纹相机，然后由一个增强 CCD 得到时间分辨光谱变化的记录。这个系统的光谱分辨率约为 $25cm^{-1}$，而对于约 2μs 持续时间的实验，拉曼信号能够连续地采集。时间分辨率由照射到探测器上的光斑大小决定，大约为 40ns。

高光谱分辨率(短脉冲)拉曼光谱通过从一台 Q 调制倍频 Nd：YAG 激光器(532nm)输出的单激光脉冲辐照样品得到[49,50]，如图 6.4 所示。脉宽为 20ns 的典型激光脉冲能量约为 10mJ。机械快门应用于从 5Hz 的脉冲序列中选出一个单脉冲，这个单脉冲被耦合进入与样品靶相连的光纤中。激发光在样品上被聚焦的焦斑直径为 600μm。利用一根 600μm 的光纤收集背向散射的光，并传输至一个装有全息陷波滤光片(用来滤掉散射的 532nm 的光)0.5m 长的光谱仪中。光谱仪中的输出利用门选通成像增强器进行放大并通过一台背光 CCD 进行探测。探测系统总分辨率约为 $3.5cm^{-1}$。根据需求可将增强器门宽设置在 60～150ns 以阻止由样品发出的杂散光。冲击压缩、激光出射以及像增强器选通的同步利用电学延迟控制系统完成。激光出射的脉冲时序抖动一般小于 20ns。

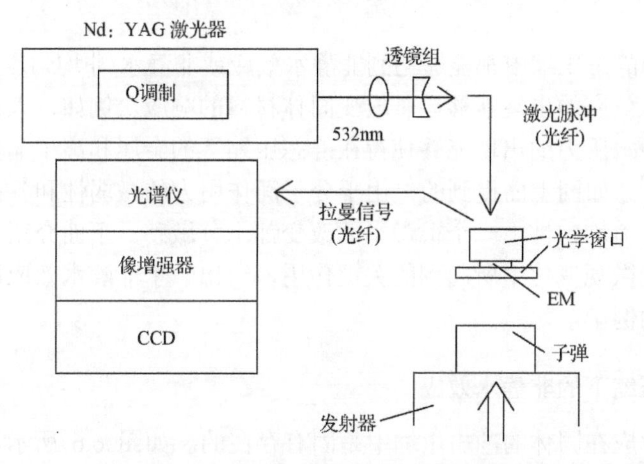

图 6.4　高分辨率拉曼实验配置示意图

拉曼激光光源为 Nd:YAG 激光器产生的 532nm 单脉冲激光。拉曼散射信号由光谱仪-增强 CCD 探测系统记录

图 6.5 为样品受冲击后探测光的时序。冲击波在前后窗口的来回反射通过阶梯加载过程给样品带来的峰值压力。为了减少由冲击诱导发射的背景光，CCD 门宽设置为 60ns，且在样品达到所需峰值压力后激光脉冲在这个时间窗口内同时到达样品。

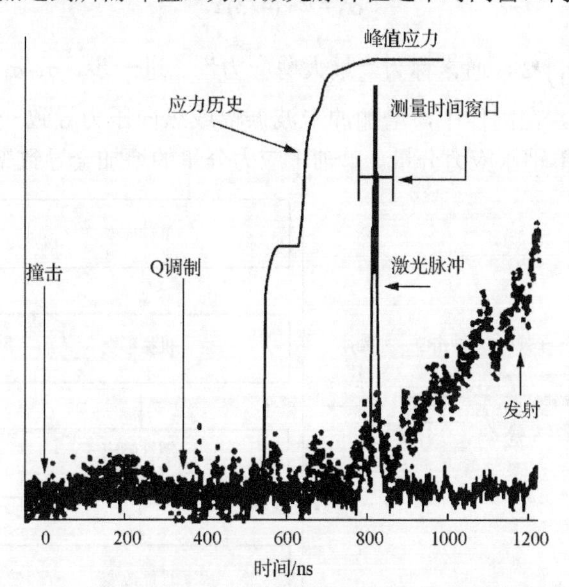

图 6.5　高光谱分辨率拉曼光谱的时间同步

激光脉冲通过由弹射撞击触发的 Q 调制控制。拉曼光谱在晶体达到希望的峰值压力后采集。用实线表示的压力变化历程曲线利用有限差波动法则进行计算。冲击诱导杂散光的时间曲线由点来表示(由参考文献[49]许可转载)

6.3　非静水效应的影响

在冲击和静态压缩中都能够遇到非静水效应或非静水/非均匀压力。在压缩条件下，非静水效应的出现能够显著改变固体材料的响应。例如，人们在很久之前就认识到非静水压力的出现能够使得在静态压缩下的金属和离子晶体的状态方程发生变化[51,52]。如同上面提到的，由于分子间作用力的微弱性和各向异性，分子晶体对外加压力均匀性上一个很微小的改变都十分敏感。下面介绍非静水效应在分子晶体产生微观变化中所起到的关键作用，给出一个非静水效应影响蒽分子晶体电子结构的例子。

6.3.1　冲击压缩下的非静水效应

非静水效应在固体的冲击压缩中是固有存在的。如图 6.6 所示，在由平面冲击波施加的单轴应力条件下，固体承受很高的非静水压力($\sigma_3 \neq \sigma_1$)。需要注意，由于一维平面波的对称性，有 $\sigma_1=\sigma_3$(假设没有运动平行于波前)。在实验中，对于平面冲击波仅需要测量的压应力分量为 σ_3，它可以看作由平均压力(压强) $\overline{P}$ 和剪切力 τ 组成：

$$\sigma_3=\overline{P}+(4/3)\tau$$

式中，$\tau=\left(\sigma_3-\sigma_1\right)/2$，通常称为“最大剪应力”。进一步，$\sigma_3-\sigma_1$ 是单轴压应力分量(偏压的测量)。在固体中，增加冲击波振幅或纵向压力导致一个更大的平均压力和一个更大的单轴压应力分量。单轴压应力分量的增加会导致塑性形变。在由冲

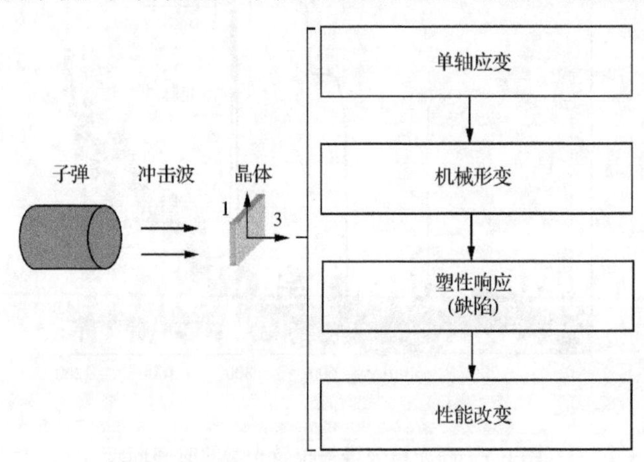

图 6.6　受冲击晶体中的单轴压应力效应

$\sigma_3 \neq \sigma_1$，σ_3 为纵向压应力，σ_1 为径向压应力

击波引起的单轴应力条件下，晶体能够通过优先滑移系的位错以适应塑性形变。在分子晶体中，包括含能材料晶体，这种延伸结构缺陷的形成可能会加强这些固体材料的反应。因此由单轴压力部分产生的过程与在平均压力下产生的过程有很大的区别。

6.3.2　静态压缩下的非静水效应

金刚石对顶砧(DAC)实验通常用来实现静水压缩的条件。由于 DAC 是一种单轴压力装置，在被压缩固体中要保持静水条件需要利用液体或气体介质包围样品。然而，由于传压介质在高压下的凝固，室温下的完全地静水环境在高压下不能够持续不变。近年来，第三代同步加速器的发展使得利用 X 射线光源检测被压缩固体中的静水/非静水效应成为可能[52-59]。然而，能够使用这些方法的实验室是很有限的。

通常，在静态高压实验中，传压介质的静水效应(忽略剪切力)大多数可以利用红宝石荧光技术便捷地测量[60,61]。图 6.7 所示为在 DAC 样品仓中施加到样品上压力状态的三种基本情况，以及相对应的红宝石荧光响应。使压力分量 σ_3 同 DAC 加载轴向相平行，由于样品仓的圆柱对称性，假设样品其他两个分量 σ_1 和 σ_2(垂直于加载轴向)相等。在理想静水效应条件下，样品仓中任意位置 $\sigma_1=\sigma_3$。这使得在整个压强范围内呈现窄的红宝石线(R_1,R_2)，且它们之间有固定间隔。第二种情况能够通过压力梯度进行表征，在任意位置 $\sigma_1=\sigma_3$，然而它们是空间分布的。在这种情况中，红宝石峰变宽，但它们仍然保持着同在静水压缩下一样的

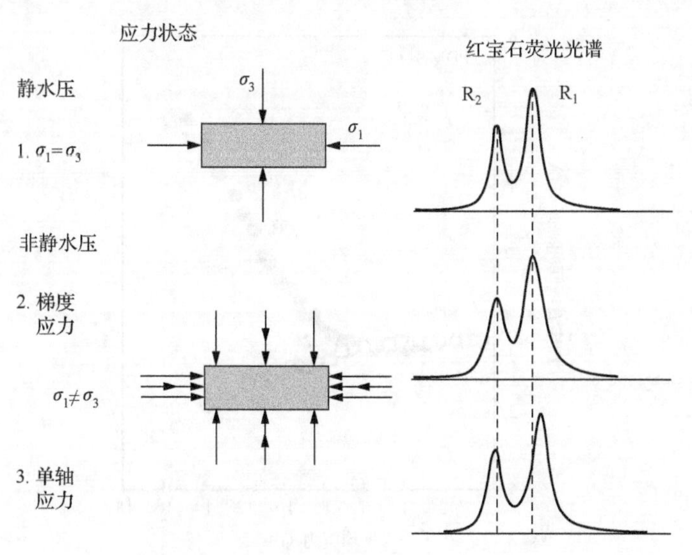

图 6.7　DAC 实验中不同压力状态的红宝石荧光响应示意图

位置。第三种情况表现为单轴或偏压，其中 σ_1 和 σ_3 的差在样品仓中每一处都是相等的。在这种情况下红宝石线之间的间隔发生变化，通常情况下是增加的。在实际情况中，DAC 实验中非静水压力的状态以后两种情况卷积的形式存在。换言之，R_1-R_2 红宝石峰的间隔和它们的宽度通常是相关的，尽管它们有不同的物理含义。冲击波实验中表现出偏压力本身改变红宝石线的间隔，但是没有表现出红宝石的宽度。进而证明 R_1 和 R_2 线之间间隔的大小取决于同外加压力张量有关的红宝石方向[62-64]。

在这些发现的基础上，对于 DAC 测量方法，最近引入了定向的红宝石晶体以更好地评价和控制传压介质中压力的状态[65]。这种方法有助于得到更多有关通过传压介质施加于晶体周围的非静水压力场的精确信息。在研究中，同时利用 a 轴和 c 轴定向红宝石晶体(直径为 35μm，厚度为 20μm)以在不同传压介质中确定非静水效应的开始和范围。通过测量 R_1 和 R_2 红宝石线之间间隔的变化确定了单轴压力分量的开始和范围。传压介质中的平均压力通过 R_2 线的移动来确定，因为它的移动不受非静水效应的影响[62]。

在图 6.8 中，给出从聚二甲基硅烷(PDMS)中的两个红宝石晶体得到的数据。如图所示，a 轴相比 c 轴对单轴压力分量更为敏感。在压力作用下，两个晶体也表现出相反的分裂趋势。两条曲线分叉的开始意味着非静水效应的开始，并且分裂的范围同偏压力有关。因此，通过选择适当的传压介质，在 DAC 实验中就能够建立想要得到的压力场。尤其是相对于静水压力，单轴压力分量能够通过选择增加剪切力强度的传压介质而得到增加[65]。

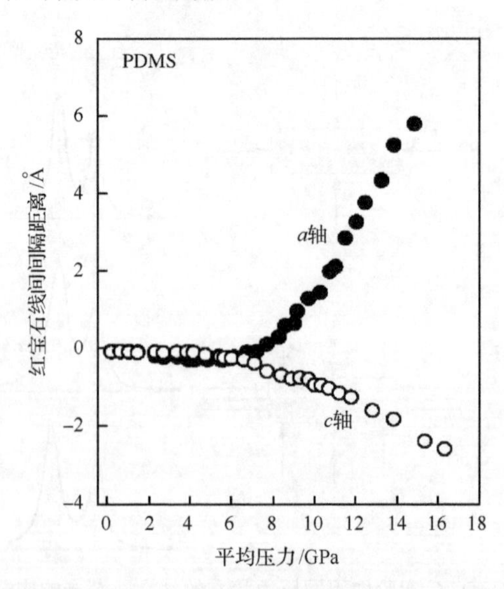

图 6.8 R_1 和 R_2 红宝石线之间间隔随平均压力的相对变化

PDMS 作为传压介质。实心点对应 a 轴定向红宝石，空心点对应 c 轴定向红宝石

6.3.3　高压下蒽的电子结构

蒽(C14H10)为多环烃的一种，被充当有机分子晶体的模型分子。人们对蒽的兴趣主要在于其电子和光学性质，并且易于提取和结晶。尽管人们在过去对蒽在静态高压下已经做出了广泛研究，不同的实验室对其结果进行了大量报道。最近，研究人员发现非静水效应能使蒽的电子结构发生变化。下面给出这些研究的主要发现以强调在非静水压缩下静态研究的重要性，并且提供对受冲击分子晶体微观变化的理解。

在环境条件下，蒽晶体的荧光光谱展示了来自第一激发态-L_a带的振动能级。在静水压缩下，这个振动结构可以很好地维持；本质上只有振动峰的红移被观测到。然而，非静水压缩使得荧光光谱变宽，而且相比于在静水压缩下的光谱，其在低很多的能量处出现无特征带。图 6.9 连同两种情况下光学成像中的明显变化，给出了上述区别。

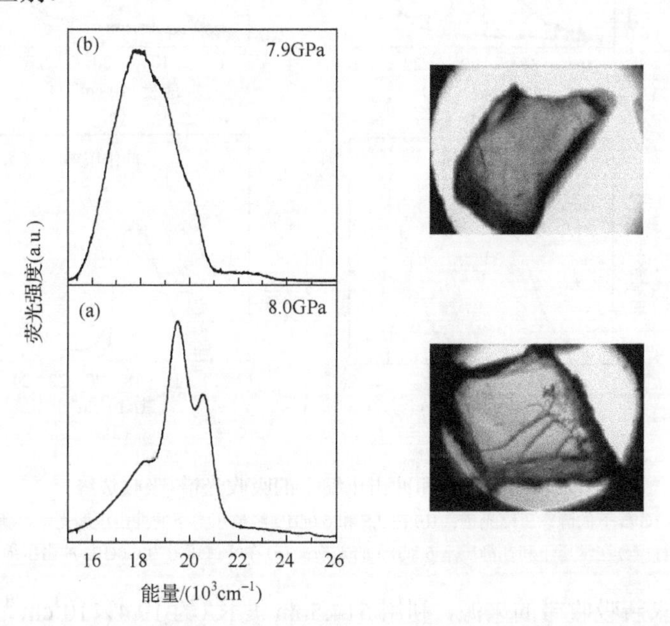

图 6.9　在(a)静水压缩(b)非静水压缩下蒽单晶的荧光光谱和光学成像

荧光利用氮激光器的 337nm 线激发，图中给出压力与利用 R_2 红宝石线得到的平均压力一致

1. 非静水压缩

为了进一步考察非静水效应对于蒽电子结构的作用，需同时测量在静态和冲击压缩下的吸收和荧光光谱。静态压缩应用于以水作为传压介质的 DAC 中。这个介质是化学惰性的且在大于 5GPa 时引入非静水压力。冲击压缩通过平面撞击

到由两个光学窗口及单晶形成的三明治结构上产生。样品通过阶梯方式进行加载，限制了温度的升高。尽管在这两种加载条件下有一些区别，其电子光谱仍然呈现许多相似之处[76,77]，一些细节如图 6.10 所示。除单调红移外，吸收带边缘也出现新的吸收带，在红移吸收带边缘形成了一个“肩部”。在两种加载条件下，这个新的吸收带都发生在 5GPa 附近。新的吸收带具有宽的能量分布，看起来是由多重贡献构成的。在吸收实验中观测到的单调红移表明电子结构中的变化，如蒽单线态的基态和第一激发态之间能隙的减少。在大于 5GPa 时观测到的新的吸收带的出现表明在高压下电子结构中的额外变化。

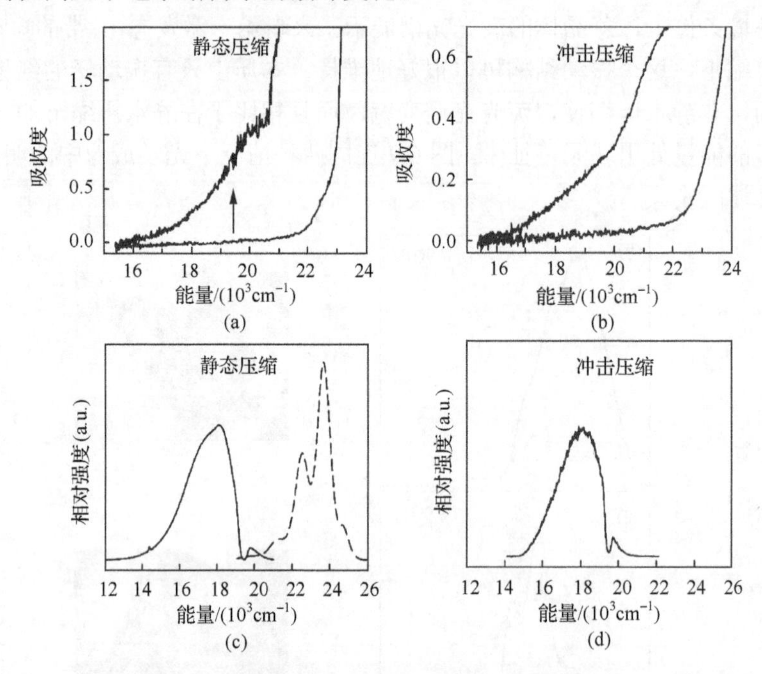

图 6.10　在静态和冲击压缩下的吸收光谱(吸收边缘)

(a)在 3.0 和 6.1GPa 下的静态压缩光谱；(b)在 2.5 和 6.0GPa 峰值压力下的冲击压缩光谱，新吸收带激发的荧光光谱：(c)在常压下和在静压下 6.8GPa 的光谱；(d)在峰值压力为 6.0GPa 冲击压缩下的光谱

为了寻求新吸收带的来源，利用 514.5nm 波长(约 $19.4\times10^3cm^{-1}$)激发被压缩晶体。该激发匹配新吸收带的能量低于单线态吸收的能量。如图 6.10(c)和(d)所示，这个激发诱导荧光的光谱与常压下有很大的不同。静态和冲击压缩都产生了相似的、宽的以及无结构特征的光谱。因为荧光的激发能量与压缩吸收带的能量匹配；对于荧光和吸收，因为两者具有相同的电子来源，故而相互隐含。此外，非静水压缩下蒽电子光谱中产生的新特征是相似的。下面对蒽的电子结构中产生变化的可能原因进行简要讨论。

2. 电子结构变化的微观机制

在本研究中，静态非静水和冲击加载将非均匀压力施加在晶体上。假设施加的压力超过了蒽的弹性极限[78]，这会导致塑性形变进而导致缺陷的产生。在吸收光谱中新吸收带的出现能够与压力诱导缺陷联系起来，类似于位错的产生。实际上，在 DAC 中被非静水压缩晶体的光学成像分析表明了宏观缺陷的产生[76]。如图 6.11 所示，在[001]面上观测到了特征线。这些线相交的角度为 73°±5°。这个角度同受压缩蒽晶体中的[110]和[1$\bar{1}$0]方向之间的角度非常匹配[79]。因此，无论是静态还是冲击，非静水压缩能够引入晶体中的位错。人们特别感兴趣的是 1/2 位错，如 1/2[110]，其能够通过引起更为紧密的平行分子使晶体中某些位置形成范德瓦耳斯二聚物。这些位置就是形成新吸收带和无特征光谱的原因，类似于激发态分子的荧光光谱[76,77]。

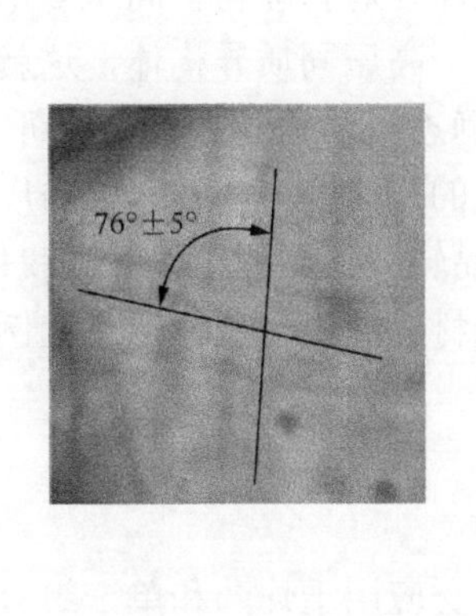

(a)

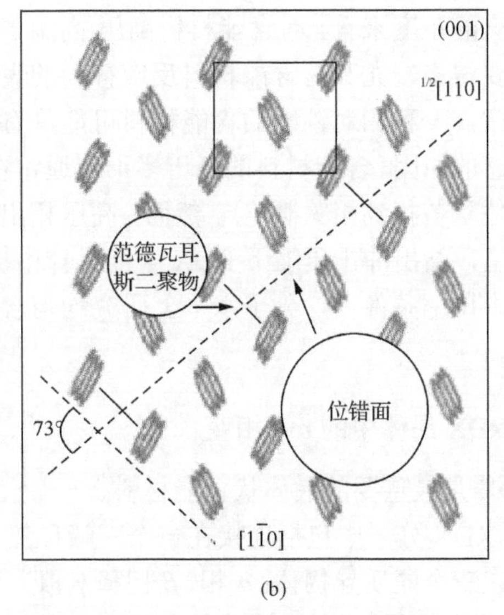

(b)

图 6.11　蒽晶体中有关微观变化的非静水压缩效应

(a) 压缩至 6.3GPa 的蒽晶体的[001]面的光学成像；(b) [001]晶面有关位错面和范德瓦耳斯二聚物的示意图

6.4　非静水效应的影响

同质异构体是存在于不同形态结晶固体的性质。这些形态对应固体基本单元的不同排列方式。在分子晶体中，能够通过改变分子间或分子内的排列方式引起同质异构体变化。化合物的同质异构体变化能够呈现明显不同的物理和/或化学性质。在文献中有很多有关同质异构体的报道。并且许多研究试图理解不同同质异构体之间转化的机制以及同质异构体的结构同表现出相应性质的关联性[80]。

在含能材料中，同质异构体是很常见的，并且已经成为一个广泛研究的课题。在常温和常压下，人们发现了许多由改变结晶条件产生的同质异构体。这项研究的典型事例包括 HMX 和 HNIW(CL-20)。HMX 能够以四种同质异构体的形式存在，记作 α 相、β 相、γ 相、δ 相[81,82]。然而，γ 相被发现是一种 HMX 的水合形式[83]。在常温常压下，已知这些同质异构体的稳定性按顺序为 β 相>α 相>γ 相>δ 相[84]。HNIW 同样发现有四种同质异构体：常温常压下，记作 ε 相、α 相、β 相、γ 相[85-88]。α 相可能以水合物或溶剂合物形式存在。在这些同质异构体中给出了两种不同的稳定性排列：α 相水合物>ε 相>α 相非水合物>β 相>γ 相[87]，以及 ε 相>γ 相>α 相水合物>β 相[85]。对于 HMX 和 HNIW 这两种化合物，有关动力学和活化能的进一步信息能够分别在参考文献[89]～[94]和[85]～[88]中找到。

这两个例子展示了常态下含能材料多形态相的丰富性和复杂性。然而，从冲击波点火的角度来看，对含能材料高压/高温多形态相的理解通常要比对常态相的理解重要得多，尤其对含能材料反应行为的表征需要对含能材料高压多形态的理解。通常，一种相对钝感的含能材料可能具有一个高压同质异构体，这就是其表现为钝感的原因。含能材料的高压多形态通常在静态压缩和升温下进行研究(可在本书其他章节找到相关概述)。然而，高压相出现的最终验证需要在冲击压缩下完成。这里，给出冲击压缩下 RDX 含能晶体中多晶转变的观测结果。据我们所知，这是冲击压缩条件下，分子水平上研究均匀含能材料同质异构体两个案例中的一个[49,95]。

6.4.1 RDX 晶体中的 α-γ 相变

RDX 是最重要的晶体状含能材料之一。它广泛应用于炸药和单一组分的喷气机燃料。RDX 分子中包括连接在一个三嗪环氮原子上的三个硝基。在固体中，RDX 已经存在三个同质异构体：α 相、β 相和 γ 相[96-107]。α 相同质异构体存在于常温下，并且具有斜方晶系结构，属于每个晶胞带有八个分子的 Pbca 空间群[96,97]。所有分子占据 C_1 对称性的位置，然而，硝基中的两个(与均三嗪环有关)在轴向(A)位置中且第三个在中纬线(E)位置说明它们具有 C_s 赝对称性。这个分子构象通常称为主位 AAE 构象。高温高压是获得 β 相同质异构体的一种方法[101,102]。但这种同质异构体的晶体结构未知。然而，其分子对称性被认为是 C_{3v}[100,108]。人们利用 X 射线衍射[98,103,105]、拉曼光谱[101]以及 FTIR 光谱技术[102,104,106]在压力大于 3.8～4.0GPa 的条件下观测到了向上的 γ 相同质异构体。X 射线衍射结果得到了在 4.0GPa 时大约 1.6%体积变化，被认为是 γ 相同质异构体，和 α 相的同质异构体一样，可能存在斜方晶结构。γ 相同质异构体中的 RDX 分子能够采取 AEE 构象，即一个硝基在轴向位置以及两个硝基在中纬线位置。尽管这些研究增进了对 α-γ

相变的理解，但是有关 RDX 的 γ 相同质异构体结构的研究还远远没有完成。

最近的光谱学研究已经提供了更多有关高压下 RDX 相应的详细信息，特别是有关冲击波压缩下 γ 相同质异构体的对称性和 α-γ 相变[95,107]。静态压缩实验用于确定 γ 相同质异构体的主要特征，并用于指导冲击压缩实验。

1. 静态压缩

通过探测晶格动力学、分子排布以及构象中的改变，拉曼光谱用于探测晶体中相互作用和对称性的变化。为了减少研究中分子固体高压下可能遇到的问题(样品随机形态和不确定的压缩条件，见上面部分)，这里提及的实验是利用高品质的单晶且在良好控制压力的条件下进行的。

人们能够通过外部(晶格)模式中的变化研究同质异构体。对于 RDX，群论预测在常态下具有 24 个晶格拉曼活性模式[107,109,110]。这些模式中的 12 个为振动模式，而其他 12 个为平动模式。然而，不是所有的模式都能在静态压缩实验中观测到。如图 6.12 所示，对于 α 相同质异形体，只看到了九个模式。如同分子晶体，这些模式显示出很强的压力相关性。压力大于 4GPa 后，在拉曼位移随压力的变化中观测到了清晰的不连续点，确定为 α-γ 相变的起始点。对于 γ 相同质异构体，

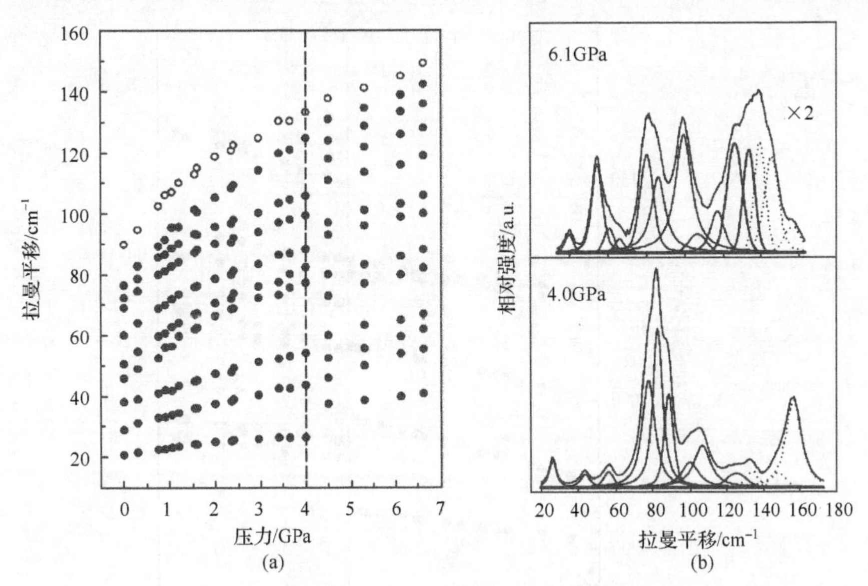

图 6.12　有关 RDX 晶体外部模式拉曼光谱的压力效应

(a)低频模式的压力诱导拉曼位移，空心符号表示内部模式，垂直虚线标记不连续的起始点；(b) α 相同质异构体(4GPa)和 γ 相同质异构体(6.1GPa)的低频光谱中振动模式分离的例子。在 6.1GPa 光谱放大了 2 倍，内部模式通过点线表示

被探测峰的波数明显地从 $9\mathrm{cm}^{-1}$ 上升到 $12\mathrm{cm}^{-1}$。超出相变峰位的耦合在低压相中不能很好地分开。γ 相中外部模式拉曼频移的压力相关性明显小于常态下的情况，然而在一定程度上高于刚刚发生相变的情况

考虑到在 γ 相同质异构体中观测到了 12 个外部拉曼模式，仅有每个晶胞含有四个或八个分子的晶体结构是存在的。这将结构的范围限制到了 $D_{2h}[C_1(8)]$、$C_{2v}[C_1(4)]$以及 $D_2[C_1(4)]$。一般来说，对于 $C_{2v}[C_1(4)]$和 $D_2[C_1(4)]$因子群，拉曼振动和红外振动应该是一致的，而对 $D_{2h}[C_1(8)]$群来说又是不一致的。因此，在 γ 相同质异构体中拉曼和红外模式之间的比较对于识别这三个提到的因子群可能是有用的。遗憾的是，在 9.8GPa 得到的红外光谱[104]数据不具有足够的分辨率以用来同拉曼数据进行有效的比对。然而，得到的 X 射线数据证明晶胞的维度在 α-γ 相变[103,105]中几乎不变。这说明在 γ 相同质异构体中分子的数量同在 α 相中的保持一致。因此，在一个晶胞中具有八个分子的结构仅有 $D_{2h}[C_1(8)]$。尽管拉曼数据不能认为是决定性的结果，但是我们认为 γ 相同质异构体的结构与斜方晶系 $D_{2h}[C_1(8)]$群是同形的。

从内部模式行为特性可能得到 RDX 的相变性质。图 6.13 展示了在 γ 相同质异构体中模式波数的明显上升。原理上，有两个因素能够对晶体中内部分子振动的

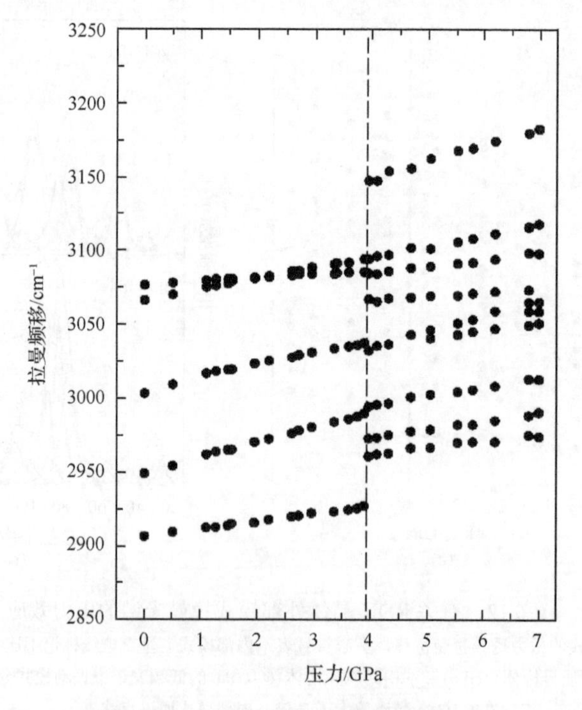

图 6.13　C—H 伸缩模式的压力诱导位移

垂直的虚线标记了不连续的起始点

波数上升有所贡献：第一个是位置对称性的影响，这降低了实际分子的对称性和迁移简并(remove degeneracies)；第二个是因子群耦合的影响，由于晶胞中不同分子的相互作用，因子群能够使得振动劈裂。如果 γ 相同质异构体同 $D_{2h}[C_1(8)]$因子群是同形的，那么 RDX 分子占据了 C_1 位置对称性。因此，在固有的对称性下要失去所有的选择规则和简并。因此，因子群耦合是内部振动模式劈裂的原因。D_{2h} 因子群的相关图说明这个群可能引起每一个内部拉曼振动模式的四重劈裂。实际上，在实验中观测到了双重劈裂。这可能是因为对所有四个峰最小的分辨率来说劈裂的量级太小了，或是因为 RDX 分子对之间相互作用的增长大于分子对内部的增长。

2. 冲击压缩

静态压缩研究表明，C—H 伸缩振动模式的变化是 α-γ 相变的清晰反映。这个发现用来指导冲击压缩以处理以下疑问：①α-γ 相变是否能够在冲击加载下发生；②在压力接近相变时，受冲击的 RDX 在分子级别上是否会展现各向异性；③相变是否与时间相关？研究 RDX 的结构是重要的第一步，因为人们预期分子结构和方向中的变化对冲击点火来说是非常重要的。

所有的冲击实验都是将 RDX 单晶定向在沿着三个晶向([111]、[210]或[100])中的一个进行的。样品的切面大小一般为 7～8mm，厚度大约为 400μm。晶体被加在两个 z 向切割的石英窗口之间。平面冲击波利用另外的 z 向切割的石英窗口通过撞击样品装置产生。通过撞击，冲击波通过前石英窗口传播到 RDX 晶体中。由于 z 向切割石英和 RDX 之间的阻抗失配，样品通过阶梯方式加载。

为了研究 RDX 分子响应中压力随冲击压缩的变化，人们对于[111]取向的晶体进行了一系列的高分辨率拉曼光谱实验。从这个系列实验中选择的光谱同在相似压力下得到的静态压力拉曼光谱一起展示在图 6.14 中。在两种情况中，尽管加载状态不同(冲击状态是单轴应变力中的一个，而静态压力状态是静水力学的)，但是这样的比较仍然是有价值的，因为两组数据处在可比的密度上(comparable densities)。受冲击 RDX[111]晶向的拉曼光谱和静压下 RDX 的拉曼光谱展示出明显的相似性。从这个发现中，推断 RDX 晶体在约大于 4GPa 时经历了一个冲击诱导过渡到 γ 相同质异构体的过程。相变发生在 3.5～4.5GPa，然而不能够确定准确的压强。这个范围与静态压缩结果符合很好，这说明相变发生在 3.8～4.0GPa。

无论是低于还是高于相变压强，在三个不同方向上进行的实验都没有表现出明显的拉曼光谱随晶体取向的变化。这个结果看起来十分令人惊讶，因为对于三个晶相，RDX 的压缩率是不同的。另外，最近对于实验中晶向的研究，在 2.5GPa

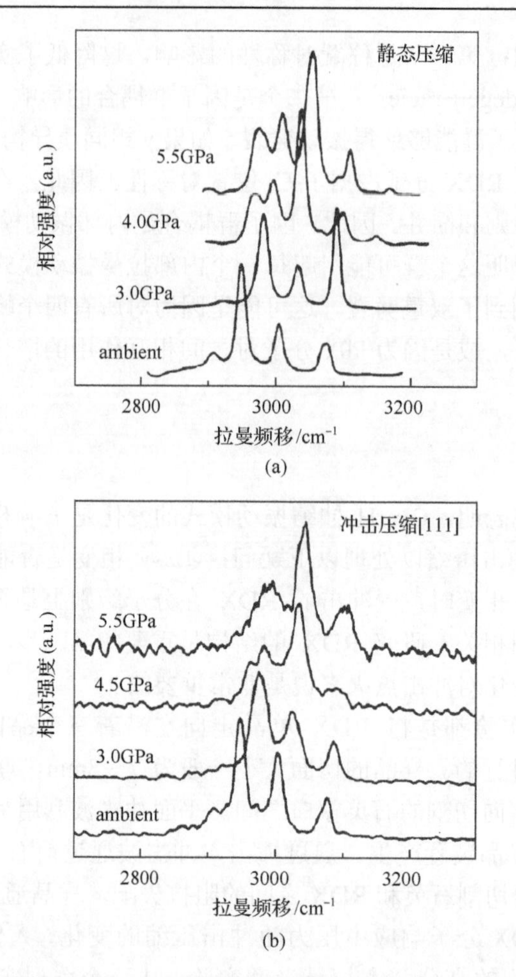

(a)

(b)

图 6.14　(a)静态压缩下 C—H 伸缩模式的拉曼光谱；(b)冲击压缩几个峰值压力下[111]取向单晶的 C—H 伸缩模式的拉曼光谱

波形的测量体现出差异。最后，对于 RDX 的这些结果同 PETN 晶体的结果是不同的，其中 PETN 晶体方向对于 C—H 伸缩模式具有显著影响。两种材料在分子级别上的响应出现了不同，这说明需要对受冲击含能晶体中支配各向异性的因素开展进一步的研究。

时间分辨拉曼光谱有助于深刻理解相变的动力学过程。从时间分辨实验中选出的光谱如图 6.15 所示。压力通过将 RDX 约束在两个 z 向切割石英窗口间的阶梯加载路径实现。图 6.14 和图 6.15 中光谱的对照表明相变的发生需要一定的时间。理论上，时间分辨拉曼频移的获得基于以下假设：①冲击下的拉曼位移与静水压缩下的频移一致；②频移中无时间相关性，能够对时间相关拉曼频移进行预测。利用 2949cm^{-1} 模式进行对照。

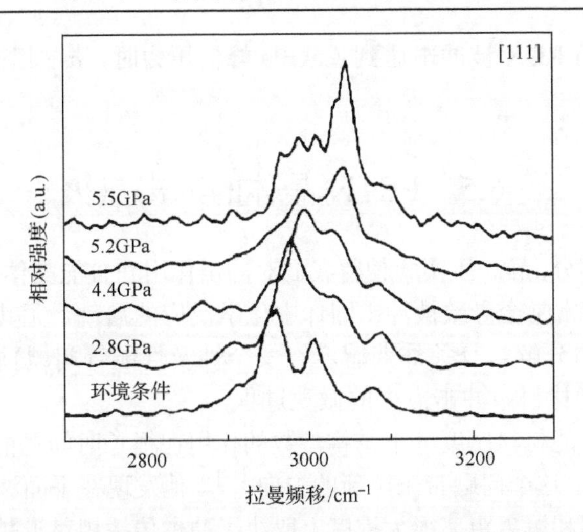

图 6.15　在[111]取向晶体到峰值压力 5.5GPa 的阶梯压力加载期间所取的时间分辨光谱

图 6.16 为理论预测拉曼频移和实际观测到的拉曼频移的对比结果，以及在阶梯加载下 RDX 晶体的中点处计算出的压力历程。随着在上升(ring-up)的第一阶段压力的增长，拉曼频移如预测的一样也发生了增长。

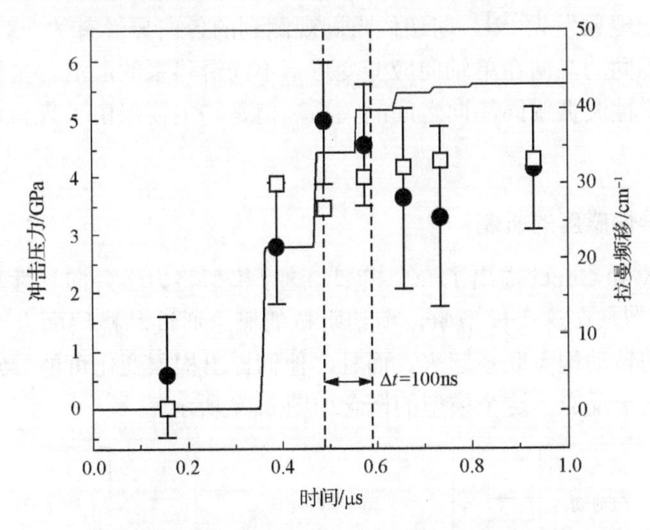

图 6.16　5.5GPa 冲击波实验结果和模拟压力历程之间的对照

空心正方形表示冲击下的 $2949cm^{-1}$ 模式的预测拉曼频移，实心圆圈表示观测到的拉曼频移

在第二阶段，由于相变，预测的频移轻微地减少。随着压力的持续增长，这个峰进一步移动。然而，观测到的频移与预测的频移表现出不同的行为。在加载路径中的第二阶段和第三阶段，观测到的频移超过预测的值。显然，相变的发生会导致频移的减少，但是其在 4.0GPa 阈值后的至少 100ns 内发生了交叉。

因此，这说明当 RDX 被冲击达到 5.5GPa 峰值压力时，α-γ 相变需要至少 100ns 的产生时间。

6.5 PETN 晶体的冲击点火

在前面的部分，静高压实验使得我们对冲击作用和含能晶体有了进一步认识。然而，冲击压缩常常会导致被冲击固体中化学反应的启动，尤其是在适当冲击条件下含能材料的分解。有关炸药感度、安全性及性能等问题预测能力的建立需要正确理解含能材料中冲击点火的微观过程。

虽然有关含能材料感度分子结构参数的作用在很长时间之前就已经确认，然而 Dick 的工作给这个问题带来了新的方向[115]。他发现在平面波加载下 PETN 中达到引爆的时间和爆轰距离很大程度上取决于冲击传播相对于晶轴的方向[116]。随后，Dick 及其同事提出了位阻模型来解释观测到的各向异性行为[117-119]。他们指出，力学各向异性是由不同方向的冲击压缩引起的位错滑移的差异导致的。进一步，他们提出滑移系上的剪切形变取决于达到滑移界面两侧分子运动的位阻或阻力。沿[110]向(敏感的)冲击压缩导致明显的剪切位阻，而冲击压缩沿[100]向(不敏感)就不会导致此现象发生[119]。剪切位阻同观测到的各向异性有关，弹性-塑性响应起因于沿着不同的晶向在单轴向应变变形下不同滑移系的激活。虽然这个模型正确地预言了弹性波振幅同晶向之间的关系，但是它主要保留了来自化学观点的相互关系。

6.5.1 各向异性感度的机制

Gruzdkov 和 Gupta 提出了一个模型，这个模型将力学各向异性和启动化学过程联系起来[120]。在这个模型中，剪切阻抗的概念通过晶格层面上的剪切形变同 PETN 分子的转动构象联系起来。而且，他们提出构象变化可能导致局部点阵极化进而导致离子反应。这个模型的概念如图 6.17 所示。

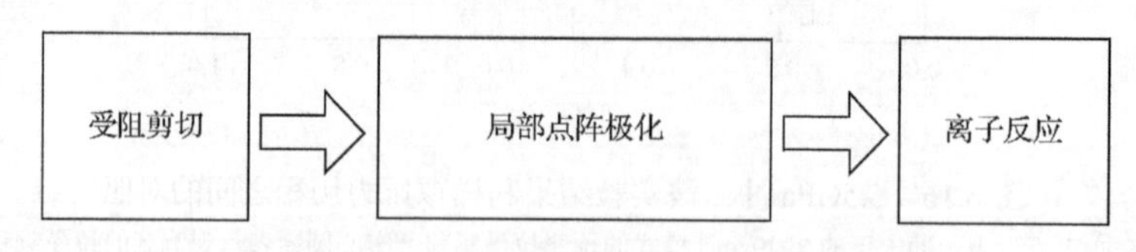

图 6.17 PETN 各向异性感度分子模型的概念图

根据文献[120]中的分子假设，敏感和钝感晶向的区别是在前者中被阻碍的切变在剪切平面附近产生了局部点阵极化，而在后者中未被阻碍的切变则不会产生局部点阵极化。因此，PETN 分子旋转构象中的变化是这个机制的核心部分。

6.5.2 构象变化

研究人员在理论上研究了 PETN 分子向构象变化的倾向[121]。一些稳定的构象异构体对应不同的分子点对称，利用半经验计算来指认。构象异构体的谐波振动频率通过正则模态分析来确认。几个分子构象异构体的 C—H 伸缩模式附近的模拟拉曼光谱如图 6.18 所示。计算表明，根据对称性变化从最初的 S_4 到下级的对称性所有的峰都趋向于劈裂。例如，对于 $C_2(\alpha)$ 构象异构体，最初的 A(2984cm^{-1})、E(3041cm^{-1}) 和 B(3042cm^{-1}) 峰分别转变成两个 A 峰(2977cm^{-1} 和 2993cm^{-1})、两个 E 峰(3041cm^{-1} 和 3061cm^{-1})和两个 B 峰(3042cm^{-1} 和 3061cm^{-1})。从 S_4 到 C_1 的对称性变化所预测的光谱变化明显更加复杂并产生了峰的叠加，相比于 C_2，这些峰的叠加更加没有规律。

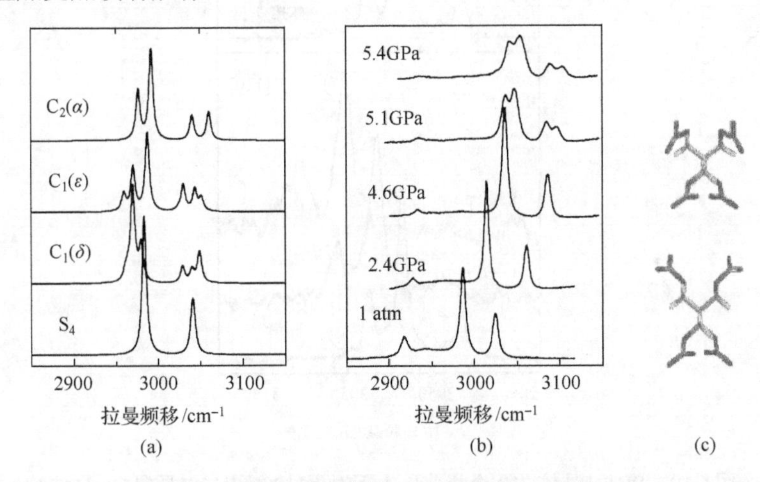

图 6.18　在 C—H 伸缩模式附近的 PETN 拉曼光谱

(a) 几个分子构象异构体的模拟光谱；(b) 在静态压缩下(压强单位为 GPa)对于单晶的实验光谱；(c) S_4(常态)和 C_2(高压)构象异构体的分子结构

有关 PETN 分子构象变化的理论预测利用拉曼光谱技术在实验上进行了证实。对利用甘油作为准静水介质的 DAC 中的单晶进行静态高压实验表明，在大于 5GPa 时一些峰发生劈裂。例如，如图 6.18(b)所示，两个强的 C—H 伸缩模式劈裂为四个。这表明在静态压缩下 PETN 晶体中发生了结构变化。C_2 构象异构体在大于 5GPa 时实验光谱也有类似的结果，这表明在受压缩的 PETN 中发生从 S_4 到 C_2 对称性的构象变化。高压下的构象对称性如图 6.18(c)所示。此构象变化很可能涉及从正方到斜方晶系晶体结构的转变[121]。最近的有关多晶样品的高压实验研究[122,123]和计算[124]表明 PETN 结构转变对非静水压缩来说是敏感的。

静态压缩结果对在受冲击 PETN 中构象变化的可行性验证有指导作用。为了检验各向异性响应，人们测量了有关沿着[100](不敏感)和[110](敏感)晶向受冲击晶体的单脉冲拉曼光谱。有关几个压力的 C—H 伸缩模式附近的高分辨率拉曼光谱如图 6.19 所示。这些结果表明，两个晶向的响应有明显的不同。[100]和[110]晶向的压力相关频移的斜率差异表明，PETN 分子对沿两个晶向的单轴应力有不同响应。而且，在大于大约 4GPA 时对[110]晶向信号峰具有明显的展宽。

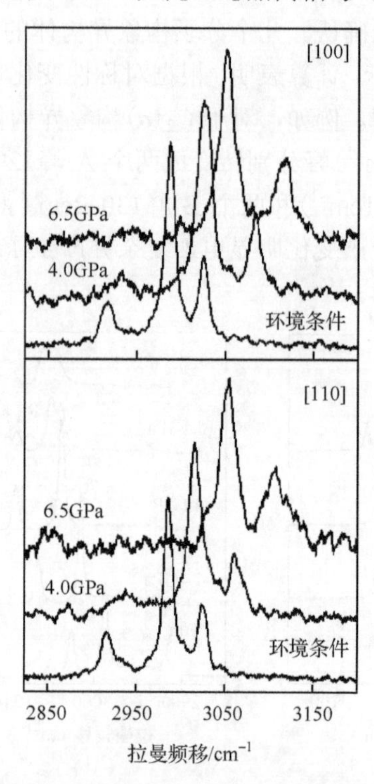

图6.19　PETN晶体在几个峰值压力下对于[100]和[110]晶向C—H伸缩模式附近的高分辨率拉曼光谱

这个展宽同静态压缩数据进行比较研究。Voigt 函数用来拟合静态压缩下 5.4GPa 和沿[110]晶向冲击压缩 6.5GPa 处的拉曼光谱，结果如图 6.20 所示。图 6.20(b)显示需要额外的两个或者四个光谱成分去拟合冲击数据。对于额外光谱成分的需要表明对于沿[110]晶向 C—H 伸缩模式的异常展宽来源于新的光谱贡献，可能是由现有峰的劈裂引起的。比较静态压缩光谱定性地发现同冲击压缩期间类似的变化，这降低了晶体中分子的对称性。然而，如同已显现出来的光谱中的差异，冲击压缩下形成的构象异构体与静态高压下产生的有所不同。也有可能是异构体的混合物，而不是单质，出现在沿[110]方向受冲击的 PETN 中。

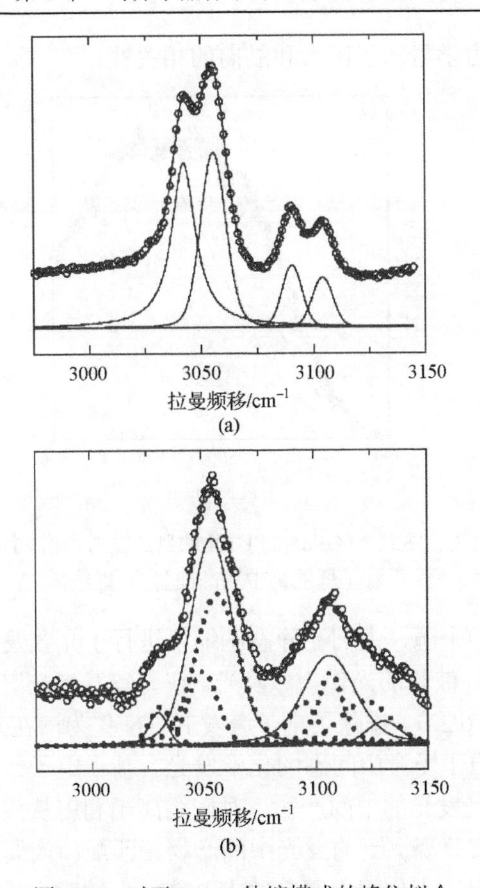

图 6.20　对于 C—H 伸缩模式的峰位拟合

空心圆为实验数据，实线表示用于拟合峰位的 Voigt 函数。(a)静态压缩 5.1GPa 处的光谱；(b)沿着[110]晶向冲击压缩 6.5GPa 处的光谱，利用了两种不同的拟合(实线和点线)

6.5.3　冲击诱导分解过程

在冲击波在 PETN 晶体中传播期间，显著的切向力横穿剪切面被施加在分子上。由于这些力的作用，正如文献[120]提到的，分子能够形变并改变构象。沿着不同滑移面的切变可能导致不同的构象。受到阻碍的切变可能使得 PETN 从非极性向极性晶体转变。需要注意的是极化在本质上是微观的。因为在提高压力时硝酸酯占主导地位的最初反应发生了离子化[125-127]，极性晶体的形成也可能促进受冲击 PETN 中的离子反应。

受冲击 PETN 发光的研究提供了进一步了解受冲击含能材料中反应机制的机会。如图 6.21 所示，对发射光谱的分析显示了两个带：处于约 3.0eV 的高能量带(high-energy band，HEB)和处于约 2.4eV 的低能量带(low-energy band，LEB)。无论压力和晶向，HEB 和 LEB 在每个实验中都被观测到了。然而，它们相对强度和绝对强度以及动力学显示了压力和晶向的相关性。

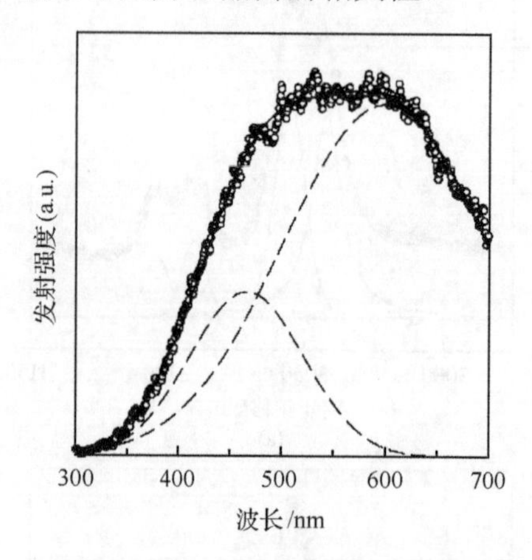

图 6.21　冲击峰值压力达到 9.6GPa 时 PETN 的典型发射光谱(空心圆)，光谱去卷积得到了低能量带和高能量带(虚线)

为了找到发射的来源，人们在静态压缩下进行了光致发光实验。来自染料激光器二次谐波 280nm 波长的光作为激发光。在光致发光光谱和发射光谱之间观测到了明显的差异(图 6.22)，排除了电子激发 PETN 作为潜在来源的可能性。因此，发射光被认为是来自于受激中间态的化学发光。基于电子结构和它的性质，硝鎓离子(NO^{2+})被认为是发光的中间产物。对硝鎓离子利用从头计算法进行分析，结果显示跃迁能量同实验观测到的发光中间产物相匹配。人们认为几个化学反应同NO^{2+}形成共存。而且，人们提出了受冲击 PETN 中的四步化学引发机制[37]。

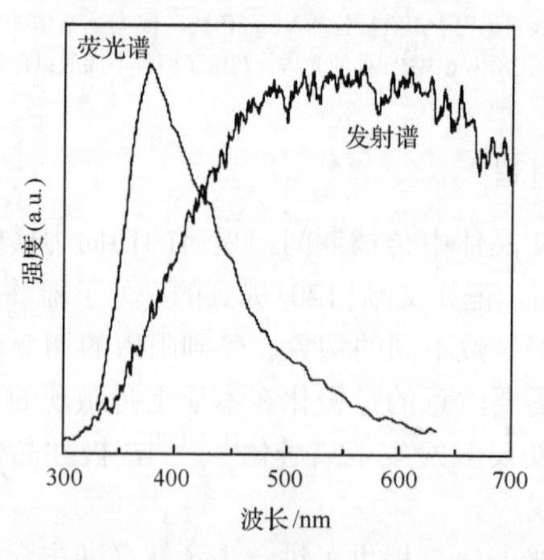

图 6.22　冲击诱导发光光谱和激光诱导荧光光谱之间的对照

两个光谱对系统响应进行了校正。实验是在 7.5GPa 的相同压强下进行的

6.6 结　论

冲击压缩导致了压强、温度以及形变的剧烈变化，这发生在短的时间尺度，能够引起分子晶体和含能晶体中多种多样的物理变化和化学变化。近年来的研究在理解分子晶体/含能晶体于冲击波条件下的响应方面取得了一些进展。这些都归因于建模和实验中所取得的进步。实验的发展包括：激光冲击分子晶体的超快振动光谱技术，平面撞击含能材料的高光谱分辨拉曼光谱技术，以及在 DAC 中受控的形变实验。

静态高压方法已经在受冲击含能晶体中微观过程的预知方面扮演了重要的角色。这提供了一个实验方法，可以将冲击压缩过程中固有的耦合量(压力、温度、时间)分开研究。本章指出的静态和冲击方法的进一步结合对于两个领域的科学研究来说是必要的。为了证明这个必要性，展示了来自我们实验室(位于华盛顿州立大学的冲击物理研究所)的一些研究示例。举例说明了静态和冲击实验在如下情况下的相互影响：①在蒽晶体中有关新电子态的形成中形变的作用，②RDX 含能晶体中的同质异构体效应；③受冲击 PETN 含能晶体中的构象变化和分解。我们的目的是在本章的框架内提供示例，用这些示例来证明静态高压方法对提高受冲击分子晶体和含能晶体中微观过程认识的有效性。

参考文献

[1] P. Politzer and J.S. Murray, eds., Energetic Materials: Part 1. Decomposition, Crystal and Molecular Properties, Elsevier: Amsterdam (2003).

[2] P. Politzer and J.S. Murray, eds., Energetic Materials: Part 2. Detonation, Combustion,Elsevier: Amsterdam (2003).

[3] M.R. Manaa, ed., Chemistry at Extreme Conditions, Elsevier: Amsterdam (2005).

[4] J.A. Zukas and W.P. Walters, eds., Explosive Effects and Applications, Springer: New York (2002).

[5] Y.M. Gupta, Recent developments to understand molecular changes in shocked energetic materials, J. De Phys. IV Colloque C4, 345–356 (1995).

[6] J.B. Bdzil and D.S. Stewart, The dynamics of detonation in explosive systems, Ann. Rev.Fluid Mech. 39, 263–292 (2007).

[7] D.D. Dlott, Multi-phonon up-pumping in energetic materials, in: Overviews of recent research on energetic materials, D.L. Thomson, T.B. Brill, and R.W. Shaw, eds., Adv. Ser.Phys. Chem. 16, 303–333 (2005).

[8] D.D. Dlott, Fast molecular processes in energetic materials, in: Energetic Materials, Part 2:Detonation, Combustion, P.A. Politzer and J.S. Murray, eds., Elsevier: Amsterdam (2003),pp. 125–191.

[9] M.R. Manaa, Initiation and decomposition mechanisms of energetic materials, in: Energetic Materials, Part 2: Detonation, Combustion, P.A. Politzer and J.S. Murray, eds., Elsevier:Amsterdam (2003), pp. 71–100.

[10] L.E. Fried, M.R. Manaa, P.F. Pagoria, and R.L. Simpson, Design and synthesis of energetic materials, Ann. Rev. Mater. Res. 31, 291–321 (2001).

[11] M.R. Manaa, L.E. Fried, and E.J. Reed, Explosive chemistry: simulating the chemistry of energetic materials at extreme conditions, J. Comp.-Aided Mat. Design 10, 75–97 (2003).

[12] T. Luty, Explosive molecular crystals: on the mechanism of detonation, Mol. Phys. Rep. 14,157–167 (1996).

[13] D.D. Dlott and M.D. Fayer, Shocked molecular solids: vibrational up pumping, defect hotspot formation, and the onset of chemistry, J. Chem. Phys. 92, 3798–3812 (1990).

[14] A. Tokmakoff, M.D. Fayer, and D.D. Dlott, Chemical reaction initiation and hot-spot formation in shocked energetic molecular materials, J. Phys. Chem. 97, 1901–1913 (1993).

[15] J.J. Gilman, Shear-induced metallization, Phil. Mag. B 67, 207–214 (1993).

[16] J.J. Gilman, Chemical reactions at detonation fronts in solids, Phil. Mag. B 71, 1057–1068 (1995).

[17] M.M. Kuklja and A.B. Kunz, Simulation of defects in energetic materials. 3. The structure and properties of RDX crystals with vacancy complexes, J. Phys. Chem. B 103, 8427–8431 (1999).

[18] M.M. Kuklja, E.V. Stefanovich, and A.B. Kunz, An excitonic mechanism of detonation initiation in explosives, J. Chem. Phys. 112, 3417–3423 (2000).

[19] E.J. Reed, J.D. Joannopoulos, and L.E. Fried, Phys. Rev. B 62, 19500–19509 (2000).

[20] T. Luty, P. Ordon, and C.J. Eckhardt, A model for mechanochemical transformations: applications to molecular hardness, instabilities, and shock initiation of reaction, J. Chem. Phys.117, 1775–1785 (2002).

[21] D. Tsiaousis and R.W. Munn, Energy of charged states in the RDX crystal: trapping of charge-transfer pairs as a possible mechanism for initiating detonation, J. Chem. Phys. 122,184708-1–184708-9 (2005).

[22] G.I. Pangilinan and Y.M. Gupta, Molecular processes in a shocked explosive: time resolvedspectroscopy of liquid nitromethane, in: High Pressure Shock Compression of Solids III,M. Shahinpoor and L.W. Davison, eds., Springer: New York (1998), pp. 81–100.

[23] W.J. Nellis, Dynamic compression of materials: metallization of fluid hydrogen at high pressures,Rep. Prog. Phys. 69, 1479–1580 (2006).

[24] L.M. Barker, M. Shahinpoor, and L.C. Chhabildas, Experimental and diagnostic techniques,in: High Pressure Shock Compression of Solids, J.R. Asay and M. Shahinpoor, eds., Springer:New York (1993), pp. 43–74.

[25] L.C. Chhabildas, L. Davison, and Y. Horie, eds., High Pressure Shock Compression of Solids VIII, Springer: New York (2005).

[26] J.R. Asay and M. Shahinpoor, High Pressure Shock Compression of Solids, Springer:New York (1993).

[27] Y.M. Gupta, COPS Code, Stanford Research Institute: Menlo Park, CA, unpublished (1976).

[28] D.S. Moore, S.C. Schmidt, J.W. Shaner, D.L. Shampine, and W.T. Holt, Coherent anti-Stokes Raman scattering in benzene and nitromethane shock-compressed to 11 GPa, in: Shock Waves in Condensed Matter-1985, Y.M. Gupta, ed., Plenum: New York (1986), pp. 207–211.

[29] C.S. Yoo, Y.M. Gupta, and P.D. Horn, Pressure-induced resonance Raman effect in shocked carbon disulfide, Chem. Phys. Lett. 159, 178–183 (1989).

[30] N.C. Holmes, Dual-beam, double-pass absorption spectroscopy of shocked materials, Rev.Sci. Instrum. 64, 357–362 (1993).

[31] D.S. Moore and S.C. Schmidt, Vibrational spectroscopy of materials under extreme pressure and temperature, J. Mol. Struct. 347, 101–112 (1995).

[32] R.L. Gustavsen and Y.M. Gupta, Time resolved Raman measurements in α-quartz shocked to 60 kbar, J. Appl. Phys. 75, 2837–2844 (1994).

[33] G.I. Pangilinan and Y.M. Gupta, Time-resolved Raman measurements in nitromethane shocked to 140 kbar, J. Phys. Chem. 98, 4522–4529 (1994).

[34] J.M. Winey and Y.M. Gupta, UV-visible absorption spectroscopy to examine shock-induced decomposition in neat nitromethane, J. Phys. Chem. 49, 9333–9340 (1997).

[35] Y.A. Gruzdkov and Y.M. Gupta, Emission and fluorescence spectroscopy to examine shock induced decomposition in nitromethane, J. Phys. Chem. A 102, 8325–8332 (1998).

[36] Y.M. Gruzdkov and Y.M. Gupta, Mechanism of amine sensitization in shocked nitromethane,J. Phys. Chem. A 102, 2322–2331 (1998).

[37] Z.A. Dreger, Y.A. Gruzdkov, Y.M. Gupta, and J.J. Dick, Shock wave induced decomposition chemistry of pentaerythritol tetranitrate single crystals: time-resolved emission spectroscopy,J. Phys. Chem. B 106, 247–256 (2002).

[38] X. Hong, S. Cheu, and D.D. Dlott, Ultrafast made-specific intermolecular vibrational energy transfer to liquid nitromethane, J. Phys. Chem. 99, 9102–9109 (1995).

[39] X. Hong and D.D. Dlott, Two-dimensional vibrational spectroscopy and its application to high explosives, in: Time-Resolved Vibrational Spectroscopy VII,W.Woodruff, Ed. (Springer Proceedings in Physics), Santa Fe, pp. 269–270 (1995).

[40] D.E. Hare, I.Y.S. Lee, J.R. Hill, J. Franken, H. Suzuki, B.J. Baer, and E.L. Chronister, Ultrafast dynamics of shock waves and shocked energetic materials, Proc. Mat. Res. Symp. 418,357–362 (1996).

[41] D.D. Dlott, Nanoshocks in molecular materials, Acc. Chem. Res. 33, 37–45 (2000).

[42] S.D. McGrane, D.S. Moore, and D.J. Funk, Shock induced reaction observed via ultrafast infrared absorption in poly (vinyl nitrate) films, J. Phys. Chem. A 108, 9342–9347 (2004).

[43] M.D. Knudson and Y.M. Gupta, Real-time observation of a metastable state during the phase transition in shocked cadmium sulfide, Phys. Rev. Lett. 81, 2938–2941 (1998).

[44] M.D. Knudson, K.A. Zimmerman, and Y.M. Gupta, Picosecond time-resolved electronic spectroscopy in plate impact shock experiments: experimental development, Rev. Sci. Instrum.70, 1743–1750 (1999).

[45] N.C. Holmes and R. Chau, Fast time-resolved spectroscopy in shock compressed matter,J. Chem. Phys. 119, 3316–3319 (2003).

[46] J. Franken, S. Hambir, D.E. Hare, and D.D. Dlott, Shock waves in molecular solids: ultrafast vibrational spectroscopy of the first nanosecond, Shock Waves 7, 135–145 (1997).

[47] J. Franken, S.A. Hambir, and D.D. Dlott, Picosecond vibrational spectroscopy of shocked energetic materials, in: Shock Compression of Condensed Matter-1997, S.C. Schmidt, D.P.Dandekar, and J.W. Forbes, eds., AIP: New York (1998), pp. 819–822.

[48] D.D. Dlott, H. Yu, S. Wang, Y. Yang, and S.A. Hambir, Nanotechnology energetic materials dynamics studied with nanometer spatial resolution and picosecond temporal resolution,in: Advances in Computational & Experimental Engineering Science-'04, S.N. Atlurl andA Tadeu, eds., pp. 1427–1432 (2004).

[49] N. Hemmi, Z.A. Dreger, Y.A. Gruzdkov, J.M. Winey, and Y.M. Gupta, Raman spectra of compressed pentaerythritol tetranitrate single crystals: anisotropic response, J. Phys. Chem.B 110, 20948–20953 (2006).

[50] N. Hemmi, Y.A. Gruzdkov, K.A. Zimmerman, Z.A. Dreger, and Y.M. Gupta, in preparation.

[51] Y. Ma, H.K.Mao, and R.J. Hemley, Lattice strains in gold and rhenium under nonhydrostatic compression to 37 GPa, Phys. Rev. B 60, 15063–15073 (1999-II).

[52] J.W. Otto, J.K. Vassiliou, and G Frommeyer, Nonhydrostatic compression of elastically anisotropic polycrystals. I. Hydrostatic limits of 4:1 methanol-ethanol and paraffin oil, Phys.Rev. B. 57, 3253–3263（1998-II）.

[53] J.W. Otto, J.K. Vassiliou, and G. Frommeyer, Nonhydrostatic compression of elastically anisotropic polycrystals. II. Direct compression and plastic deformation, Phys. Rev. B 57,3264–3272（1998-II）.

[54] A.K. Singh, The lattice strains in a specimen（cubic system）compressed nonhydrostatically in an opposed anvil device, J. Appl. Phys. 73, 4278–4286（1993）.

[55] A.K. Singh, C. Balasingh, H. Mao, R.J. Hemley, and J. Shu, Analysis of lattice strains measured under nonhydrostatic pressure, J. Appl. Phys. 83, 7567–7575（1998）.

[56] L. Dubrovinsky and N. Dubrovinskaia, Angle-dispersive diffraction under non-hydrostaticstress in diamond anvil cells, J. Alloys Comp. 375, 86–92（2004）.

[57] N. Funamori, T. Yagi, and T. Uchida, Deviatoric stress measurement under uniaxial compression by a powder X-ray diffraction method, J. Appl. Phys. 75, 4327–4331（1994）.

[58] T. Kenichi, Evaluation of the hydrostaticity of a helium-pressure medium with powder X-ray diffraction techniques, J. Appl. Phys. 89, 662–668（2001）.

[59] T.S. Duffy, G. Shen, J. Shu, H. Mao, R.J. Hemley, and A.K. Singh, Elasticity, shear strength,and equation of state of molybdenum and gold from X-ray diffraction under nonhydrostatic compression to 24 GPa, J. Appl. Phys. 86, 6729–6735（1999）.

[60] G.J. Piermarini, S. Block, and J.D. Barnett, Hydrostatic limits in liquids and solids to 100kbar, J. Appl. Phys. 44, 5377–5382（1973）.

[61] D.M. Adams, R. Appleby, and S.K. Sharma, Spectroscopy at very high pressures: Part X.Use of ruby R-lines in the estimation of pressure at ambient and at low temperatures, J. Phys.E: Sci. Instrum. 9, 1140–1144（1976）.

[62] Y.M. Gupta and X.A. Shen, Potential use of the ruby R2 line shift for static high-pressure calibration, Appl. Phys. Lett. 58, pp. 583–585（1991）.

[63] S.M. Sharma and Y.M. Gupta, Theoretical analysis of R-line shifts of ruby subjected to different deformation conditions, Phys. Rev. B 43, 879–893（1991）.

[64] X.A. Shen and Y.M. Gupta, Effect of crystal orientation on ruby R-line shifts under shock compression and tension, Phys. Rev. B 48, 2929–2940（1993）.

[65] Z.A. Dreger, N. Trotman, and Y.M. Gupta, in preparation.

[66] M. Pope and E.Ch. Swenberg, Electronic Processes in Organic Crystals and Polymers,Oxford University Press: New York（1999）.

[67] E.A. Silinsh and V. Capek, Organic Molecular Crystals: Interaction, Localization and Transport Phenomena, Springer: New York（2000）.

[68] N. Karl, High purity organic molecular crystals, in: Crystals, H.C. Freyhardt, ed., Springer:New York（1980）, pp. 1–100.

[69] S. Wiederhorn and H.G. Drickamer, The effect of pressure on the near-ultra-violet spectra of some fused-ring aromatic crystals, J. Phys. Chem. Solids 9, pp. 330–334（1959）.

[70] P.F. Jones and M. Nicol, Excimer fluorescence of crystalline anthracene and naphthalene produced by high pressure, J. Chem. Phys. 43, 3759–3760（1965）.

[71] H.W. Offen, Fluorescence spectra of several aromatic crystals under high pressures, J. Chem.Phys. 44, 699–703（1966）.

[72] P.F. Jones, Excimer emission of naphthalene, anthracene, and phenanthrene crystals produced by very high pressures, J. Chem. Phys. 48, 5440–5447 (1968).

[73] B.Y. Okamoto and H.G. Drickamer, Evaluation of configuration coordinate parameters from high pressure optical data. I. phenanthrene, anthracene, and tetracene, J. Chem. Phys. 61,2870–2877 (1974).

[74] M. Nicol, M. Vernon, and J.T.Woo, Raman spectra and defect fluorescence of anthracene and naphthalene crystals at high pressures and low temperatures, J. Chem. Phys. 63, 1992–1999 (1975).

[75] Z.A. Dreger, H. Lucas, and Y.M. Gupta, High-pressure effects on fluorescence of anthracene crystals, J. Phys. Chem. B 107, 9268–9274 (2003).

[76] Z.A. Dreger, E. Balasubramaniam, Y.M. Gupta, and A.G. Joly, in preparation.

[77] N. Hemmi, Z.A. Dreger, and Y.M. Gupta, Time-resolved electronic spectroscopy to examine shock-wave-induced changes in anthracene single crystals, J. Phys. Chem. C 112, 7761–7766 (2008).

[78] P.M. Robinson and H.G. Scott, Plastic deformation of anthracene single crystals, Acta. Metall.15, 1581–1590 (1967).

[79] M. Oehzelt, R. Resel, and A. Nakayama, High-pressure structural properties on anthracene up to 10 GPa, Phys. Rev. B 66, 174104–174104-5 (2002).

[80] J. Bernstein, Polymorphism in Molecular Crystals, Clarendon Press: Oxford (2002).

[81] H.H. Cady and L.C. Smith, Studies on the polymorphs of HMX, LAMS-2652 (TID-4500 17thed.) (1962).

[82] Holston Defense Corporation (Eastman Kodak, Kingsport, TN), Physical and chemical properties of RDX and HMX, Control No.20-P-26 Series B (1962).

[83] P. Main, R.E. Cobbledick, and R.W.H. Small, Structure of the fourth form of 1,3,5,7-tetranitro-1,3,5,7-tetraazacyclooctane (γ-HMX), $2C_4H_8N_8O_8.0.5H_2O$, Acta. Cryst. C41,1351–1354 (1985).

[84] F. Goetz, T.B. Brill, and J.F. Ferraro, Pressure dependence of the Raman and infrared spectra of α-, β-, γ-, and δ-octahydro-1,3,5,7-tetranitro-1,3,5,7-tetrazocine, J. Phys. Chem. 82, pp.1912–1917 (1978).

[85] M.F. Foltz, C.L. Coon, F. Garcia, and A.L. Nichols III, The thermal stability of the polymorphsof hexanitrohexaazaisowurtzitane, Part I and Part II, Propel. Explosiv. Pyrotech. 19,19–25; 133–144 (1994).

[86] T.P. Russell, P.J. Miller, G.J. Piermarini, and S. Block, High-pressure phase transition in γ-hexanitrohexaazaisowurtzitane, J. Phys. Chem. 96, 5509–5512 (1992).

[87] T.P. Russell, P.J. Miller, G.J. Piermarini, and S. Block, Pressure/temperature phase diagram of hexanitrohexaazaisowurtzitane, J. Phys. Chem. 97, 1993–1997 (1993).

[88] J. Lin and T.B. Brill, Kinetics of Solid Polymorphic Phase Transitions of CL-20, Propellants,Explosives, Pyrotechnics, 32, 326–330 (2007).

[89] T.B. Brill and R.J. Karpowicz, Solid phase transition kinetics. The role of intermolecular forces in the condensed-phase decomposition of octahydro-1,3,5,7-tetranitro-1,3,5,7-tetrazocine, J. Phys. Chem. 86, 4260–4265 (1982).

[90] B.F. Henson, B.W. Asay, R.K. Sander, S.F. Son, J.M. Robinson, and P.M. Dickson, Dynamic Measurement of the HMX β-δ Phase Transition by Second Harmonic Generation, Phys.Rev. Lett. 82, 1213–1216 (1999).

[91] B.F. Henson, L. Smilowitz, B.W. Asay, and P.M. Dickson, The β-δ phase transition in the energetic nitramine octahydro-1,3,5,7-tetranitro-1,3,5,7-tetrazocine: Thermodynamics, J.Chem. Phys. 117, 3780–3788 (2002).

[92] L. Smilowitz, B.F. Henson, B.W. Asay, and P.M. Dickson, The β-δ phase transition in the energeticnitramine-octahydro-1,3,5,7-tetranitro-1,3,5,7-tetrazocine: Kinetics, J. Chem. Phys.117, 3789–3798 (2002).

[93] L. Smilowitz, B.F. Henson, M. Greenfield, A. Sas, B.W. Asay, and P.M. Dickson, On the nucleation mechanism of the β-δ phase transition in the energetic nitramine octahydro-1,3,5,7-tetranitro-1,3,5,7-tetrazocine, J. Chem. Phys. 121, 5550–5552 (2004).

[94] A.K. Burnham, R.K. Weese, and B.L. Weeks, A distributed activation energy model of thermodynamically inhibited nucleation and growth reactions and its application to the β-δ phase transition of HMX, J. Phys. Chem. B 108, 19432–19441 (2004).

[95] J.E. Patterson, Z.A. Dreger, and Y.M. Gupta, Shock wave-induced phase transition in RDX crystals, J. Phys. Chem. B 111, 10897–10904 (2007).

[96] W.C. McCrone, Crystallographic data 32. RDX cyclotrimethylenetrinitramine, Anal. Chem.22, 954–955 (1950).

[97] C.S. Choi and E. Prince, The crystal structure of cyclotrimethylenetrinitramine, Acta Cryst.B 28, 2857–2862 (1972).

[98] B. Olinger, B. Roof, and H. Cady, in Proceedings of international symposium on high dynamic pressures, Paris, France, (1978), pp. 3–8.

[99] R.J. Karpowicz, S.T. Sergio, and T.B. Brill, β -polymorph of hexahydro-1,3,5-trinitro-striazine.A Fourier transform infrared spectroscopy study of an energetic material, Ind. Eng.Chem. Prod. Res. Dev. 22, 363–365 (1983).

[100] R.J. Karpowicz and T.B. Brill, Comparison of the molecular structure of hexahydro-1,3,5-trinitro-s-triazine in the vapor, solution and solid phases, J. Phys. Chem. 88, 348–352 (1984).

[101] B.J. Baer, J. Oxley, and M. Nicol, The phase diagram of RDX (hexahydro-1,3,5-trinitro-striazine) under hydrostatic pressure, High Pressure Res. 2, 99–108 (1990).

[102] P.J. Miller, S. Block, and G.J. Piermarini, Effects of pressure on the thermal decomposition kinetics, chemical reactivity and phase behavior of RDX, Combust. Flame 83, 174–184 (1991).

[103] C.S. Yoo, H. Cynn, W.M. Howard, and N. Holmes, Equations of state of unreacted high explosives at high pressures, in: Eleventh International Detonation Symposium, pp. 951–957 (1998).

[104] N. Goto, H. Yamawaki, K. Wakabayashi, Y. Nakayama, M. Yoshida, and M. Koshi, High pressure phase of RDX, Science and Technology of Energetic Materials 66, 291–300 (2005).

[105] N. Goto, H. Fujihisa, H. Yamawaki, K. Wakabayashi, Y. Nakayama, M. Yoshida, and M. Koshi, Crystal structure of the high-pressure phase of hexahydro-1,3,5-trinitro-1,3,5-triazine (γ-RDX), J. Phys. Chem. B 110, 23655–23659 (2006).

[106] J.A. Ciezak, T.A. Jenkins, Z. Liu, and R.J. Hemley, High-Pressure Vibrational Spectroscopy of Energetic Materials: Hexahydro-1,3,5-trinitro-1,3,5-triazine, J. Phys. Chem. A 111, 59–63 (2007).

[107] Z.A. Dreger and Y.M. Gupta, High pressure Raman spectroscopy of single crystals of hexahydro-1,3,5-triazine (RDX), J. Phys. Chem. B 111, 3893–3903 (2007).

[108] A. Filhol, C. Clement, M. Forel, J. Paviot, M. Rey-Lafon, G. Richoux, C. Trinquecoste, and J. Cherville, Molecular conformation of 1,3,5-trinitrohexahydro-*s*-triazine (RDX) in solution,J. Phys. Chem. 75, 2056–2060 (1971).

[109] M. Rey-Lafon, R. Cavagnat, C. Trinquecoste, andM.T. Forel, Etude des specters de vibration de la trinitro-1,3,5 hexahydro-*s*-triazine, J. Chem. Phys. Physicochim. Biol. 68, 1575–1577 (1971).

[110] J.J. Haycraft, L.L. Stevens, and C.J. Eckhardt, Single-crystal, polarized, Raman scattering study of the molecular and lattice vibrations for the energetic material cyclotrimethylenetrinitramine, J. Appl. Phys. 100, 053508–053817 (2006).

[111] J.C. Decius and R.M. Hexter, Molecular Vibrations in Crystals, McGraw-Hill: New York (1977).

[112] W.G. Fateley, F.R. Dillish, N.T. McDevitt, and F.F. Bentley, Infrared and Raman Selection Rules for Molecular and Lattice Vibrations: The Correlation method, Wiley: New York (1972).

[113] D.E. Hooks, K.J. Ramos, and A.R. Martinez, Elastic-plastic shock wave profiles in oriented single crystals of cyclotrimethylene trinitramine (RDX) at 2.25 GPa, J. Appl. Phys. 100,024908-1–024908-7 (2006).

[114] J.M. Winey, private communications.

[115] R. Cheret, Detonation of Condensed Explosives, Springer: New York（1993）.

[116] J.J. Dick, Effect of crystal orientation on shock initiation sensitivity of pentaerythritol tetranitrate explosive, Appl. Phys. Lett. 44, 859–861（1984）.

[117] J.J. Dick, R.N. Mulford,W.J. Spencer, D.R. Pettit, E. Garcia, and D.C. Shaw, Shock response of pentaerythritol tetranitrate single crystals, J. Appl. Phys. 70, 3572–3587（1991）.

[118] J.J. Dick, Anomalous shock initiation of detonation in pentaerythritol tetranitrate crystals, J.Appl. Phys. 81, 601–612（1997）.

[119] J.J. Dick and J.P. Ritchie, Molecular mechanics modeling of shear and the crystal orientation dependence of the elastic precursor shock strength in pentaerythritol tetranitrate, J. Appl.Phys. 76, 2726–2737（1994）.

[120] Y.A. Gruzdkov and Y.M. Gupta, Shock wave initiation of pentaerythritol tetranitrate single crystals: mechanism of anisotropic sensitivity, J. Phys. Chem. 100, 11169–11176（2000）.

[121] Y.A. Gruzdkov, Z.A. Dreger, and Y.M. Gupta, Experimental and theoretical study of pentaerythritol tetranitrate conformers, J. Phys. Chem. A 108, 6216–6221（2006）.

[122] K.E. Lipinska-Kalita, M.G. Pravica, and M.F. Nicol, Raman scattering studies of the high pressure stability of pentaerythritol tetranitrate $C(CH_2ONO_2)_4$, J. Phys. Chem. B 109,19223–19227（2005）.

[123] M.G. Pravica, K.E. Lipinska-Kalita, Z. Quine, E. Romano, Y. Shen, M.F. Nicol, and W.J.Pravica, Studies of phase transitions in PETN at high pressures, J. Phys. Chem. Solids 67,2159–2163（2006）.

[124] B.M. Rice and E.F.C. Byrd, Theoretical chemical characterization of energetic materials,J. Mat. Res. 21, 2444–2452（2006）.

[125] D.L. Naud and K.R. Brower, Pressure effects on the thermal decomposition of nitramines,nitrosamines, and nitrate esters, J. Org. Chem. 57, 3303–3308（1992）.

[126] L.L. Davis and K.R. Brower, Reactions of organic compounds in explosive-driven shockwaves, J. Phys. Chem. 100, 18775–18783（1996）.

[127] L.L. Davis, Reactions of organic compounds in explosive-driven shock waves, Ph.D. Dissertation,New Mexico Institute of Mining and Technology,（1996）.

第7章　平衡态分子动力学模拟

7.1　引　　言

分子动力学模拟(molecular dynamics，MD)是一种广泛使用的原子模拟方法。该方法通常能用较小的计算资源获得详细的信息。MD 模拟区别于众多分子模拟方法最主要的特征在于它能模拟系统粒子在相空间的时间演化，从而得以从原子尺度描述材料在给定热力学平衡态或非平衡态下的动力学过程。对含能材料(energetic materials，EM)领域而言，这一点特别有吸引力，因为含能材料从起爆到爆轰是一个在极短时间和极小空间尺度上的化学能的快速释放过程，这种问题直接的实验测量非常缺乏，而分子动力学模拟不受上述因素影响，基于 MD 获得的如此详细的描述能够揭示控制含能材料从起爆到爆轰过程的基本机理；诚然，分子动力学模拟有其局限性，主要在于对原子间相互作用(势能函数)的描述以及使用经典力学研究分子尺度现象的有效性。随着能“真实”描述 EM 起爆化学过程相互作用势能的出现，MD 在凝聚相含能材料领域得到越来越多的应用。然而，MD 不仅局限于研究非平衡动力学问题，而且被证明对预测凝聚相热力学平衡态参数极其有效。

通常，使用金刚石对顶砧或压缩的传统实验方法很难完整绘制含能材料状态方程(EOS)或冲击 Hugoniot 曲线[1-3]。更进一步，偏离 Hugoniot 线的数据只能通过使用准等熵压缩加载的特殊装置或者使用多冲击方法，而这些方法的实验和分析过程的不确定度会迅速累积[4,5]。另外，分子动力学对含能材料任意状态的模拟都是很直观的；即使在实验条件无法实现的情况下，它也可以很容易地描述其状态。在很多情况下，特别是对于有关动力学现象的问题，宏观尺度和基于原子尺度模拟结果的对比会因为有限的模拟区域或缓慢的弛豫现象变得非常复杂。然而，最近实验诊断技术的时间和空间分辨率的增强，如计算显微全息技术[6,7]以及基于薄膜样品的激光驱动冲击超快动态椭圆偏光法[8]，能够在单发实验中提供基于应力诱发光学效应的完整冲击 Hugoniot 和低应变粒子运动，使得实验上实现分子模拟所达到的尺度变得可行。

本章的讨论重点限于使用 MD 方法预测 EM 静态压缩下热力学、结构、力学性质，同时涉及 MD 方法对 EM 动态行为的研究。本章将简要介绍适用于研究静高压下含能材料的分子动力学模拟的方法和设计，以及适用于含能材料研究的相互作用势的发展情况。由于 MD 结果的可靠性强烈依赖于所使用的原子间相互作用势能模型，本章介绍了最近用于预测各种热力学条件下含能材料的势能模型，并对比了它们的性能和不足，同时确定了用于评估新方法和模型而需要实施的关键模拟。首先介绍含能材料在介观尺度(0.1～1000m)的某些特性，这些特性可作为讨论特定模拟方法、材料及其性质的参考标准。

7.2　含能材料在介观尺度下的特性

军用含能材料，无论是传统弹药、弹头还是推进剂，其配方通常都由直径为1～100m 的含能材料晶粒(70%～95%)与多聚物黏合剂混合而成[9]。然而，黏合剂对炸药的能量输入是没有贡献的，其主要作用还在于提供整体黏合力并降低异常刺激下的起爆感度。

含能材料配方成分复杂，涉及多尺度。完全理解其性质需要跨空间(埃-纳米到毫米空间)尺度，以及跨时间(基本化学反应的亚皮秒到微秒甚至更长的起爆过程、到较长的热烤燃时间)尺度。使用拉格朗日或欧拉流体力学模拟的实际工程应用需要连续介质模型，其特征空间尺度为毫米或更大(这里为方便，考虑连续介质模型描述内容包括材料状态方程[10]、热力学响应[11]以及化学动力学[12])。这些模型内容广泛且复杂，从相对简单的描述到包含许多复杂物理性质和热力学的描述，某些情况下还包括相变动力学、化学反应、应力率依赖等。实际上，不可能在这些模型中明确地包含含能材料完整解析的晶粒尺度微结构特征，更不要说决定有效连续响应的“亚尺度”物理化学过程。

尽管如此，为了超越现阶段以工程验证模式为主导的模型，从而构建实现对含能材料爆炸及性能可靠预测的连续模型，无论使用何种连续介质模型，都必须在其中包含足够的物理效应，至少从统计学意义上捕捉重要的“子网格”特征，这些物理模型要能与直接测量或计算获得的现象相关联，即需要考虑材料不均匀性的空间分布以及颗粒尺度上大量晶面的存在；晶体缺陷(如孪生位错、孔穴、溶剂包裹)和黏合剂包裹性能劣化或晶体直接接触是产生上述现象的原因[13,14]。热力学加载下这些非均匀性将引起能量局部沉积，对应材料中局部的温度和应力分布[15,16]。这些能量沉积区域即通常所说的“热点”。

1940 年以来，人们就接受了大多数含能材料起爆需要大量热点聚集形成足够高的密度以及温度的观点[17,18]。在某些情况下，爆轰波的传播也依赖于“热点”的形成。典型含能材料中“有效”热点的特征尺度为 1～10m，远在实际工程计算分辨率之下。应该明确的是，混合材料中潜在热点的数量和空间分布受材料加工、热加载历程、机械损伤、化学物理老化过程等影响。加上简单材料性质通常是温度、压力以及应力速率(如聚合物黏弹性)的函数这个事实，这些热力学性质能以复杂的方式相互作用(有时相消，有时增强)，因此发展具备预测能力的模型来描述材料就不是一个简单的问题。

子网格尺度的能量局域化给连续尺度模拟带来的挑战需要针对以下两个方面进行折中处理：其一，因为技术上的原因，在模拟中需要使用基于有效、均匀温度及压力的简单化学反应速率模型；其二，材料子网格尺度模拟使用的反应速率并不是材料热化学的真实反应速率(更进一步，这些有效速率本身就依赖于网格[12])。特别地，无论通过哪种方式达到一定的温度(如冲击加热，热扩散、对流或耗散)，计算网格中的平均温度必然要低于热点温度，这样有效速率必须要高于真实化学速率从而保证模拟结果与宏观尺度实验(如锲形块实验)吻合。Menikoff 最近在 HMX 基 PBX-9501 塑胶炸药起爆和爆轰性质的研究中比较了三组不同的连续反应速率模型[20]。他的工作详尽阐述了这类模拟中几个悬而未决的问题。

含能材料介观尺度模拟建模需要热力学状态方程、输运性质、非弹性变形等过程作为输入参数，它们都可用精确设计的分子动力学或蒙特卡罗模拟直接计算。如果给定高阶精确的势能面，多晶结构、晶格能量、等温压缩曲线、热力学膨胀系数(体积、线性)、二阶弹性系数、各向同性模量、升华热、蒸发热、质量、能量和动量的线性输运系数(自扩散、剪切黏度、热导率等)都可作为温度和压力的函数算出。将上述原子尺度物理量转换为介观尺度或连续介质尺度物理量的主要困难是当前在分子动力学模拟的有限框架下，无法模拟真实材料中的各种缺陷结构。因此，MD 方法计算获取的无结构缺陷理想体系的上述参数大多代表实际含能材料实验室测量值的上下边界。其他参数(如温度和压力以来的比热容以及 Gruneisen 系数)的计算需要额外的信息，而且须在纯粹的经典分子动力学中引入某种量子效应。大尺度分子动力学模拟正越来越多地用于研究明确包含所有力学自由度的动力学过程，如冲击加载下规则晶体非弹性变形机制以及微孔塌缩过程中的耗散机理。最后，随着可用于凝聚相化学反应研究的反应力场的出现，越来越有可能对与含能材料起爆和爆轰相关热力学条件下的化学反应速率及机制进行预测。基于这些新兴的能力及上述说明，尝试在分子动力学基础上对凝聚相含能材料构建一个基本完整且一致的热学-力学-化学基础描述是合理的。

7.3 分子动力学方法

分子动力学模拟经常用于化学和物理科学等众多领域，并有大量的综述性文章对该方法在众多特定领域的应用进行介绍，当然也包括含能材料领域[21]，因此仅对其方法进行简要介绍。一个分子动力学模拟涉及求解一个经典粒子系统的运动方程。方程组可用牛顿、哈密顿或者拉格朗日形式表述，它们都对应微正则(NVE)统计力学系综[22]，其中粒子数、体积、总能量守恒。其他统计力学系综下的模拟可通过使用修正的运动方程来实现，这对获得状态方程相关信息特别有用。这些统计力学系综下的模拟包括等温等容系综(NVT，正则)、等温等压系综(NPT，恒定压力)，以及等温等应力(NsT)系综。上述所有情况中粒子数和温度都是守恒的。NVT系综体积守恒，而 NPT 系综各向同性压力守恒。NsT 系综是对等温等压系综的归纳总结，它允许模拟原胞根据预设的张量应力响应发生各向异性形变，而不仅是简单的静水压模拟。NsT-MD 模拟对评估含能材料相互作用势能特别有用，因为该模拟提供了对相互作用势能的精确预测，并且能够在模拟过程中保持正确的晶体空间群对称性(例如模拟网格的尺寸和形状以及晶胞内分子排列)能力的测试。其他统计系综还包括等压等焓系综(NHT，H 表示焓)和巨正则系综(μVT，其中 μ 为化学势)，但这些系综在含能材料领域并不常用。运动方程的形式有时也会变化以便用于冲击 Hugoniot 模拟[23,24]以及冲击加载下材料状态模拟[25-27]。

上述运动方程的积分将会生成一个随时间演化的轨迹；即模拟时间段内一系列描述相空间粒子动力学行为的时序解。在最简单的算例中，物理性质可由轨迹内简单可观测量的时间平均得到，如晶格参数或液体密度。然而，在大多数情况下，有必要构建某些量的涨落或二阶动量从而计算所需的观测量，如弹性张量、体积模量、比热容。这通常需要额外的计算工作才能达到给定的统计精度水平，如果使用扩展系综要特别注意保证一组选定的外部耦合参数(如热浴或压力浴)不会影响最终结果(除了反常情况，当计算简单一阶动量时参数的选择并不总是那么重要，但能显著影响高阶动量)。在其他情形下，有必要计算自相关函数的时间积分，如预测剪切黏度或态密度。在平衡态模拟中，即使对所有时间点进行精巧的平均，这些物理量也要花费数纳秒才能收敛，并且要注意保证长时间弛豫不会使结果失效。

对于平衡态模拟，压力和温度是热力学状态变量，所以能直接有效地预测以这些变量为函数的绝大多数参量[28]，同时在大多数情况下(例外情况见参考文献[1])，实验数据只能在室温和常压附近，或者沿某些轴线(等温、等压情况)才能获得，所以这样的预测也很有用。当缺乏这些压力温度依赖信息时，多数连续模型视比热容等重要变量为常数，然后为保证与实验吻合需要“调节”其他经验参数；这种程度的近似在模拟材料受多次冲击时等复杂情况下[10]会面临较大的困难。

除了要保证热力学空间势能曲面的精度，还要保证运动方程的正确性以及求解方程所用数值方法的稳定性，特别是对 NVE 系综所计算的性质而言。在扩展系综如 NVT 或 NPT 的例子中，类似 NVE 系综中将简单的积分不变量(能量守恒，线性或角动量)作为计算精度检验标准的情况可能不会存在。因此，在进行其他系综计算前最明智的选择是先检验微正则系综极限下的运动方程精度。如果可能，还应该在计算所得性质上包含误差棒以反映统计精度(如果在几个不同压力或温度条件下计算某些量，也允许不包含误差，这种情况下，计算点的“光滑性”或能提供统计变化迹象)。最后，在通过原子尺度模拟预测物理性质的情形下必须严格评估经典力学近似的有效性。对大多数平衡态性质而言，这是一个合理的方法，但在某些情况下，经典力学近似无效；最明显的例子是有机材料(还有如 Li 或 Be 的低 Z 金属)比热容的预测，这些情况下德拜温度大于 2000K，大量高频振子，如 C—H 伸缩振动的布居数明显不准确。凝聚相比热容问题本质上是气相化学动力学[30]中著名的“零点能问题”更明显的表现。在多维纯粹经典计算中，一个比热容误差带来的不幸后果是计算获得的弱到中等强度冲击波后的温度值会偏低。

7.4 静高压分子动力学模拟材料性质

使用 MD 方法预测材料性质是一项有吸引力，并且有时能替代实验测量的做法。因为材料在压缩条件下往往会发生相变或者化学活性改变，以至于测量含能材料的常用性质也会变得比较困难[31-36]。另外，许多测量因样品纯度、热处理过程，甚至粒子尺寸等因素会存在系统误差。在这些情况下，MD 预测完美晶体材料性质就变得特别有用，因为它们可以提供这些参数的上下边界。

从 MD 模拟直接计算得到的含能材料最基本的热力学参数是温度、压力、内能以及比容(通过指定其中两个参数并预测余下的参数就可以得到状态方程)。另外，一系列其他热力学参数也能通过这些基本参数得到，包括热膨胀系数、比热容以及各向同性、各向异性弹性性质。其他热学和力学参数也都可以通过对基本热力学参数的时间平均或均方根涨落推导出来。在某些特定情况下，时间关联函数的卷积也对应了含能材料的某些热力学性质。

对于一种含能材料，其结构特征可以通过分子动力学模拟中所使用的原子位置的时间平均来获得。其中一个最直观的表述即径向分布函数，它描述了相对于材料中给定原子在一定距离处近邻数目的分布情况，因此它简单地表征了材料中原子的局域结构。对那些可以用对势相互作用描述的材料，这个径向分布函数能用来预测特定的热力学参数，如能量。与那些从晶体学测量得到的数据相似，结构因子也能被计算，且它对表征分子晶体结构特征特别有用。另一个有用的做法是对比模拟晶胞中所有分子的原子热平均位置与理想晶体中所对应的对称等价原子位置，其中理想晶体中所对应的对称等价原子位置可通过热平均晶格矢量、单分子的热平均原子坐标位置以及各种晶体空间群的群对称算符获得。这种对比可以决定模拟晶体的晶体学空间群。在一个 MD 模拟中，晶体的结构序参量可以用来监测晶体中压力诱导的相变是否发生，其中结构序参量定义为晶体内平移序、取向序或构型序的变量(只有平移序参量与通常被研究的简单金属的相变相关)。模拟系统中每个分子的序参量都可以在每一积分步进行计算，然后用诸如二阶拉格朗日多项式等做平均和归一化。这些序参量可以用来辨别多种含能材料的熔化转变[37-42]。其他序参量也可以用来辨别凝聚相的多晶型转变，如 Cremer-Pople 环折叠坐标[43]，定义第一 Vornoi 多面体的凸包(一种不会因单轴或静水压缩而失效的、复杂的“最近邻”方法)[44]。这些序参量也已用于研究 RDX 晶体中应力诱导相变过程及其堆垛层错的形成。

7.5　模拟方法的设计

表征块体含能材料通常需要评估几乎所有实际应用感兴趣的材料性质。近年来,可扩展并行计算在架构和算法上的发展已经允许十亿个原子的 MD 模拟[46,47]。然而，作为真空中一个离散的物体，即使是如此大尺度的计算体系，对表征块体材料来说还是太小了，因为表面-体积比会很大(晶面或液滴上粒子受力不同于模拟体系内部的粒子，所以任何这种系统的热平均量都会被边界效应影响)。幸运的是，为了研究许多块体材料性质以及含能材料中的过程，模拟系统并不需要无限大。相应地，块体材料能通过使用周期性边界条件从而通过包含较少的原子(10^3～10^6)来模拟。在这个过程中，周期性边界条件使模拟单元沿着三个笛卡儿坐标轴(x、y、z)方向重复直至填满整个笛卡儿空间。这里要求模拟单元必须是三维镶嵌填充空间。通过这种方式，模拟单元中位于位置 r 的粒子在 $r+(ix+iy+kz)$ 处有完全相同的镜像粒子，其中 i、j、k 是整数。如果一个粒子通过其中一个面离开模拟单元，它的镜像就会通过相反的面进入模拟单元。模拟单元中每一个粒子都能与单元中的其他粒子或单元外的镜像粒子相互作用。为了提升计算效率，可通过约束原子间相互作用范围(如超过指定截断距离势能为零)以及约束模拟单元尺寸至少为相互作用距离两倍来实现。经过上述处理，模拟单元中任一粒子仅与相互作用范围内最近单元中镜像粒子发生作用。与其余所有镜像粒子的相互作用都为零，但是非截断长程静电势需要通过采用特殊格点求和技术单独考虑。

需要重点重申的是，即使人们已经获得假设的“完美”原了力场、精确的长程力计算，结合周期性边界条件，对宏观和介观尺度含能材料的许多性质和过程开发预测工具仍是一个困难的课题，这是由于材料中存在复杂的缺陷结构，而缺陷结构之间也存在复杂的相互作用，使得模拟空间尺度过大，即使是最大型的分子模拟工具也无能为力；另外，由于存在物理弛豫现象，而其数学标度性质还没有延伸至目前分子动力学研究者所能达到的空间尺度(如有静电相互作用的有机材料，几百纳米以下的空间尺度及小于微秒的时间尺度)。

运动方程的数值解是一个初值问题。因此，在开始凝聚相 MD 模拟前必须给出初始构型(如周期系统的原子位置、速度、格失)。对那些实验晶体学已给出相关信息的系统，初始模拟原胞可选取感兴趣的条件下的实验构型作为材料的单位原胞,原子速度可通过归一化或麦克斯韦-玻尔兹曼分布随机指定。Frenkel[48]指出，指定 j 均匀分布的原子速度，并使模拟在平衡态轨迹下进行时，将产生麦克斯韦-

玻尔兹曼的速度分布；然而，如下所述，必须注意保证完全的平衡状态。对于那些晶体结构未知的系统，可能的备选结构可通过从头算等方法进行预测。不同的实施方法遵循三步计算。首先，对应生成一个 3D 分子模型，用来构建具有不同对称性的备选晶体。接下来生成基于分子模型的假想晶体结构。最后，将每个假想晶体能量最小化，从而选出最优晶体拓扑结构。这其中的每一步都需要描述原子间相互作用势。使用分子模型生成假想晶体结构可通过多种方法完成。生成假想晶体结构最常用的方法是将分子模型的 Z 镜像随机放置在一个模拟单元中[80]。然而，如果随机插入粒子进入原胞同时不对空间群对称性限制，就不太可能在能量最小化步骤中达到全局能量最小。因此，在这个步骤中必须要假定模拟单元及其组元的空间对称性。一旦选定空间群，必然就可以建立合理的初始结构。在能量最小化之前确定的参数包括晶胞参数、晶体中分子模型的位置及取向；对涉及柔性分子的情况，必须对所有低能量异构体单独确定参数。一旦对测试分子(通常是严格的晶体非对称性单元，包含部分或所有分子)选定参数，模拟单元中余下的 Z–1 个对称分子就可通过空间群对称操作来生成。通常情况下对每一空间群可生成很多的假想晶体结构，其中测试分子取向和构型都被随机或系统性选择。在某些情况下，在能量最小化步骤中，要包含关于局部构型能量最小值的分子柔性限制。假想晶体的数量越多，则构型空间取样越完备。大多数计算方法将取样限制在最常见的空间群，因为在单次计算中对所有 230 个晶体空间群生成大量假设晶体在计算量上难以承受。这个限制是合理的，因为对有机化合物研究会发现 90%的有机晶体仅由 17 个空间群描述[81]。

无论模拟如何选择初始条件，至关重要的一点是，在计算时间平均前，系统要恰当地达到想要的热力学平衡态。对于固定体积的情况，这可通过对模拟单元中所有原子运动方程积分完成，且在某些情况下，为更快地达到想要的温度，要在一定的时间间隔内对原子速度进行重新标度。人们往往通过监测体系的瞬态温度、压力、密度、势能或动能等参数来确定它是否达到平衡。计算完整的应力张量和温度多级测度是非常有用的，以确保系统各模式(如声子和振子)之间的能量均分。这一点对于具有几何限制结构(如固定键长或键角)的模拟十分重要，这是由于所采用的初始速度选择方法在相空间中不能恰当地取样。当瞬时性质不改变，且相应的涨落不大时，即可假定系统达到平衡。这时，热力学以及结构性质就可通过对轨迹积分平均来计算得到。

7.6 相互作用势能的发展

所有的 MD 模拟都需要描述作用在系统中粒子上的力。这个描述对模拟效果至关重要。对于我们感兴趣的情况，若粒子作用力的描述不准确会产生荒谬的结果。

如果能正确描述反映作用在粒子上的力，那么MD模拟结果将会提供准确的经典统计力学框架下系统行为。这些作用力可从描述系统势能的半经验[82]或经验[83]函数导出，也可由量子力学方法(QM)直接计算[84](参考Kukla给出更详尽描述的章节)。然而，当采用量子力学方法评估作用力时，高昂的计算成本限制了分子动力学模拟体系的空间尺度和持续时间(在QM计算力场的情况中需要额外注意基于时间可逆方法得到力场的数值问题[84])。总之，人们投入大量精力开发各种解析势能函数用以准确表征含能材料，接下来，将重点放在最近的成果上。

发展合理准确的经验力场对简单材料(如惰性气体)或很小相空间体积的材料(如低温模拟)进行描述并不困难。实际上，少数非反应的经验相互作用势(力场由此导出)已被开发用来准确描述常规状态下传统含能材料(如参考文献[85]～[91])。不幸的是，这些相互作用势无法正确描述高温高压下含能材料的复杂化学物理行为[92]。因此，需要更精确的相互作用势描述。然而，开发这样的相互作用势并不是一件简单的工作。传统军用含能材料是典型的多原子分子晶体，主要包括碳、氢、氮和氧(新类型高氮材料正在被合成)[93]。很多组成含能材料的分子都很大(包含数十个原子)，它们有众多复杂的振动自由度。另外，这些分子通常具有多重构型异构体，从而产生不同的晶型[94-97]。这些材料反应快速并且起爆后瞬间释放能量。更重要的是，与爆燃(亚声速反应波)或爆轰(超声速波)过程相关的化学反应极端复杂，包含形成最终产物前强烈耦合、相互交织的吸热和放热化学步骤。如前所述，含能材料随压缩和温度变化会经历一系列相变。这表明相变或许在含能材料爆轰或爆燃时起作用。因此，开发能正确捕捉这些复杂多样行为的经验相互作用势需要艰苦卓绝的努力。因此，这也就不奇怪为什么20世纪70年代分子动力学就已广泛应用，而对实际含能材料化学和物理行为更真实描述的相互作用势能在过去十年间才发展起来。

在分子动力学模拟含能材料早期，人们极少关注用来描述实际化学系统的相互作用势函数。相反，相对于准确的化学过程，人们更多研究单个或少量被认为与冲击和爆轰相关的显著物理现象。在这些研究中，只考虑极端简单以及高度理想化的凝聚相固体模型，有时还以非物理方法来处理化学反应[31]。最终，能更好地表征冲击起爆过程中化学反应的模型被开发出来，其中最突出的是Brenner及其合作者开发的反应经验键级模型(reactive empirical bond order，REBO)[98]。这个模型与Tersoff模型类似，都允许成键、键断裂或原子杂化过程中由局域环境导致键变化[99]，而且它已在研究冲击固体反应的分子动力学模拟中得到广泛应用。尽管诞生之初，REBO是设计用来描述NO(一氧化氮，一种异核双原子炸药)的爆轰化学，实际上并不适用于任何已知含能材料，因为它过于简单，限制了其描述实际含能材料更复杂物理和化学性质的能力。幸运的是，从那时起人们投入更多的努力寻找含能材料相互作用势，这些相互作用势能够更贴近实际地描述凝聚相含能材料的静态性质和动态过程。这方面的努力可分为两类：非反应和反应性模型势。两类模型势都能用于预测晶体热力学性质，但只有反应模型势可用于探索化学过程。在非反应模型势框架下，根据对分子内自由度的描述可进一步细分为完全柔性、部分柔性和完全刚性。而基于非键相互作用的复杂性可以区分多体势(包括原子极化)和更常见的双体势。

不管选用何种模型，开发方法通常遵循相同的步骤。首先，选取可描述所期望相互作用(如库仑、色散、键拉伸等)的函数形式。接下来，根据经验或量子力学信息拟合势参数。原则上，量子力学信息更可取，因为经验信息通常在不同实验中会缺失或不自洽。然而，必须谨慎选择用来生成含能材料非成键项参数化信息的量子力学方法。研究大尺寸体系最常用的量子力学方法是密度泛函理论(DFT)[100,101]，因为它计算量需求适度，同时对分子内几何构型以及一些分子晶体的结构预测展示出合理精确的结果。不幸的是，传统DFT方法不能很好地处理色散，而这是有机分子晶体，如含能材料，在低压下(小于1GPa)时结合能的主要部分。因此，当使用针对较低压缩情况下凝聚相材料的DFT参数拟合的分子间势能时，色散相互作用占主导地位，从而导致预测的平衡晶体结构与实验相差较大[102,103]。然而，也有对压缩含能材料晶体结构的DFT预测与实验吻合得很好的情况，这意味着这种量子力学方法用来描述晶体压缩到非色散相互作用占主导的情况时是合适的[104](色散误差在压缩情况下仍然存在，但总体上色散对总能量贡献及其误差效应与包利排斥对能量的贡献相比大大减小了)。因此，为了代替系统真实的量子力学信息，应该对模型进行经验修正，或者用户应该认识到任何依赖于传统DFT描述特定状态下(比如较低压力)含能材料结合能模型的局限性。

7.7　分子动力学模拟评估相互作用势

如前文所强调的，任何分子动力学模拟结果强烈依赖于力场的准确性。然而，绝大多数时候，相互作用势在经历大量测试以评估它们的局限和能力之前就已经用于分子动力学模拟。因此，本节将介绍评估相互作用势时需要开展的关键的分子动力学模拟。一个用于凝聚相含能材料的相互作用势模型，在常温常压条件下的等温等压分子动力学模拟中，起码应该能够预测以下内容：

(1) 正确的晶体学空间群对称性(且在整个模拟过程中保持不变)。

(2) 晶体参数，包括晶体密度，与实验值相差不超过3%。

(3) 晶胞的独立几何变量(质心的分数坐标、相对分子取向等)。

(4) 规定压力范围内的等温压缩线。

(5) 热膨胀系数。

(6) 升华热或溶解热。

相互作用势更严格的测试将涉及对含能材料各种多晶型在 NST 分子动力学模拟中计算上述内容。理想情况下，力场可以精确预测常压下溶化曲线(溶化曲线 $T_m=T_m(P)$ 是一个重要物理量，它极少被熟知，但是被认为会显著影响化学反应速率以及力学耗散机制[28])和熔点；同时，力场可预测稳定晶型间的热力学相边界，后者因经常涉及重构相变而变得非常复杂，这时候初始和末态多晶型间的简单群-子群对称性关系不存在[105]。力场还允许对势能面的局域能量最小(及其对应结构)进行计算。更有说服力的验证挑战包括预测张量性质，如弹性张量、热膨胀张量，以及质量、动量和能量的热输运系数。并且必须清楚理解模型势在什么情况下失效，如错误地预测晶相稳定性或预测到实验中并不存在的晶型。

在缺乏实验验证的情况下，对于候选初始晶体结构，可使用上面提到的从头算晶体结构预测方法来建立。在其中一个专为含能材料研究[79]开发的步骤中，一系列具有不同晶体对称性的候选晶胞通过在晶胞内沿欧拉轴调整分子取向并使用空间群对称操作生成它的对称等价体来生成。通过这种方式，大量拥有不同空间群对称性以及原胞内分子取向的单位原胞被构建起来。在一个标准的测试运行中，数以万计的候选晶体结构被生成，从中选出密度最大晶体的子集，作为最小晶格能的备选晶格结构。最终优化的晶胞能用作后续 NsT 模拟的初始结构，以决定晶体结构稳定性以及相对于实验结构的能量排序。

分子动力学模拟可用于探索从起爆到爆轰相关过程或起爆之前的动力学细节，这些包括覆盖宽广压力和温度区间、跨越相图中固液区域的 NPT/NsT 分子动力学模拟。预测与压力相关熔点的分子动力学模拟在评估所选力场模型的预测能力时特别有用。最终，材料冲击 Hugoniot 曲线能通过使用 NVE-、NPT-、NVT-分子动力学模拟计算得到并和可用的实验数据比较。值得一提的是，一些模型预测能力受限，特别是当这些模型仅被开发用于刚性分子模拟或者模型中不包含化学反应时。

化学反应势能的计算中需考虑多体效应的引入，以及如何预测，计入反应物、过渡态、产物之间“零点能”的差别。反应物主要包含较宽范围的振子和声子频率，而典型爆轰或爆燃产物，如 N_2、CO、CO_2 和 H_2O 有较高的振动频率以及由此导致的与反应物有显著差别的零点能。这些差别不会在“纯粹”经典势场中反映出来。

7.8　含能材料 MD 模拟中使用的相互作用势

7.8.1　反应模型

据我们所知，仅有一种反应力场模型被开发出来并用于已公开发表的凝聚相 CHNO 含能材料的分子动力学模拟，这种力场即 ReaxFF。仅对其做简要描述[106]，因为它在含能材料研究领域的主要应用局限在研究热化学和冲击起爆化学[107-109]。这些应用超出了本章范围，但 ReaxFF 在促进对含能材料更实际的分子动力学模拟方面的潜在重要性值得探讨，因此将对使用此力场模型进行化学反应研究的已发表的模拟工作做一个简要的回顾。接下来将会给出这些年来非反应经验力场在宽广的温度压力区间针对凝聚相含能材料的性质和行为预测而开展的分子动力学模拟更详细的描述。

ReaxFF 的开发是一个雄心勃勃的尝试，旨在构建一个可移植力场，以用于化学反应系统分子模拟。ReaxFF 总的开发目标就是能够描述由元素周期表中任意元素组成的化学系统。它的另一个开发目标是仅依赖于量子力学信息进行参数化。这个方法的优越性体现在所有信息的参数化都对应一个相似的、清晰完整的理论，而该理论不会因为引入具有模糊不清的精度和系统误差的实验信息变得复杂。它是一种键级相关方法，在设计理念上与前面提到的 Tersoff[99]和 REBO[98]模型类似。力场将系统总能量分为各种价键和非键组分，且只有价键项是键级相关的。在模拟中，对每对原子计算键级，并假设其仅是原子间距离的函数。对高配位或低配位数的原子需要考虑能量补偿。对键级无关的非键范德瓦耳斯和库仑相互作用项进行计算，且在短程范围内屏蔽这两项以消除原子对间多余的排斥力。库仑项中环境相关原子电荷由电子平衡方法(electron equilibration method，EEM)确定[110]。ReaxFF 的参数化通过对一组关于结构信息以及反应路径信息的量子力学数据训练集拟合完成，其中包括相关的结构以及反应路径信息，它们描绘了每个原子都可能遇到的各种环境下(可能是高能或非高能情况)的原子间相互作用[108]。迄今，ReaxFF 已经参数化用于不同材料的分子模拟，包括碳氢化合物[106]、三硝基甲苯[107,108]、过氧化物炸药[109]、硅及其氧化物[111,112]、铝及其氧化物[113]、过渡金属[114,115]、金属氧化物催化剂[116]、B-N-H 系统[117]、碱金属[118]及碱土系统[119]，以及铁电物[120]等。

如今，ReaxFF 是一个不断发展的力场，新元素正源源不断地被添加到势能项中。对 ReaxFF 力场形式的修正优化有时也是必要的，这可弥补其对化学反应或材料性质描述中的缺陷。每当加入新元素时，对每一个元素在不同环境中生成量子力学信息，并将其加入训练集中重新参数化。据我们所知，在 ReaxFF 参数化中主要的凝聚相量子力学信息(即便不是全部的)都是密度泛函理论预测得来的。如前所述，这种量子力学处理方法并不能合适地描述色散相互作用。因此，仅通过密度泛函理论信息进行参数化的 ReaxFF 力场很明显会在特定热力学条件下减弱其预测能力，尤其是处于常温常压下的含能材料。从使用 ReaxFF 力场模拟(季戊四醇四硝酸酯 PETN I，多晶型 I)状态方程的研究可以看出，通过密度泛函计算结果参数化 ReaxFF 力场的后续效应显而易见[121]。在这项研究中，PETN I 在温度为 0K，在压力范围 0～50GPa 情况下的状态方程信息由 ReaxFF 力场得到，并与密度泛函理论预测和实验做了比较，ReaxFF 结果在该压力范围内和密度泛函理论吻合得很好。同样，在 0GPa 下 ReaxFF 也相对所有密度泛函预测结果与实验具有更高吻合度(原胞体积差 5.4%)。这个结果值得注意，因为 ReaxFF 参数拟合使用了来自 SeqQuest 代码[122]中的基于原子轨道线性组合(LCAO)密度泛函方法计算得到的信息，而用这个代码进行预测并使用广义梯度近似(GGA)泛函 Perdew-Burke-Ernzerhof(PBE)产生比实验值偏大的结果(原胞体积偏离 10%)。预计未来使用非密度泛函量子力学信息的 ReaxFF 参数拟合在低压缩情况下可能会更好地表征 CHNO 材料。

ReaxFF 力场是第一个用于分子动力学模拟传统 CHNO 含能材料即 RDX 冲击化学的力场[107]；后续分子动力学模拟研究了相同体系的热效应引发的化学过程[108]。随后，通过考虑单分子裂解的量子力学预测又扩展到另一种炸药的研究中，即 TATP[109]。自那以后，ReaxFF 还用于其他含能材料的分子动力学模拟，包括 β-HMX、TATB[128]、PETN[129]，硝基甲烷[129]以及基于 RDX 的体系(Estane/RDX 和纳米-铝粉/RDX)[130]。据我们了解，ReaxFF 在含能材料领域的所有应用都研究了慢烤或冲击起爆的化学过程，除了前面提到的对 PETN I 状态方程的研究[121]。

7.8.2　非反应模型

一般来说，分子晶体中原子上的局部电荷由量子力学对单分子的计算来决定，或通过其他分子间相互作用项以重现实验信息来调整这些量。分子内相互作用能够通过许多表征一个分子内各种分子振动的函数来表示，如键伸缩、键角弯曲、扭转、摇摆或剪式运动。这些函数可依照经验数据或从头计算信息进行参数化。幸运的是，密度泛函理论可以很好地描述分子内运动，并且多个系统都同时使用密度泛函理论和非密度泛函理论量子力学来进行力场参数化(如下所述)。同样，对于单分子或二聚体，精确的相关电子结构方法能作为特定分子间相互作用的“基准”。大多数通过分子动力学模拟得到的状态方程信息都采用非反应势函数，它们远没有 ReaxFF 力场精密。通常，这些非反应相互作用势更关注精确描述晶体中分子间的相互作用，某些情况下，也描述分子间构象转变相关的能量差异。大多数模型假设使用简单函数(如勒让德函数或指数函数)的对势项来描述色散相互作用，并采用简单的库仑势描述其静电相互作用。其中的一个例外是最近针对季戊四醇四硝酸酯(PETN)[131]参数化的多体极化。一般来说，分子晶体中集中于原子上的局部电荷由量子力学对单分子的计算来决定，或通过调整这些量，再结合其他分子间相互作用项来重现实验信息。分子内相互作用能够通过许多表征一个分子内各种分子振动运动的函数来表示，如键拉伸、键角弯曲、扭转、摇摆或剪切运动。这些函数可依照经验数据或从头计算进行参数化。幸运的是，分子内运动可被 DFT 很好地描述，且多个系统都同时使用 DFT 和非 DFT 量子力学处理来对力场进行参数化。另外，对于单分子或二聚体，精确地相关电子结构方法能作为特定分子间相互作用的“基准”。

Sorescu、Rice 及 Thompson[85]开发了一种产生状态方程信息最简单的相互作用势，并用常温常压下 α-RDX 的经验数据进行参数化。这个模型由描述相邻分子的原子间相互作用的对势组成。模型不包括描述分子内相互作用项，所以在分子动力学模拟过程中不允许分子变形或反应；也就是说，这是一个刚性分子力场模型。它适用于在分子变形最小的压力区域下进行分子动力学模拟，并且已经通过验证，证明它有能力模拟在一定温度压力下的多种炸药[92]。一系列大量研究也评估了这个方法在其他化学系统中的可移植性[132-136]，包括对 2, 4, 6, 8, 10, 12-六硝基六氮杂异伍兹烷(HNIW 或 CL-20)[132]、HMX[133]和 DMNA[137]的刚性分子 NPT 系综模拟。CL-20 和 HMX 的研究结果表明，力场正确预测了这些环杂硝铵不同相的热力学稳定性顺序，晶胞参数与实验值的误差也在几个百分点内，并且与实验确定的平动和转动性质几乎无偏差。对于 DMNA 的模拟[137]，晶体密度误差在实验值的 0.2%以内，而预测的体积模量比实验低 5.7%。然而，使用这种模型对 DMNA 熔化的模拟产生的熔点比实验高了约 15%(这是由于在 DMNA 中存在较弱的受阻甲基和硝基旋转，而这个模型却采用了刚性分子近似，因此，这类模型用于模拟一个高度柔性系统的熔化过程并不合理)。对这个模型力场最严格的测试是参考文献[136]中对于共 174 个 CHNO 晶体的从头算研究[136]。这些系统包括硝铵、硝基酯、硝基芳香族以及硝酸酯分子，同时包括各种非周期、单环以及多环/笼晶体。使用这个方法 85%的晶体都能生成与实验值吻合的晶体学参数和分子构型。预测的平均密度比实验高约 3%。然而，晶格能量最小化的计算都是在 0K 下完成的，无法捕捉有限温度下的热膨胀效应。对每一个所研究的 CHNO 类别(即硝铵、硝基酯、硝基芳香族以及硝酸酯化合物)，都有关于晶体和结构参数识别的相似统计。四类由从头算晶体结构预测确定的 CHNO 晶体的统计数据的一致性表明，这个相互作用势在一定范围内对上述不同类化合物间是可移植的。

另一项研究证实了室温常压下，刚性分子近似对四种含能材料(HMX、RDX、CL-20、PETN)[92]是有效的。这些分子是分子柔性程度多变的代表性含能材料。CL-20，一种多环笼式硝铵化合物，被认为是最具刚性的分子，其次是环状硝铵化合物，如 RDX 和 HMX。PETN 是非环状类星型分子，被认为是柔性最高的分子骨架。使用 SRT 势能函数的分子堆叠(molecular packing，MP)以及 NPT 系综分子动力学模拟对上述每个系统在一定实验压力范围内都进行了研究。结果表明，RDX、HMX 以及 CL-20 晶体的晶格参数与实验值在整个实验压力范围内吻合度都很好。对于 CL-20 和 RDX，实验数据所能提供的最高压力分别是 2.5GPa 和 3.95GPa(RDX 在 3.95GPa 发生未确定的相变)，因此刚性分子近似在这个限制范围内有效。然而，HMX 的晶格参数直到最高压力(7.47GPa)都与实验符合很好，这表明，对中等压力的模拟，刚性分子近似或许对相似系统都是有效的。刚性分子近似对 PETN 在较高压力下失效，预测的晶体参数与几个吉帕压力下的实验都不吻合。

Sorescu、Rice 和 Thompson 通过引入分子内相互作用相似允许分子形变而改进了 SRT 势，其势参数是通过密度泛函理论(DFT)计算能量以及硝基甲烷单分子能量导数来决定的[138]。使用改进 SRT 势对硝基甲烷进行 NPT 分子动力学模拟表明，在凝聚相[138]和液相[139]的整个温度范围内以及很大的压力范围内预测的静态和动态性质都与实验测量高度吻合。这其中包括预测了相对低温下的晶体构型，高压下实验所观察到的甲基取向 45°变化的现象。模型随后用于其他的分子动力学模拟，如预测熔化[39,41,42,140]和探索液体结构[141]；所有的计算结果都和现有实验吻合很好。

结合 SRT 分子间相互作用项的柔性力场已经被用于 1, 3, 3-三硝基氮杂环丁烷(1, 3, 3-trinitroazetidine，TNAZ)[40]和 RDX[142,143]的分子动力学模拟研究。对 Agrawal 等[40,142]研究的系统而言，普适 AMBER 力场[144,145]中的分子内相互作用项未进行修改就被使用，而不是像前文提到的针对特定系统对硝基甲烷势能进行参数化。结果表明，两个系统的预测密度比实验小约 10%，其中 TNAZ 的晶体学参数(晶胞尺寸、空间群对称性、原子位置、分子构型)与实验值吻合合理。但是，RDX 的模拟结果中，原胞内原子位置严重偏离实验，模拟中空间群对称性发生改变。Goto 等同样开发了针对 RDX 的柔性模型，模型通过使用标准函数描述分子内运动加强 SRT 刚性分子势。其中势参数用于研究蛋白和核酸[146]。在 Goto 等的研究中[143]，使用 DFT 的量子力学计算和 NPT 系综分子动力学模拟用于分析 RDX 在金刚石对顶压腔中被压缩至 50GPa 时的红外傅里叶变换光谱。室温下 RDX 在 4GPa 附近会经历一次相变[34]，新相(标记为 γ-RDX)的晶体结构在 Goto 等研究时还未被解析。在缺乏确定晶体学信息的情况下，Goto 等[143]使用量子力学计算不同 RDX 构型的光谱，并假设 γ-RDX 对应两个硝基处于环的伪赤道(E)位置，剩下的硝基在轴向位置(A)的构型(这被标记为 AEE；α-RDX，常温常压下的晶型采取 AAE 的构型)。他们随后使用 NPT 系综分子动力学模拟 γ-RDX 振动频率来评估此模型的压力效应，这样的信息无法在量子力学对单分子的计算中获得。他们针对模型给出的 γ-RDX 相中的 RDX 分子构型进行了一系列 NPT 系综分子动力学模拟，压力范围为 0～50GPa。然而，计算的细节同预测晶体结构的详细过程一样非常有限。模拟的关键细节和结果(如模拟原胞尺寸、轨迹长度、空间群对称性是否守恒、分子结构等)都没有提供。他们仅报道了 10Gpa、30Gpa、50GPa 下 AEE 构型的红外谱频率。另外，没有给出几何优化的细节，而这一般会在每个 NPT 系综模拟结束后进行；并不知道他们对整个系统的优化是否施行，或者他们在晶体力场中优化了单个分子从而生成振动光谱。一个类似的更早的针对 PETN 振动频率的研究[147]使用了非常类似的柔性相互作用势；其中，除了对 N—H 分子间作用进行重新拟合外，其余部分都与 SRT 相同。对于 RDX 的研究，计算细节很少，也不知道这个相互作用势多大程度上能重现 PETN 的状态方程。

其他针对特定系统的柔性非反应力场已经开发出来用于研究硝基甲烷[148]、RDX[149]、DMNA[150]、含能二硝基化合物[151]、NTO[152]等体系，所有这些力场在相应分子内相互作用项的参数化过程都极大地依赖于量子力学信息。Alper 等[148]关于硝基甲烷的势能面用作高温高压下硝基甲烷的 NPT 系综和 NVT 系综分子动力学模拟[153]；研究也包括了利用该模型对冲击 Hugoniot 曲线的计算。室温下一系列 NPT 系综分子动力学模拟预测的体积仅在低压下与实验较吻合；大于 5GPa 时，计算的体积和实验严重偏离。作者暗示偏离的原因可能与 Lennard-Jones 函数过度描述了压缩系统的排斥力有关。对排斥力的高估同样使得预测的冲击 Hugoniot 曲线与实验值严重不符。

研究者利用 Boyd 等[149]针对 RDX 开发的力场，在常压、温度范围 0～650K 条件下预测了基于 NPT 系综模拟的 RDX 不同温度下的晶体学参数。预测温度高于 650K 时，晶体熔化。尽管这显著高于测量得到的 RDX 熔点，但分子动力学模拟预测的完美晶体的熔点是真实热力学熔点的一个上边界(文献[42]及其相关参考文献)。作者报道了用这个模型预测的体积模量远高于实验值，但同时指出并没有对体积模量进行参数化训练。这一点表明，模拟的晶体参数的压力依赖可能没有被模型精确地描述。

Hiyoshi 等[152]使用 CHARMM 力场[154]对 0～50GPa 压力范围内 α-NTO 的压力效应开展了基于 NPT 的分子动力学模拟。在力场中，分子内相互作用项采用单分子 DFT 计算产生的信息来进行参数化。非成键相互作用的参数取自 CHARMM29 力场，库仑项中的局部原子电荷由优化几何结构的 NTO 单分子计算得到，晶体中参与氢键的原子的电荷使用分子动力学进行迭代调整，直到获得 α-NTO 的正确带状结构。实验表明，晶体中存在有趣的压力效应，总体上，拉曼光谱随压力蓝移，而对应氢键的谱线(如羰基和氨基)随压力增加红移。作者使用分子动力学模拟参与氢键形成的羰基-氨基对的径向分布函数，以及不同压力下 NTO 中羰基键长相关函数的功率谱；并发现模拟结果与实验一致。如之前 Goto 等的研究[143]所讨论的那样，Hyoshi 等并没有提供足够的模拟结果细节，无法确定这个模型是否复现了常温常压下的晶体结构，他们也没有提供压缩下系统的晶体学信息。

Smith 及其合作者针对 DMNA[150]、HMX[89]、BDNPF/A[151]和 PETN[131]研究开发了柔性非反应力场。这些力场与其他同类力场(完全柔性但非反应)的一个主要区别是，通过对其各自开发过程中切实可行的高水平电子结构预测的对比，特别强调精确地重复二面位移、环外旋转以及面外变形运动等能量。通常情况下目标分子的尺寸太大，无法进行大规模相关电子态结构计算，因此仔细挑选的模型化合物应能大体上捕捉到大多数我们感兴趣的分子的重要化学骨架键合信息，这方面需要大量的研究工作。通过调整点电荷分布来优化再现气相单分子周围的静电势和偶极矩；对于不依赖晶型的指定分子上的电荷，它在液相或气相环境中在化学上是不可分辨的，并被限定具有相同的数值。经验表明，凝聚相中的极化效应可通过对部分原子电荷在理论计算气相值的基础上进行因子为 1.25 的标度实现近似。最后，大多数非成键分子内和分子间成对相互作用取自文献。然而，当发现现有参数不足时，可以用相关电子态结构计算来提供有关原子对的能量信息。

Smith 等开发了一个用于 DMNA 处于液态时的模拟柔性分子力场，其参数主要基于量子力学计算获得[150]。NPT 模拟以及 NVT 模拟计算得到的液态 DMNA 的多种物理参数都与实验吻合很好，包括溶解参数，压力-体积-温度性质，以及关联时间和分子取向活化能。虽然 Smith 等开发的应用于 DMNA 力场最初被用于模拟液体，他们随后在 295K 下的 DMNA 晶体的等温等体积模拟中使用了该模型[155]；其中，晶胞形状和体积通过在整个轨迹中插入一系列 NsT 蒙特卡罗步进行取样。在这项研究中，原胞边缘长度在实验值的 1%以内，预测的晶体密度偏离实验值 4%。另外，非斜方晶系原胞的形状在整个模拟中保持不变，模拟原胞角度偏离 90°的数值不超过 0.6°。NPT 系综分子动力学模拟晶体熔化的熔点约为 330K，与实验值的 331K 高度吻合。这个模型在分子动力学中的进一步应用是探索 DMNA 含缺陷和完美两种情况下熔化机制的原子细节[37]。

针对 DMNA 开发的 Smith 势随后被 Smith 和 Bharadwaj 移植到 HMX 研究中[89]。在这个例子中，使用 HMX 气相构型以及模型化合物 1, 3-二甲基-1, 3-二硝基甲基二胺(DDMD)，与取自上述 DMNA 力场的非成键参数的结果相结合，在 MP2/6-311G**/B3LYP/6-311G** 以及 B3LYP/6-311G** 的水平上分别确定了 DDMD 和 HMX 的结构和能量。在验证势能过程中计算各种性质[156]，包括三种单一晶型(β、α、δ 分别对应单斜、斜方、六角对称)的晶体结构，线性热膨胀和压缩系数，升华热，以及各向异性声速。还有许多其他性质的报道，包括三种晶型[157]的等温二阶弹性系数、各向同性模量以及温度相关自扩散系数、剪切黏度和常压下液体的热导率[158,159]。使用 Smith 势能针对 HMX 计算的许多性质已经直接用于介观尺度和连续尺度模拟的开发和参数化[10,11,160,161]。

Smith 及其合作者对含能化合物 BDNPF/A(一种常温常压条件下的共熔液体，用作塑化剂)[151]使用与 DMNA 和 HMX 类似的方法参数化力场，同时也对聚酯氨酯，即 Estane™[162]使用类似方法。同 HMX，这两种化合物是高能军用炸药 PBX-9501 的主要成分。在 BDNPF/A 的例子中，大多数电子态结构的计算都是在 MP2/aug-cc-pvdz//B3LYP/aug-cc-pvdz 的水平上，使用 2, 2-二甲基丙烷，二甲氧基二甲醚以及 2, 2-硝基-3-甲氧基丙烷作为模型化合物来参数化力场，重点放在精确确定骨架二面体和悬垂硝基能量上；针对 BDNPF 的五个能量最低构型进行了有限的计算，以确保势函数的精确性。对所有模型化合物、BDNPF 和共熔液体都进行了验证模拟。1, 1-二硝基乙烷的密度和蒸发焓在 298K 的预测值都比实验低了 3%。2, 2-二甲基丙烷的密度比实验低了 2.5%，而蒸发焓比报道值高约 1%。验证模拟中，最大的误差是系统性地低估了 328～358K 范围内 2, 2-二甲基丙烷的自扩散系数约 30%。BDNPF 在 400K 蒸发焓的计算相对于预测值的误差为 23%，其中预测值较大。Smith 及其合作者还计算了在 450～700K 范围内的共熔 BDNPF/A 的零点频率剪切黏度；发现结果可以精确地外推至 323K 附近。计算的 298K 时的共熔液体密度与实验值偏离不超过 3%，而声速在 328K 时为 1323m/s，与测量值为 1297.4～1301.9m/s 相符，百分误差只有 1.7%。

Estane^{TM} 力场的验证与 BDNPF/A 所使用的方法类似。仍在 MP2/aug-cc-pvdz//B3LYP/aug-cc-pvdz 水平计算电子结构。鉴于 Estane^{TM} 的化学复杂性，九种不同的模型化合物被用来决定扭转骨架能量：methyl、ethyl、propyl acetate、methyl propanoate、methyl butanoate、methyl-*N*-phenyl carbamate、ethyl-*N*-phenyl carbamate、biphenyl methane，以及 hexanedioic acid diethyl ester。对于丙酮二聚体$(DMK)_2$，丙酮-二甲胺复合物(DMK-DMA)，以及二甲胺二聚体，特定的极面和氢键分子间相互作用通过使用相关的几何结构来确定。优化后的力场与所有对分子内和分子间相互作用研究的构型都吻合得很好。验证性模拟表明二苯甲烷的预测密度比测量值大 2%。类似地，己二酸二乙酯的预测与实验偏差小于 1%。最后，二甲基-4, 4-双二苯基膦甲烷(MDI)晶体在 258K 下计算和测量的晶格参数和原胞体积分别是$(a=5.280Å, b=9.831Å, c=30.625Å, V=1590Å^3, \alpha=\beta=90.0, \gamma=91.0)_{calc}$，$(a=5.157Å, b=9.800Å, c=31.472Å, V=1587Å^3, \alpha=\beta=90.0, \gamma=93.9)_{exp}$。

最近，Borodin 等[131]针对硝酸烷基酯以及 PETN 开发了完全柔性、极化和非极化的非反应力场并进行了公式化、参数化和验证性模拟。所使用的基于量子化学的方法大体上与前述 Smith 及合作者对力场的参数化相似。Smith 力场和新的针对 PETN 力场的主要区别是在势能中引入了多体形式的原子极化率。具体来说，对多个硝酸烷基酯模型化合物及气相 PETN，局部原子电荷和原子极化率都在 MP2/aug-cc-pndz 水平上进行了计算。非极化力场的局部电荷通过拟合偶极矩和静电势获得，拟合时偶极矩和静电势需要与基于使用极化力场分子动力学模拟获得的晶体相中 PETN 分子的数值吻合。在多体势中明确包含极化率可避免通过经验对凝聚相中原子电荷进行重新标度，而将二体力场中的部分原子电荷明确地拟合到处于极化模型的晶体环境 PETN 分子的静电势中，它提供了更简单且更小计算成本获得部分原子电荷的方法。对于硝酸烷基酯、硝酸丁酯、硝酸异丙酯及 PETN，二体和多体势的参数化都展示出可以生成与实验吻合的晶格参数和液体密度，以及相变能量和温度(蒸发、升华、熔化)、室温弹性张量、等温压缩线。鉴于使用极化力场需要相对大量的计算资源，作者建议对材料块体性质的研究使用非极化形式的力场，但对界面现象的研究应使用极化形式力场。

很大程度上，到现在为止所讨论的非反应力场都没有使用凝聚相量子力学信息来参数化分子间相互作用项；对这些力场的拟合严重依赖于经验信息。然而，也有一些系统使用计算量更大的非 DFT 量子力学方法来开发含能材料分子间相互作用势[163,164]。在早期，Gee 等使用二阶 Moller-Plesset 微扰理论(MP2)[165]完成了 TATB 的力场开发[163,165]。该力场由简单的对势所组成，包括库仑项、范德瓦耳斯项以及描述键伸缩、键角弯曲和扭转的分子内相互作用项。在这项研究中，九种二聚体构型被选取用于描述 TATB 晶胞中和晶轴间的相互作用，其相互作用是在 MP2 水平上使用 6-31G(d，p)基组计算得到的，用于 TATB 分子间相互作用项的参数化。计算得到的原胞参数的温度和压力依赖在模拟条件范围内都与测量值吻合得很好，对 C—N 键硝基平动运动的预测同样较吻合。尽管拟合中使用基于二聚体的从头算计算结果，并没有考虑晶体场效应可能会影响晶体中的分子间作用力，这项研究清楚地表明，如果仔细选择在构型上能代表晶体中分子的二聚体和小分子团簇做从头算，那么就能够发展一套对凝聚相系统的合理精确描述。

Sewell 和 Bedrov[167]使用 Gee 等的模型[163]中的力场对 TATB 的弹性性质做了研究。压力和温度范围分别为 0～1GPa 和 198～398K，所模拟的单晶包含 192 个分子，缺陷晶体包含 5%和 10%随机分布的分子空位。如预期那样，结果显示有较大的力学各向异性，对应强分子内和分子间氢键主导的 *a*-*b* 晶面的弹性系数(C_{11}，C_{12})与对应弱色散相互作用主导的 *c* 轴平行变形的弹性系数 C_{33} 之间有接近 10 倍的差别。从实际视角来看，这项研究最有趣的结果是各向同性体积模量和剪切模量之间的巨大差别，它们分别使用均匀应力极限的 Reuss 和均匀张力极限的 Voigt 边界来计算。结果表明，常温常压下体积模量和剪切模量边界相差两倍；因此，基于塑胶炸药中所存在的复杂应力状态，现在还不清楚应该使用什么样的数值才能导出基于物理的关于 TATB 类炸药的本构描述。

最近，针对 RDX 二聚体的一个六维势能面通过使用 1000 多个从头算能量点拟合而成，其中使用了基于单体 Kohn-Sham 的高精度对称适应微扰理论(symmetry adapted perturbation theory，SAPT-DFT)[164]。这个势能面用于常温常压条件下 RDX 的 NsT 系综分子动力学模拟(使用刚性分子假设)，预测的密度与测量值偏差 1.5%。通过对 Pbca 中原胞中的八个对称性等价分子的分子参数进行时间平均，对超晶胞中的所有晶胞也进行平均。发现原胞中质心位置的最大偏差只有 0.0021，而描述分子相对取向的三个欧拉角的最大偏差为 2.5°。另外，晶体空间群(Pbca)在模拟过程中守恒。后续研究显示对含能材料发展一个从头算力场取得了明显的成功，但对于每一个 SAPT-DFT 能量点，在 IBM P4/1.7GHz 处理器上需要约 250 CPU 小时。当然，随着计算资源和算法的发展，能预见对含能材料力场发展中的非 DFT 量子力学计算的需求将会增加。

最近一些含能材料的分子动力学研究使用了通用的商用力场[168-173]来描述含能材料晶体。Pospisil 等[168]在 NPT 分子动力学模拟中使用 cff_950 力场[174]研究了 RDX 在常温下的分解的压力依赖关系。模拟在一个较宽的压力范围内进行(46～500GPa)，但是分解结果的细节只在 220GPa、225GPa、230GPa、350GPa、400GPa 和 500GPa 压力区间有提供。这些作者提供了分子分解的细节，但没有报道这些模拟条件下晶体结构的改变。COMPASS 力场[175]被用在几个纯含能材料晶体以及塑胶炸药(PBX)的研究中[169-176]。Gee 等使用 COMPASS 力场和 NPT 系综分子动力学模拟研究各种含氟聚合物与 TATB 表面的黏附[176]。COMPASS 力场还适用于描述非晶态块体含氟聚合物；研究表明，将文献[163]中开发的 TATB 分子间参数和 COMPASS 力场应用混合规则可以获得针对含氟聚合物-TATB 相互作用势能参数。为了验证 COMPASS 力场描述含氟聚合物的有效性，一系列对块体非晶态聚合物的分子动力学模拟研究用于预测玻璃态转变温度和热膨胀系数。结果与实验吻合度相当好，这表明对于聚合物类型，COMPASS 力场提供了足够的描述。除用于描述 PBX 中额聚合物黏合剂[170,171,173]以外，COMPASS 力场还用来表征纯的炸药组分[169-173]。Qiu 等[169]在一个结合了量子力学和分子动力学的 TNAD 晶体研究中，使用 COMPASS 力场开展 NPT 模拟，探讨了常压下晶体结构参数的温度依赖性。目前关于常温下结构参数的压力依赖性研究尚未见报道，但模拟结果均给出了温度有关的力学性质，包括弹性常数、拉伸模量、体积模量和剪切模量，泊松比以及 Lame 系数。常压下 5～500K 温度范围内的晶体学参数使用 NPT 模拟计算给出。虽然常温下原胞尺寸是合理的，但是其中两个晶格角度偏离实验超过 10°。针对聚合物和 PBX 中含能组分晶体[170,171,173]，COMPASS 力场同样用来描述原子间相互作用。在这些研究中，四个含氟聚合物用饱和氢原子或氟原子取代末端基团的小型低聚物链来表示。含能材料的填充物使用 ε-CL-20、TATB 或 TNAD 的小型团簇，初始构型与常温下实验测量晶体结构一致。其中，两项研究[170,171]表明，对纯的含能材料填充物或混合物，虽然没有提供力场在预测晶体或力学性质方面的精确性，但研究证明了炸药混合物力学性质依赖性。另外，在 TNAD 基 PBX[173]的研究中，也给出了针对纯 TNAD 的 NPT 模拟预测晶体学参数，尽管作者表示他们仅使用了 NVT 模拟。值得注意的是，文献[173]报道的常温常压下晶体参数与先前使用 COMPASS 力场和 NPT 模拟[169]给出的数值不同，而原因并没有得到解释。作者在上述研究中完全没有提及在使用 COMPASS 力场的 NPT 模拟中，纯晶体的晶体空间对称性是否守恒。但在文献[173]中，作者对一个 TNAD 原胞中一个分子的平移和方位参数与实验值做了比较，分子质心的净平移和旋转分别是 0.2Å 和 17°。注意到文献[171]的图 2 展示了 TATB 与亚乙烯基二氟化物(PVDF)混合物平衡构型的快照图像，TATB 晶体团簇经历了显著的分子重排，并呈现出大量的无序性。现在并不清楚这种无序性是由 COMPASS 力场的不足还是由模拟中在原胞中引入聚合物链过于简单造成的。但是，Gee 等[163]利用 COMPASS 力场模拟 TATB 时发现了一个快速的相变过程，在 175K 时 TATB 晶体进入了一个“未知”的晶相。因为不清楚 COMPASS 力场能否足够准确地描述含能材料晶体，我们建议使用 NsT 分子动力学对多种具有代表性的含能材料进行模拟评估，模拟针对那些有实验晶体学数据存在的条件，模拟过程中要检查空间群对称性是否近似守恒，以及晶体学参数和原胞中原子排列是否与实验符合。Material Studios 软件包的 NPT 模拟也用来计算纯 TATB 的弹性性质。文献[172]给出了模拟所用的力场以及预测值与已知实验信息(如晶体结构)的对比。

7.9　结　论

如前面章节所述，多个力场在各种条件下预测含能材料性质已经相当成功；不幸的是，所有力场都有应用局限性。基本上限制因素大都集中在缺乏对化学反应的考虑；除 ReaxFF[106]外所有力场都是非反应的。尽管其中一些力场针对特定化学系统进行参数化并用于分子动力学模拟，但尚不清楚它们对其他化学系统的可移植性，因此在用于新系统之前应仔细评估。另外，很多力场仅在较少的应用中使用过，所以它们在较宽范围条件下预测性质和过程的能力并未得到验证。如果发现力场中存在缺陷(如势能面上非物理的局域极小值)，或者模型需要强化以扩展其预测能力，唯一的补救办法就是修改力场，要么重新参数化，要么加入新的势能项。

理想情况下，通过在分子动力学模拟中使用第一性原理描述相互作用力可避免一些复杂状况。称这类模拟为从头算或量子分子动力学(QMD)计算，它们通过在模拟过程中计算原子力并直接应用到运动方程的积分中来完成[177,178]。然而，实际凝聚相含能材料的 QMD 模拟的计算量要求使用半经验的量子力学理论，或者那些在较低压力下不能很好描述含能材料的理论(如密度泛函)。截至目前，仅有少数密度泛函-分子动力学研究[179-181]被用于含能材料非反应状态的探索；还有一些模拟用来研究反应态[182-184]。Reed 等[181]使用密度泛函-分子动力学方法研究了固态硝基甲烷冲击波前中可能发生的动力学过程。在这个研究中，不仅研究了可能由冲击波传播引起的邻近分子碰撞过程以及沿滑移面的晶体剪切。他们还研究了分子结构变化、相对位置以及取向，同时监测了以碰撞速度为函数的 HOMO-LUMO 带的变化。研究结果表明，能带受较高速度碰撞的影响。但是，晶体中能带并未降到足够低以产生相当数量的电子激发态，这表明电子态激发在硝基甲烷的起爆过程中并不起主导作用。但是，在下任何结论前，对结晶硝基甲烷动态加载更实际的描述需要进一步的模拟计算。Tuckerman 和 Klein[179]使用 Car-Parrinello[185]密度泛函分子动力学方法预测了气相和固相硝基甲烷的分子结构，同时预测了低温下甲基基团旋转能垒。Megyes 等[180]的后续研究同样使用了 Car-Parrinello 分子动力学生成液态硝基甲烷径向分布函数，并和实验衍射结果做比较。这些研究的量子分子动力学结果与实验吻合得很好，但这些模拟并不允许模拟原胞有任何形状和尺寸变化；因此，这个方法在预测晶体参数方面的性能并不理想。然而，原胞被完全优化的关于硝基甲烷的密度泛函研究表明，尽管这种量子力学处理合理地再现了晶胞内的分子构型，但是这种量子力学处理方法对预测硝基甲烷晶体参数并不合适[102,103]。因此，在实现对传统密度泛函修正以允许对色散相互作用有合理的描述之前，使用密度泛函的量子分子动力学模拟含能材料应该只针对晶体压缩特性。研究者在这方面付出了很多努力试图修正传统密度泛函中的重大缺陷[186-199]，希望在这个方向上任何成功的努力将会促使含能材料量子分子动力学模拟研究，同时产生更多用于拟合经典力场的凝聚相密度泛函信息。

参考文献

[1] J. C. Gump and S. M. Peiris, Isothermal equations of state of beta octahydro-1,3,5,7-tetranitro-1,3,5,7-tetrazocine at high temperatures, J. Appl. Phys. 97, 053513 (2005).

[2] B. Olinger, B. Roof, and H. H. Cady, The linear and volume compression of β-HMX and RDX, Proc. Int. Symp. On High Dynamic Pressures (Paris, CEA, 1978) p.3.

[3] C.-S. Yoo and H. Cynn, Equation of state, phase transition, decomposition of beta-HMX (octahydro-1,3,5,7-tetranitro-1,3,5,7-tetrazocine) at high pressures, J. Chem. Phys. 111,10229 (1999).

[4] M. R. Baer, C. A. Hall, R. L. Gustavsen, D. E. Hooks, and S. A. Sheffield, Isentropic compression experiments for mesoscale studies of energetic composites, AIP Conf. Proc. 845,1307 (2006).

[5] B. Crouzet, D. Partouche-Sebban, and N. Carion, Temperature measurements in shocked nitromethane, AIP Conf. Proc. 706, 1253 (2004).

[6] S. G. Bardenhagen, A. D. Brydon, T. O. Williams, and C. Collet, Coupling grain scale and bulk mechanical response for PBXs using numerical simulations of real microstructures, AIP Conf. Proc. 845, 479 (2006).

[7] A. D. Brydon, S. G. Bardenhagen, E. A. Miller, and G. T. Seidler, Simulation of the densification of real open-celled foam microstructures, J. Mech. Phys. Solids 53, 2638 (2005).

[8] C. A. Bolme, S. D. McGrane, D. S. Moore, and D. J. Funk, Single shot measurements of laser driven shock waves using ultra fast dynamic ellipsometry, J. Appl. Phys. 102, 033513 (2007).

[9] For instance: T. R. Gibbs and A. Popolato, LASL Explosive Property Data (University of CA,Berkeley, 1980).

[10] T. D. Sewell and R. Menikoff, Complete equation of state for β-HMX and implications for initiation, AIP Conf. Proc. 706, 157 (2004).

[11] G. A. Ruderman, D. S. Stewart, and J.I. Yoh, A thermomechanical model for energetic materials with phase transformations, SIAM J. Appl. Math. 63, 510 (2002).

[12] R. Menikoff and M. S. Shaw, Review of the Forest Fire Model, Combust. Theor. Mod. 12,569 (2008).

[13] W. G. Proud, M.W. Greenaway, C. R. Siviour, H. Czerski, and J. E. Field, Characterizing the response of energetic materials and polymer-bonded explosives (PBXs) to high-rate loading,Mat. Res. Soc. Symp. Proc. 896, 225 (2006).

[14] S. Lecume, C. Boutry, and C. Spyckerelle, Structure of nitramines crystal defects relation with shock sensitivity, Energetic Materials: Structure and Properties, 35th International Conference of ICT, Karlsruhe, FRG, p. 2-1 (2004).

[15] R. Menikoff, Pore collapse and hot spots in HMX, AIP Conf. Proc. 706, 393 (2004).

[16] W. M. Trott, M. R. Baer, J. N. Castaneda, L. C. Chhabildas, and J. R. Asay, Investigation of the mesoscopic scale response of low-density pressings of granular sugar under impact, J.Appl. Phys. 101, 024917 (2007).

[17] F. P. Bowden and Y. D. Yoffe, Initiation and growth of explosion in liquids and solids (Cambridge University Press, Cambridge, 1952).

[18] L. Tran and H. S. Udaykumar, Simulation of void collapse in an energetic material, Part 1:Inert case, J. Propul. Pow. 22, 947 (2006); ibid., Simulation of void collapse in an energetic material, Part 2: Reactive case, 22, 959 (2006).

[19] R. Menikoff, Detonation waves in PBX 9501, Combust. Theor. Mod. 10, 1003 (2006).

[20] R. Menikoff, Comparison of constitutive models for plastic-bonded explosives, Combust.Theor. Mod. 12, 73 (2007).

[21] D. C. Sorescu, B. M. Rice, and D. L. Thompson, Molecular Dynamics Simulations of Energetic Materials, in P. Politzer and J. S. Murray (Eds.) Energetic Materials: Part 1. Decomposition,Crystal and Molecular Properties (Theoretical and Computational Chemistry) (Elsevier Science, Amsterdam, 2003) pp. 125–184.

[22] D. A. McQuarrie, Statistical Mechanics (Harper & Row, New York, 1976).

[23] J.-B. Maillet, M. Mareschal, L. Soulard, R. Ravelo, P. S. Lomdahl, T. C. Germann, and B. L. Holian, Uniaxial Hugoniostat: A method for atomistic simulations of shocked materials,Phys. Rev. E 63, 016121 (2001).

[24] R. Ravelo, B. L. Holian, T. C. Germann, and P. S. Lomdahl, Constant-stress Hugoniostat method for following the dynamical evolution of shocked matter, Phys. Rev. B 70, 014103 (2004).

[25] J. M. D. Lane and M. Marder, Numerical method for shock front Hugoniot states, AIP Conf.Proc. 845, 331 (2006).

[26] E. J. Reed, L. E. Fried, W. D. Henshaw, and C. M. Tarver, Analysis of simulation technique for steady shock waves in materials with analytical equations of state, Phys. Rev. E 74,056706 (2006).

[27] E. J. Reed, L. E. Fried, and J. D. Joannopoulos, A method for tractable dynamical studies of single and double shock compression, Phys. Rev. Lett. 90, 235503 (2003).

[28] R. Menikoff and T. D. Sewell, Constituent properties of HMX needed for mesoscale simulations,Combust. Theor. Mod. 6, 103 (2002).

[29] A. Strachan and B. L. Holian, Energy exchange between mesoparticles and their internal degrees of freedom, Phys. Rev. Lett. 94, 014301 (2005).

[30] Y. Guo, D. L. Thompson, and T. D. Sewell, Analysis of the zero-point energy problem in classical trajectory simulations, J. Chem. Phys. 104, 576 (1996).

[31] Z. A. Dreger and Y. M. Gupta, High pressure Raman spectroscopy of single crystals of hexahydro-1,3,5-trinitro-1,3,5-triazine (RDX), J. Phys. Chem. B 111, 3893 (2007).

[32] T. R. Park, Z. A. Dreger, and Y. M. Gupta, Raman spectroscopy of pentaerythritol single crystals under high pressures, J. Phys. Chem. B 108, 3174 (2004).

[33] J. A. Ciezak, T. A. Jenkins, and Z. X. Liu, Propellants Explosives Pyrotechnics 32, 472 (2007).

[34] P. J. Miller, S. Block, and G. J. Piermarini, Effects of pressure on the thermal-decomposition kinetics, chemical-reactivity and phase-behavior of RDX, Combust. Flame 83, 174 (1991).

[35] G. J. Piermarini, S. Block, and P. J. Miller, Effects of pressure on the thermal-decomposition kinetics and chemical-reactivity of nitromethane, J. Phys. Chem. 93, 457 (1989).

[36] G. J. Piermarini, S. Block, and P. J. Miller, Effects of pressure and temperature on thethermal-decomposition rate and reaction-mechanism of beta-octahydro-1,3,5,7-tetranitro-1,3,5,7-tetrazocine, J. Phys. Chem. 91, 3872 (1987).

[37] L. Zheng, B. M. Rice, and D. L. Thompson, Molecular dynamics simulations of the melting mechanisms of perfect and imperfect crystals of dimethylnitramine, J. Phys. Chem. B 111,2891（2007）.

[38] L. Zheng and D. L. Thompson, Molecular dynamics simulations of melting of perfect crystallinehexahydro-1, 3,5-trinitro-1,3,5-*s*-triazine, J. Chem. Phys. 125, 084505（2006）.

[39] A. Siavosh-Haghighi and D. L. Thompson, Molecular dynamics simulations of surfacein itiated melting of nitromethane, J. Chem. Phys. 125, 184711（2006）.

[40] P. M. Agrawal, B. M. Rice, L. Zheng, G. F. Velardez, and D. L. Thompson, Molecular dynamics simulations of hexahydro-1,3,5-trinitro-1,3,5-*s*-triazine（RDX）using a combined Sorescu-Rice-Thompson AMBER force field, J. Phys. Chem. B 110, 5721（2006）.

[41] L. Zheng, S. N. Luo, and D. L. Thompson, Molecular dynamics simulations of melting and the glass transition of nitromethane, J. Chem. Phys. 124, 154504（2006）.

[42] P. M. Agrawal, B. M. Rice, and D. L. Thompson, Molecular dynamics study of the melting of nitromethane, J. Chem. Phys. 119, 9617（2003）.

[43] D. Cremer and J. A. Pople, General definition of ring puckering coordinates, J. Am. Chem.Soc. 97, 1354（1975）.

[44] C. B. Barber, D. P. Dobkin, H. T. Huhdanpaa, Quickhull algorithm for convex hulls, ACM Trans. Math. Softw. 22, 469（1996）.

[45] M. J. Cawkwell, T. D. Sewell, K. J. Ramos, and D. E. Hooks, Shock-induced anomalous plastic hardening in an energetic molecular crystal（Phys. Rev. B, submitted）.

[46] K. Kadau, T. C. Germann, and P. S. Lomdahl, Molecular dynamics comes of age: 320 billion atom simulation on BlueGene/L, Int. J. Mod. Phys. C 17, 1755（2006）.

[47] K. Kadau, C. Rosenblatt, J. L. Barber, T. C. Germann, Z. B. Huang, P. Carles, and B. J. Alder,The importance of fluctuations in fluid mixing, Proc. Nat. Acad. Sci. USA 104, 7741（2007）.

[48] D. Frenkel and B. Smit, Understanding Molecular Simulation（Academic Press, San Diego,2002）.

[49] A. Gavezzotti, Are crystal-structures predictable? Accounts Chem. Res. 27, 309（1994）.

[50] P. Verwer and F. J. J. Leusen, Computer simulation to predict possible crystal polymorphs, in Reviews in Computational Chemistry, K. B. Lipkowitz and D. B. Boyd（Eds.）（Wiley-VCH,New York, 1998）, p. 327.

[51] R. J. Gdanitz, Ab initio prediction of molecular crystal structures, Curr. Opn. Solid State Mater. Sci. 3, 414（1998）.

[52] A. Gavezzotti, The chemistry of intermolecular bonding: Organic crystals, their structures and transformations. Synlett 2, 201（2002）.

[53] T. Beyer, T. Lewis, and S. L. Price, Which organic crystal structures are predictable by lattice energy minimisation? Cryst. Eng. Comm. 44, 1（2001）.

[54] J. P. M. Lommerse, W. D. S. Motherwell, H. L. Ammon, J. D. Dunitz, A. Gavezzotti,D.W. M. Hofmann, F. J. J. Leusen,W. T.M. Mooij, S. L. Price, B. Schweizer,M. U. Schmidt,B. P. van Eijck, P. Verwer, and D. E. Williams, A test of crystal structure prediction of smallorganic molecules, Acta Cryst. B 56, 697（2002）.

[55] W. D. S. Motherwell, H. L. Ammon, J. D. Dunitz, A. Dzyabchenko, P. Erk, A. Gavezzotti,D. W. M. Hofmann, F. J. J. Leusen, J. P. M. Lommerse, W. T. M. Mooij, S. L. Price,H. Scheraga, B. Schweizer, M. U. Schmidt, B. P. van Eijck, P. Verwer, and D. E. Williams,Crystal structure prediction of small organic molecules: a second blind test, Acta Cryst. B 58,647（2002）.

[56] W. T. M. Mooij, B. P. van Eijck, S. L. Price, P. Verwer, and J. Kroon, Crystal structurepredictions for acetic acid, J. Comput. Chem. 19, 459（1998）.

[57] D. W. M. Hofmann and T. Lengauer, Crystal structure prediction based on statistical potentials,J. Mol. Model. 4, 132 (1998).

[58] A. Gavezzotti, Generation of possible crystal-structures from the molecular-structure for lowpolarityorganic-compounds, J. Am. Chem. Soc. 113, 4622 (1991).

[59] H. R. Karfunkel, F. J. Leusen, and R. J. Gdanitz, The ab initio prediction of yet unknown molecular crystal structures by solving the crystal packing problem, J. Comput.-Aided Mater.Des. 1, 177 (1993).

[60] D. J. Willock, S. L. Price, M. Leslie, and C. R. A. Catlow, The relaxation of molecular crystal structures using a distributed multipole electrostatic model, J. Comput. Chem. 16,628 (1995).

[61] D. E. Williams, Ab initio molecular packing analysis, Acta Cryst. A 52, 326 (1996).

[62] A. V. Dzyabchenko, T. S. Pivina, and E. A. Arnautova, Prediction of structure and density for organic nitramines, J. Mol Struct. 378, 67 (1996).

[63] M. U. Schmidt and U. Englert, Prediction of crystal structures, J. Chem. Soc. Dalton Trans.10, 2077 (1996).

[64] A. M. Chaka, R. Zaniewski, W. Youngs, C. Tessier, and G. Klopman, Predicting the crystal structure of organic molecular materials, Acta Cryst. B 52, 165 (1996).

[65] D. W. M. Hofmann and T. Lengauer, A discrete algorithm for crystal structure prediction of organic molecules, Acta Cryst. A 53, 225 (1997).

[66] G. M. Day, W. D. S. Motherwell, H. L. Ammon, S. X. M. Boerrigter, R. G. Della Valle,E. Venuti, A. Dzyabchenko, J. D. Dunitz, B. Schweizer, B. P. van Eijck, P. Erk, J. C. Facelli,V. E. Bazterra, M. B. Ferraro, D.W. M. Hofmann, F. J. J. Leusen, C. Liang, C. C. Pantelides,P. G. Karamertzanis, S. L. Price, T. C. Lewis, H. Nowell, A. Torrisi, H. A. Scheraga,Y. A. Arnautova, M. U. Schmidt, and P. Verwer, A third blind test of crystal structure prediction,Acta Cryst. B 61, 511 (2005).

[67] P. Erk, Crystal engineering: from molecules and crystals to materials, NATO Sci. Ser. C 538,143 (1999).

[68] B. P. van Eijck and J. Kroon, UPACK program package for crystal structure prediction: Force fields and crystal structure generation for small carbohydrate molecules, J. Comput. Chem.20, 799 (1999).

[69] A. V. Dzyabchenko, V. Agafonov, and V. A. Davydov, A theoretical study of the pressure induced dimerization of C-60 fullerene, J. Phys. Chem. A 103, 2812 (1999).

[70] W. T. M. Mooij, F. B. van Duijneveldt, J. G. C. M. van Duijneveldt-van de Rijdt, and B. P. van Eijck, Transferable ab initio intermolecular potentials. 1. Derivation from methanol dimer and trimer calculations, J. Phys. Chem. A 103, 9872 (1999).

[71] W. D. S. Motherwell, Crystal structure prediction and the Cambridge Structural Database,Nova Acta Leopoldina 79, 89 (1999).

[72] B. P. van Eijck and J. Kroon, Structure predictions allowing more than one molecule in the asymmetric unit, Acta Cryst. B 56, 535 (2000).

[73] T. Beyer and S. L. Price, Dimer or catemer? Low-energy crystal packings for small carboxylicacids, J. Phys. Chem. B 104, 2647 (2000).

[74] T. Beyer, G. M. Day, and S. L. Price, The prediction, morphology, and mechanical properties of the polymorphs of paracetamol, J. Am. Chem. Soc. 123, 5086 (2001).

[75] J. Pillardy, Y. A. Arnautova, C. Czaplewski, K. D. Gibson, and H. A. Scheraga,Conformation-family Monte Carlo: A new method for crystal structure prediction, Proc. Nat.Acad. Sci. USA 98, 12351 (2001).

[76] C. Mellot-Draznieks, S. Girard, G. Ferey, J. C. Schon, Z. Cancarevic, and M. Jansen, Computational design and prediction of interesting not-yet-synthesized structures of inorganic materials by using building unit concepts, Chem. Eur. J. 8, 4103 (2002).

[77] E. Pidcock and W. D. S. Motherwell, A new model of crystal packing, Chem. Commun. 24,3028 (2003).

[78] E. Pidcock andW. D. S. Motherwell, A novel description of thc crystal packing of molecules,Cryst. Growth Des. 4, 611 (2004).

[79] J. R. Holden, Z. Y. Du, and H. L. Ammon, Prediction of possible crystal-structures for C-containing, H-containing, N-containing, O-containing and F-containing organic compounds,J. Comput. Chem. 14, 422 (1993).

[80] D. Q. Gao and D. E. Williams, Molecular packing groups and ab initio crystal-structure prediction, Acta Cryst. A 55, 621 (1999).

[81] A. D. Mighell, V. L. Himes, and J. R. Rodgers, Space-group frequencies for organic compounds,Acta Cryst. A 39, 737 (1983).

[82] For example: J. A. Moriarty, L. X. Benedict, J. N. Glosli, R. Q. Hood, D. A. Orlikowski,M. V. Patel, P. Soderlind, F. H. Streitz,M. J. Tang, and L. H. Yang, Robust quantum-based interatomic potentials for multiscale modeling in transition metals, J. Mat. Res. 21, 563 (2006).

[83] For example: A. J. Pertsin and A. I. Kitaigorodskii, The Atom-Atom Potential Method: Applications to Organic Molecular Solids. Springer Series in Chemical Physics 43. (Springer,Heidelberg, 1987).

[84] A. M. N. Niklasson, C. J. Tymczak, and M. Challacombe, Time-reversible ab initio molecular dynamics, J. Chem. Phys. 126, 114103 (2007).

[85] D. C. Sorescu, B. M. Rice, and D. L. Thompson, Intermolecular potential for the hexahydro-1,3,5-trinitro-1,3,5-*s*-triazine crystal (RDX): A crystal packing, Monte Carlo, and molecular dynamics study, J. Phys. Chem. B 101, 798 (1997).

[86] D. C. Sorescu and D. L. Thompson, Classical and quantum mechanical studies of crystalline ammonium nitrate, J. Phys. Chem. A 105, 720 (2001).

[87] D. C. Sorescu, J. A. Boatz, and D. L. Thompson, Classical and quantum-mechanical studies of crystalline FOX-7 (1,1-diamino-2,2-dinitroethylene), J. Phys. Chem. A 105, 5010 (2001).

[88] D. C. Sorescu and D. L. Thompson, Classical and quantum mechanical studies of crystalline ammonium dinitramide, J. Phys. Chem. B 103, 6774 (1999).

[89] G. D. Smith and R. K. Bharadwaj, Quantum chemistry based force field for simulations of HMX, J. Phys. Chem. B 103, 3570 (1999).

[90] J. Seminario, M. C. Concha, and P. Politzer, A density-functional molecular-dynamics study of the structure of liquid nitromethane, J. Chem. Phys. 102, 8281 (1995).

[91] S. W. Bunte and H. Sun, Molecular modeling of energetic materials: The parameterization and validation of nitrate esters in the COMPASS force field, J. Phys. Chem. B 104, 2477 (2000).

[92] D. C. Sorescu, B. M. Rice, and D. L. Thompson, Theoretical studies of the hydrostatic compression of RDX, HMX, HNIW, and PETN crystals, J. Phys. Chem. B 103, 6783 (1999).

[93] J. P. Agrawal and R. D. Hodgson, Organic Chemistry of Explosives (Wiley, Chichester,2007).

[94] H. H. Cady and L. C. Smith, Studies on the polymorphs of HMX, LANL report LA-MS-2652 (Los Alamos National Laboratory, 1962).

[95] H. H. Cady, A. C. Larson, and D. T. Cromer, The crystal structure of α-HMX and a refinement of the structure of β-HMX, Acta Crystallogr. 16, 617 (1963).

[96] C. S. Choi and H. P. Boutin, A study of the crystal structure of β-cyclotetramethylene tetranitramine by neutron diffraction, Acta Cryst. B 26, 1235 (1970).

[97] R. E. Cobbledick and R.W. H. Small, The crystal structure of the δ-form of 1,3,5,7-tetranitro-1,3,5,7-tetraazacyclooctane (δ-HMX), Acta Cryst. B 30, 1918 (1974).

[98] D. W. Brenner, D. H. Robertson, M. L. Elert, and C. T. White, Detonations at nanometer resolution using molecular dynamics, Phys. Rev. Lett. 70, 2174 (1993); ibid., Detonations at nanometer resolution using molecular dynamics,Phys. Rev. Lett. 76, 2202 (1996).

[99] J. Tersoff, Empirical interatomic potential for carbon, with applications to amorphous carbon, Phys. Rev. Lett. 61, 2879 (2003).

[100] R. L. Martin, Electronic Structure: Basic Theory and Practical Methods (Cambridge University Press, New York, 2004).

[101] R. G. Parr and W. Yang, Density-Functional Theory of Atoms and Molecules (Oxford University Press, New York, 1989).

[102] H. Liu, J. J. Zhao, D. Q. Wei, and Z. Z. Gong, Structural and vibrational properties of solid nitromethane under high pressure by density functional theory, J. Chem. Phys. 124, 12450 (2006).

[103] E. F. C. Byrd, G. E. Scuseria, and C. F. Chabalowski, An ab initio study of solid nitromethane,HMX, RDX, and CL20: Successes and failures of DFT, J. Phys. Chem. B 108, 13100 (2004).

[104] E. F. C. Byrd and B. M. Rice, Ab initio study of compressed 1,3,5,7-tetranitro-1,3,5,7-tetraazacyclooctane (HMX), cyclotrimethylenetrinitramine (RDX), 2,4,6,8,10,12-hexanitrohexaazaisowurzitane (CL-20), 2,4,6-trinitro-1,3,5-benzenetriamine (TATB), and pentaerythritoltetranitrate (PETN), J. Phys. Chem. C 111, 2787 (2007).

[105] V. I. Levitas, L. B. Smilowitz, B. F. Henson, and B. W. Asay, Interfacial and volumetric kinetics of the beta –>delta phase transition in the energetic nitramine octahydro-1,3,5,7-tetranitro-1,3,5,7-tetrazocine based on the virtual melting mechanism, J. Chem. Phys. 124,025101 (2006).

[106] A. C. T. van Duin, S. Dasgupta, F. Lorant, and W. A. Goddard III, ReaxFF: A reactive force field for hydrocarbons, J. Phys. Chem. A 105, 9396 (2001).

[107] A. Strachan, A. C. T. van Duin, D. Chakraborty, S. Dasgupta, and W. A. Goddard III, Shockwaves in high-energy materials: The initial chemical events in nitramine RDX, Phys. Rev.Lett. 91, 098301 (2003).

[108] A. Strachan, E. M. Kober, A. C. T. van Duin, J. Oxgaard, and W. A. Goddard III, Thermal decomposition of RDX from reactive molecular dynamics, J. Chem. Phys. 122, 054502 (2005).

[109] A. C. T. van Duin, Y. Zeiri, F. Dubnikova, R. Kosloff, andW. A. Goddard III, Atomistic-scalesimulations of the initial chemical events in the thermal initiation of triacetonetriperoxide, J.Am. Chem. Soc. 127, 11053 (2005).

[110] W. J. Mortier, S. K. Ghosh, and S. Shankar, Electronegativity equalization method for the calculation of atomic charges in molecules, J. Am. Chem. Soc. 108, 4315 (1986).

[111] M. J. Buehler, A. C. T. van Duin, and W. A. Goddard III, Multiparadigm modeling of dynamical crack propagation in silicon using a reactive force field, Phys. Rev. Lett. 96, 095505 (2006).

[112] K. Chenoweth, S. Cheung, A. C. T. van Duin, W. A. Goddard III, and E. M. Kober, Simulations on the thermal decomposition of a poly (dimethylsiloxane) polymer using the ReaxFF reactive force field, J. Am. Chem. Soc. 127, 7192 (2005).

[113] Q. Zhang, Y. Qi, L. G. Hector, T. Cagin, andW. A. Goddard III, Atomic simulations of kinetic friction and its velocity dependence at Al/Al and alpha-Al_2O_3/alpha-Al_2O_3 interfaces, Phys.Rev. B 72, 045406 (2005).

[114] K. D. Nielson, A. C. T. van Duin, J. Oxgaard, W. Q. Deng, and W. A. Goddard III, Development of the ReaxFF reactive force field for describing transition metal catalyzed reactions,with application to the initial stages of the catalytic formation of carbon nanotubes, J. Phys.Chem. A 109, 493 (2005).

[115] J. Ludwig, D. G. Vlachos, A. C. T. van Duin, and W. A. Goddard III, Dynamics of the dissociation of hydrogen on stepped platinum surfaces using the ReaxFF reactive force field,J. Phys. Chem. B 110, 4274 (2006).

[116] W. A. Goddard III, A. C. T. van Duin, K. Chenoweth, M. J. Cheng, S. Pudar, J. Oxgaard,B. Merinov, Y. H. Jang, and P. Persson, Development of the ReaxFF reactive force field for mechanistic studies of catalytic selective oxidation processes on BiMoOx, Topics Catalysis38, 93 (2006).

[117] S. S. Han, J. K. Kang, H. M. Lee, A. C. T. van Duin, and W. A. Goddard III, The theoretical study on interaction of hydrogen with single-walled boron nitride nanotubes. I. The reactive force field ReaxFF(HBN) development, J. Chem. Phys. 123, 114703 (2005).

[118] S. S. Han, A. C. T. van Duin,W. A. Goddard III, and H. M. Lee, Optimization and application of lithium parameters for the reactive force field, ReaxFF, J. Phys. Chem. A 109, 4575 (2005).

[119] S. Cheung, W. Q. Deng, A. C. T. van Duin, and W. A. Goddard III, ReaxFF(MgH) reactive force field for magnesium hydride systems, J. Phys. Chem. A 109, 851 (2005).

[120] W. A. Goddard III, O. Zhang, M. Uludogan, A. Strachan, and T. Cagin, The ReaxFF polarizable reactive force fields for molecular dynamics simulation of ferroelectrics, AIP Conf.Proc. 626, 45 (2002).

[121] I. I. Oleynik, M. Conroy, S. V. Zybin, L. Zhang, A. C. T. van Duin, W. A. Goddard III, andC. T. White, Energetic materials at high compression: first-principles density functional theory and reactive force field studies, AIP Conf. Proc. 845, 573 (2006).

[122] SeqQuest Electronic Structure Code, http://dft.sandia.gov/Quest/.

[123] D. C. Langreth and J. P. Perdew, Theory of nonuniform electronic systems. 1. Analysis ofthe gradient approximation and a generalization that works, Phys. Rev. B 21, 5469 (1980).

[124] J. P. Perdew and W. Yue W, Accurate and simple density functional for the electronic exchange energy: Generalized gradient approximation, Phys. Rev. B 33, 8800 (1986); ibid.,Erratum: Accurate and simple density functional for the electronic exchange energy: Generalized gradient approximation, Phys. Rev. B 40, 3399 (1989).

[125] J. P. Perdew, Density-functional approximation for the correlation-energy of the inhomogeneous electron-gas, Phys. Rev. B 33, 8822 (1986); ibid., Correction, Phys. Rev. B 34, 7406(1986).

[126] D. C. Langreth and M. J. Mehl, Beyond the local-density approximation in calculations of ground-state electronic-properties, Phys. Rev. B 28, 1809 (1983); ibid., Erratum: Beyond the local-density approximation in calculations of ground-state electronic properties, Phys. Rev.B 29, 2310 (1984).

[127] J. P. Perdew, K. Burke, and M. Ernzerhof, Generalized gradient approximation made simple,Phys. Rev. Lett. 77, 3865 (1996); ibid., Generalized gradient approximation made simple,Phys. Rev. Lett. 78, 1396 (1997).

[128] A. C. T. van Duin, S. V. Zybin, K. Chenoweth, L. Zhang, S. P. Han, A. Strachan, and W. A. Goddard III, Reactive force fields based on quantum mechanics for applications to materials at extreme conditions, AIP Conf. Proc. 845, 581 (2006).

[129] A. C. T. van Duin, S. V. Zybin, K. Chenoweth, S. P. Han, and W. A. Goddard III, Reactive force fields based on quantum mechanics for applications to materials at extreme conditions.Lecture Series on Computer and Computational Sciences 4 (Brill Academic Publishers,Amsterdam, 2005) p. 1109.

[130] L. Zhang, S. V. Zybin, A. C. T. van Duin, S. Dasgupta, and W. A. Goddard III, Thermal decomposition of energetic materials by ReaxFF reactive molecular dynamics, AIP Conf.Proc. 845, 589 (2006).

[131] O. Borodin, G. D. Smith, D. Bedrov, and T. D. Sewell, Polarizable and non-polarizable force fields for alkyl nitrates, J. Phys. Chem. B 112, 734 (2008).

[132] D. C. Sorescu, B. M. Rice, and D. L. Thompson, Molecular packing and NPT moleculardynamics investigation of the transfer ability of the RDX intermolecular potential to 2,3,6,8,10,12-hexanitrohexaazaisowurtzitane, J. Phys. Chem. B 102, 948 (1998).

[133] D. C. Sorescu, B. M. Rice, and D. L. Thompson, Isothermal-isobaric molecular dynamics simulations of 1,3,5,7-tetranitro-1,3,5,7-tetraazacyclooctane (HMX) crystals, J. Phys. Chem.B 102, 6692 (1998).

[134] D. C. Sorescu, B. M. Rice, and D. L. Thompson, A transferable intermolecular potential for nitramine crystals, J. Phys. Chem. A 102, 8386 (1998).

[135] D. C. Sorescu, B. M. Rice, and D. L. Thompson, Molecular packing and molecular dynamics study of the transferability of a generalized nitramine intermolecular potential to non-nitramine crystals, J. Phys. Chem. A 103, 989 (1999).

[136] B. M. Rice and D. C. Sorescu, Assessing a generalized CHNO intermolecular potential through ab initio crystal structure prediction, J. Phys. Chem. B 108, 17730 (2004).

[137] L. Q. Zheng and D. L. Thompson, On the accuracy of force fields for predicting the physical properties of dimethylnitramine, J. Phys. Chem. B 110, 16082 (2006).

[138] D. C. Sorescu, B. M. Rice, and D. L. Thompson, Theoretical studies of solid nitromethane,J. Phys. Chem. B 104, 8406 (2000).

[139] D. C. Sorescu, B. M. Rice, and D. L. Thompson, Molecular dynamics simulations of liquid nitromethane, J. Phys. Chem. A 105, 9336 (2001).

[140] A. Siavosh-Haghighi and D. L. Thompson, Melting point determination from solid-liquid coexistence initiated by surface melting, J. Phys. Chem. C 111, 7980 (2007).

[141] T. Megyes, S. B′alint, T. Gr′osz, T. Radnai, I. Bak′o, and L. Alm′asy, Structure of liquid nitromethane:Comparison of simulation and diffraction studies, J. Chem. Phys. 126, 164507 (2007).

[142] P. M. Agrawal, B. M. Rice, L. Zheng, and D. L. Thompson, Molecular dynamics simulations of hexahydro-1,3,5-trinitro-1,3,5-*s*-triazine (RDX) using a combined Sorescu-Rice-Thompson AMBER force field, J. Phys. Chem. B 110, 26185 (2006).

[143] N. Goto, H. Yamawaki, K. Wakabayashi, Y. Nakayama, M. Yoshida, and M. Koshi, High pressure phase of RDX, Sci. Tech. Energ. Mater. 66, 291 (2005).

[144] D. A. Case, D. A. Pearlman, J. W. Caldwell, T. E. Cheatham, J. Wang, W. S. Ross,C. L. Simmerling, T. A. Darden, K. M. Merz, R. V. Stanton, A. L. Cheng, J. J. Vincent,M. Crowley, V. Tsui, H. Gohlke, R. J. Radmer, Y. Duan, J. Pitera, I.Massova, G. L. Seibel,U. C. Singh, P. K.Weiner, and P. A. Kollman, AMBER 7 (University of California, San Francisco,2002).

[145] J. M. Wang, R. M. Wolf, J. W. Caldwell, P. A. Kollman, and D. A. Case, Development and testing of a general amber force field, J. Comput. Chem. 25, 1157 (2004).

[146] S. J. Weiner, P. A. Kollman, D. T. Nguyen, and D. A. Case, An all atom force-field for simulations of proteins and nucleic-acids, J. Comput. Chem. 7, 230 (1986).

[147] S. Ye, K. Tonokura, and M. Koshi, Theoretical studies of pressure dependence of phonon and vibron frequency shifts of PETN, Sci. Tech. Energ. Mater. 64, 201 (2003).

[148] H. E. Alper, F. Abu-Awwad, and P. Politzer, Molecular dynamics simulations of liquid nitromethane,J. Phys. Chem. B 103, 9738 (1999).

[149] S. Boyd, M. Gravelle, and P. Politzer, Nonreactive molecular dynamics force field for crystalline hexahydro-1,3,5-trinitro-1,3,5 triazine, J. Chem. Phys. 124, 104508 (2006).

[150] G. D. Smith, R. K. Bharadwaj, D. Bedrov, and C. Ayyagari, Quantum-chemistry-based force field for simulations of dimethylnitramine, J. Phys. Chem. B 103, 705 (1999).

[151] H. Davande, O. Borodin, G. D. Smith, and T. D. Sewell, Quantum chemistry-based force field for simulations of energetic dinitro compounds, J. Energ. Mater. 23, 205 (2005).

[152] R. I. Hiyoshi, Y. Kohno, O. Takahashi, J. Nakamura, Y. Yamaguchi, S. Matsumoto,N. Azuma, and K. Ueda, Effect of pressure on the vibrational structure of insensitive energetic material 5-nitro-2,4-dihydro-1,2,4-triazole-3-one, J. Phys. Chem. A 110, 9816 (2006).

[153] H. Liu, J. J. Zhao, G. F. Ji, Z. Z. Gong, and D. Q.Wei, Compressibility of liquid nitromethane in the high-pressure regime, Physica B: Condens. Mat. 382, 334 (2006).

[154] B. R. Brooks, R. E. Bruccoleri, B. D. Olafson, D. J. States, S. S. Swaminathan, and M. Karplus, CHARMM: a program for macromolecular energy, minimization, and dynamics calculations, J. Comput. Chem. 4, 187187 (1983).

[155] D. Bedrov, O. Borodin, B. Hanson, and G. D. Smith, Comment on "On the accuracy of force fields for predicting the physical properties of dimethylnitramine", J. Phys. Chem. B 111,1900 (2007).

[156] D. Bedrov, C. Ayyagari, G. D. Smith, T. D. Sewell, R. Menikoff, and J. M. Zaug, Molecular dynamics simulations of HMX crystal polymorphs using a flexible molecule force field, J.Comput. Aid. Mat. Des. 8, 77 (2001).

[157] T. D. Sewell, R. Menikoff, D. Bedrov, and G. D. Smith, A molecular dynamics simulation study of elastic properties of HMX, J. Chem. Phys. 119, 7417 (2003).

[158] D. Bedrov, G. D. Smith, and T. D. Sewell, Thermal conductivity of liquid octahydro-1,3,5,7-tetranitro-1,3,5,7-tetrazocine (HMX) from molecular dynamics simulations, Chem. Phys. Lett. 324, 64 (2000).

[159] D. Bedrov, G. D. Smith, and T. D. Sewell, Temperature-dependent shear viscosity coefficient of octahydro-1,3,5,7-tetranitro-1,3,5,7-tetrazocine (HMX): A molecular dynamics simulation study, J. Chem. Phys. 112, 7203 (2000).

[160] J. K. Dienes, Q. H. Zuo, and J. D. Kershner, Impact initiation of explosives and propellants via statistical crack mechanics, J. Mech. Phys. Solids 54, 1237 (2006).

[161] B. E. Clements, E. M. Mas, J. N. Plohr, A. Ionita, and F. L. Addessio, Dynamic Response of PBX-9501 through the β-δ Phase Transition, AIP Conf. Proc. 845, 204 (2006).

[162] G. D. Smith, D. Bedrov, O. Byutner, O. Borodin, C. Ayyagari, and T. D. Sewell, A quantumchemistry-based potential for a poly (ester urethane), J. Phys. Chem. A 107, 7552 (2003).

[163] R. H. Gee, S. Roszak, K. Balasubramanian, and L. E. Fried, Ab initio based force field and molecular dynamics simulations of crystalline TATB, J. Chem. Phys. 120, 7059 (2004).

[164] R. Podeszwa, R. Bukowski, B. M. Rice, and K. Szalewicz, Potential energy surface for cyclotrimethylene trinitramine dimer from symmetry-adapted perturbation theory, Phys. Chem.Chem. Phys. 9, 5561 (2007).

[165] C. Møller and M. S. Plesset, Note on an Approximation Treatment for Many-Electron Systems,Phys Rev. 46, 618 (1934).

[166] W. J. Hehre, L. Radom, P. v. R. Schleyer, and J. A. Pople, Ab initio Molecular Orbital Theory (Wiley, New York, 1986).

[167] T. D. Sewell and D. Bedrov, Elastic properties of 1,3,5-triamino-2,4,6-trinitrobenzene (TATB), (to be submitted to J. Chem. Phys., September 2008).

[168] M. Pospisil, P. Capkova, P. Vavr'a, and S. Zeman, Classical molecular dynamics simulations of RDX decomposition under high pressure, New Trends in Research of Energetic Materials,Proceedings of the 6th Seminar (Pardubice, Czech Republic, 2003).

[169] L. Qiu, H. M. Xiao, W. H. Zhu, J. J. Xiao, and W. Zhu, Ab initio and molecular dynamics studies of crystalline TNAD (trans-1,4,5,8-tetranitro-1,4,5,8-tetraazadecalin), J. Phys. Chem.B 110, 10651 (2006).

[170] X. J. Xu, H. M. Xiao, J. J. Xiao, W. Zhu, H. Huang, and J. S. Li, Molecular dynamics simulations for pure epsilon-CL-20 and epsilon-CL-20-based PBXs, J. Phys. Chem. B 110,7203 (2006).

[171] X. F. Ma, J. J. Xiao, H. Huang, X. H. Ju, J. S. Li, and H. M. Xiao, Simulative calculation of mechanical property, binding energy and detonation property of TATB/fluorine-polymer PBX, Chinese J. Chem. 24, 473 (2006).

[172] K. Yin, H. Xiao, J. Zhong, and D. Xu, A new method for Calculation of Elastic Properties of Anisotropic material by constant pressure molecular dynamics. Lecture Series on Computer and Computational Sciences 1 (Brill Academic Publishers, Amsterdam, 2004) p. 586.

[173] L. Qiu, W. H. Zhu, J. J. Xiao, W. Zhu, H. M. Xiao, H. Huang, and J. S. Li, Molecular dynamics simulations of trans-1,4,5,8-tetranitro-1,4,5,8-tetraazadecalin-based polymer-bonded explosives, J. Phys. Chem. B 111, 1559 (2007).

[174] A. T. Hagler, E. Huler, and S. Lifson, Energy functions for peptides and proteins.1. Derivation of a consistent force-field including hydrogen-bond from amide crystals, J. Am. Chem. Soc.96, 5319 (1974).

[175] H. Sun, COMPASS: An ab initio force-field optimized for condensed-phase applications -Overview with details on alkane and benzene compounds, J. Phys. Chem. B 102, 7338 (1998).

[176] R. H. Gee, A. Maiti, S. Bastea, and L. E. Fried, Molecular dynamics investigation of adhesion between TATB surfaces and amorphous fluoropolymers, Macromolecules 40, 3422 (2007).

[177] P. B. Balbuena and J. M. Seminario (Eds.), Molecular Dynamics (Theoretical and Computational Chemistry) (Elsevier Science, Amsterdam, 1999).

[178] D. Marx and J. Hutter, Ab initio molecular dynamics: Theory and Implementation,J. Grotendorst J (Editor) Modern Methods and Algorithms of Quantum Chemistry (John von Neumann Institute for Computing, Julich, 2000) NIC Series 1, 301.

[179] M. E. Tuckerman and M. L. Klein ML, Ab initio molecular dynamics study of solid nitromethane,Chem. Phys. Lett. 283, 147 (1998).

[180] T. Megyes, S. B'alint, T. Grosz, T. Radnai, I. Bako, and L. Almasy, Structure of liquid nitromethane:Comparison of simulation and diffraction studies, J. Chem. Phys. 126, 164507 (2007).

[181] E. J. Reed, J. D. Joannopoulos, and L. E. Fried, Electronic excitations in shocked nitromethane,Phys. Rev. B 62, 16500 (2000).

[182] M. R. Manaa, L. E. Fried, C. F. Melius, M. Elstner, and T. Frauenheim, Decomposition of HMX at extreme conditions: A molecular dynamics simulation, J. Phys. Chem. A 106, 9024 (2002).

[183] M. R. Manaa, E. J. Reed, L. E. Fried, G. Galli, and F. Gygi, Early chemistry in hot and dense nitromethane: Molecular dynamics simulations, J. Chem. Phys. 120, 10146 (2004).

[184] S. A. Decker, T. K.Woo, D.Wei, and F. Zhang, Ab initio molecular dynamics simulations of multimolecular collisions of nitromethane and compressed liquid nitromethane, Proc. 12th Symp. (Intl.) on Detonation (San Diego, California, 2002) p. 724.

[185] R. Car and M. Parrinello, Unified approach for molecular-dynamics and density-functional theory, Phys. Rev. Lett. 55, 2471 (1985).

[186] M. Kamiya, T. Tsuneda, and K. Hirao, A density functional study of van der Waals interactions,J. Chem. Phys. 117, 6010 (2002).

[187] R. Baer and D. Neuhauser, Density functional theory with correct long-range asymptotic behavior, Phys. Rev. Lett. 94, 043002 (2005).

[188] T. Sato, T. Tsuneda, and K. Hirao, van der Waals interactions studied by density functional theory, Mol. Phys. 103, 1151 (2005).

[189] H. Iikura, T. Tsuneda, T. Yanai, and K. Hirao, A long-range correction scheme forgeneralized-gradient-approximation exchange functionals, J. Chem. Phys. 115, 3540 (2001).

[190] R. W. Williams and D. Malhotra, van der Waals corrections to density functional theory calculations: Methane, ethane, ethylene, benzene, formaldehyde, ammonia, water, PBE, and CPMD, Chem. Phys. 327, 54 (2006).

[191] F. Ortmann, F. Bechstedt, and W. G. Schmidt, Semiempirical van der Waals correction to the density functional description of solids and molecular structures, Phys. Rev. B 73, 205101(2006).

[192] J. G. Angyan, I. C. Gerber, A. Savin, and J. Toulouse, van der Waals forces in density functional theory: Perturbational long-range electron-interaction corrections, Phys. Rev. A 72,012510 (2005).

[193] M. A. Neumann and M. A. Perrin, Energy ranking of molecular crystals using density functional theory calculations and an empirical van der Waals correction, J. Phys. Chem. B 109,15531 (2005).

[194] J. Kleis and E. Schroder, van der Waals interaction of simple, parallel polymers, J. Chem.Phys. 122, 164902 (2005).

[195] S. Grimme, Accurate description of van der Waals complexes by density functional theory including empirical corrections, J. Comp. Chem. 25, 1463 (2004).

[196] Q. Wu and W. T. Yang, Empirical correction to density functional theory for van der Waals interactions, J. Chem. Phys. 116, 515 (2002).

[197] T. Sato, T. Tsuneda, and K. Hirao, A density-functional study on pi-aromatic interaction:Benzene dimer and naphthalene dimer, J. Chem. Phys. 123, 104307 (2005).

[198] H. Rydberg, M. Dion, N. Jacobson, E. Schroder, P. Hyldgaard, S. I. Simak, D. C. Langreth,and B. I. Lundqvist, van der Waals density functional for layered structures, Phys. Rev. Lett.91, 126402 (2003).

[199] H. Rydberg, B. I. Lundqvist, D. C. Langreth, and M. Dion, Tractable nonlocal correlation density functionals for flat surfaces and slabs, Phys. Rev. B 62, 6997 (2000).

第 8 章　含能材料中的缺陷

8.1　当前该领域的现状及其挑战

阐明含能材料(EM)爆炸分解过程中的分解、能量局部化和能量转移的机理是理解、控制和提高这些作为燃料、推进剂和炸药的材料性能的关键。含能材料的质量通常通过两个参数来评价：感度和性能。低感度是指材料在外界刺激下保持相对稳定，也就是说，材料的快速分解是可控的并仅在需要时发生，而不会由偶然事故引发。炸药的主要性能，是指爆炸反应能释放出大量的热量。这些性能参数不一定彼此相关，它取决于许多变量，如分子和晶体结构、制备过程、粒径、晶体的硬度和取向，外部刺激，老化，储存条件等。人们对炸药爆轰性能有一定的认识，而对炸药感度影响机制却知之甚少，需要更广泛地进行研究。但普遍认为含能材料中的热分解反应在材料的机械感度和爆炸特性中发挥了十分重要的作用[1]。

机械撞击、加热、冲击波和火花都能激发含能材料分解。这些刺激会使固体含能材料中的分子处于很高的振动激发态和电子激发态。很显然，在冲击、火花、激光或等离子点火作用下固体炸药的分解，必须包含来自地面和电子激发态的贡献。紫外激发可显著降低引起某些炸药爆轰所需要的能量。因此，弄清含能材料初始的分解过程显得尤为重要。电子激发态的分解机制看起来是一个很吸引人的机理，因为系统的电子激发能形成一个不稳定的势能面从而导致分子的快速分解和随后的链式反应。

无论解决实际应用问题还是基础科学问题，均需要对含能材料分解的各个阶段进行详细研究。在应用层面的高性能材料设计、合成和使用安全，在科学技术层面的冲击和爆轰技术，都需要在较宽的温度、压力范围内对含能材料的热解过程，各种物态的转变获得深入的认识，并获取定量实验数据。当今最重要的实际问题是含能材料大规模合成、加工、储存、使用、运输和操作等过程中的安全问题。最重要的基础科学挑战是搞清楚含能材料结构、性质和功能之间的关系。这自然需要发展真实固体含能材料的化学分解的理论模型，并且需要对含能材料的化学分解机制、反应动力学、能量释放机制都有深入的理解。

传统上，关于含能材料爆炸分解的研究主要分两个方向。一种是在宏观尺度描述伴随着炸药爆炸分解形成爆轰波的物理问题[2-6]。另一种是考虑炸药分子势垒及反应动力学的炸药化学反应问题[1,7]。虽然两者提供了重要的信息以支撑对现代爆轰理论的理解，但这两种方法本质上都忽略了炸药的固体性质和材料行为。

在此，给出几个实例来说明当前含能材料研究领域中令人费解的问题。近年来，一系列的综述性文章对含能材料在爆炸反应各个阶段的结构变化和反应动力学进行了详细的报道。然而在学术界，即使是最简单的化合物硝基甲烷，人们也对其化学分解机制尚未达成共识。基于利用分子束结合红外多光子离解技术及热解实验观测到的 CH_3、NO_2 和 CH_3O 产物，研究者认为低于 700℃时，反应的初始阶段涉及硝基甲烷的 C—N 键断裂，而 C—N 断键必须与 CH_3NO_2 的重排反应竞争并伴随后续反应，生成亚硝酸甲酯[15]，这与理论预测一致[16]。最近的实验结果丰富了可能出现的反应路径，包括双分子反应[17,18]和离子分解[19]。理论研究表明，硝基与亚硝酸盐的重排及 HONO 消去反应占主导，比 C—NO_2 断裂能[20]少 15kcal/mol，与最近的计算定性吻合[21,22]。这与较早的从头计算得到的结果[23]从定性到定量上形成鲜明对比。文献[23]中重排反应能垒为 73.5 kcal/mol，比 C—N 断键能高 16.1kcal/mol，故得不到 CH_3NO_2 协调一致的重排势能面，也与最近的计算结果[24]不符。通过硝基甲烷分子内单三重态跃迁及分子体系内基态和激发态[25]对 C—NO_2 键断裂过程研究得到了令人兴奋的结果。不同理论工作之间的偏差主要是因为所使用的方法不同，我们认为理论与实验之间的差异主要有两个原因。首先是硝基甲烷势能面的复杂性[26]，它被证明存在大量的过渡态[22]，这也是许多含能材料的共有特征[27,28]。另一点是再详细的单分子分解过程的计算分析都不可能给出与固态材料化学分解过程的实验结果相一致的结果，这是由于催化和分子间的相互作用使得凝聚相的分解从根本上是不同于气体和稀溶液的[1]。这就意味着，有充足理由认为考虑晶格相互作用对于得到清晰明确的结论是必不可少的。

三硝基甲苯($C_7H_5N_3O_6$，TNT)具有较好的材料相容性、低吸湿性、低熔点、低成本、低冲击和摩擦感度、良好的热稳定性及高爆炸能等特点[29]，使得其在含能材料中地位特殊。尽管从 1870 年开始，TNT 就广泛使用，并且关于其点火反应和起爆的问题已被广泛讨论，但直到最近，控制 TNT 炸药主要性能的化学机制才在实验观测和理论描述上获得较为一致的认识[29]。与此同时，固态 TNT 分解的详细机制及其与动力学的关系，以及其与 TNT 分解产物之间的催化作用等尚不清楚，更何况上述研究还没有考虑样品结构的影响。

TATB 由于对高温、冲击和撞击均非常不敏感，并且其爆轰性能在可接受的范围，因此是一种里程碑式的高稳定性炸药[30-32]。和 TNT 类似，TATB 也是硝基芳烃，但 TATB 不易熔铸，也不易溶于大多数已知的溶剂，这使得制备 TATB 难度较大[30,33]。尽管许多研究组对 TATB 具有如此高的稳定性的原因进行了研究，但仍没得满意的答案。在其他关于 TATB 的优异稳定性机理性研究工作中，通过研究与热稳定性相关的甲基、溴基和氨基类似物等致稳基团，揭示了一些重要的趋势[33]，但仍然没有获得一致的认识。分子结构和晶格作用力对材料的热稳定性具有相似的作用，表明固体材料中的稳定性趋势与溶液中的情况有时是相似的，有时是相反的[33]。该研究结论表明，在凝聚相中，分子间相互作用力可能比分子结构更重要。

值得一提的是，大量含能材料相关的各参数之间的关联性并不能解释含能材料的冲击感度和撞击感度，这与氨基-2, 4, 6-三硝基苯系列炸药[34]的实际情况背道而驰。文献[34]作者通过一系列的 1, 3, 5-三硝基苯(TNB)，2, 4, 6-trinitroaniline (MATB)，二氨基-2, 4, 6-三硝基苯(DATB)和三氨基-2, 4, 6-三硝基苯(TATB)中的电子、分子、晶体及爆炸等一系列的变量给出了 153 个与感度线性相关的因素，但仍然没有提供足够的信息给出感度的变化趋势。根据 Arrhenius 数据有人认为，C—NO_2 的断裂是所有撞击和冲击起爆[1,34,35]过程的初始分解反应。MATB、DATB 和 TATB 材料分解成呋咱类产物的活化能垒较低，在撞击和冲击过程中的温升即可逾越上述能垒。然而，事实上 C—NO_2 断裂并不能解释感度的变化趋势，这不仅是因为环上基团的取代过程并不强烈依赖于活化能[34]，还因为分子间的相互作用及材料本身的特性问题都需要考虑。

对于各种复杂的有机分子中原子团之间的相互影响问题目前已有大量研究报道[10,33]。研究者结合大量的实验方法(IR 和拉曼光谱、X 射线衍射和中子衍射、偶极矩的测量等)可以获得复杂分子的结构特征分子动力学[6,7,9,10]过程的可靠信息。例如，研究者利用电子电离和串联质谱法确定了 NO_2 和 NO 的脱落过程，从而研究对位取代的硝基苯化合物在电子电离过程中形成的分子、离子产物，如 NO_2、CHO、H、OCH_3[35]。结果发现，作为电子受体的基团更容易发生 NO_2 脱落，而作为电子供体的基团更容易发生 NO 的脱落，同时 NO_2 异构化为 ONO(硝基对亚硝酸盐)优先于 NO 的损失[35]。目前，需要解决一些涉及炸药的分子反应中供体-受体相互作用问题。另一个关于上述材料类似物中基团取代过程的实例认为：芳香环基团中 NO_2 邻位的 α-C—H 键激活了热分解[1]，而—NH_2 基团数目的增加使得硝化氨基苯系列炸药的爆热降低[1]；同样，研究者认为还有其他的变化趋势。但因为研究者无法认知凝聚相中氢转移的详细机理及产物的催化作用，所以无法解释在熔融状态下 TNT 分解比在汽相状态下快约 10 倍[36]的事实。当前迫切需要系统有序地开展—NO_2 断键和—NO_2 到 ONO 异构化反应之间的相互作用，特别是针对固体炸药。

“热点”或许算一个最古老、最有趣、也被研究最多，同时也是最没有被详细阐述的概念之一[37]，“热点”是晶格中特殊的点，可将撞击或冲击的能量局部化并诱发化学反应。虽然人们普遍认为结晶缺陷是形成热点的关键，并影响含能材料的起爆感度，但对于什么样的缺陷是重要的，热点区域出现何种化学反应等问题目前并不完全清楚[38]。Bowden 和 Singh 假定，炸药的起爆可理解为位错运动的再分配[39]。在那之后有大量关于“热点”形成的模型用于解释冲击起爆，以及炸药的热分解，但没有任何一个模型能够全面描述“热点”问题并获得大家的公认，部分原因是对炸药材料中缺陷区域的微结构缺乏认识[40,41]。为了澄清有关情况并选择合适的模型，需要更多地了解晶格缺陷处的电子和空间结构。实现这一点只可通过从原子、量子化学尺度到介观尺度，再到连续介质尺度一个完整理论分析以及基于含能材料高时空分辨实验的细致分析。不幸的是，到目前为止很少有对样品的仔细表征，所以理论模拟和实验测量之间的可靠对比存在问题。

近来在超快光学诊断技术和计算机模拟领域的显著进步清楚地表明一些未来含能材料和起爆理论研究的发展方向。最近实验发展的超快光学诊断技术可探测时间依赖的振幅、相位频率和极化的波形，表明在理解离子固体[42]和活性有机分子晶体[43,44]光诱导动力学过程机制方面取得了长足进步。超快光谱的研究焦点已经从现象观察转向特定参数的直接测量，从而实现对特定目标量子动力学过程的探究[45]。例如，利用特定的光场以及光场相互作用可以控制气相中的化学反应，可以使系统反应沿单一振动模式或单一化学反应通道传播[46,47]。通过采用整形激光脉冲主动控制分子运动的理论已经发展了好几年[48-50]。泵浦-探测飞秒光谱技术结合第一性原理计算用于研究晶体的激光诱导反应[51]。

对气体和液体的化学链式反应机理，研究者已经积累了丰富的数据[52]。一个链式反应的发生主要源于活性粒子(自由原子或自由基)的转移，活性粒子之间的碰撞以及他们与分子的相互作用。固体中的链式反应的本质复杂得多。揭示固体中链式反应本质的实验数据很不足。理解参与固态链反应活性颗粒的本质困难重重。显然，原子或自由基等反应物要实现跨晶格转移，只能是通过足够慢的扩散过程。这与某些固体含能材料[53]的爆炸分解实验中观察到的反应发生在冲击波后10～100ps 时间尺度的结果是相矛盾的。因此，可以假设参与爆炸过程的快速链反应的活性粒子应来自比扩散快得多的过程，如晶格中的电子、空穴和激子的态激发过程[54,55]。

目前有大量的实验证据表明，电子激发(电子、空穴、激子)在初始反应过程中发挥关键作用[56-64]。研究者已提出了多种初始反应模型。Williams[65]在固体炸药的起爆和爆轰传播过程中考虑了电子态和电子转移的影响。Bowden 等[66]提出了一个通过激光诱导对分子基团选择性激发的物理模型，这在现象上与相干共振能量转移和碰撞衰减过程相吻合。振动能量上泵浦(up-pumping)模型[53]表明，冲击波激发了大量的声子，这些声子被分子的低频振动模吸收进而激发了晶体。随着吸收声子的增加和分子内振动能量的再分配导致更高频率的模态激发，最终导致化学键断裂及随后的化学反应[67]。声子到振子的能量转移率与炸药[68]的感度相关。Dremin 等[69]的研究指出冲击分解和光化学过程的中间产物具有相似性，提出电子激发是其多过程爆轰模型中最初始的分子响应机制。他们推测，爆轰由冲击波前分子的三种分解引起，即通过分子聚集[70,71]，热致离子化以及随后的电子激发[38]。此外，同源系列炸药化合物的电子能态与撞击感度之间的相关性研究已有报道[72]。Gilman 提出，由冲击波前的压缩引起局部金属化[59,73]，导致共价键的弯曲，并由此关闭最高占据分子轨道与最低未占据分子轨道(HOMO-LUMO)之间的能带，从而导致游离电子增多。因此初始反应感度与游离电子的形成相关。有研究者认为，等离子体激发可诱发冲击波前的快速化学反应[74]。通过对 RDX 和 TATB($C_6H_6N_6O_6$)等其他材料体系的研究，支撑了电子激发态的观点，即起爆感度与电子精细结构[75,76]相关。毫无疑问的是，尽管有不同的实验数据，起爆理论中仍缺少一个专门针对电子激发态相关化学反应机制的论述。这些问题无疑是一个挑战，吸引我们去解决；一旦这些问题得到解决，将会产生重大影响。

本章将回顾从第一性原理模拟得到关于一系列含能材料的不同晶体缺陷和局部变形的结果，重点关注晶体缺陷和局部变形对电子结构以及对化学分解能垒的影响。我们相信，这些结果对于未来形成全面系统的理论是一种重要的组成部分。这项对于传统含能材料如 RDX、PETN 和 TATB 的研究还有利于分析最近合成的高能炸药 FOX-7，对揭示 FOX-7 的化学和力学性能以及为什么 FOX-7 尚没有成为新的有潜力的钝感含能材料提供一些启发。基于第一性原理模拟，本章也提供了寻找新的低感度含能材料的一些具体建议。所采用的理论方法的基础是通过对完美和有缺陷材料的密度泛函理论及 Hartree-Fock 能带结构计算来将晶体周期结构模型和分子团簇模型相结合。

8.2 节将简要回顾对含缺陷含能材料的结构与性质的第一性原理模拟。8.2.1 节介绍空位与孔隙的影响，8.2.2 节介绍位错导致的电子结构变化，8.2.3 节介绍分子取向缺陷，8.2.4 节介绍剪切应变诱导分解。8.3 节会介绍一些有关电子激发态的观点，并探讨近期在计算和实验数据中关注的电子激发可能影响初始化学分解的问题，还讨论如何将对缺陷的量子化学模拟结果与实验结果联系起来。在第 8.4 节中，将总结得出的主要结论以及展望未来研究的可能方向。

8.2　含缺陷含能材料的结构及性质模拟

8.2.1　RDX 中的空位、孔隙及界面

本节将说明如何将描述固态材料问题的方法应用于解决传统分子分解的问题，并且获得定性和定量的新结论，从而从本质上调和实验和理论的矛盾。在这里描述在 RDX 晶体中一个单分子空位[77]、空置二聚体[78]、界面[79]的模拟。有两个问题需要解决：小的和大的空隙对一个 RDX 分子的电子结构(图 8.1)和分解能量的影响。

固体 RDX[80]热分解过程的所有可能的反应路径中，研究者只考虑了 N—NO_2 键断裂，因为这种反应路径得到了最多的实验[81-83]支持；其实，最初始的化学反应机制仍然是一个有争议的问题。文献报道的 N—NO_2 键断裂反应活化能在 24.7～52.1kcal/mol 范围内变化，而指前因子从 10^{17}～$10^{20}s^{-1}$ 变化[84]。而基于梯度修正的密度泛函理论的第一性原理研究表明，气相 RDX[84]的 N—NO_2 断键反应活化能垒为 34.2kcal/mol。

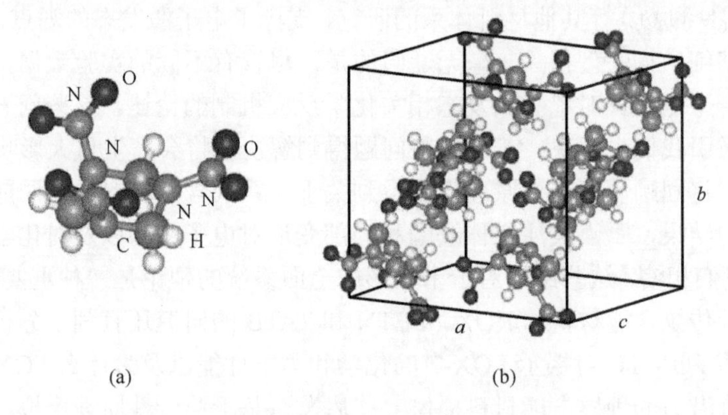

图 8.1　RDX 分子(a)及理想晶体(b)的结构

(较大的灰色球表示 C 原子，黑色球表示 O 原子，小灰色球表示 N 原子，白色球为氢原子)

研究者将第一性原理 Hartree-Fock 方法结合两种本质不同的固态模型(分子团簇和周期性缺陷)应用于这个问题。为了模拟 RDX 中的分子空缺，斜方 RDX 晶胞中八个分子中的一个分子被移走[77]。使用周期性边界条件(超晶胞模型)在模型晶体中产生了高达 12.5%的缺陷浓度。通过加倍超晶胞的大小和改变空缺位置，缺陷的浓度相应地变为约 6%，研究者可以探索缺陷分布的影响，特别是形成空位二聚体对固体中电子和光学性质的影响[78]。通过类似的方式，模拟了二维缺陷，如彼此靠近排列的精细纳米裂纹[85]。模拟计算中的界面是沿晶体生长过程特定形成的晶面。然后，构建不同的分子团簇来研究置于界面上(如果有)和置于块状晶体内[80]的分子分解能量有何不同。

研究者对一定范围内的分子团簇和晶胞进行取样，以确保最终的结论并不依赖于计算方法。我们认为分子空位具有较低的生成能量，因此分子晶体中应该有大量的空位；临近的空位由于具有正的结合能往往更容易聚集。由此认为，密度的降低将导致晶体力学和化学性质的“软化”。人们已经认识到，所有探测到的缺陷(或大或小的空隙，气孔，内部或自由界面)只是稍微改变了材料的电子结构；上述缺陷都没有对材料能带的局部状态产生较大影响，这主要是因为尽管空隙周围原子上的部分电子密度重分布，但所有的缺陷基本上是中性的。研究还发现 RDX 中 N—NO_2 离解的能量强烈地依赖于该分子周围的环境。因此，具有晶体结构的孤立 RDX 分子平伏键和直立键断裂能有所不同，而气相分子在不同方向上断键能量相同[80]。这是由键长的变化和对称性降低造成的。另外，在晶体内分子的平伏键是对晶体场敏感的，其特征是具有比气相离解更高的离解能量。最后，放置在表面附近的分子的能垒将减小 8～15kcal/mol。从能量角度考虑，对平伏和直立方向 NO_2 基团的分解并没有显著的优先级。这种认识也被实验数据和以前的理论研究所支撑。

从这项研究可以得到两个有趣的结论。晶体中的分子对于三个 N—NO_2 键的断裂有三种不同的能垒，但气相分子的三个能垒是相等的。这个结论完全符合固相对称性降低的原理。另外，位于表面附近的分子可以比晶体体内分子更容易离解。这可以理解为缺少了部分相互作用。与空隙或表面附近的分子相比，被体包围的分子与晶体结合的趋势更弱。

这些发现表明，热分解将最有可能从空隙、界面或位错附近分子的化学键断裂开始，这是由于在这些区域分子内和分子间相互作用的不平衡导致能垒降低。很明显，对于起爆机制的研究必须要考虑界面诱导效应，以及冲击波造成的电子和晶格弛豫的动力学效应。

8.2.2　包含刃型位错 RDX 晶体的电子结构

本节对刃型位错诱导的 RDX[55,76,86-88]电子结构变化进行了描述。本研究的主要目的是研究位错对冲击压缩下的 RDX 光学带隙的影响。

对于一个周期结构系统，应用高斯函数(Gaussian function)，在标准 Hartree-Fock(HF)方法的基础上利用 CRYSTAL 代码进行计算[89]。在所有的计算中，RDX 分子的键长，键角和扭转角等内部几何参数均取自实验数据[90]并设定为常数，而改变晶格常数，以最小化总能量。计算考虑了基于二阶多体微扰理论(MBPT)的电子相关修正，以校正在 Hartree-Fock 方法中往往被高估的光学带隙的高频极限。分别对平衡状态和静水压压缩状态的晶体结构进行了计算。仔细地分析了以晶体压缩体积比 V/V_0 为函数的带隙。采用刚体近似，通过量子力学方法模拟了理想和有缺陷的 RDX 晶体对冲击波加载的响应。从而研究了 RDX 依赖于体积和能量的各向同性压缩特性，即通过按比例减少所有的晶格常数并保持 RDX 分子结构不变。压力的计算使用低温公式 $P=-dU/dV$，对每一个压力值下的结构都进行了相应的电子相关修正。

刃型位错假定为由一层层单位晶胞平行堆叠而成(通过假设晶体由单层-单元厚的堆叠平行层构成，对边缘位错进行建模)。刃型位错的构型均来自实验研究结果。为产生具有[001]取向的伯格斯矢量位错，研究者可以沿着 z 方向滑移相应的晶面。此滑移在材料中产生塑性变形，而该滑动和未滑动的区域之间的边界区域就形成刃型位错。在计算中，通过一维(聚合物)模型对位错核进行建模。沿位错

线 d[010]方向进行周期变换，但并未考虑位错与位错之间的相互作用(图 8.2)。

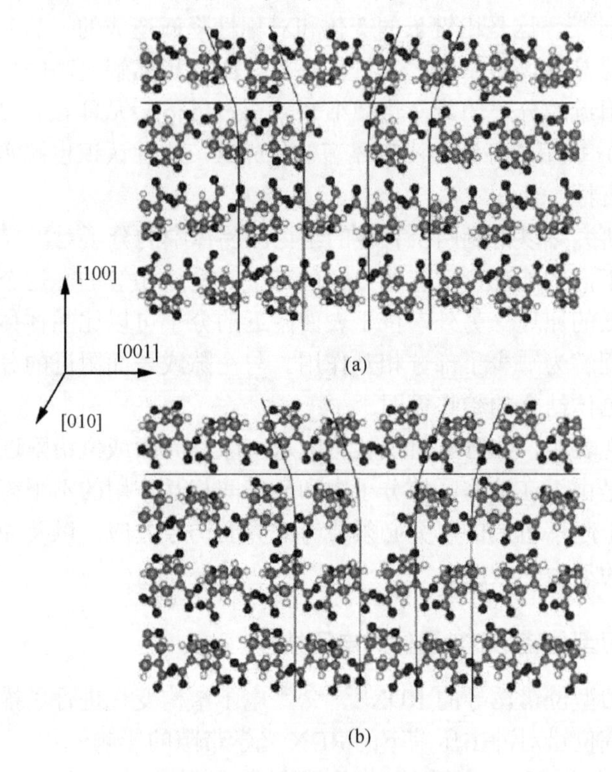

图 8.2　RDX 中刃型位错模型示意图

图中的分子构象来自实验研究，伯格斯向量 b 与[001]轴平行，位错线 d 沿[010]方向，图(a)与图(b)为在两个不相同的 RDX 分子层中围绕 010 位错线的原子结构

由于极化效应的存在，需要用相关修正方法将纯的、完美 RDX 带隙从 8.42eV 修正到 5.25eV。光吸收实验[91]得到的这一数值为 3.4eV。特别是，研究者发现，在低于 340nm(3.4eV)波长范围内具有非常强的分子内光吸收导致 NO_2 自由基形成。另外，在近紫外附近这种弱吸收带在熔融或气相 RDX 化合物[91]的光谱中未观察到。这一事实再加上上述计算和实验之间近 2eV 的值差，使人们认为这种吸收与物质的本质固态属性(晶格缺陷)相关。在这些计算中采用的是完美晶体模型，而实验研究采用的实际固体总存在一些缺陷。在关于与位错诱导的电子结构变化研究中，RDX 带隙的计算结果为 3.3eV，更接近实验值(3.4eV)。此时发现了一个在完美的 RDX 晶体或独立 RDX 分子[55,88]中从未观察到的新的吸收带。所获得的这些结果表明带隙对于位错的存在是最为敏感的，位错不同于其他缺陷，可以在禁带中产生局部能级[55,76]。这些位错导致的电子态在光学带隙中的位置强烈地依赖于剪切应力和/或固体中的分子运动[88](图 8.3)。

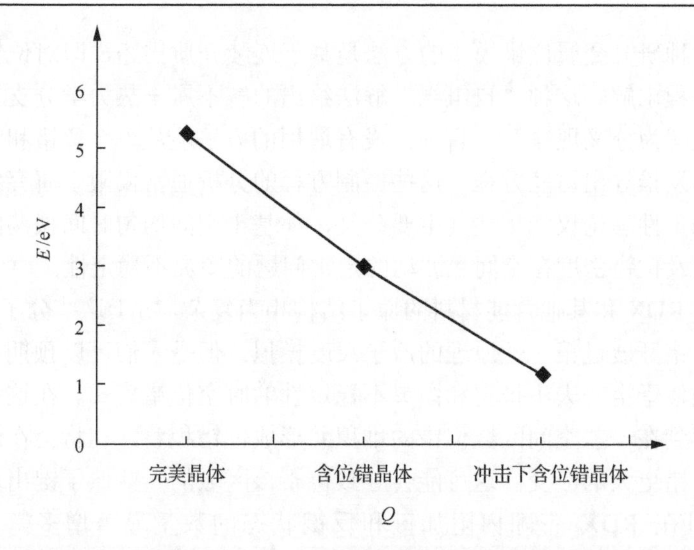

图 8.3　不同结构状态 Q(完美晶体、含刃型位错的晶体、冲击加载下的刃型位错晶体)下 RDX 中的光学带隙示意图

这种与高剪切应变相关的光学带隙急剧变窄，导致从顶部的价带和底部的导带的局部能级都发生了分裂。这些有键和反键的局部能级状态是由靠近位错核附件的所有 RDX 分子中最弱的 N—NO_2 键造成的。基于这一观察，研究者认为，最低能量的电子激发可使电子从最高占据分子轨道(HOMO)跃迁到最低未占据分子轨道(LUMO)，并导致 N—NO_2 键断裂。早期的理论[92]和实验[91]研究也阐明了 HOMO 到 LUMO 激发的本质机理及其与分子分解的关系。为了降低计算成本，本计算中忽略缺陷诱导的晶格弛豫。读者在我们的其他研究[79,86-88]中可找到更多在计算技巧和经验假设方面的细节。

当存在多个位错时，位错可能聚集并形成位错模式，此时应变相关的 RDX 的光学带隙的改变可能会更加显著。已有研究表明，位错的集体行为对于实际金属的许多重要现象起着关键作用，如加工硬化、金属塑性变形、单调或循环加载金属中的不同种类的 Portevin-Le Chatellier 带[93-95]、Luders 面[95,96]、持续滑移带、表面粗糙化等，特别是持续滑移带的形成(它们称为持续滑移带，是因为当循环应力连续加载时，即使通过表面抛光处理，它们还会在相同位置出现)，被认为是一种材料在介观尺度的不稳定性，这种不稳定性会导致形成规则的阵列式位错墙[97]。尽管在理论上已对单个位错的许多性能进行了成功的研究[98,99]和原子尺度的模拟[100,101]，但即使对于相比于分子晶体精细原子结构简单得多的金属晶体，要将原子尺度与介观管尺度联系起来也是非常困难的。虽然已有一些建立这种关联的成功尝试(例如，文献[102]模拟了原子尺度和介观尺度的位错，但这种研究仍然非常少。

另一种研究金属位错模式的方法是基于连续介质描述，即对位错密度的非线性控制方程求解。这种“自组织”解法给出的解不属于热力学分支，将位错结构的产生理解为分叉现象[97]。目前，没有通用的方法能从单个位错和它们之间的相互作用出发推导出这些方程。这些控制方程的分析通常仅限于研究线性稳定性，而线性稳定性理论仅能描述其主要分叉，如基于空间均匀时间振荡的霍普夫不稳定性，以及位错密度在空间上波动的定常问题的图灵不稳定性。

由于 RDX 和其他含能材料的原子结构相当复杂，对于这些分子晶体，尚未针对多个位错开展过第一性原理的原子尺度模拟。但是人们可以预期在这些材料中形成的类似于霍普夫不稳定和图灵不稳定性的时空位错模式。在这种情况下，人们将观察到在一些空间区域位错的堆积并形成位错积塞，这将会在这些区域产生比单个位错更大的应变。这可能会导致位于该区域的一些原子键出现更强烈的扭曲，并且在 RDX 带隙内附加键和反键状态的数量显著增多。Armstrong 和 Elban[14,103,104]的理论多年来广泛用于各种材料中的位错分析，尤其是他们给出了含有位错的含能分子晶体的力学性能的对比：含有位错的晶体在弹性区较软，在塑性区较硬，并且较脆。他们还得出，在大冲击压力下产生的位错团簇与非谐振晶格应变在位错核中所起的作用类似，即它们会产生“原位”热点加热或直接电子激发[105]。

8.2.3　Fox-7 及 TATB 中分子的取向缺陷

本节将探讨在分子晶体中分子之间的取向改变以及内部应力改变是如何影响 FOX-7 和 TATB 的电子结构和分解能类的。其中，图 8.4(a)针对二氨基二硝基乙烯($C_2H_4N_4O_4$，FOX-7)，图 8.4(b)针对 TATB。为了这个目的，生成一个“分子取向”缺陷来模拟位错核，堆垛层错或晶界附近的结构变形。

最初希望将 FOX-7 作为具有优异性能和应用潜力的钝感高能材料[106]，来替代在实际应用中常用的高能材料 RDX 和 HMX。这个想法的事实依据是，FOX-7 分子中的化学自由基与 TATB 分子的相同：C—NO_2，C—NH_2，和 C—C 等(图 8.4(c)，(d))。这意味着 FOX-7 和 TATB 将具有相似的化学起爆机制，因此预期 FOX-7 可以表现出与 TATB 相似的稳定性(即撞击和冲击钝感)。该观点成立的前提是晶体的所有化学性质完全由单个分子的化学组成和化学键离解能量决定。另外，两种晶体都有相似的层状晶体结构，无确定熔点并有大量的氢键网络[30,106]，这些特征都为上述观点提供了一些额外的支持。

最近研究者利用密度泛函理论(DFT)对 FOX-7 分子的单分子分解路径进行了研究。Politzer 等[107]发现，C—NO_2 的离解能为 70kcal/mol，低于 C—NH_2 的离解能。Gindulyté 等[108]提出，FOX-7 分解的第一步骤是 C—NO_2 至 C—ONO 的异构化，这需要 59.7 kcal/mol，且他们指出这与实验得到的活化能一致(210～250℃时为 58 kcal/mol)[106]。这里要考虑很重要的一点，这两个值都是针对气相离解机制得到的，而实验为凝聚相。正如 8.1 节所提到的，孤立分子的离解能可能会或也可能不会与块状晶体中的分子离解能相关。事实上，已证明在 RDX 中固态和孤立态(气相)分子的活化能垒不同(第 8.2.1 节)，并且缺陷附件分子的分解能垒比在完美晶体中的低[80]。通过在固相中改变分子取向从而形成的缺陷可能在激发分解过程中发挥显著作用[109]。

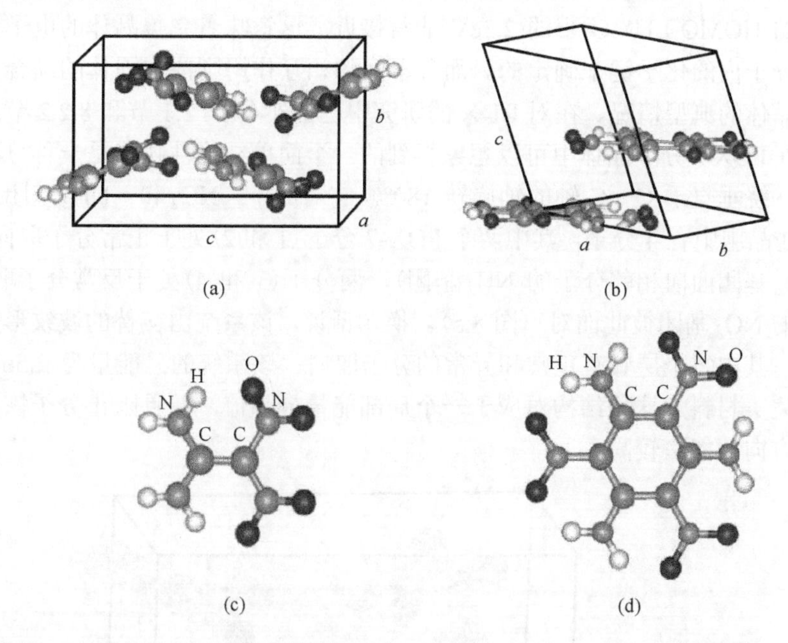

图 8.4　FOX-7 和 TATB 的理想晶格((a)：FOX-7，(b)：TATB)及分子结构((c)：FOX-7，(d)：TATB)

较大的灰色球表示 C 原子，黑色球表示 O 原子，小灰色球表示 N 原子，白色球为 H 原子

用 VASP 程序对 FOX-7 和 TATB 的分子和晶体采用自洽场方法进行了计算[110]。交换相关泛函中采用了广义梯度近似(GGA)密度泛函理论，对 C、N、O 和 H 采用了超软赝势平面波[111]。FOX-7 的晶体结构确定为每个单位晶胞有四个 FOX-7 分子(56 原子)的空间群 $P2_1/n$[112,113](图 8.4(a))。TATB 的晶胞则为 P 对称的三斜晶系，并包含两个分子(48 原子)[114](图 8.4(b))。由范德瓦耳斯作用力定义的层间键合力是很弱的。基准的能量截止值设定为 24Ry，采用 4k 点 Monkhorst 方法对简约布里渊区进行积分[115]。这种对应的松弛结构与实验[106,112,114-116]和理论计算上的吻合度是可以接受的，理论计算主要是基于力场[117]、密度泛函理论[107,108,118]和 Hartree-Fock[27,118-120]方法进行的。对于无缺陷的 FOX-7 晶体的弛豫结构和电子密度

状态(DOS)，与之前基于力场和密度泛函理论[117,118]得到结果以及与在 Hartree-Fock 方法的基础上得到的结果[120]都吻合很好。同时利用微动弹性带的方法[121]计算了最佳迁移路径及分解能垒。

我们计算了 N—O、N—H、C—NH_2 断键能，以及 FOX-7 分子的 C—NO_2 键，发现这些中能量最低的是 C—NO_2 键，其断裂能为 72kcal/mol，这与以前的研究结果高度吻合[107,108]。理想的 FOX-7 晶体的结构看起来像一层层平行的波纹(洗衣板形)(图 8.4(a))。在每一层中，分子按类似跳棋的样式排列，在一个给定的层中 NO_2(NH_2)分子基团与另一层中的 NH_2(NO_2)基团相邻。晶体的带隙为 2.2eV，与分子的 HOMO-LUMO 带的 2.3eV 非常接近。这意味着完美晶体的电子状态大多是由分子内的化学键来确定的。而分子间的相互作用则决定固体的黏合力。这是分子晶体的典型情况，在对 RDX 的研究中已证实(见 8.2.1 节和 8.2.2 节)。

在FOX-7分子晶体中可以想象得到的一个简单结构性缺陷是一种“反向取向”分子，绕垂直于 C—C 轴的轴旋转 180°。它对应于—NO_2 和—NH_2 基团之间的交换。在晶胞中有 4 分子，其中两个 FOX-7 分子(1 和 2)处于正常分子取向(分子中—NO_2 基团面向相邻分子的 NH_2 基团)，两分子(3 和 4)处于反常分子取向(相邻分子的 NO_2 基团彼此面对)(图 8.5)。换句话说，该系统由交替的波纹形分子平面构成，其中每个层具有正常和异常的分子取向。该系统的总能量为 2.5eV/单元，高于完美材料。这种结构对应于一个局部能量最小值，并且阻止分子恢复到正常旋转方向的能垒较高。

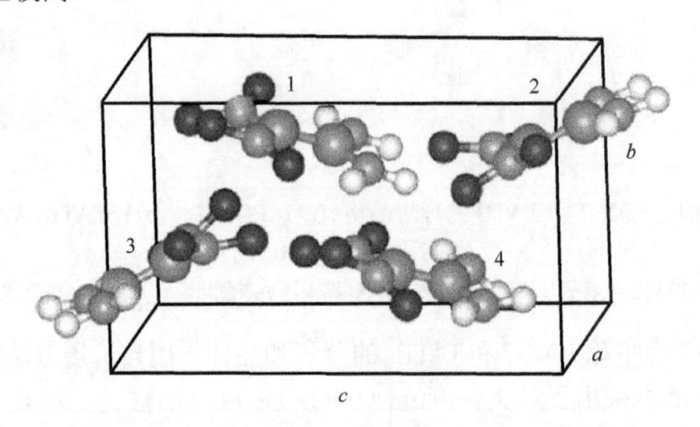

图 8.5　FOX-7 晶体原胞中存在“反向分子排布”缺陷，其中分子 1 和 2 中具有正常方位的分子间键合作用，3 和 4 则具有反常的分子间键合作用

在 FOX-7 晶体中具有分子反向取向缺陷的晶体与完美晶体的电子结构不同(图 8.6)。首先，1.3eV 的带隙比完美结构的带隙窄 0.9eV。第二，出现在理想晶体中的带隙的附加状态主要决定于与反常的分子间 NO_2—NO_2 键相关的氧原子相关。

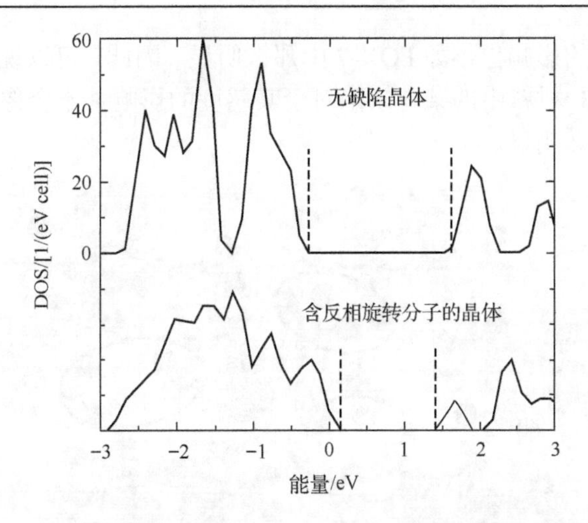

图 8.6　FOX-7 理想晶胞态密度与含反向分子排列的 FOX-7 晶胞态密度

具有正常分子取向的 FOX-7 分子晶体中 NO_2 键断裂能垒约 4eV(92kcal/mol)，这比 FOX-7 的实验获得的分解阈值数值高得多[106]。换句话说，晶体的某些区域在—NO_2 基团分裂前可能会存在弹性能量积聚导致局部过热。具有反向取向分子缺陷时—NO_2 键的断裂能垒是 2.6eV(59kcal/mol)，与文献中实验值吻合较好[106]。

不管是正常还是具有反常分子取向的 FOX-7，我们认为 FOX-7 的分解都开始于某一个 NO_2 基团的脱离。带隙的减少支持了实验观测到的金属叠氮化物爆炸前的导电性和荧光特性的变化[54,58]。在能带局部出现的新的电子能级预示着将有新的光吸收峰和荧光线。这也与以前 RDX 材料的实验[122]和理论结果[55,79,85,86]是一致的。

虽然组成 FOX-7 和 TATB 分子中的化学基团具有相似性，但他们晶体结构的差异还是显著的。TATB 的晶体结构由平行于 *a-b* 平面的近似二维平面组成(图 8.4(b))，并且平面 TATB 分子在这些平面的位置是刚性的，即在平面内滑动需耗费大量能量。这种刚性主要是由于 TATB 分子的高对称性，这导致在 *a-b* 面内具有较强的分子间和分子内氢键(位于相邻分子的氧和氢原子之间的距离仅为 2.23Å)。然而每个分子有可能在平面内绕其中心转动，并且这种旋转也可能会产生分子取向缺陷，产生两维平面的结构畸变。

图 8.7 给出了一个取向缺陷的例子，即其中一个 TATB 分子在 *a-b* 平面内围绕其中心旋转 60°，这种旋转产生三个反常的分子间 NO_2—NO_2 键和三个反常 NH_2—NH_2 键(通常比 NO_2—NO_2 键弱得多)。这种结构是亚稳的，其能量只比未扰动的二维面能量高 3eV，亦即每个 NO_2—NO_2 键能约 1eV(可对比 FOX-7 的 2.5eV)。因此，TATB 中—NO_2 基团之间的分子间相互作用明显弱于 FOX-7。—NO_2 基团的旋转和弯曲(使得部分氧原子被逼迫离开平面)在 TATB 中仍然可以观察到，但这些变形对于 FOX-7 就显得不那么重要，并且在 TATB 中分子取向缺陷对 NO_2

的断裂分解能垒的影响也不如 FOX-7 中那么明显。因此，可以说相对于其他含能材料而言，TATB 材料中的某些缺陷对于其感度的影响并不会像缺陷对其他含能材料感度影响那么明显。

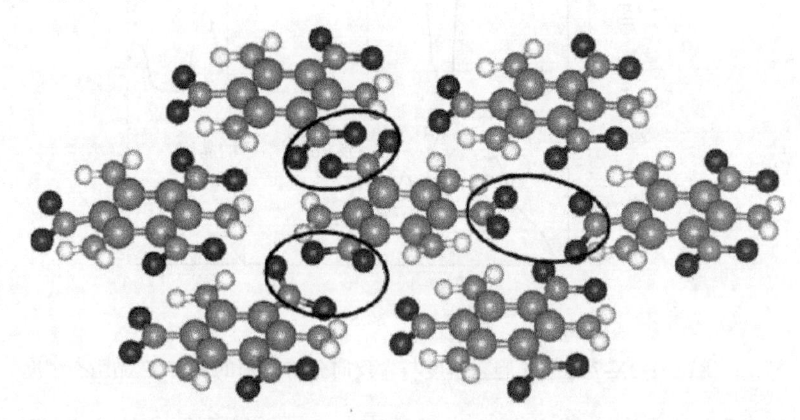

图 8.7　TATB 中 *a-b* 平面中某些区域由于分子发生 60°旋转从而形成错误取向缺陷，这种 60°旋转会导致三对 NO_2—NO_2 键的反常作用(如图中椭圆圈所示)

8.2.4　Fox-7 及 TATB 中剪切诱导的化学分解

本节将报道剪切诱导的 FOX-7 和 TATB 分解的第一性原理模拟结果，并揭示这两种材料化学性质的重要区别。这对于揭示材料的设计问题具有启发作用，并能为寻找具有既定性能的新材料选择提供建议。

正如之前讨论过的，FOX-7 分子的化学基团和 TATB 分子相同：C—NO_2、C—NH_2 和 C—C 等(图 8.4(c)、(d))。因此，最初预期 FOX-7 和 TATB 将具有相似初始化学反应特性，且 FOX-7 预期可表现出与 TATB 相似的稳定性(即撞击和冲击钝感)。然而，最近的工作[123,124]清楚地表明分子晶体中初始化学反应表现为一种集体行为，仅基于描述单个分子甚至是理想结构晶体性质是很难系统理解这种集体行为的。因此，类似于存在缺陷等固体特有的性质必须要加以考虑，特别是缺陷诱发效应等问题不能忽略。

为了模拟剪切应变位移，使用六层分子平铺形成(或(3+3)板)的超晶胞(详细信息见文献[125]和[126])。在垂直于分子平面的方向上，分子平面之间由 10Å 的真空隔开。剪切应变由上面三个分子层相对于下面的三个分子层沿着平行于板方向的瞬间移动来模拟(FOX-7 为 *a-c* 平面，而 TATB 为 *a-b* 平面)，即FOX-7 移动矢量为 $\Delta= \gamma_a a+\gamma_c c$(TATB 为 $\Delta= \gamma_a a+\gamma_b b$)。所有 γ 参数取值在 0 和 1 之间。对于超晶胞中“瞬间转移”或“弛豫”过程的每一个运动 Δ，均基于 NEBA-微动弹性带方法[127]计算在两个相向移动层(其中应变变形最大)的分子分解能垒。计算弛豫过程仅设定一个约束条件，即对于下方的分子平面，将每个分子中与—NH_2 基团相连的 C 原子位置固定。这样的约束条件可以避免在弛豫过程中超晶胞的整体漂移。此外，它在物理上也是合理的，因为弛豫过程主要与—NO_2 基团相关。

计算完美晶体和存在剪切变形晶体中 FOX-7 和 TATB 分子的分解能垒，目的是确定这些结果与实验获得的分解能量之间的关联性，同时获得分解能垒的规律性认识，而分解能量与有剪切存在的固体的撞击和冲击感度密切相关(表 8.1)。我们只专注于所有可能的分解路径中的一个机制，即 C—NO_2 断裂，因为它是最有可能的初始化学反应[1,128,129]。虽然 TATB 产生的环化反应被认为是具有较低活化能的过程[34,130]且该反应在常温常压下可能与 C—NO_2 断键反应形成竞争，但在冲击和撞击激励下由于较大的温升，C—NO_2 断键反应将会加速并超过上述反应[131]。因此，这里不考虑环化和氢转移引起的异构化反应[132]。从表 8.1 可以看出，FOX-7 和 TATB 的气相分子离解能均为 70kcal/mol。这一结果落在文献报道的大量化合物的离解能数值(61～70kcal/mol)范围内，并与质谱[133,134]、激光辅助裂解[135]、激波管裂解[136]和理论研究[107-109,119]结果一致。但这一数值高于基于差热方法估算的 FOX-7 得到的数值(58kcal/mol)[106]。

表 8.1　C—NO_2 键的断键能垒　(单位：kcal/mol)

试样	单个分子	无缺陷晶体	剪切变形晶体
TATB	71	100～107	100~112
FOX-7	72	92	42~94

无缺陷晶体的断键能垒显然要高得多，如 FOX-7 为 92kcal/mol，TATB 为 100～107kcal/mol；晶体场和大量的氢键提高了凝聚相分子的稳定性。这样的稳定性机制反映出一个事实，即断裂 C—NO_2 键后，脱离的 NO_2 基团应处于分子之间的某一间隙内。在这两种晶体中，分子层之间的空间足以容纳—NO_2 基团，且—NO_2 基团可在间隙内找到亚稳态位置，并仍与其他分子相互作用(图 8.8)。这时值得注意的是，在理想固体中 TATB 和 FOX-7 的 C—NO_2 键断裂能垒仍然非常接近(TATB 能垒取值范围对应于系统的不同最终状态)。

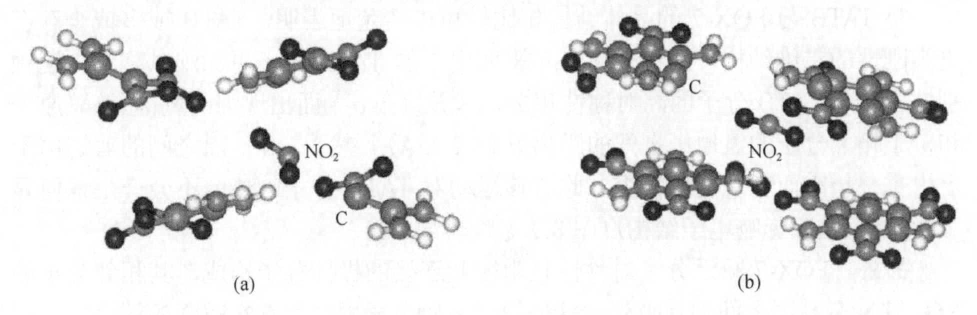

图 8.8　在 FOX-7(a)和 TATB(b)中 C—NO_2 键断裂后脱离的 NO_2 所处的位置

当晶格中引入剪切应变时，TATB 和 FOX-7 晶体的性质将产生本质的区别。对于弛豫结构，C—NO_2 分解能垒相对于理想晶体的分解能垒没有显著改变，这是因为弛豫过程主要由最灵活的—NO_2 基团的运动(拉伸、弯曲和旋转)来定义，且在弛豫结构中分子不会出现显著变形[124]。对于非弛豫结构(即引入剪切应变后瞬间)，剪切应变显著影响分解能垒。如图 8.9 所示，在 c 方向剪切应变的 FOX-7 分子，对于分别在[0, 0.3]和[0.55, 1]区间的参数 γ_c，彼此相向的 C—NO_2 分解能垒在 42kcal/mol(仅在 γ_c =0.3 和 0.55 时取到)和 92kcal/mol(仅在 γ_c=0 和 1 时取到)。(对于 γ_c 在(0.3，0.55)区间的情况，彼此面向的 NO_2 分子显著重叠，可能产生其他分解路径)。如此大的能垒变化反映了一个事实，即大部分应变能在 C—NO_2 键内积累，有利于—NO_2 基团的脱离。从能量角度上看，FOX-7-子分子平面沿 a 矢量平移(γ_c=0)比沿 c 方向平移更容易，因为这样的移动使得锯齿形层上的峰和谷互相平移而永不重叠。

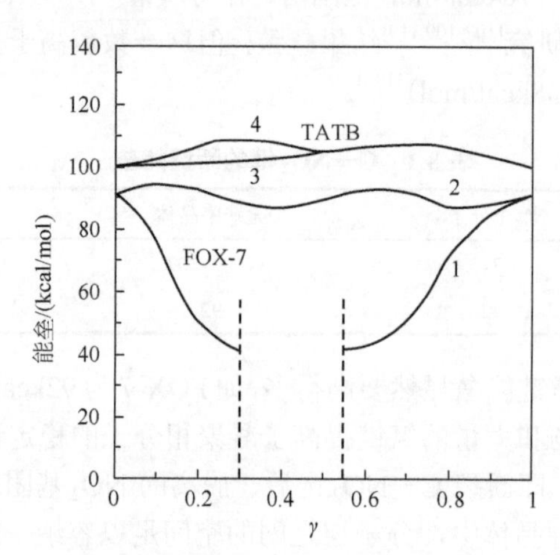

图 8.9 C—NO_2 键断裂能垒随平移参数 γ 的变化

曲线 1：FOX-7 沿 c 轴平移，曲线 2：FOX-7 沿 a 轴平移，曲线 3：TATB 沿 a 轴平移，曲线 4：TATB 沿 b 轴平移

将 TATB 与 FOX-7 的晶体结构相比较可以清楚地表明，TATB 或多或少存在更为刚性的二维结构，因为处于 a-b 平面内中的 TATB 分子更加难以移动。这种刚性主要与 TATB 分子的高对称性相关，这导致在 a-b 面出现强的氢键(该氧原子和位于相邻分子的氢原子之间的距离只有 2.23Å)。然而，a-b 面之间的剪切由于层内重叠最小而耗费能量较少。此滑移运动对 TATB 分子的离解不会产生任何显著影响(仅略微影响电子结构)(图 8.9)。

另外，FOX-7 缺乏分子对称性且由彼此连接的极性分子构成，其相邻分子的 NO_2 和 NH_2 基团之间相互吸引。这使得沿 c 轴分子网之间存在较强的键合力，但不是在所有方向上均如此。此外，由于不对称性，FOX-7 分子可以出现几种运动方式，这将导致结构中极面的出现和更丰富类型局部结构缺陷的发生，如不同的构象异构体[107]或“翻转”分子[125]。这种缺陷诱导的无序性主要后果是使分解能垒降低，同时也说明 FOX-7 比 TATB 有更高励起爆感度。这意味着，相比于理想晶体，存在缺陷的晶体中仅需较少的能量即可使化学键断裂。无论如何理想的 FOX-7 晶体是不太可能存在的[125]。

因此，我们认为继续寻找合成纯净 FOX-7 的方法，以期得到更高质量和较低缺陷密度的晶体来改善感度是没有任何意义的，因为 FOX-7 的晶格能够很容易地容纳某些类型的剪切滑动，从而减小离解能垒并引起分解。相反，研究者可以改变努力方向，去及寻找其他结晶相的 FOX-7，或者寻找与 FOX-7 成分类似，但其分解能垒不会随着剪切应变和剪切诱导缺陷的出现而降低的其他材料。此外，研究者还可以寻找其他材料，其晶格至少在两个方向(两个平面)上具有分子紧密堆积，并且不允许出现容易滑动的晶面，也不能有导致晶体中产生大量无序阵列的其他结构缺陷。事实上，FOX-7 如果有类似于 TATB 非常平的、石墨烯的结构，在 *a-c* 平面中的锯齿形面(或一组平面)的迁移能垒就会随着较低的各向异性和活化能，可能会使得 FOX-7 具有与 TATB 一样的不敏感性。

8.3 初始化学反应的模拟

实际含能材料的化学反应模型应该能够描述材料的不完美性、缺陷-缺陷和缺陷-晶格的相互作用，以及上述结构缺陷对外部刺激的响应特性，同时需要描述高温高压下材料的行为，因此对于理论和实验研究都是非同寻常的挑战。然而，针对这些材料采用适当模型来模拟化学方面可以而且应该进行一些尝试。本节中探讨电子激发态在固体含能材料初始化学反应过程中可能发挥的作用。我们试图理解一个电子激发的快速过程是如何影响含能分子固体的宏观性质并最终导致爆炸的[76]，这种电子激发可能由缺陷诱发(尤其是刃位错或其他剪应变相关的局部变形)，或由外部刺激(如辐射)和冲击波压力诱发。我们会刻意专注于电子激发态的两个不同方面及其对炸药材料的性能影响。首先，讨论在 RDX 的光学带隙变窄的原因。我们认为，这个问题值得进一步考虑，因为最近通过实验证实了 RDX 带隙变窄现象[137]，并且从理论上在其他材料中预测了该现象[138]。再进一步，描述上述这些早期的观点是如何在 FOX-7 上进行测试的，测试的问题是：电子激发在改变化学离解机制和改变反应能垒方面是否可以达到将占统治地位的吸热化学反应变为放热反应的程度，从而使得新的分子分解途径成为可能[139]。下面描述的情形部分是基于现有的理论和实验的结果，部分是对这些结果的外推。因此，提出的模型应该看作对结果的可能解释，而不是一个完整的理论。

看一下高能炸药初始化学反应的宏观图像，即炸药晶体中的亚稳态分子(如RDX或FOX-7)转化为基态的稳定产物(CO_2、CO、NO、NO_2、H_2O、HCN等[1,3,67,140])并释放出大量能量。在正常条件下，由于亚稳态分子分解为可能的反应产物具有较高的能垒，自发的化学离解不可能发生。机械冲击、火花、激光束、冲击或等离子体点火等外部刺激对系统的扰动会导致一个波阵面在固体中传播。例如，冲击波通过 RDX 晶体时局部压力将达到数吉帕(实验估算固体 RDX 中的压力在0.2[57]～4GPa[38])，进而引入大量的剪切应力，冲击波阵面所携带的能量是能够诱发化学分解和后续化学反应。研究者普遍认为，大多数硝基化合物分解的第一步是—NO_2基团的脱离，需要40～70kcal/mol的离解能[1]。例如，打断RDX分子的N—NO_2键大约需要50kcal/mol(2eV)的能量[141,142]，打断FOX-7分子的C—NO_2键大约需要58kcal/mol的能量[106]。随后的分解释放出的能量比诱发初始反应需要的能量更多，这些额外的能量释放有助于提高波后的压力和温度，从而导致链式化学反应和进一步的爆炸。

目前还不完全清楚冲击波阵面的能量是如何转化为化学能的，因为撞击压缩产生的能量不足以打断化学键[76]。根据之前的研究，冲击波的所有能量全部沉积在一个N—NO_2键上才有非常低的概率使这个化学键断裂。因此，在基态势能面上的 RDX 分子出现化学键断裂也是极不可能发生的[76]，需要找到一个可选择性地把所有可利用的能量沉积到少数期望的振动模式上的过程。换句话说，存在一些可以改变局部能量和/或降低分解能垒的方法。还有一个重要的问题，即在单位时间内应有多少初始的化学键断裂才能诱发链式化学反应。事实上，这与热点有多热是同样的问题[143]，只是前者用活化能来描述，而后者是用热力学温度来描述。温度与反应速率相关，反应速率也可以表征为在每单位时间达到一定活化能的分子数量，而达到活化能最有可能通过碰撞来实现。单位时间分子碰撞次数和它们传递的能量当然也与温度相关。

8.3.1　RDX 中的电子态激发

现在考虑一个反应是从激发态势面开始的，不同状态下RDX的能带结构如图8.3所示。8.2节中的讨论，位错和其他可能的复杂缺陷(第8.2.3节和8.2.4节)将使完美晶格体积的带隙从5.25eV降低到约为3eV，这与吸收光谱的实验结果吻合良好。冲击波到达之前，系统处于基态。在固体中冲击波引起的体积压缩导致光带隙进一步减小[76]。换句话说，在冲击波的驱动下，分子更容易被激发。冲击条件下的这种激发概率显然比平衡状态下被激发的概率高，因为冲击加载下局部带隙减小及电子结构改变对外界刺激具有较高的敏感性，局部温度的增加也有助于提高被激发的概率。冲击波阵面通过的 N 个分子中出现电子跃迁的数目可以

通过简化计算公式 $W=N\exp(-E_g/kT)$ 来估计。假设 600K 的温度下（kT=0.046eV，事实上在热点处的温度可以更高），RDX 样品的尺寸为 1mm^3。第一性原理对 RDX 压缩的计算表明，对于含有刃型位错的 RDX 中在 15～20GPa（甚至更少）的压力条件下将使带隙降低到约 1eV。RDX 摩尔体积为 1.233×10^{-4}m^3/mol（可由已知密度 1800kg/m^2 和摩尔质量 222.12g/mol 得到），1mm^3 大小的 RDX 样品中的分子数量为 4.9×10^{18}，单位面积的位错的典型浓度值为 5×10^{12}cm^{-2}[144]，可以发现，在 1mm^3 样品中在位错核附近大约有 8.5×10^{16} 个分子。所以，由上述公式的简单估算可知，大约 3.1×10^7 个分子会被冲击波前激发。相对于固体中分子数，被激发分子数目并不大。然而，它与诱发链式化学反应所必需的断键数量密切相关。

在文献[145]中已对冲击和静高压加载下固体硝基甲烷晶体中的电子激发的本质进行了研究。作者认为，晶体中所观察到的带隙变窄不足以产生大量的激发态。这里使用的能隙是与光学（垂直方向上）电子跃迁相关的能隙。事实上，由于在激发态原子核弛豫，电子的热激发需要更少的能量。这里讨论的计算不使用完整的原子核弛豫。由于分子振动（10～100fs）的时间尺度比反应诱发的时间尺度（10～100ps[44]）小，核弛豫是潜在的重要因素，原子核弛豫可以抑制（基态）或加强（激发态）电子激发。此外，从电子激发的概率和数量角度来看，晶格对冲击/撞击等激发的动态响应会使上述效应更为显著。因此，更可靠估计电子激发概率应考虑上面提到的所有因素，这不是一个简单的问题。此外，与质谱实验数据的对比将是非常可取的。目前，断定外部刺激结合晶格缺陷将系统驱动到激发态的概率是不为零的。我们最近利用量子分子动力学方法，把 FOX-7 的光学带隙作为剪切应变和温度的函数的研究表明了晶格对于力学和热扰动[124,126]（图 8.10）的响应特性是很复杂的。

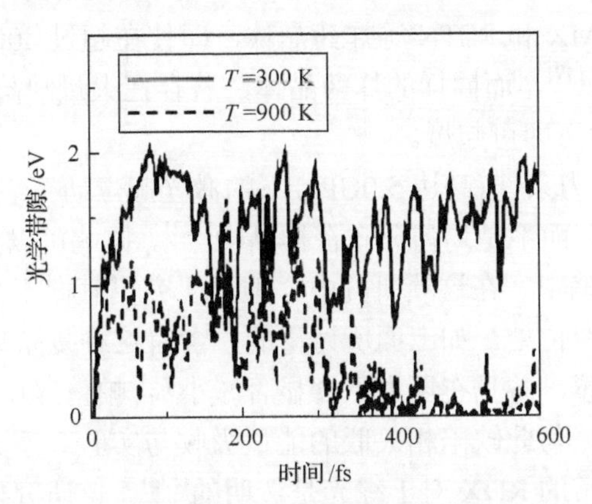

图 8.10　两种不同温度下 FOX-7 的光学带隙在剪切变形作用下的弛豫效应

此外，来看系统一旦被激发到激发态势能面到底会发生什么。有三种可能性，第一，系统可以以光子的形式释放能量并弛豫到基态，这对应于辐射跃迁伴随着光学发光。在这个过程中，系统不可从电子激发态分解，因为它返回了基态势能面。第二，该系统可以进行快速的无辐射跃迁到振动激发态[25,38,44]，从而加速振动激发过程，那么随后的分解将从振动激发态[25]开始。第三，分子从激发态离解，如上所述，当系统处于(在我们的例子中，RDX 晶体)激发状态时，电子从 HOMO 转移到 LUMO，并且能量沉积在单个 N—NO_2 伸缩振动模上。如果(已知三重激发态寿命比核振动寿命长得多)电子激发态是长寿命的，那么这多余的能量就以核运动[146]的形式释放，并有很高的概率导致 N—NO_2 键断裂，同时释放出具有高动能的产物。释放的能量将用于加热样品、促进进一步激发和随后的化学分解。该过程不断重复，以增加局部压力和温度。因此，即使适度减小带隙也能诱发初始化学反应。

在此，以 RDX 为例来阐述晶体中位错相关的电子激发诱发初始反应的模型。对于 PETN 晶体，也获得了一致的结果。由刃型位错引起的局部电子态改变对位错核周围的任何分子位移都非常敏感。研究表明，由这些局部电子态产生的新的光吸收带与晶体的力学变形密切相关[79,88]。这与冲击加载下 PETN 光谱[147]的测量结果吻合良好。从冲击感度角度来看，PETN 是一种介于始发药和主装药之间的炸药。大量文献中的实验和理研究结果使我们相信，上述关于初始化学反应的模型对于许多固体分子炸药来说可能是普适的。关于这一初始化学反应模型模式的详细讨论，请参考文献[76]。

在此值得一提的是，上述所提到的电子激发态反应机制，是有实验证据支持的。

已有研究表明，消除或大大降低炸药晶体高速变形过程中的滑移位错的数量可降低晶体内由冲击引起的热点数量和强度。精心制备的缺陷含量有限、位错少的 RDX、TNT、HMX 和 PETN 等炸药晶体，即使在超过 40GPa 的冲击压力下也几乎不能被起爆[148,149]。而同样的炸药晶体，若存在大量缺陷/位错，在 2GPa 或更小[150]的冲击压力下即可起爆。

RDX 在中等压力条件(高达 5.0GPa)下的激光起爆研究表明，样品中的起爆点离散分布在晶体中，而不是均匀分布在样品中[122]。据此可以推断，光吸收可能发生在点状或线状缺陷中。在这项研究中，理论研究更倾向于光吸收发生在位错处或与位错核相关的空位处。如上面所讨论的，含有这种复杂缺陷的 RDX 晶体的带隙对压力非常敏感，并且在压力下会显著减小(吉帕量级压力下约为 2eV)。因此，可以直接证明，与此缺陷相关联的能量吸收与实验观察到的绿色激发波长的吸收相一致，而正常的 RDX 对于绿光是透明的[122]。该研究事实上证明了利用激光对样品中的某些模式进行选择性激发是有可能的。

文献[54]、[55]实验研究了电场中 AgN_3 晶须缓慢分解初期的位错诱导效应。实验观察到气体产物(化学反应的产物)绝大部分从位错蚀坑排放出来。接下来，通过磁矩来控制位错的移动可以显著降低晶体中的位错密度，这是一种针对样品的电清洁方法。随后进一步对样品施加了 20h 的电流，在所有时间段内都未观察到蚀坑和气体排放。然后，当将样品的初始性能恢复后，再次在位错蚀坑附近观察到了气体排放区域。所获得的这些结果表明，与初始化学分解相关的化学活性增强的区域与位错有关。此外，研究者利用 YAG：Nd^{3+}激光脉冲(波长 1064nm，能量 10mJ，脉容 30ps)激发，开展了一系列的关于 AgN_3 晶体爆炸前电导率变化的实验研究工作。研究方法见文献[54]和[58]。对两组样品进行取样分析：一组样品的位错密度为 $2000cm^{-2}$，而另一组“纯”晶体样品的位错密度小于 $100cm^{-2}$。这两组晶体爆炸前的电导率动力学的对比表明，位错密度低的结晶中化学分解的速度明显比缺陷较多的样品慢。

8.3.2　FOX-7 起爆前躯体：电荷捕获及电子激发

弄清 FOX-7 炸药的起爆机制对于理解含能材料的感度具有非常重要的意义，主要有两方面的原因：首先，FOX-7 是较小的分子(图 8.4(c))，有着简单的晶胞(图 8.4(a))，是一个有吸引力的含能材料模型。第二，FOX-7 在化学上与 TATB 是相关的(图 8.4(c)、(d))，因此，对这两种材料进行详细对比分析，有望为揭示控制炸药感度的主导机制提供指导。本节将介绍近期在气相 FOX-7 单分子分解化学反应模型方面的研究结果，以认识带电分子或激发态分子与其平衡状态之间的差异。研究表明，带电和激发不仅可以减少分解反应的活化能垒，还可改变从吸热到放热化学反应模型[139]。

凝聚相 FOX-7 的差示扫描量热法实验表明：其热分解的能量大约是 58kcal/mol[106]。Politzer[107]和 Gindulyté[108]模拟了 FOX-7 从基态可能发生的单分子分解路径，并提出了不同的 FOX-7 分解图像。FOX-7 的实验数据方面，仅有有限报道[106]，而且理论计算还得出了与之相矛盾的结论[107,108]，这些都阻碍了 FOX-7 起爆感度机理及其初始反应步骤的建立。

首先我们对基态 FOX-7 分子的弛豫结构、电离$[FOX\text{-}7]^+$及负电荷的$[FOX\text{-}7]^-$自由基团以及最低激发三重态进行了计算。带正电荷的离子具有两个稳定结构，两者有着相似的能量和不同的几何构型，分别用 h_a 和 h_p 表征。FOX-7 分子及其分解碎片的电子结构及分解能垒通过密度泛函理论(DFT)和嵌入 Gaussian03 代码中的混合 B3LYP 泛函[151]结合 6-31+G(d, p)基组来计算。计算方法及由此得到的 FOX-7 的相应结构在文献[139]中有非常详细的描述。

然后，模拟了相关的分解过程，如 C—NH_2，C—NO_2 和 C═C 键的断裂，以及 CONO—和 HONO—自由基的异构化(图 8.11)。我们发现，C—NH_2 和 C═C 键断裂以及 HONO—的异构化并不是 FOX-7 最优选的分解通道。然而，额外电子的存在可改变能量状态，使这些反应变得可行[139]。因此，由 C═C 键断裂开始的

$[FOX-7]^-$自由基的裂解仅需 63.8kcal/mol 的能量，比基态裂解所需的能量 120.2kcal/mol 低得多。另外，在$[FOX-7]^-$中，被捕获的电子分布在硝基的基团上，在质子和氧原子之间提供了额外的吸引力。这使得放热 HONO 反应(图 8.12(a))变得可能，由此带来 3.25kcal/mol 的能量增益和 29.76kcal/mol 的相对较低的能垒。

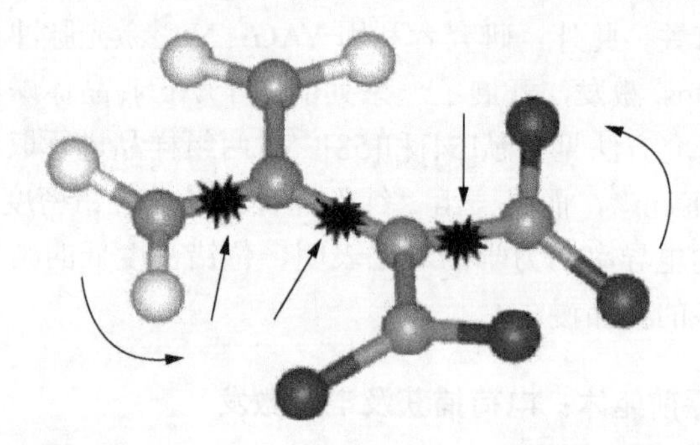

图 8.11　FOX-7 可能的单分子分解机制示意图

C—NH_2，C—NO_2 或 C═C 键的断裂，或者—NO_2 到—ONO 的重组

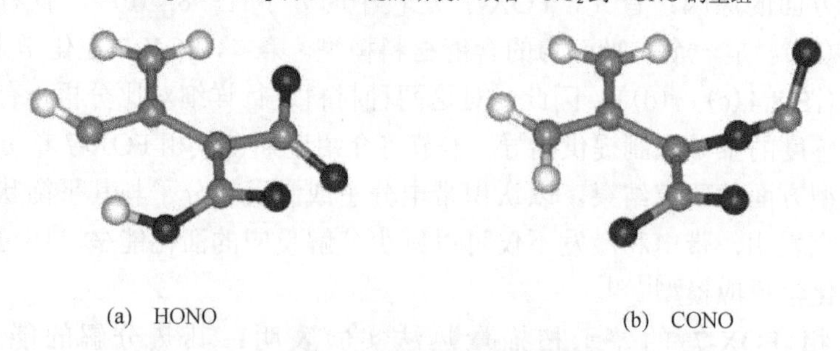

(a)　HONO　　(b)　CONO

图 8.12　FOX-7 中 HONO 和 CONO 异构体的结构

接下来发现，C—NO_2 断键反应是吸热的，需要 66.98kcal/mol 的能量，这与之前文献[107]对硝基化合物的计算及实验测量得到的 70kcal/mol 吻合良好 。对带正电荷的$[FOX-7]^+$，C—NO_2 键的断裂变为放热反应，h_a 构型的断键反应能量增益为 27.67kcal/mol，h_p 构型的则为 8.08kcal/mol，而相应的能垒分别为 54.71kcal/mol 和 59.10kcal/mol。带负电荷的$[FOX-7]^-$分解是吸热反应，需要能量为 14.48kcal/mol，能垒为 20.62kcal/mol。如此显著降低的能垒是由于容纳了一个额外电子的硝基基团之间的排斥力增加。在 FOX-7 分子的三重态中，C—NO_2 键的断裂也是吸热的，计算的离解能为 12.44kcal/mol，能垒为 32.97kcal/mol。确认 C—NO_2 断裂在 FOX-7 的分解中是一个貌似可能的初始反应步骤。此外，我们认为该反应的能垒在分子的电子激发和带电状态下显著降低。

在硝基化合物的分解最终产物中出现 NO 表明，C—NO_2 到 C—ONO 的异构化和/或其他的分子内重排应该在分解反应之前就已经优先发生[1,29](图 8.12(b))。在我们的模拟中，中性 FOX-7 分子内形成稳定 CONO 异构体是一个产生

4.1kcal/mol 能量增益的放热反应。计算得到这一转化能垒为 63.5kcal/mol，且其中间态的特征结构为一个硝基基团相对于该分子平面转动。形成 CONO 异构体后，CO—NO 键断裂产生物种 NO（图 8.12（b））。该反应计算得到的能垒为 27.4kcal/mol 和整体能量增益为 6.6kcal/mol，与以前文献[108]报道的结果一致。

有一点比较重要，我们发现一旦分子带电荷或被激发，NO 物种就可立即从 CONO 中分离，一个额外的电子可以被 CONO 捕获。FOX-7 分子的非弛豫带负电荷的 CONO 异构体的垂直电子亲和势为 22.6kcal/mol。然后，在该结构弛豫过程中同时伴随自发的 NO 分离，且总能量增益为 23.8kcal/mol 相对于 FOX-7 的带负电荷的 CONO 异构体的能量)。另外，该分子的一次电离(计算得到的垂直电离势能为 191.6kcal/mol，或 8.31eV) 也会导致自发 NO 分离，能量增益为 27.7kcal/mol(相对于带正电荷 CONO 异构体的能量)。从计算中可以看出，对于带电的 FOX-7 分子，C—NO_2 到 C—ONO 的异构化不会发生。

CONO 异构体单重态到三重态的激发导致 CO—NO 键合和反键合的转变，其结果是 CO—NO 键减弱，NO 物种可以通过无能垒反应分离。

进一步，注意到 C—NO_2 至 CONO 的异构化与 C—NO_2 断键的能垒差别不大，故这两个过程在分解初期都可能发生，这与 FOX-7 的质谱中观察到的 NO 和 NO_2 两种产物的共同存在是一致的[106]。我们预计，一旦 CONO 异构体形成，负的或正电荷的俘获和光激发立即导致 NO 分子自发脱离。

最后，计算表明，分子的激发和电荷补充会有选择性地促进某些分解路径而抑制其他路径，从而对分解过程会产生巨大影响[139]。例如，如上述讨论，CONO 异构体可在中性分子中形成，但具有负电荷的 FOX-7 分子由于不支持硝基-亚硝酸盐的重排反应，从而打破这个分解路径。另外，由一个 CONO 重排的 FOX-7 分子俘获电子会导致带有能量增益的 NO 物种自发脱离。

很显然，固态中 FOX-7 分子的分解复杂得多[124-126]，且分解受控于多种行为协同作用，涉及在晶格中的激发过程和结构不均匀性。研究者目前正在对固体中结构缺陷处的分子分解化学反应模型开展研究。

8.4　结　论

基于第一性原理，考虑了一系列结构缺陷和电子缺陷。注意到含能材料的缺陷及结构形变两个重要的结果：带隙减小和离解能垒降低。我们的观察是，带隙在外部刺激加载后立即表现出相当复杂的行为。当系统弛豫时，系统趋向于保持其平衡带隙和离解能垒，但弛豫时间足够长使化学反应得以发生，并且弛豫动力学可能反映初始化学反应过程的复杂性。这一点需要对几类具有不同类型的关键化学键的含能材料进行进一步更严谨的研究，才可得出定论。

在所有考虑的晶格中的结构扰动中，位错、局部应力及剪切应变诱导的变形在带隙中产生局域电子状态。与此同时，纯粹静水压缩(甚至到很高程度)、分子空位、空位复合体、孔隙、界面等几乎不改变材料的电子结构。但它们使材料在化学和力学性质上都变得更柔软，而不像位错使材料在力学上变硬而化学上变软。基于该现象得到的一个重要结论是，通常与位错、晶界或者剪切应变的存在相关联的内部界面，是构成热点的优选位置，因为它们通过影响材料的力学、化学及电子性质来辅助分子的分解。这些因素耦合到一起迫使材料体系经历各种不同的势能面截面，从而开辟出不同寻常的分解路径。从我们的研究中发现放置在晶格结构扰动点的分子，一旦受到外部刺激就容易立即分解。

另一点值得提出的是，基于气相实验或孤立分子的模型，是不可能对凝聚态含能材料的爆炸分解机理有全面了解的，这是因为分子间的协同行为和相互作用显然是至关重要的，且显然控制着固态材料的反应过程。这种观点许多学者已经在文献中提到(如文献[33]、[34]、[38]、[55])，但当前还没有足够的可用信息。因此，固体含能材料的研究应在理论和实验的所有可能层面上推进。为了阐明这种多因素耦合方法的，8.3.1 节从固体物理学视角描述了基于电子态激发的 RDX 初始化学反应过程。具体来说，尝试了寻找 RDX 中缺陷引起的电子结构变化、电子激发与加载下的化学反应之间的联系。8.2.2 节展示了基于第一性原理的能带结构的计算，对于存在或不存在刃型位错的晶体，都模拟了固体 RDX 基于 N—NO_2 反应路径的热分解过程。结合近期在超快光谱研究方面的进展，对早期关于 RDX 初始分解阶段的激发态机制，以及 FOX-7 分子从平衡态和激发态的所有初始反应路径都进行了讨论。

我们提醒大家一些基础层面的问题应该引起重视，这拓展了对含能材料分解机理的简单认知。我们认为，这一章令人信服地阐明了固体中的化学反应是非常有趣的，并且可能实现对化学反应的控制，这种控制是通过从微观视角对晶格缺陷附近特定局部原子排列(即电子机构)的控制操控，而不仅限于对宏观的温度压力调控，从而来实现对化学分解过程的诱发与控制全局分解的触发(甚至控制)。晶格中明确特定位置(通常为热点)的局部化电子激发的局部化会导致该位置活性自由基的生成。因此，较重的实际粒子的这一缓慢迁移过程(通常，在扩散过程中)被快得多的电子激发(准粒子)迁移所替代。

到目前为止，在固体材料初始化学反应方面还没有完整的微观理论。许多问题仍然悬而未决，例如，如何将冲击波的能量转移到单个分子，释放的能量如何实现电子激发的倍增来支持化学反应的发生，这些都还没有答案。此外，在一段时间内必须打断多少化学键、需要产生什么程度数量的电子激发态，才能引发链式反应，这些问题仍然需要解决。

本章给出了固体炸药分解总体图像中一些重要部分的信息。

第一，晶体晶格的电子激发态可以触发并控制高能炸药的分解过程。这里起关键作用的是激发的再生和倍增过程，这点仍需明晰。若该倍增是热激活过程的结果，则为经典的热爆炸理论[9,55,143]。若该倍增过程与热活化不相关，即为我们当前正在开展的热点链式爆炸机理[52,55]。

第二，分解的最初阶段，如起爆过程与晶格缺陷以及冲击波诱导的电子结构改变有关。位错和剪切应变在此起着特殊的作用，这种作用或使得位错或界面附近的分子产生局域化状态以及由之引起的带隙快速减小。分解能的降低有利于这些分子的离解。带隙的降低有利于在这些区域中(如热或光引发)产生电子激发。这与热点起爆假说是一致的。

第三，一旦该系统到达电子激发态，它可以经历一个从三重态到单重态的“缓慢”禁带跃迁而离解，或者可以经受快速的无辐射跃迁到振动激发态，并随后迅速离解。同时，系统还可以通过辐射弛豫到基态等待下一次激发。正如上述FOX-7的例子，分子或它的同分异构体带电荷或被激发(见8.3.2节和文献[139]有关详细信息)可以导致具有能量释放的自发分解。因此，在后面的阶段，分解的发展由贯穿整个晶体的各种类型的再生激发确定，因为在此阶段其他机制也参与其中。较先分解的物种带来额外可用能量，使得位于离缺陷更远位置的其他分子(具有较高的分解能垒)处于离解预备阶段。这种方式使得化学反应可在整个材料中维持并传播。

第四，我们想强调的是，在超快光谱领域的最新进展为原位快速化学反应的研究提供了一个非常有效的方法。这对于许多不同类型的快速过程，如爆炸分解，尤为重要。例如，振动模式的选择性激发或沿单一路径的化学反应的研究很有吸引力，这不仅是因为可以阐明初始化学反应机理，而且可以用来控制化学反应。飞秒与非线性光学技术开辟了将固态物理学方法应用于爆炸科学技术的新视角。超快光学方法的运用，有望通过控制晶格缺陷和变形从而实现对材料属性的控制，该方法在成功解决有关爆炸物的安全性、老化，以及操作等方面展示了巨大潜力。

Acknowledgments This work is supported in part by the ARO MURI under Grant #W9011NF-05-1-0266 and by a grant of computer time from the DoD High Performance Computing Modernization Program at the Maui High Performance Computer Center (MHPCC), Naval Oceanographic Office(NAVO)and the US Army Engineer Research and Development Center (ERDC). M.K. is grateful to NSF for support under the IRD Program. Any appearance of findings, conclusions, or recommendations, expressed in this material are those of the authors and do not necessarily reflect views of the National Science Foundation.

参 考 文 献

[1] T. Brill, and K. James, Kinetics and mechanisms of thermal decomposition in nitroaromatic explosives, Chem. Rev. 93(8), 2667 (1993)

[2] C.M. Tarver, R.D. Breithaupt, J.W. Kury, J. Appl. Phys. 81, 7193 (1997)

[3] C.M. Tarver, J.W. Kury, R.D. Breithaupt, J. Appl. Phys. 82, 3771 (1997)

[4] C.M. Tarver, P.A. Urtiew, W.C. Tao, J. Appl. Phys. 78, 3089 (1995)

[5] J.W. Kury, R.D. Breithaupt, C.M. Tarver, Shock Waves 9, 227 (1999)

[6] G.I. Kanel, S.V. Razorenov, A.V. Utkin, V.E. Fortov. Shock-Wave Phenomena in Condensed Matter, (in Russian) (Yanusz -K, Moscow, 1996) p. 407

[7] Decomposition, Combustion and Detonation Chemistry of Energetic Materials, Ed. By T.B. Brill, T.P. Russel, W.C. Tao, and R.B. Warde, Mat. Res. Soc. Symp. Proc. 418,257–264, MRS, Pittsburgh, Pennsylvania (1996)

[8] L.E. Fried, M.R. Manaa, P.F. Pagoria, R.L. Simpson, Design and synthesis of energetic materials,Ann. Rev. Mater. Res. 31, 291–321 (2001)

[9] V.I. Tarzhanov, Preexplosion Phenomena in Prompt Initiation of Secondary Explosives (Review),Comb. Explo. Shock Waves 39(6), 611–618 (2003)

[10] L.P. Smirnov, Chemical physics of decomposition of energetic materials. Problems and prospects, Russ. Chem. Rev. 73(11), 1121–1141 (2004)

[11] S. Zeman, New aspects of initiation reactivities of energetic materials demonstrated on nitramines, J. Hazard. Mater. 132(2–3), 155–164 (2006)

[12] P. Politzer, S. Boyd, Molecular Dynamics Simulations of Energetic Solids, Struct. Chem.13(2), 105–113 (2002)

[13] D. Thompson, T. Brill, R. Shaw (Eds.), Overviews of Recent Research on Energetic Materials,World Scientific, New Jersey (2004)

[14] R.W. Armstrong, W.L. Elban, Review materials science and technology aspects of energetic(explosive) materials, Mater. Sci. Technol. 22(4), 381–395 (2006)

[15] A.M.Wodtke, E.J. Hintsa, Y.T. Lee, J. Phys. Chem. 90, 3549 (1986); ibid J. Chem. Phys. 84,1044 (1986)

[16] M.J.S. Dewar, J.P. Ritchie, J. Alster, J. Org. Chem. 50, 1031 (1985)

[17] N.C. Blais, R. Engelke, S.A. Sheffield, J. Phys. Chem. A 101, 8285 (1997)

[18] J.M. Winey, Y.M. Gupta, J. Phys. Chem. A 101, 10733 (1997)

[19] Y.A. Gruzdkov, Y.M. Gupta, J. Phys. Chem. A 102, 2322 (1998)

[20] A. Gindulyt´e, L. Massa, L. Huang, J. Karle, J. Phys. Chem. A 103, 11040 (1999)

[21] Minh Tho Nguyen, Hung Thanh Le, Balazs Hajgato, Tamas Veszpremi, M. C. Lin, J. Phys.Chem. A 107, 4286–4291 (2003)

[22] W.F. Hu, T.J. He, D.M. Chen, F.C. Liu, J. Phys. Chem. A 106, 7294 (2002)

[23] M.L. McKee, J. Am. Chem. Soc. 108, 5784 (1986).

[24] R.P. Saxon, M. Yoshimine, Can. J. Chem. 70, 572 (1992)

[25] M.R. Manaa, L.E. Fried, J. Phys. Chem A 102, 9884 (1998); ibid. 103, 9349 (1999)

[26] F.J. Zerilli, J. Hooper, M.M. Kuklja, J. Chem. Phys. 126, 114701 (2007)

[27] F.J. Zerilli, M.M. Kuklja, Ab initio Equation of State of an Organic Molecular Crystal:1,1-diamino-2,2-dinitroethylene, J. Phys. Chem. A 111(9), 1721 – 1725 (2007)

[28] F.J. Zerilli, M.M. Kuklja, Ab initio 0K isotherm for organic molecular crystals, AIP Conf.Proc. 706(1), 123–126 (2004)

[29] T.B. Brill, K.J. James, J. Phys. Chem. 97, 8759–8763 (1993)

[30] S.F. Rice, R.L. Simpson, “The Unusual Stability of TATB: A Review of the Scientific Literature,”Lawrence Livermore National Laboratory, Livermore, CA, Report UCRL-LR-103683(July, 1990)

[31] B.M. Dobratz, The Insensitive High Explosive Triaminotrinitrobenzene (TATB): Development and Characterizations-1888 to 1994; Los Alamos National Laboratory: Los Alamos,NM (1995)

[32] T.R. Gibbs, A. Popolato, USL Explosive Property Data University of California Press,Berkeley (1980)

[33] J. Oxley, J. Smith, H. Ye, R.L. McKenney, P.R. Bolduc, J. Phys. Chem. 99, 9593 (1995)

[34] T.B. Brill, K.J. James, J. Phys. Chem. 97, 8152–8758 (1993)

[35] T.B. Brill, K.J. James, R. Chawla, G. Nicol, A. Shukla, J.H. Futrell, J. Phys. Org. Chem.12(11), 819–826 (1999)

[36] Maksimov Yu. Ya. Russ. J. Phys. Chem. 45, 441 (1971)

[37] F.P. Bowden, Y.D. Yoffe, in Initiation and Growth of Explosion in Liquids and Solids,Cambrige, University Press, London (1952), pp. 64–65

[38] A.N. Dremin, Chem. Phys. Rep. 14(12), 1851–1870 (1995)

[39] F.P. Bowden, K. Singh, Proc. Roy. Soc. (London) A 227, 22 (1954); see as well Ref. 1 and references therein

[40] A.N. Dremin, S.D. Savrov, V.S. Trofimov, K.K. Shvedov, in Detonacionnye volny v kondensirovannyhsredah (Detonation waves in condensed matters), Nauka, Moscow (1970)

[41] A.N. Dremin, Chem. Phys. Rep. 14(12), 1851–1870, (1995)

[42] H. Kawashima, M.M. Wefers, K.A. Nelson, Ann. Rev. Phys. Chem. 46, 627 (1995)

[43] W. Wang, D.D. Chung, J.T. Fourkas, L. Dhar, K.A. Nelson, J. Phys IV, 5, 289 (1995)

[44] D. Dlott, Ann. Rev. Phys. Chem. 50, 251–278 (1999)

[45] A.L. Shluger, J.L. Gavartin, M.A. Szymanski, A.M. Stoneham, Nucl. Instr. Meth. Phys. Res.B 166–167, 1 (2000)

[46] M. Shapiro, P. Brumer, J. Chem. Soc. Faraday Trans. 93, 1263 (1997)

[47] R.J. Gordon, S.A. Rice, Ann. Rev. Phys. Chem. 48, 601 (1997)

[48] R. Kosloff, S.A. Rice, P. Gaspard, S. Tersigni, D.J. Tannor, Chem. Phys. 139, 201 (1989)

[49] C.J. Badeen, J. Che, K.R. Wilson, V.V. Yakovlev, V.A. Apkarian, C.C. Martens, R. Zadoyan,B. Kohler, M. Messina, J. Chem. Phys. 106, 8486 (1997)

[50] K. Sundermann, R. de Vivie-Riedle, J. Chem. Phys. 110, 1896 (1999)

[51] A.L. Shluger, K. Tanimura, Phys. Rev. B. (Condensed Matter) 61(8), 5392, (2000)

[52] N.N. Semenov, Chain Reactions, (in Russian), Moskva, Nauka (1986), p. 534

[53] A. Tokmakoff, M.D. Fayer, D.D. Dlott, J. Phys. Chem. 97, 1901 (1993)

[54] B.P. Aduev, E.D. Aluker, G.M. Belokurov, Yu. A. Zakharov, A.G. Krechetov, JETP 89, 906(1999)

[55] M.M. Kuklja, B.P. Aduev, E.D. Aluker, V.I. Krasheninin, A.G. Krechetov, A. Yu. Mitrofanov, J. Appl. Phys. 89, 4156 (2001)

[56] J. Sharma, B.C. Beard, in Structure and Properties of Energetic Materials MRS Symposium Proceedings, D.H. Liedenberg, R.W. Armstrong, J.J. Gilman (Eds.), vol. 296, MRS,Pittsburgh, Pensylvania (1993)

[57] T.R. Botcher, H.D. Landouceur, T.R Russel, AIP Conf. Proc. 429, 989 (1998)

[58] B.P. Aduev, E.D. Aluker, G.M. Belokurov, A.G. Krechetov, Chem. Phys. Rep., 16, 1479(1997); ibid. 17, 469 (1998)

[59] J.J. Gilman, Chem. Propul. Inf. Agency 589, 379 (1992)

[60] W.L. Elban, R.G. Rosemeir, K.C. You, R.W. Armstrong, Chem. Propul. Inf. Agency 404, 19(1984)

[61] G.E. Duval, in Shock Waves in Condensed Matter, Y.M. Gupta (Ed.), Plenum Press, NewYork (1985), p. 1
[62] J.K. Dienes, Chem. Propul. Inf. Agency 404, 19 (1984)
[63] F.J. Owens, J. Sharma, J. Appl. Phys. 51, 1494 (1979)
[64] H. S. Im, E.R. Bernstein, J. Chem. Phys. 113, 7911 (2000)
[65] F. Williams, Adv. Chem. Phys. 21, 289 (1971)
[66] C.M. Bowden, J.D. Stettler, N.M. Witriol, J. Phys. B: Mol. Phys. 10, 1789 (1997)
[67] C.M. Tarver, J. Phys. Chem. A 101, 4845 (1997)
[68] L.E. Fried, A.J. Ruggerio, J. Phys. Chem. 98, 9786 (1994)
[69] A.N. Dremin, V.Y. Klimenko, O.N. Davidove, T.A. Zoludeva, Multiprocess detonation model; The Ninth Symposium (International) on Detonation, Portland, Oregon, ONR,Arlington, VA (1989), vol. I, p. 724.
[70] A.N. Dremin, V.Yu. Klimenko, K.M. Mikhailyuk, V.S. Trofimov, 7th Symposium (Int.) on Detonation, J.M. Short (Ed.), Naval Surface Weapon Center,White Oak, MD, Dahlgren, VA,NSWC MP 82–334 (1981), p. 789
[71] V.Yu. Klimenko, A.N. Dremin, in Detonation, Chemical Physics of Combustion and Explosion Processes (in Russian), Institute of Chemical Physics, Chernogolovka, Russia (1980),p. 69
[72] J. Sharma, B.C. Beard, M.J. Chaykovsky, J. Phys. Chem. 95, 1209 (1991)
[73] J.J. Gilman, Science 274, 65 (1996)
[74] J.J. Gilman, Phil. Mag. B 79, 643 (1999)
[75] A.B. Kunz, Phys. Rev. B. 53, 9733 (1996)
[76] M.M. Kuklja, E.V. Stefanovich, A.B. Kunz, J. Chem. Phys. 112, 3417 (2000)
[77] M.M. Kuklja, A.B. Kunz, J. Phys. Chem. Solids 61, 35 (2000)
[78] M.M. Kuklja, A.B. Kunz, J. Phys. Chem. B 103, 8427 (1999)
[79] M.M. Kuklja, A.B. Kunz, An effect of hydrostatic compression on defects in energetic materials:ab initio modeling, in Multiscale Modelling of Materials, V.V. Bulatov, T.D. Rubia,R. Pjillips, E. Kaxiras, N. Ghoniem (Eds.), Mater. Res. Soc. Symp. Proc. 538, 347–352 (1999)
[80] M.M. Kuklja, J. Phys. Chem. B 105, 10159 (2001)
[81] C.A. Wight, T.R. Botcher, Am. Chem. Soc. 114, 830 (1992)
[82] T.R. Botcher, C.A. Wight, J. Phys. Chem. 97, 9149 (1993); T.R. Botcher, C.A. Wight, J.Phys. Chem. 98, 5541 (1994)
[83] M.D. Pace, W.B. Moniz, J. Magnet. Reson. 47, 510 (1982)
[84] C.J. Wu, L.E. Fried, J. Phys. Chem. A 101, 863 (1997)
[85] M.M. Kuklja, A.B. Kunz, AIP Conf. Proc. 505, 401 (2000)
[86] M.M. Kuklja, A.B. Kunz, J. Appl. Phys. 87, 2215 (2000)
[87] M.M. Kuklja, A.B. Kunz, J. Appl. Phys. 86, 4428 (1999)
[88] M.M. Kuklja, A.B. Kunz, J. Appl. Phys. 89, 4962 (2001)
[89] R. Dovesi, V.R. Saunders, C. Roetti, M. Caus`a, N.M. Harrison, R. Orlando, E. Apra, CRYSTAL95 User's Manual, University of Torino, Torino (1996)
[90] C.S. Choi, E. Prince, Acta Crystallogr. B 28, 2857 (1972)
[91] P.L. Marinkas, J. Luminescence 15, 57 (1977)
[92] M.K. Orloff, P.A. Mullen, F.C. Rauch, J. Phys. Chem. 74, 2189 (1970)
[93] P.G. McCormick, The Portevin-Le Chatelier effect in an Al-Mg-Si alloy, Acta Metall. 19, 463 (1971)
[94] P.G. McCormick. The Portevin-Le Chatelier effect in an Al-Mg-Si alloy loaded in torsion.Acta Metall. 30, 2079 (1982)

[95] S.N. Rashkeev, M.V. Glazov, F. Barlat, Comput. Mater. Sci. 24, 295 (2002)
[96] S. Dj. Mesarovic, J. Mech. Phys. Solids 43, 671 (1995)
[97] D. Walgraef, E.A. Aifantis, Int. J. Eng. Sci. 24, 1351 (1985); ibid: Int. J. Eng. Sci. 24, 1789(1986); ibid: J. Appl. Phys. 58, 688 (1985)
[98] J.P. Hirth, J. Lothe, Theory of Dislocations, Wiley, New York (1982)
[99] F.R.N. Nabarro, Theory of Crystal Dislocations, Dover, New York (1987)
[100] V. Vitek, A. Gonis, P.E.A. Turchi, J. Kudrnovsky (Eds.), Stability of Materials, Plenum Press,New York (1996), p. 53
[101] A. Seeger, P. Veyssiere, L.P. Kubin, J. Castaing (Eds.), Dislocations 1984, CNRS, Paris(1984), p. 141
[102] V.V. Bulatov, F.F. Abraham, L.P. Kubin, B. Devincre, S. Yip, Nature 391, 669 (1998)
[103] R.W. Armstrong, C.S. Coffey, W.L. Elban, Adiabatic heating at a dislocation pile-up avalanche Acta Metallurgica 30, 2111–2116 (1982)
[104] J. Sharma, R.W. Armstrong, W.L. Elban, C.S. Coffey, H.W. Sandusky, Appl. Phys. Lett. 78,457 (2001)
[105] R.W. Armstrong, W.L. Elban, Dislocations in Solids, F.R.N. Nabarro, J.P. Hirth (Eds.),Elsevier, Oxford (2004), Vol. 12, p. 403
[106] H. Ö stmark, A. Langlet, H. Bergman, U. Wellmar, U. Bemm, FOX-7 – A New Explosive with Low Sensitivity and High Performance; 11th Symp Detonation Proceedings, Office of Naval Research, ONR 33300-5 (1998), pp. 807–812.
[107] P. Politzer,M.C. Concha,M.E. Grice, J.S. Murray, P. Lane, D. Habibollazadeh, J. Mol. Struct. (THEOCHEM) 452, 72 (1998)
[108] A. Gindulyté, L. Massa, L. Huang, J. Karle, J. Phys. Chem. A 103, 11045 (1999)
[109] E.J. Reed, J.D. Joannopoulos, L.E. Fried, Phys. Rev. B. 62, 16500 (2000)
[110] G. Kresse, J. Hafner, Phys. Rev. B 48(13), 115 (1993); G. Kresse, J. Furthmüller, Phys. Rev.B 54(11), 169 (1996); G. Kresse, J. Furthm¨uller, Comput. Mater. Sci. 6, 15 (1996)
[111] M.C. Payne,M.P. Teter, D.C. Allan, T.A. Arias, J.D. Joannopoulos, Rev. Mod. Phys. 64, 1045(1992)
[112] U. Bemm, H. Ö stamark, Acta Cryst. C54, 1997 (1998)
[113] R. Gilardi, private communication (2001)
[114] H. Cady, A. Larson, Acta Cryst. 18, 485 (1965)
[115] D.J. Chadi, M.L. Cohen, Phys. Rev. B 8, 5747 (1973)
[116] M.M. Kuklja, F.J. Zerilli, S.M. Peiris, J. Chem. Phys. 118, 11073 (2003)
[117] D.C. Sorescu, J.A. Boatz, D.L. Thompson, J. Phys. Chem. A 105, 5010 (2001)
[118] C.J. Wu, L.H. Yang, L.E. Fried, Phys. Rev. B 67, 235101 (2003)
[119] K.K. Baldrige, J.S. Siegel, J. Am. Chem. Soc. 115, 10782 (1993)
[120] M.M. Kuklja, F.J. Zerilli, J. Phys. Chem. A 110, 5173–5179 (2006)
[121] H. Jonsson, G. Mills, K.W. Jacobsen, Classical and Quantum Dynamics in Condensed Phase Systems, B.J. Berne, G. Cicotti, D.F. Coker (Eds.), World Scientific, River Edge, NJ (1998)
[122] A.B. Kunz, M.M. Kuklja, T.R. Botcher, T.P. Russel, Thermochimica Acta. Special edition:Energetic Materials, 384, 279–284 (2002)
[123] M.M. Kuklja, S.N. Rashkeev, F.J. Zerilli, Appl. Phys. Lett. 89, 071904 (2006)
[124] M.M. Kuklja, S.N. Rashkeev, Appl. Phys. Lett. 90, 151913 (2007)
[125] S.N. Rashkeev, M.M. Kuklja, F.J. Zerilli, Appl. Phys. Lett. 82, 1371 (2003)

[126] M.M. Kuklja, S.N. Rashkeev, Phys. Rev. B 75, 104111 (2007)
[127] G. Mills, H. Jonsson, G.K. Schenter, Surf. Sci. 324, 305 (1995)
[128] J. Sharma, W.L. Garrett, F.J. Owens, V.L.Vogel, J. Phys. Chem. 86, 1657 (1982)
[129] J. Sharma, J.W. Forbes, C.S. Coffey, T.P. Liddiard, J. Phys. Chem. 91, 5139 (1987)
[130] C. Wu, L. Fried, J. Phys. Chem. A 104, 6447–6452 (2000)
[131] T.B. Brill, K.J. James, J. Phys. Chem. 97, 8752–8758 (1993)
[132] Our recent results indeed show that hydrogen transfer may play an important role in TATB and FOX-7 decomposition pathways, especially under low temperature conditions; they will be reported in the further communications
[133] S. Meyerson, R.W. Vander Haar, E.K. Fields, J. Org. Chem 37, 4114 (1972)
[134] V.G. Matveev, V.V. Dubikhin, G.B. Nazin, Izv. Akad. Nauk SSSR, Ser. Khim 675 (1978)
[135] A.C. Gonzalez, C.W. Larson, D.S. McMillen, D.M. Golden, J. Phys. Chem. 89, 4809 (1985)
[136] W. Tsang, D. Robaugh, W.G. Mallard, J. Phys. Chem. 90, 5968 (1986)
[137] N. Goto, H. Yamawaki, K. Tonokura, K. Wakabayashi, M. Yoshida, M. Koshi, Chemical Reactions and Other Behaviors of High Energetic Materials under Static Ultrahigh Pressures,Mater. Sci. Forum 465/466, 189–194 (2004)
[138] Materials of APS SCCM 2007 meeting in Hawaii, AIP Conference Proceedings, M. L. Elert,M. D. Furnish, R. Chau, N. Holmes, J. Nguyen (Eds.), 2007
[139] V. Kimmel, P.V. Sushko, A.L. Shluger, M.M. Kuklja, J. Chem. Phys. 126, 234711 (2007)
[140] R.J. Doyle Jr., J.E. Campana, J. Phys. Chem. 89, 4251 (1985)
[141] M.E. Grice, D. Habibollahzadeh, P. Politzer, J. Chem. Phys. 100, 4706 (1994) and references therein
[142] C.J. Wu, L.E. Fried, J. Phys. Chem. A 101, 8675 (1997) and references therein
[143] C.M. Tarver, AIP Conf. Proc. 620, 42 (2002)
[144] J. Sharma, C.S. Coffey, A.L. Ramaswamy, R.W. Armstrong, Atomic Force microscopy of hotspot reaction sites in impacted RDX and laser heated AP, Decomposition, Combustions and Detonation Chemistry of Energetic Materials, T.B. Brill, T.P. Russel, W.C. Tao, R.B. Warde(Eds.), Mat. Res. Soc. Symp. Proc. 418,257–264, MRS, Pittsburgh, Pennsilvania (1996)
[145] E.J. Reed, J.D. Joannopoulos, L.E. Fried, Phys. Rev. B. 62, 16500 (2000)
[146] C.M. Tarver, L.E. Fried, A.J. Ruggiero, D.F. Calef, 10th International Detonation Symposium,1993, Boston, MA, Office of Naval Research, Arlington, VA, ONR 33395-12 (1995),pp. 3–10
[147] Y.A. Gruzdkov, Y.M. Gupta, J.J. Dick, Time-Resolved Absorption Spectroscopy in Shocked PETN Single Crystals, in Shock Compression of Condensed Matter-1999, M.D. Furnish,L.C. Chhabildas, R.S. Hixson (Eds.), AIP Conference Proceedings, Vol. 505, pp. 929–932 (1999)
[148] C.S. Coffey, Structure and Properties of Energetic Materials, D.H. Liedenberg,R.W. Armstrong, J.J. Gilman (Eds.), Mat. Res. Soc. Proc. 296, Pittsburgh, Pennsylvania (1993), pp. 63–73
[149] J.J. Dick, Appl. Phys. Lett. 44, 859 (1984)
[150] T.P. Liddiard, J.W. Forbes, D. Price, Proc. of the 9th Symposium on Detonation, ONR,Arlington, VA (1989), p. 1235
[151] J. Frisch, et al. GAUSSIAN 03 Pittsburgh, PA: Gaussian, (2003)